Néandertal

John Darnton

Néandertal

Traduit de l'anglais
par Pierre Ménard

Éditions J'ai lu

Pour Nina, évidemment.

Et le Seigneur lui dit :
« Il y a deux nations en ton sein,
deux peuples issus de toi se sépareront
et l'un de ces peuples dominera le second. »

Genèse, 25 : 23

Titre original :

NEANDERTHAL
Published by arrangement with Random House, Inc., N.Y.

« Beijing, 9 juin 1995 (Reuters). – *Des scientifiques chinois sont sur la piste d'une mystérieuse créature, semblable à l'homme et couverte de poils. Ils auraient désormais la preuve indirecte que cet être sauvage, vivant à l'écart de tout, ne serait pas un mythe, a déclaré vendredi dernier l'agence Xinhua.* »

PROLOGUE

En 1910, Geoffrey Bakersfield-Smith, un savant originaire de Leeds et féru d'aventure, dont la principale passion était la collecte et la classification des fleurs de montagne, eut la chance de visiter le musée archéologique de Dushanbe, dans la province de Boukhara. Dans le sous-sol de l'établissement, au milieu d'une profusion de caisses remplies de poteries, de dossiers rongés par l'humidité et de débris divers, il découvrit une sculpture en tout point remarquable. Il s'agissait d'une dalle rectangulaire, de la taille d'une table basse, très finement ouvragée. Il manquait un morceau de la pierre d'origine – le bord extérieur droit avait été brisé et présentait une arête irrégulière – et une partie des reliefs étaient érodés. Mais le reste se détachait aussi nettement qu'une empreinte de botte dans la boue et représentait indéniablement des silhouettes humaines.

Dans les archives poussiéreuses du musée, Bakersfield-Smith dénicha une courte notice rédigée d'une main hésitante. La pierre avait été découverte en 1874 par un paysan qui labourait son champ, dans un village de montagne, à l'autre bout du district de Tadjik. (Bakersfield-Smith indiquait que l'est du pays avait été victime d'un tremblement de terre en 1873 et que la dalle était probablement remontée à la surface à cette occasion, après avoir longtemps reposé dans l'une des grottes dont fourmillait le sous-sol calcaire de la région.) Le paysan l'avait transportée sur une charrette en bois jusqu'à la bourgade provinciale de Khodzant et l'avait abandonnée devant la boutique d'un marchand d'étoffes. La notice ne précisait pas à quelle date ni dans quelles conditions la pierre avait ensuite été transférée au musée de Dushanbe.

Bakersfield-Smith fit un croquis de la dalle. À l'aide d'un petit couteau, il gratta la terre qui s'était incrustée dans les replis et les creux de la pierre, avant d'estamper les motifs sculptés. Il installa son appareil photographique à trépied et en prit plusieurs clichés. Il fouilla le musée de fond en comble dans l'espoir de découvrir le morceau qui manquait, mais ne parvint pas à le retrouver.

De retour à Londres, Bakersfield-Smith montra ses notes et ses clichés à P. T. Baylord, le futur lord Uckston, qui s'engageait alors dans le champ relativement vierge de l'anthropologie. En 1913, Baylord publia une monographie et un article dans le *Journal de la Société royale d'archéologie,* intitulé : « Les Pictogrammes de Khodzant ». Après avoir tiré de nouvelles épreuves des clichés, puis découpé et remonté différemment les images, Baylord était parvenu à reconstituer une sorte de récit historique. Il prétendait que le panneau sculpté racontait l'histoire d'une ancienne bataille, si décisive selon lui aux yeux des survivants que ceux-ci avaient éprouvé le besoin d'en transmettre le souvenir aux générations futures.

« Leur volonté de situer l'action dans l'espace et le temps me paraît évidente, écrivait-il. On relève notamment la présence de symboles représentant peut-être les mois et d'autres qui semblent évoquer les saisons. Sur l'une des images (photo 14 d), on distingue une sorte de montagne et un curieux amoncellement rocheux, surmonté de crêtes qui lui donnent l'aspect d'un poing refermé. La localisation exacte de cette éminence demeure inconnue, mais il est à souligner que la région pratiquement inexplorée du Pamir, qui s'étend entre l'Afghanistan, le Tadjikistan, la province de

Jammu et le Cachemire, recèle de nombreuses formations rocheuses d'allure inhabituelle, tant en raison de leur taille gigantesque que de leur configuration étrange, due à l'érosion glaciaire. »

Le récit que Baylord faisait de la bataille elle-même était assez convaincant, mais finalement décevant, à cause de la portion manquante : l'issue, s'il y en avait une, demeurait inconnue. Son histoire tournait court, pour ainsi dire. Mais il était parvenu à distinguer deux groupes opposés de guerriers et à isoler trois séries d'affrontements distincts. Il avait même remarqué à l'arrière-plan un endroit où l'on procédait selon lui au décompte des victimes, bien que les cadavres fussent bizarrement représentés par des sortes d'yeux humains disséminés dans les arbres. Après avoir des semaines durant étudié les motifs à la loupe et méticuleusement gratté l'argile avec un scalpel pour mettre au jour les lignes effacées, il avait été en mesure de reconstituer les armes de ses minuscules guerriers, lesquelles (écrivait-il) « étaient de toute évidence de nature primitive ».

Mais, scientifiquement parlant, son travail laissait à désirer. En l'absence de l'original, le panneau ne pouvait être daté. Et, dans sa conclusion, Baylord en était réduit à une hypothèse qui relevait de la pure intuition : il supposait que les combattants appartenaient vraisemblablement à des tribus mongoles qui s'étaient affrontées au cours du premier ou du deuxième siècle antérieur à notre ère. Et il avait plus ou moins ignoré un détail troublant – le fait que les deux groupes de guerriers ne se ressemblaient pas : l'un des clans était en effet caractérisé par un front étrangement fuyant, s'achevant par une série de plis ou de bourrelets au-dessus de l'arcade sourcilière. Baylord n'y faisait qu'une seule allusion, en parlant du « bandeau qui leur serrait le front ».

Son travail provoqua un certain remous dans les cercles académiques, mais sombra vite dans l'oubli.

Certains crurent à une supercherie. Le souvenir de sa petite monographie survécut dans la seconde moitié du siècle auprès d'une poignée d'archéologues, qui la considéraient comme une curiosité. L'« énigme de Khodzant » devint un sujet d'exposé idéal pour les futurs licenciés. La pierre elle-même demeura dans le sous-sol du musée. Survint alors la Révolution russe, qui s'étendit au Tadjikistan et au cours de laquelle elle disparut.

PREMIÈRE PARTIE

L'ÉNIGME DE KHODZANT

1

Akbar Attila déposa son AK 47 contre le tronc d'un arbre et s'éloigna du feu de camp, à la recherche d'un endroit où se soulager. La lune éclairait à peine le paysage, des bandes de nuages s'étiraient dans le ciel nocturne et par instants le dissimulaient même entièrement.

Les moudjahidin avaient grimpé de plus en plus haut dans les montagnes du Tadjik, à la recherche d'un endroit sûr où établir leur camp. Ici, ils ne risquaient rien. Les forces gouvernementales ne pourraient jamais les atteindre, sauf à lever une véritable armée. Et, si elles s'y risquaient, les maquisards les attendraient de pied ferme, à l'abri d'une des innombrables crevasses, et les abattraient un par un. La montagne était une forteresse imprenable.

De son pied, il assurait ses prises en escaladant la pente rocheuse. Il s'arrêta soudain et tendit l'oreille, mais ne perçut que le bruissement du vent dans les sapins et les voix de ses camarades, en contrebas. L'un d'eux racontait une histoire.

Il desserra sa tunique pour atteindre sa ceinture. Puis il perçut un bruit, identifiable entre tous – celui de quelqu'un qui marchait derrière lui. Il se redressa aussitôt, s'apprêtant à faire volte-face.

L'attaque fut immédiate : il n'eut même pas le temps de réagir. Il sentit un terrible coup s'abattre sur son crâne et leva les yeux, pris de panique, vers les nuages qui s'écartaient. À la lueur de la lune, il aperçut une vague silhouette, grotesque et bestiale, puis un visage grimaçant, aplati, aux arcades sourcilières proéminentes. Il n'eut pas le temps de crier et reçut un nouveau coup. Puis il sentit des bras se refermer sur lui et lui broyer les côtes. Son corps fut traîné dans la nuit.

Le lendemain matin, à l'aube, ses compagnons découvrirent son fusil, toujours appuyé contre l'arbre. Ils n'aperçurent rien d'autre et se dirent qu'il avait dû redescendre dans la vallée, sans doute pour rejoindre sa famille et participer à la récolte. Mais pourquoi avait-il abandonné son arme ?

L'histoire de cette disparition n'était pas sans ressemblance avec d'autres événements survenus récemment et se transmit donc de bouche à oreille jusqu'au village voisin, puis à une bourgade de la vallée. À ce stade, elle s'était déjà enrichie de nombreux ajouts imaginaires et n'avait plus grand-chose à voir avec ce qui s'était réellement passé. Seule demeurait l'énigme principale : un homme se trouvait à tel endroit et, une minute plus tard, il s'était tout bonnement évaporé.

L'anecdote fut recueillie par un Américain qui voyageait dans le Pamir et qui, tant par commodité que pour éviter les questions indiscrètes, portait le titre de consul. Il la transcrivit, l'enregistra sur une disquette et y adjoignit une coupure de presse provenant d'un quotidien local, traduite par sa secrétaire :

« *Hiskadeth, le 8 novembre.* – Une jeune femme de vingt-quatre ans, originaire du Surrey (en Angleterre) et qui faisait partie d'un groupe d'alpinistes ayant entrepris l'escalade du mont Askasi, a été retrouvée morte la semaine dernière. Elle était portée disparue depuis quatre jours lorsque son cadavre a été découvert sur une corniche, à deux miles environ du sommet.

« Le responsable de l'expédition, Robert Brody, originaire de Londres, a déclaré que le groupe s'était inquiété au sujet de la jeune femme, Katrina Bryan, après que celle-ci se fut apparemment éloignée du camp. Ils avaient vainement fouillé les environs et avaient finalement abandonné leurs recherches, avant d'entamer leur descente.

« Depuis trois semaines, le groupe faisait des randonnées dans cette région, rarement visitée par les étrangers. Les autochtones évoquent souvent les " hommes des neiges " qui s'emparent de tous ceux qui s'aventurent par là. Mr. Brody a prétendu qu'à plusieurs reprises le groupe avait été effrayé par de mystérieuses apparitions, mais il a refusé d'être plus explicite à ce sujet.

« L'autopsie pratiquée par le Dr. Askan Katari a révélé la présence de multiples égratignures, ainsi que d'une violente contusion crânienne. Ces divers indices étaient un peu " contradictoires ", a dit le Dr. Katari, sans s'expliquer davantage. Le cadavre doit être prochainement rapatrié en Angleterre, où il sera inhumé. »

Le consul coda la disquette, la glissa dans une enveloppe et l'adressa à l'université de Bethesda, dans le Maryland, comme on lui avait recommandé de le faire en de telles circonstances. Il la fit partir par la valise diplomatique de l'ambassade américaine de Dushanbe, la capitale du Tadjikistan.

Matt s'accorda une pause et se hissa hors de la fosse dont la forme évoquait une tombe. Il alla récupérer la jarre et venait de la hisser sur son épaule lorsqu'il aperçut une petite tache, à l'extrême bord de son champ de vision. Il reposa la jarre et regarda de l'autre côté de la vallée : un nuage de poussière tourbillonnait au loin. Une voiture…

C'était le premier véhicule qu'il apercevait depuis quatre mois. Que venait-il fabriquer ici, au beau milieu du néant ? Matt ôta son chapeau à large bord, maculé d'auréoles de sueur, et leva les yeux vers le ciel. Il sentit aussitôt le soleil africain lui vriller le crâne. Il fit rouler ses épaules et une agréable douleur se propagea le long de ses muscles dorsaux.

Un peu plus bas, cinq silhouettes s'affairaient le long de la pente aride : ses étudiants. Il aimait les observer ainsi, d'en haut, tandis qu'ils s'activaient sur le chantier. L'un d'eux poussait une brouette remplie de cailloux ; un autre, à plat ventre dans une tranchée, dégageait la surface d'une pierre à l'aide d'une brosse à dents. Le décor était parfaitement exotique, sous la chaleur et la poussière : on aurait dit un paysage lunaire.

Matt regarda sa montre : l'heure du déjeuner approchait. Il descendit la colline à grandes enjambées et rejoignit sa tente. Une chaleur suffocante régnait à l'intérieur. Il ouvrit les rabats, les fixa à leurs crochets et brancha un ventilateur dont l'hélice minuscule ne parvenait pas vraiment à chasser la torpeur ambiante.

Les mouches bourdonnaient bruyamment. Matt capta son reflet dans le miroir suspendu au montant de la tente. Il observa les gouttes de sueur qui ruisselaient le long de ses tempes et de ses joues, avant de disparaître dans sa barbe naissante. Ses cheveux bruns retombaient en mèches hirsutes sur son front, ses oreilles et le haut de son col. La crasse incrustait les rides qui sillonnaient son visage, de part et d'autre de ses lèvres et de ses yeux bruns.

Un beau jour, à trente-huit ans, Matt avait soudain pris conscience du temps. Il se reprochait l'hypocrisie dont il avait fait preuve dans sa vie amoureuse : les mensonges, les petits jeux, les trahisons – toute cette routine de la séduction qu'il avait pratiquée des années durant, aussi creuse que le boniment d'un politicien, lui semblait désormais insipide. À une seule reprise, il avait eu l'occasion d'échapper à ces faux-semblants : mais c'était il y avait bien longtemps, des années auparavant, et il avait tout gâché.

Il se sentait insatisfait, tendu, vaguement déçu par le célibataire blasé qu'il était devenu. Ses tranchants s'étaient émoussés, comme ceux d'un galet rejeté sur le rivage. Il se disait bien que sa solitude était pour lui un trésor inappréciable... Ce n'était pas faux, mais il y avait une autre vérité, qu'il était suffisamment lucide pour reconnaître au cours de ses nuits d'insomnie : il était terriblement seul.

Il ôta ses bottes et s'étendit sur le lit de camp, les bras repliés sous sa nuque, en contemplant le toit de la tente nimbée de lumière. Une ombre s'y profila brusquement, tandis que la brise agitait mollement la toile de la bâche.

« Vous dormez ? »

Un soupçon d'ironie pointait dans la voix de Nicole.

« Pas vraiment. Je fais une petite sieste.

– Il est à peine une heure. »

Matt se redressa.

« Il faut bien que j'épargne mes vieux os... »

Nicole sourit et hocha la tête d'un air excédé. Elle avait horreur qu'il fasse allusion à son âge, ce qui était pour lui une manière d'établir une barrière entre eux. Elle dénoua son foulard et laissa retomber sur ses épaules ses cheveux châtains, constellés de poussière, que la brise du ventilateur soulevait doucement.

« Vous avez vu cette voiture... », dit-elle.

C'était plus un constat qu'une question.

« Oui.

– Qui vient nous rendre visite, à votre avis ?

– Aucune idée. La malle du courrier ne doit passer que dans deux semaines.

– Il doit s'agir d'une chose importante. Peut-être d'une pièce pour votre ordinateur.

– La notice d'emploi, par exemple… »

L'ordinateur de Matt traînait dans un coin, débranché comme à l'ordinaire. Il n'était jamais parvenu à s'en servir – son domaine, après tout, c'était le passé et non pas le futur, aimait-il à dire – et ses étudiants ne manquaient évidemment pas une occasion de se moquer de sa maladresse.

« On vient peut-être nous apporter un message de l'université. Imaginez que le chantier ait obtenu de nouveaux crédits, qu'il ait été prolongé de six mois…

– S'ils avaient débloqué de l'argent, ils n'enverraient pas quelqu'un nous le remettre en main propre à l'autre bout du monde. Ils se contenteraient de l'annoncer en pleine nuit – dans un amphi désert. »

Nicole se mit à rire. Matt se releva et s'étira.

« En tout cas, poursuivit-il, quelle que soit l'identité de nos visiteurs, ils arriveront trop tard pour le déjeuner. »

Il se dirigea vers l'ouverture de la tente.

« J'espère simplement qu'il ne s'agit pas d'une mauvaise nouvelle, dit Nicole. J'aime cet endroit. Je veux y consacrer ma vie.

– Une vie est aussi faite d'instants », dit Matt en souriant.

Il se pencha et écarta le rabat de la tente, invitant du même coup la jeune femme à sortir. Elle lui lança une œillade morose et, au passage, laissa courir son index le long de son ventre, froissant l'étoffe de sa chemise et effleurant sa peau, juste sous le nombril. Malgré lui, ce geste le remua étrangement.

Pourquoi n'avait-il pas couché avec elle ? Ce n'était certes pas faute de désir – ce sentiment, Dieu merci, ne l'avait pas encore abandonné. Il repensa à la soirée durant laquelle Nicole avait fait le premier pas. Elle s'était tout simplement faufilée sous sa tente, sans se faire remarquer, et l'attendait sur son lit de camp lorsqu'il était entré. Elle était nue sous le voile de la moustiquaire qui enveloppait son corps comme une robe transparente. Matt avait éprouvé un brusque élan de désir, mêlé d'appréhension. Il était allé prendre dans sa cantine une fiasque de whisky et s'était assis sur une caisse, à côté du lit. Ils avaient bu en se passant la bouteille à tour de rôle. La jeune femme se redressait pour la saisir, drapée dans une couverture, mais à une ou deux reprises elle avait laissé glisser l'étoffe, lui offrant du même coup une vue imprenable sur ses seins menus et fermes. Depuis combien de temps n'avait-il pas fait l'amour ? Dix semaines ? Trois mois ?

Ils avaient bu comme deux vieux copains et vidé la bouteille. Matt avait ensuite quitté la tente en titubant et était allé faire un tour sous le ciel étoilé. Lorsqu'il était revenu, au bout d'une heure, Nicole n'était plus là. Elle lui avait fait la tête des jours durant, à la suite de cet événement. Puis, curieusement, sa colère s'était dissipée et elle se comportait depuis lors comme s'ils avaient passé l'un et l'autre une sorte de contrat. Elle s'asseyait à côté de lui lors des repas, le dévisageant et souriant à ses plaisanteries comme une épouse indulgente.

À une ou deux reprises, elle s'était arrangée pour se retrouver seule avec lui. Il l'avait parfaitement vue venir, mais, feignant l'aveuglement, il avait chaque fois détourné la conversation sur un ton de raillerie si discourtois qu'il en était presque cruel. Il n'était pas très fier de lui, mais la situation – l'idylle autour d'un feu de camp entre la jeune étudiante et son professeur, vieil habitué des safaris – lui semblait relever d'un cliché aussi éculé que la légende de ces fouilles miraculeuses où l'on met au jour par hasard de vieux ossements enfouis dans la terre. Il n'avait aucune envie de replonger dans le cycle des grandes déclarations, des aveux, des remontrances. Je dois être en train de vieillir, songeait-il, mais j'ai l'impression de pratiquer l'abstinence de la même manière que l'excès et les débordements jadis.

Quoi qu'il en soit, le terrain était mouvant. Il fallait impérativement qu'il fasse comprendre à la jeune femme qu'il percevait ses sentiments, sinon ceux-ci risquaient d'exploser au grand jour, et cela pouvait foutre en l'air toute l'expédition. Il avait toujours été surpris de constater à quel point la cohésion du groupe s'avérait essentielle à la réussite d'un chantier de fouilles.

Une fois dehors, Matt porta son regard vers le fond de la vallée. Dans la plaine, plus bas, la voiture s'était rapprochée. La poussière qu'elle soulevait montait en gerbe vers le ciel, comme la fumée d'une explosion, avant de retomber en pluie dans son sillage.

« Il y a une chose que j'apprécie dans ce site, dit-il, c'est qu'on ne risque pas de vous surprendre à l'improviste.

– Ça laisse le temps de consolider la ligne défensive... »

Nicole se tourna vers lui et le fixa d'un air entendu, pour souligner le double sens de sa remarque, avant de s'engager devant lui sur le sentier. Elle portait un short moulant aux bords effilochés, dont les lambeaux pendaient comme des mèches décolorées sur la peau dorée de ses cuisses. Comme elle le précédait, avançant à pas lents, il distinguait parfaitement à travers l'étoffe les contours de son slip, tandis que ses fesses se balançaient en cadence devant lui.

Susan Arnot ressentit le frisson d'excitation qui lui était familier lorsqu'elle s'apprêtait à parler en public, même si l'assistance était uniquement composée des étudiants en première année de l'Anthro 101. Cela tenait au fait d'être brusquement l'unique centre d'intérêt, le point de mire de tous ces regards qui convergeaient vers elle, de les dominer en quelque sorte – et elle devait reconnaître que cette impression était plutôt agréable. Était-ce cela, la démagogie ?

Le cours de Susan Arnot sur l'homme préhistorique était l'un des plus suivis de l'université du Wisconsin, malgré la réputation de sévérité qu'elle s'était forgée. On éprouve toujours un frisson particulier en assistant au cours de quelqu'un qui jouit d'une relative notoriété dans son domaine, surtout si ses théories sont controversées et vont à l'encontre du ronron académique. Et puis, bien sûr, il y avait le fait qu'elle était une sorte de sex-symbol, sur le campus. Elle avait beaucoup d'allure, avec sa longue silhouette aux jambes élancées ; les jours de congé, elle revêtait parfois un simple blue-jean et un blouson en cuir pour faire de la moto, sa longue chevelure noire serrée dans un casque rouge. Lorsqu'elle pénétrait dans une salle, la tension montait aussitôt, comme si l'atmosphère s'était chargée d'électricité.

Les cours de Susan étaient devenus légendaires sur le campus, aussi l'amphi était-il plein à craquer. Juchée sur une estrade de bois grinçante, éblouie par la lumière qui tombait depuis le fond de la salle et l'éclairait comme un projecteur, elle ne distinguait devant elle que de vagues silhouettes, sans discerner leurs traits. Elle aperçut quelques bijoux qui brillaient dans la pénombre, ainsi que le reflet d'une paire de lunettes, qui ressemblaient à des phares minuscules.

Elle avait mis son public en condition, en commençant par son laïus habituel concernant certaines découvertes archéologiques célèbres, puis en se permettant quelques allusions facétieuses à l'étonnante ressemblance entre l'homme de Java et l'une des personnalités les plus éminentes du campus, ou entre la fraude de Piltdown et les travaux de l'un de ses collègues. Tout cela ne volait pas bien haut mais s'avérait efficace, et elle avait éprouvé une certaine satisfaction en constatant que son auditoire riait de bon cœur lors des saillies en question.

Elle leva brusquement sa main droite et replia le pouce, provoquant du même coup un déclic étouffé. Derrière elle apparut une immense carte, schématiquement dessinée à gros traits noirs, où les rivières étaient représentées par des lignes sinueuses et les collines par des pictogrammes en forme de cils. Les étudiants fixèrent leurs regards sur l'image et certains sortirent leur stylo, prêts à prendre des notes. Les noms de lieux allemands étaient ceux de la vallée du Rhin : Oberhausen, Solingen, la rivière Düssel. Susan s'empara d'une baguette et se dirigea vers la carte, concentrée sur son exposé.

« Nous en arrivons maintenant à l'événement majeur. Nous sommes en août 1856, trois ans avant que Darwin ne publie *De l'origine des espèces*. Il y a déjà vingt ans qu'il y travaille, aussi n'est-il pas spécialement pressé. Mais il ne va pas tarder à apprendre qu'un de ses rivaux prépare un ouvrage où il serait question d'une certaine " sélection naturelle ", et cela va l'amener à se lancer dans une sorte de compétition, de course frénétique avec son concurrent… »

Elle fixa les étudiants pour s'assurer qu'ils suivaient bien son exposé et, sans raison précise, elle se sentit brusquement les nerfs à vif – impression aussi confuse que déstabilisante et qui avait tendance à l'envahir à l'improviste ces temps-ci.

Elle leva sa baguette munie d'un embout de caoutchouc rouge et traça lentement un cercle au milieu de la carte.

« C'est ici, dans cette petite vallée située à l'est du Rhin, que va se produire un événement appelé à ébranler l'ensemble de la communauté scientifique du XIXe siècle. Et comme cela advient souvent lors d'une découverte de premier plan, le hasard va y jouer un rôle prépondérant… »

Elle leva la main. Il y eut un nouveau déclic et une photo représentant des clairières et des champs apparut sur l'écran.

« C'est une petite vallée paisible, où abondent les narcisses et les edelweiss. La gorge que vous apercevez porte depuis le XVIIe siècle le nom d'un ancien directeur du lycée de Düsseldorf, Joachim Neumann, qui venait souvent se promener dans cette vallée pour y chercher l'inspiration. À ses heures perdues, il composait en effet des poèmes et des airs de musique, aussi insipides les uns que les autres, il faut bien l'avouer. Mais il était aimé de ses concitoyens et après sa mort, les anciens du village décidèrent de donner son nom au cadre où il se plaisait tant. Ce Joachim était légèrement pédant et préférait qu'on utilise la traduction grecque de son nom, qui signifiait Nouvel Homme – c'est-à-dire, en grec, *Neander.*

« Deux siècles plus tard, en 1856, par une paisible journée d'août, des ouvriers carriers découvrirent une grotte qui contenait des centaines d'ossements ; certains étaient regroupés ou disséminés non loin de l'entrée, mais la plupart étaient entassés au centre de la caverne, où ils formaient une sorte de monticule. Les ouvriers les jetèrent pratiquement tous. Pour une raison quelconque, le propriétaire du terrain, un certain Felix Beckershoff, s'intéressa à ces vieux ossements et parvint à en récupérer quelques-uns : des fémurs, des humérus, un morceau de bassin, un fragment de crâne… »

Une autre photo apparut sur l'écran, montrant des débris d'ossements dont la couleur évoquait le carton mouillé, mais aussi luisants que des pierres précieuses. Certaines pièces étaient aisément identifiables : on distinguait le sommet d'une boîte crânienne, un fémur, un tibia filiforme… L'extrémité de la baguette les désigna à tour de rôle, traçant une sorte de 8.

« Fort heureusement, Beckershoff comptait parmi ses relations un certain J. C. Fuhlrott, fondateur de la Société des sciences naturelles locale. Lorsque Fuhlrott aperçut ces restes, il n'en crut pas ses yeux. De quel genre d'ossements pouvait-il bien s'agir ? Comment expliquer ce crâne à la voûte aplatie, aux arcades saillantes ? Ces membres arqués ? Ce cubitus difforme ? Et à qui avaient-ils donc appartenu ? Sûrement pas à un animal – et cependant ils ne semblaient pas provenir d'un être humain, en tout cas pas d'un spécimen de l'une des races humaines encore existantes. »

Susan regagna son pupitre. Les étudiants écrivaient maintenant avec fébrilité. Elle n'avait pas besoin de consulter ses notes, ayant déjà donné ce cours une bonne douzaine de fois. Et pourtant elle ne parvenait pas à chasser cette impression de décalage, de fragilité. Qui sont au juste tous ces gens qui m'écoutent ? se demandait-elle. À quoi pensent-ils vraiment ? Elle reprit la parole en se forçant à adopter un ton dégagé, naturel.

« Fuhlrott appela à la rescousse un anatomiste de Bonn, le professeur Schaaffhausen, qui fut le premier à émettre la théorie selon laquelle ces restes provenaient d'un être absolument inconcevable, ni singe, ni homme – une sorte de créature antérieure à l'homme, qui vivait peut-être en Europe bien avant l'arrivée des Celtes et des Romains. Essayez un instant de vous représenter quelle téméraire avancée impliquait cette simple hypothèse.

« Les spécialistes prirent ensuite le relais. La théorie de l'évolution n'en était qu'à ses premiers balbutiements, mais la rumeur de sa menace retentissait déjà dans les vénérables couloirs de la science. Ce fut une véritable bombe : les évolutionnistes s'emparèrent sur-le-champ de cette poignée d'os et les brandirent comme une preuve de leur théorie révolutionnaire. Leurs adversaires tentèrent de repousser l'assaut et prétendirent que la découverte de ces ossements n'était qu'un fait isolé, sans la moindre portée. Les camps se formèrent, de célèbres penseurs fournirent leur lot d'explications, où la vraisemblance ne tenait pas le premier rang. Rudolf Virchow, le plus célèbre anatomiste allemand de son temps, aboutit à la conclusion que ces os étaient ceux d'un homme ordinaire, atteint de rachitisme. La douleur intolérable que ce mal engendrait l'avait contraint, prétendait-il, à se nouer autour du front une sorte de bandeau qui avait fini, à la suite d'une longue fossilisation, par former cette curieuse protubérance crânienne.

« Pour l'essentiel, les savants les plus réputés évitèrent de se mêler à la controverse. Tel fut bien sûr le cas de Darwin, poursuivit Susan en hochant légèrement la tête. Mais nous aurions tort de lui jeter la pierre. Souvenons-nous que c'était une époque imprégnée de superstition, dominée par les dogmes d'une prétendue religion et du conservatisme le plus étroit. Il était alors quasiment hérétique d'imaginer que l'homme puisse avoir pour ancêtre une créature simiesque, sans parler de ce lointain cousin dont le crâne était aussi aplati que si un camion lui était passé sur le corps.

« Mais la providence daigna intervenir. Les preuves s'accumulèrent et devinrent peu à peu irréfutables... »

Susan leva encore la main et une nouvelle carte se profila sur l'écran : elle représentait l'Europe, l'Afrique du Nord et le sous-continent indien. Des croix noires y figuraient en de nombreux endroits, particulièrement dans le sud de la France.

« De nouveaux fossiles furent découverts, ainsi que des ossements de grands mammifères, dont certains appartenaient à des espèces depuis longtemps disparues, comme le mammouth et le cerf géant. Ces faits étaient difficilement réfutables... (Susan tapota l'écran du bout de sa baguette.) Des ossements surgirent bientôt dans tous les coins, comme des champignons après la pluie : à Gibraltar, en Italie, en Belgique, en Russie, en Irak, en Israël… »

Susan sourit. Sa tension s'était un peu dissipée. Elle regagna son pupitre, sans quitter l'écran des yeux, comme si elle s'attendait à quelque apparition magique, puis elle reprit son récit, d'une voix un peu théâtrale :

« Et puis… et puis les preuves l'emportèrent, la science finit par triompher. William King, un anatomiste irlandais, établit que le fossile appartenait à une espèce humaine jusqu'alors inconnue. La paléo-anthropologie se trouvait dès lors fondée, ouvrant un nouveau champ d'étude. Notre créature fut officiellement reconnue, baptisée, disséquée. On lui donna un nom. On avait découvert ses restes dans cette vallée riche en fleurs de montagne qu'aimait tant Joachim Neumann, notre directeur de lycée aux vers insipides.

« Le voici donc, mes amis… (La manière dont elle leva la main avant d'appuyer sur le bouton avait un petit côté bonimenteur de foire.) Je vous présente la vedette de notre spectacle : l'*Homo sapiens neanderthalensis*, plus connu du grand public sous le nom d'homme de Néandertal ! »

La salle s'était assombrie, comme pour s'effacer devant la silhouette immense, monumentale, hirsute qui se découpait d'un bord à l'autre de l'écran. Elle était bien reconnaissable avec son visage trop large, étrangement familier à cause des centaines d'illustrations et des rêves à moitié oubliés qu'elle avait suscités – ces arcades sourcilières bourrelées, saillantes, ce front fuyant, sillonné d'affreuses rides, ce nez proéminent et vaguement busqué, ce menton en retrait… Ce visage était indiciblement laid, mal dégrossi, mais suffisamment proche de celui d'un homme pour être reconnaissable, ce qui accentuait encore l'aspect grotesque de ses dissemblances. Comme si une gigantesque main s'était emparée d'un visage de cire et l'avait brutalement aplati contre un mur.

Susan paraissait minuscule à côté de la créature et, lorsqu'elle traversa l'estrade, passant sans y songer devant le poitrail velu de la silhouette géante projetée derrière elle, le contraste donna à la scène un aspect inquiétant : on aurait dit la fameuse séquence où King Kong épie Fay Wray derrière l'encadrement d'une fenêtre.

Ce dessin, dû à l'illustrateur tchèque Zdenek Burian, était le préféré de Susan. Elle aimait la façon dont l'artiste avait capté l'aura parfaitement humaine de la créature : cette bouche qui semblait sur le point de sourire, ce regard perçant, intelligent, qui avait l'air de fixer l'horizon pour y déceler une scène fugace, fuyante – sa propre extinction peut-être... Son regard paraissait à la fois si perspicace et si désenchanté. On devinait même une once imperceptible d'ennui dans l'affaissement de ses épaules voûtées. Il ne s'agissait pas là d'un animal : cette créature était en tout point l'égale de l'homme.

2

Matt n'était pas d'un tempérament particulièrement superstitieux – il était trop sceptique pour croire que l'univers soit régi par une quelconque puissance, fût-elle maléfique –, mais il ne parvenait pas à chasser de son esprit l'idée que ce nuage de poussière ne présageait rien de bon. Cette impression ne faisait que croître, maintenant que la voiture s'était rapprochée, mais il ne l'avoua pas à ses étudiants. « Voilà enfin la pizza que nous avions commandée », plaisanta-t-il tandis qu'ils finissaient le ragoût de chèvre, réchauffé de la veille et arrosé de quelques verres de bière tiède.

Il saisit sa canette et se dirigea seul jusqu'au bord de la crête. Il s'assit sur un rocher et regarda la partie inférieure du chantier : la fosse découpée en tranchées régulières, les brouettes recouvertes de bâches, la vieille caravane qui leur tenait lieu de labo, les caisses à outils entreposées sur le sol comme autant de petits cercueils en bois. Étrange de songer à quel point il avait fini par s'attacher à ce décor...

Il se mit à penser à toutes les découvertes que l'on avait faites au cours des décennies antérieures : ces fragments d'os et de mâchoires, ces racloirs et ces pointes de flèches en silex, toutes les pièces de cet infini et laborieux puzzle... Notre connaissance de l'homme du paléolithique inférieur s'était considérablement accrue ces dernières années, mais que savait-on réellement de son univers, de sa mentalité, de son âme ? Quelles pensées pouvaient bien le traverser lorsqu'il tentait de donner un sens au monde, la nuit, avant de s'endormir – en contemplant le coucher du soleil ou un daim qui s'enfuyait au galop ?

Sur son rocher, Matt tenta de se représenter ce paysage tel que l'homme préhistorique le contemplait jadis, assis au même endroit. Il se trouvait sans doute au bord d'un grand lac, à en juger par la sédimentation du sol. Derrière lui, les grottes profondes qui truffaient les collines débouchaient quasiment sur le rivage. Situation idéale, en termes de sécurité – et c'était cela bien sûr qui comptait avant tout. Matt savait un certain nombre de choses concernant les croyances et l'habitat de cette créature et il tenta d'évoquer au fond de lui un écho – fût-il infime – de sa lointaine personnalité : d'un côté, c'était un guerrier, de l'autre une silhouette craintive, tremblant dans les profondeurs d'une caverne. Comme cela lui était souvent arrivé, Matt essaya de faire le vide en lui et de se représenter ces ombres, ces terreurs ancestrales, ces effluves de sang, de graisse, de pelisses. Mais il n'y parvenait pas : sa capacité de compréhension excédait de très loin les infimes bribes de savoir dont il disposait. Pouvait-on, même une fraction de seconde, établir un lien avec la scène primitive et grandiose qui s'était déroulée ici des millénaires plus tôt ?

Dans un tumulte fracassant, la Land Rover surgit au détour d'un virage et fonça jusqu'au milieu du camp, où elle s'arrêta net. Le nuage de poussière qu'elle soulevait derrière elle l'enveloppa un instant avant de se dissiper, tandis que le conducteur coupait le moteur.

Un homme émergea de la portière arrière et se dirigea aussitôt vers eux à grandes enjambées. Il avait une drôle d'allure, avec ses cheveux emmêlés et ses mèches hirsutes. C'était un Blanc d'une quarantaine d'années, plutôt rondouillard mais d'une surprenante agilité. Il portait des bottes neuves, une veste de safari et des lunettes de soleil à monture cerclée.

« Mr. Mattison ? »

Il s'était immédiatement dirigé vers Matt et lui tendit d'un air aimable une main grassouillette. Matt la saisit. La poigne de l'homme était plus ferme qu'il ne s'y attendait.

« J'aurais dû dire : “ Dr. Mattison ”, je présume ? Après tout, nous sommes en Afrique – du moins, je le suppose... Mais sait-on jamais ? Nous nous sommes peut-être trompés de bifurcation quelque part, dans ce nid de poussière.

– Et vous êtes... ?

– Van Steeds. Frederick Van Steeds. (L'homme marqua une pause.) La plupart des gens m'appellent Van. »

Le nom ne lui était pas inconnu, mais Matt n'arrivait pas à le situer. Le visiteur ôta ses lunettes de soleil et les essuya sur un pan de sa chemise. Ses joues étaient empâtées mais il avait le regard vif : ses yeux sombres furetaient dans tous les coins, ce qui lui donnait un air aussi inquisiteur que sournois. Il se pencha et donna une grande claque à son pantalon : un flot de poussière s'en échappa aussitôt.

« Regardez-moi ça... Je ne sais pas comment vous faites pour vous y habituer. »

Matt s'aperçut que Van regardait la table.

« Vous voulez manger quelque chose ? dit-il.

– Je ne voudrais pas abuser... »

Les étudiants s'écartèrent pour lui faire une place. L'un d'eux alla farfouiller dans le garde-manger et en rapporta quelques tranches de viande, du pain et une canette de bière.

Le conducteur s'étendit sous un acacia et s'endormit aussitôt, les bras le long du corps, les paumes tournées vers le ciel. Van lui lança un coup d'œil.

« Je ne sais pas ce qu'ils ont, tous ces zigotos. À peine sortis d'une voiture, ils se mettent à dormir. C'est stipulé dans leur contrat, ou quoi ?

– C'est dû au khat, dit l'un des étudiants. Ce type mâche du khat.

– Non ! Comment le savez-vous ?

– À cause de ses yeux. Ses pupilles sont dilatées. Tout le monde en consomme, dans la région.

– Bon sang de bois... »

Matt interrompit cet échange courtois :

« Écoutez, Van. Je vous sais gré d'avoir roulé quatre heures durant sous un soleil de plomb mais...

– Dix heures, très exactement. J'ai atterri à Hargeisa, puis roulé jusqu'à Djibouti, où j'ai loué cette voiture. Le type s'est égaré à deux reprises. Il prétendait connaître le chemin.

– Bon. Mais vous êtes maintenant parmi nous et vous pourriez peut-être nous expliquer la raison de votre présence.

– Bien évidemment, dit Van. (Il souriait d'un air mystérieux et Matt comprit qu'il savourait son petit secret.) Simplement, poursuivit-il en désignant les autres du regard, je ne puis vous en parler qu'en tête à tête.

– Très bien. »

Van acheva son repas en silence, sans se hâter. Puis il se leva et lécha ses doigts maculés de graisse. Matt le conduisit jusqu'à sa tente. Dès qu'ils furent à l'intérieur, Van lui tendit une grande enveloppe marron, sans un mot d'explication. Tandis que Matt la décachetait, il jeta un coup d'œil par l'ouverture de la tente, alluma une cigarette et dit :

« Je suis dans l'incapacité de répondre à vos questions. Vous êtes *a priori* plus compétent que moi. J'aimerais pouvoir vous être utile, mais franchement je dispose de fort peu d'informations. »

L'en-tête de la lettre était aussi discret qu'officiel : *Institut de recherche sur la préhistoire, 1290 Brandywine Lane, Bethesda, MD 09763.*

> Cher Mr. Mattison,
>
> J'ai toutes les raisons de croire que cette lettre vous parviendra à un moment particulièrement inopportun et je vous prie par avance d'excuser cette malencontreuse coïncidence. Seul un motif de la plus extrême importance et, je puis vous l'assurer, d'une cruciale urgence, m'amène à vous contacter en cette période de l'année et à vous soumettre une proposition que votre magnanimité, j'en suis convaincu, ne vous permettra pas de refuser.
>
> Comme vous le savez peut-être, nous nous sommes attaché les services du professeur Jerome Kellicut, que vous connaissez me semble-t-il fort bien et qui nous a souvent parlé de vous en des termes extrêmement chaleureux. C'est pour cette raison que nous avons estimé pouvoir vous faire confiance. Mr. Kellicut se trouve depuis quelque temps à l'étranger, au Tadjikistan, et travaille sur un projet assez passionnant, dont nous assurons le financement. Ce projet s'avère de la plus haute importance pour l'ensemble de la communauté

scientifique, et tout particulièrement pour le monde de la paléontologie et des recherches préhistoriques. Nous n'avons pas eu de ses nouvelles depuis plusieurs mois, en dehors d'un message qu'il nous a demandé de vous transmettre et que nous tenons à votre disposition. Ce message est une sorte d'appel à votre égard et nous sommes convaincus que vous y répondrez favorablement, une fois informé de la situation. Les renseignements dont nous disposons, je crains de devoir le préciser, tendent à nous laisser penser que la vie du professeur Kellicut serait actuellement en danger.
Pour cette raison, je vous prie de bien vouloir nous rejoindre dès réception de cette lettre et de vous présenter à notre quartier général de Bethesda, dans le Maryland, à l'adresse indiquée ci-dessus.
Sachant pouvoir compter sur une réponse positive de votre part, nous avons déjà pris toutes les mesures concernant votre départ. Vos billets d'avion ont été réservés et des dispositions ont été prises pour assurer la relève de votre mission actuelle.
Je voudrais pour conclure insister sur le caractère impératif de la requête qui vous est faite. Je suis sûr que vous en comprendrez l'urgence, ainsi que le secret absolu dont elle doit être entourée.

Une signature illisible et autoritaire surmontait le nom et le titre dactylographiés de l'auteur de la lettre : *Le Directeur : Harold Eagleton.*

Matt était stupéfait. Il lui arrivait fréquemment de penser à Kellicut, qui avait été son maître à Harvard, mais il ne l'avait pas revu depuis cinq bonnes années et n'avait pas eu de ses nouvelles depuis… ma foi, depuis au moins deux ans. Kellicut… Personne en dehors de lui n'avait eu une telle influence sur la vie de Matt. Il régnait en despote sur le département d'archéologie et considérait ses étudiants comme de simples sujets. Ceux-ci vivaient dans l'espoir de rejoindre un jour les rangs de l'élite et de participer à l'une de ses fouilles. Kellicut avait l'habitude d'emmener les heureux élus faire avec lui la tournée des bars de Cambridge, avant de les inviter à son domicile, où il leur passait des disques de Fats Waller ou de Maria Callas, tout en leur préparant des œufs brouillés dans une poêle noirâtre qu'il ne se donnait jamais la peine de laver. Matt était passablement influençable – il n'avait jamais connu son père, mort lorsqu'il avait deux ans – et Kellicut lui avait fait découvrir des quantités de choses, des œuvres subversives, la poésie de Blake, des compositeurs dont il n'avait jamais entendu parler. Pourquoi l'avait-il choisi ? Matt s'était souvent posé la question, se sentant à la fois flatté et indigne d'un tel honneur. Et, au bout de quelque temps, il n'avait pas tardé à partager la fascination que Kellicut éprouvait à l'égard des « anciens » – non pas les Grecs et les Romains, qui nous ont légué tant de témoignages écrits et nous sont donc relativement familiers, mais nos plus lointains, nos véritables ancêtres, ces créatures encore inachevées qui s'apprêtaient à devenir des hommes.

Lors du second chantier de fouilles auquel Matt avait participé, voilà des années, dans une petite vallée de la Dordogne, à Combe-Grenal, plus de deux mille débris d'ossements néandertaliens avaient été exhumés, sans parler d'un fragment de squelette. Il avait fallu extraire et soulever à l'aide d'une grue une dalle rocheuse, qui oscillait dangereusement tandis que Kellicut courait dans tous les sens, poussant des cris et des jurons dans un français rudimentaire. Le conducteur de la grue, qui était français, était parvenu à élever la dalle mais elle était sur le point de glisser et d'aller s'écraser au sol. Kellicut était finalement monté lui-même à bord de la cabine et avait réussi à enrayer sa chute, avant de la déposer sur la plate-forme d'un camion. Matt revoyait encore la scène : Kellicut manipulant violemment les manettes, sans cesser de jurer, puis éclatant brusquement de rire. Plus tard dans la soirée, il avait sorti quatre bouteilles de champagne qu'il avait dénichées Dieu sait où et tout le monde s'était soûlé. Par la suite, toujours enclin à enfreindre les règles, Kellicut leur avait donné à chacun un petit fragment de crâne néandertalien, qu'il avait percé et monté sur une chaînette d'argent. Matt l'avait scrupuleusement porté autour du cou des années durant, avant de se résoudre à l'ôter. Aujourd'hui encore, il le conservait précieusement au fond de sa poche, comme une sorte de talisman.

À dire la vérité, Matt avait été un peu peiné que Kellicut le laisse si longtemps sans nouvelles. De toute évidence, il avait aujourd'hui des ennuis. Mais à quel genre de danger s'était-il exposé ? Sur quel projet travaillait-il ? Et quelle était la nature de son message ? Matt avait entendu parler de cet Institut de recherche sur la préhistoire, un organisme de création récente mais disposant de moyens importants, et qui était dans son domaine à la pointe de la recherche. Mais il n'en savait guère plus à son sujet. Dans quel projet Kellicut s'était-il lancé ? Comment cet Eagleton avait-il su où le trouver ? Et pourquoi semblait-il avoir la certitude qu'il répondrait favorablement à sa requête ?

Il releva les yeux vers Van, qui fumait en prenant soin de rejeter la fumée à travers le grillage du rideau.

« Qu'est-ce que c'est que cette histoire, Van ?

– Désolé : je vous ai prévenu, je ne peux pas vous en dire plus.

– Vous ne le *pouvez* ou ne le *voulez* pas ?

– Je vous assure que si je pouvais vous fournir des informations supplémentaires, je le ferais. Kellicut a disparu de ce chantier de fouilles, au Tadjikistan, et il faut que vous nous aidiez à le retrouver.

– Vous m'apportez cette lettre et vous vous imaginez que je vais tout laisser tomber pour vous suivre ?

– Oui.

– Pourquoi ?

– Parce que sa vie est sans doute en danger. »

Van ouvrit la fermeture éclair de la tente et cracha un épais jet de salive.

« Qu'est-ce qui vous fait croire ça ?

– La région n'est pas sûre. Il devait rester en rapport avec nous mais, comme vous l'apprend cette lettre, nous sommes sans nouvelles de lui depuis plusieurs mois. »

Ils restèrent un moment silencieux. Puis Van reprit :

« Vous allez donc venir. »

Matt sentit sa gorge se nouer.

« De quel délai puis-je disposer au juste ? demanda-t-il.

– Je repars aujourd'hui, dit Van. Vous pouvez nous rejoindre dans deux jours.

– Mais les fouilles ? protesta Matt. Je ne peux pas tout laisser en plan et abandonner mes étudiants. Ils ont besoin de ma présence.

– Nous avons résolu ce problème. Quelqu'un – un type de Columbia – va venir vous remplacer. Il sera ici demain, mardi au plus tard.

– Vous avez pensé à tout…

– Rien n'est moins sûr. Et c'est pour cela que nous avons besoin de vous.

– Mais pourquoi moi ?

– Vous connaissez Kellicut, et vous travaillez dans le même domaine. Vous êtes le seul, ou disons quasiment le seul, à réunir ces deux conditions. »

Tous ses sens en alerte, Matt ressentait des symptômes qu'il connaissait fort bien : un léger bourdonnement dans les oreilles, une démangeaison à l'extrémité des doigts – ce frisson qu'il avait toujours éprouvé lorsque l'aventure se profilait à l'horizon.

Ils se mirent d'accord sur les dispositions à prendre. Après quoi, Van ne s'attarda guère plus d'une demi-heure et Matt le raccompagna jusqu'à la Land Rover. Van réveilla le chauffeur assoupi qui secoua la tête, se leva et remonta à bord du véhicule.

Matt regarda Van, qui avait remis ses lunettes de soleil.

« Une dernière chose, dit-il. Votre nom ne m'est pas inconnu, mais je n'arrive pas à le situer exactement. Dans quelle branche êtes-vous ?

– Moi ? J'ai débuté dans la psychologie, puis je suis passé à la paléo-anthropologie. Je m'occupe maintenant de psycholinguistique.

– Mais bien sûr... Van Steeds. J'ai lu certains de vos articles. Tous ces nouveaux travaux sur la communication en dehors du langage sont absolument fascinants. Excusez ce trou de mémoire.

– Je vous en prie. Je suis ébahi qu'un chercheur de votre envergure prenne la peine de lire les obscures publications où paraissent mes travaux. »

Van lui adressa un grand sourire et se glissa sur la banquette arrière, sans ajouter un mot. La Land Rover démarra aussitôt, soulevant un nouveau nuage de poussière.

Un peu plus tard, après avoir regagné sa tente, Matt remarqua sur le sol, devant l'entrée, la petite flaque de salive que Van avait laissée. Elle était d'une couleur verdâtre. Nom de Dieu ! songea-t-il. Ce salopard mâchait du khat !

Susan leva sa baguette et désigna le menton de l'homme de Néandertal.

« Le voici donc. Et vous connaissez les qualificatifs aimables dont on l'affuble généralement : la mauvaise plaisanterie de la nature, l'impasse de l'évolution – notre pauvre cousin simiesque, ce demeuré au pas traînant qui a raté son entrée en scène…

« Eh bien, rien n'est plus loin de la vérité. Nous avons appris beaucoup de choses à son sujet au cours des dix ou quinze dernières années, et l'ensemble de ces données viennent contredire ce stéréotype infamant. »

Une vieille photographie apparut sur l'écran, montrant un respectable individu arborant une lavallière et une épaisse barbe blanche, aux yeux étroits et au sourire satisfait. Il ressemblait vaguement à Sigmund Freud.

« Voilà le responsable de cette légende : Marcellin Boule, le célèbre paléontologue français. Plus que nul autre, il est à l'origine de l'immense erreur d'interprétation dont l'homme de Néandertal continue à souffrir de nos jours et que l'on trouve véhiculée partout, dans la littérature comme dans les bandes dessinées. »

Susan évoqua rapidement la carrière de Boule, sa soif de notoriété, l'obsession qui était la sienne concernant la soi-disant pureté de l'humanité et qui le poussait à rejeter l'idée que l'homme ait pu avoir des ancêtres primitifs ; puis cette fatale journée de 1908 où un squelette exhumé dans une petite grotte, près de La Chapelle-aux-Saints, tomba entre ses mains. Elle appuya sur le bouton et la reconstitution qu'il avait faite du squelette apparut sur l'écran : travail tendancieux, d'une totale mauvaise foi, qui cherchait à l'apparenter le plus possible à un singe, avec des vertèbres cervicales redressées comme celles d'un gorille et l'os du gros orteil nettement séparé, opposable aux autres doigts.

« Pas étonnant dans ces conditions qu'on l'ait considéré pendant plusieurs générations comme un balourd, un attardé. Mais regardez ce qui se passe lorsqu'on corrige les manipulations de M. Boule… »

L'image changea et le squelette qui apparut se tenait aussi droit que son compagnon grimaçant, l'*Homo sapiens sapiens.*

« Vous voyez... Il a quelque peu gagné en majesté. Sans être aussi grand que nous le sommes à présent, il n'est pas très différent de nous. En tout cas, il n'a plus rien de simiesque. On prétend aujourd'hui que, une fois rasé de près, cravaté et revêtu d'un costume trois-pièces, il passerait facilement inaperçu dans la foule de Madison Avenue. Peut-être. Mais si on vous le présentait, vous constateriez aussitôt la différence. En vous serrant la main, il vous broierait probablement les phalanges. »

Un rectangle de lumière apparut soudain à l'autre extrémité de la salle : une silhouette sombre s'y profila brièvement, avant de se faufiler à l'intérieur. Susan crut voir l'individu se pencher et s'asseoir à l'un des derniers rangs tandis que la porte se refermait et que la lumière disparaissait. Une angoisse diffuse l'envahit à nouveau.

Elle se força à se concentrer sur son exposé et traversa l'estrade, en empoignant fermement sa baguette.

« Nous savons que l'homme de Néandertal maîtrisait le feu, qui était en usage depuis des dizaines de milliers d'années et sans lequel il n'aurait pu survivre, lors de la dernière glaciation. Il ne se contentait pas de conserver le feu, il savait également le produire. Il utilisait à cet effet des pyrites de fer et des silex, ainsi peut-être que des champignons séchés, en guise d'amadou. En fait, il prenait soin de son petit foyer comme un parfait homme d'intérieur. »

Susan était convaincue qu'un intrus avait pris place dans la dernière rangée de sièges. De qui s'agissait-il ? Qui pouvait bien débarquer ainsi, au beau milieu d'un cours ?

« Il enterrait ses morts. Curieusement, nombre des sites funéraires que nous avons découverts contenaient des ossements d'enfants. L'un des mieux préservés se trouve à Teshik-Tash, une caverne située dans la chaîne de Gissar, au sud de Samarkand. Il s'agit d'une vaste grotte, où l'on a trouvé six paires de cornes de bouquetins sibériens. L'une d'elles était légèrement carbonisée. Tout tend à prouver qu'un rituel élaboré s'y déroulait, dont le but était peut-être de permettre à l'enfant de renaître dans une existence future. La mort semble avoir joué un rôle particulier, pour l'homme de Néandertal. Je pense pour ma part qu'il lui vouait une sorte de culte.

« Nous pouvons en tout cas émettre l'hypothèse qu'il pratiquait une religion, bien que la nature exacte de cette dernière nous reste évidemment inconnue. Le feu y tenait probablement une place prépondérante. Certaines grottes semblent avoir abrité des salles réservées au feu, que ce soit pour des raisons pratiques – afin d'entretenir constamment le foyer – ou à des fins rituelles. En dérobant le feu, lorsque la foudre tombait, que les éclairs déchiraient le ciel et que le déluge s'abattait sur son pauvre univers, l'homme de Néandertal, à l'image de Prométhée, avait peut-être le sentiment d'outrepasser son rang... Peut-être usurpait-il ainsi le pouvoir de ses dieux et ceux-ci, à l'image des divinités grecques, et même de Jéhovah, exigeaient-ils de lui réparation, à travers une sorte de sacrifice. Ces ossements d'enfants seraient-ils les lointaines prémices de l'histoire d'Abraham et d'Isaac ? Nous l'ignorons, et ne le saurons sans doute jamais. »

Susan marqua une pause.

« Tenons-nous-en donc aux faits clairement établis. Nous savons que l'homme de Néandertal vivait en petites collectivités, qu'il prenait soin de ses vieillards et de ses blessés. On a retrouvé des squelettes portant des traces de fractures et d'infirmités diverses ayant été soignées, qui l'établissent sans ambiguïté. (Une nouvelle photo apparut sur l'écran.) Vous voyez ici les restes d'un squelette découvert par Ralph Solecki dans la grande caverne de Shanidar, en Irak. Cet homme préhistorique a été tué par un éboulement rocheux. Il était âgé d'une quarantaine d'années, ce qui faisait de lui un ancien, selon les critères de l'époque. Cette fracture crânienne est probablement due à l'éboulement qui l'a emporté. Mais regardez bien son bras droit : il avait été amputé quelques années auparavant, juste au-dessus du coude. Et il avait de l'arthrite. Observez maintenant la partie gauche du visage : on distingue une cicatrice dans le tissu osseux. Cet homme était borgne de l'œil gauche. Un individu souffrant de tels handicaps n'aurait jamais pu survivre seul, dans un contexte pareil. C'étaient les autres qui le maintenaient en vie. La tribu prenait en charge les plus démunis de ses membres, ceux qui étaient dans l'incapacité de chasser ou de travailler. En ce sens, l'homme de Néandertal était un être *humain* – plus humain peut-être que nous ne le sommes aujourd'hui. Ceux d'entre vous qui ont récemment mis les pieds dans un hospice de vieillards comprendront sûrement ce que je veux dire.

« Une autre précision, s'il y en a parmi vous qui considèrent encore l'homme de Néandertal comme cette créature obtuse que nous montrent les caricatures. M. Boule avait fait un moulage du crâne de La Chapelle et en avait déduit que son propriétaire était un simple d'esprit. Aujourd'hui, évidemment, nous savons que la taille du cerveau n'a strictement aucun rapport avec le quotient intellectuel. L'écrivain français Anatole France avait un cerveau inférieur d'un bon tiers, pour ce qui est de la taille, à celui d'un néandertalien moyen.

« Mais nous en savons aussi beaucoup plus sur les crânes néandertaliens et, d'après les relevés effectués sur leurs cavités cervicales, nous avons aujourd'hui la certitude que leur cerveau n'était *pas* plus petit que le nôtre. Ce serait même plutôt l'inverse : il était en moyenne légèrement plus gros, de près de 10 %. Plus encore, le rapport entre la taille du cerveau et celle du corps – que l'on désigne sous le terme de céphalisation et qui permet de mesurer le degré d'intelligence de manière beaucoup plus pertinente que le strict volume de la masse cervicale, lorsqu'on l'étend à toute une espèce – s'avère également supérieur, selon un coefficient de 0,12. »

Un tableau apparut, montrant la céphalisation comparée d'une vingtaine d'espèces. La plus élevée était celle de l'homme de Néandertal et la plus basse celle de la « vache actuelle », comme l'indiquait la légende.

« Il est impossible de prendre en compte l'ensemble de ces données sans admettre que l'homme de Néandertal était notre égal, en termes de capacités cérébrales – et qu'il était peut-être même supérieur à nous. »

Susan traversa l'estrade et s'interrompit pour ménager un effet dramatique, avant de lever le bras.

« Considérons à présent l'homme actuel... »

Sur l'écran apparut la photo granuleuse d'un homme de belle taille, d'une soixantaine d'années. Adossé à une sorte de tombe, il était vêtu d'une veste de safari kaki. Avec son front dégarni, sa barbe poivre et sel, son regard malicieux et son sourire esquissé, il donnait une impression de désinvolture. Et bien qu'il fût au repos, appuyé contre le vieux pan de mur effondré, un brin de paille à la bouche, il semblait sur le point de bondir vers l'appareil. Il avait des yeux sombres, pénétrants, dont il était difficile de se détacher.

« Voilà bien le paradoxe. Si l'homme de Néandertal était à ce point intelligent, que s'est-il donc passé ? Pourquoi est-ce l'homme tel que vous le voyez derrière moi qui a fini par s'imposer ? Qu'est-il arrivé à celui qui habitait cette vallée remplie de fleurs sauvages ? Pourquoi sommes-nous ici, et pourquoi a-t-il disparu ? Pour reprendre la formule de Jack Nicholson dans *L'Hon-*

neur des Prizzi : “ S'il était si diablement malin, pourquoi est-il si diablement mort ? ” »

Il y eut quelques rires dans l'assistance, à la suite de cette comparaison irrévérencieuse.

« Pourquoi l'homme de Néandertal, apparu il y a deux cent trente mille ans, a-t-il prospéré pendant des millénaires, étendant son règne depuis l'Europe occidentale jusqu'en Asie centrale, sans oublier le Moyen-Orient, dans des climats et des environnements très différents, pour disparaître ensuite du jour au lendemain ? »

Susan donna un coup de baguette si violent que l'écran se mit à osciller.

« L'homme que vous apercevez ici est l'un des plus éminents théoriciens et paléo-anthropologues de notre temps… (Susan marqua une pause respectueuse…) le professeur Jerome Kellicut. Pour être brève, je dirai que ses travaux ont révolutionné le domaine que nous étudions. »

Susan le regarda. Elle avait toujours aimé cette photo, qu'elle avait prise elle-même en Crète, des années plus tôt. Je lui passe peut-être un peu trop de pommade, songea-t-elle. Elle avait récemment été amenée à mettre en doute certaines des conclusions de Kellicut, à le démythifier en quelque sorte. Il était fatal que cela finisse par arriver. Il possédait un tel charisme, c'était le genre de professeur qui changeait la vie de ses étudiants. Qui n'aurait voué une sorte de culte à un homme capable de penser en termes d'éons ?

« Grâce à une nouvelle méthode de datation des roches, baptisée thermoluminosité, et dont je vous passe le détail technique, le professeur Kellicut a étudié les silex retrouvés dans les grottes néandertaliennes du sud-ouest de la France et est arrivé à les dater de manière beaucoup plus précise que quiconque avant lui. Il est parvenu à la surprenante conclusion que l'homme de Néandertal a vécu nettement plus longtemps qu'on ne le croyait auparavant et qu'il aurait disparu voilà environ trente mille ans, alors qu'on estimait jusqu'alors que son extinction remontait à quarante mille ans. L'écart n'est que de dix mille ans, mais il est loin d'être insignifiant, car c'est précisément au cours de cette période que l'homme moderne apparaît sur la scène, remontant d'Afrique et atteignant finalement l'Europe, à travers le Moyen-Orient. En d'autres termes, Kellicut a établi de manière irréfutable que l'homme moderne actuel – l'*Homo sapiens sapiens* – et l'*Homo sapiens neandertalensis* ont bel et bien coexisté. J'insiste : *coexisté* !

« Imaginez ce qu'implique une telle découverte... (La voix de Susan s'amplifia.) Ces deux branches d'une même espèce se sont-elles rencontrées ? Ont-elles échangé des idées, des outils ? Ont-elles chassé, procréé ensemble ? Se sont-elles combattues ?

« Nous disposons à présent d'une ombre au moins de solution concernant notre grande énigme : qu'est-il arrivé à l'*Homo sapiens neandertalensis* ? Car nous savons maintenant que sa sortie de la scène correspond dans le temps à l'arrivée de l'*Homo sapiens*, une espèce étrangement semblable à lui, mais suffisamment différente sur certains points pour lui avoir survécu, avant de devenir finalement l'enfant chéri de la Terre.

« Il nous reste à trouver le fin mot de l'énigme. Si cela ne fut pas lié à une infériorité intellectuelle au sens strict – et nous avons toutes les raisons de le croire, attendu les estimations les plus précises de sa capacité crânienne –, à quoi cela fut-il donc dû ? Si nous pouvions répondre à cette simple question, nous comprendrions *tout le reste*. Nous saurions précisément ce qui nous différencie des autres animaux. Ce qui nous distingue et nous place à l'écart des autres créatures vivantes : convaincus d'appartenir à une histoire, conscients d'être mortels. Ce qui nous fait *sapiens*, capables de pensée. Et nous atteindrions finalement cette chambre secrète où gît, caché, le secret de notre existence. »

Les lumières ne tardèrent pas à se rallumer. Il y eut de longs et chaleureux applaudissements, qui cédèrent peu à peu la place à un brouhaha confus de conversations, de livres qu'on rangeait et de sièges qui claquaient, tandis que la salle commençait à se vider.

Susan rassembla ses papiers, descendit quelques marches et s'arrêta pour parler avec un petit groupe d'étudiants, avant de se diriger vers le fond de l'amphi. Elle avait parcouru la moitié de l'allée lorsqu'elle aperçut la silhouette de l'homme assis au dernier rang.

Son cœur se mit à battre. L'individu, massif et corpulent, ne passait pas inaperçu avec sa veste qui le boudinait et les lunettes de soleil qui pendaient à son cou, suspendues à un cordon. Il demeura prostré sur son siège jusqu'à ce que Susan soit parvenue à sa hauteur.

« Mrs. Arnot ? dit-il avec une ombre de sourire. Je m'appelle Van Steeds. »

Susan lui retourna son sourire et hocha imperceptiblement la tête. Ses mains étaient glacées. L'homme lui tendit une grande enveloppe marron.

3

En descendant, l'avion de Susan survola le Monument, l'Ellipse, puis le Memorial de Lincoln. Plus bas, les voitures lilliputiennes se déplaçaient avec précision, comme sur un circuit miniature.

Susan détestait Washington. Elle y avait vécu un an, grâce à une bourse qu'elle avait obtenue après sa licence à Harvard. Elle frissonnait encore à l'évocation de ces après-midi suffocants où elle classait des ossements dans un sous-sol, tout en rêvant de contrées lointaines. Et en pansant ses plaies amoureuses, bien sûr, comme ses amis l'insinuaient méchamment derrière son dos.

Elle récupéra sa valise bosselée. Un chauffeur l'attendait à la sortie, brandissant une pancarte où était écrit : *Mrs. Arnot.* Elle le suivit jusqu'à sa limousine et ils se rendirent dans un quartier résidentiel, composé de maisons à deux ou trois étages et de pavillons en brique. Des enfants jouaient sur les trottoirs.

Ce décor lui rappela la petite ville forestière de l'Oregon où elle avait grandi – l'implacable région qu'elle s'était empressée de fuir. Elle avait eu une enfance épouvantable. Son père était alcoolique et avait abandonné sa frêle et chétive épouse pour s'engager dans la marine, à la tête d'un ferry-boat. Sa mère avait trouvé refuge dans la religion : le seul souvenir agréable de Susan était celui de la petite église aux bardeaux blancs, érigée au sommet d'une colline.

Elle tenait son énergie de sa grand-mère, une superbe Hongroise dont elle avait également hérité la peau mate, les pommettes saillantes et les longues jambes fuselées. Sa grand-mère avait quitté Budapest à l'âge de vingt-trois ans et avait traversé le Canada à pied, avant de s'établir dans l'Oregon. C'était d'elle que Susan tenait son esprit d'indépendance, qui avait malheureusement épargné sa pauvre mère. Lorsqu'elle était sur le point de partir pour un nouveau chantier de fouilles, ou de se lancer dans une aventure comme celle d'aujourd'hui, elle aimait se dire qu'elle était une pionnière elle aussi, à sa façon.

Deux jours seulement s'étaient écoulés depuis que Van lui avait remis son message, mais elle se sentait vaguement coupable d'avoir mis autant de temps à régler ses affaires. Visconti, le directeur de son département, n'avait pas accueilli sa requête de très bonne grâce, mais l'avait finalement autorisée à partir. Il avait même réussi à éveiller sa curiosité à propos de cet Institut de recherche sur la préhistoire en haussant les sourcils lorsqu'elle y avait fait allusion et en lui déclarant que la plupart des chercheurs seraient prêts à tuer père et mère pour avoir l'honneur d'y donner une conférence. Elle avait mené sa petite enquête à la bibliothèque : elle avait déniché de nombreuses références relatives à cet Institut – toutes postérieures à 1987 – et s'était demandé comment il se faisait qu'elle n'en sache pas davantage à son sujet.

Van était un messager passablement laconique. Il ne lui avait pas révélé grand-chose sur lui-même, ni à propos de Kellicut ou de l'expédition dans laquelle celui-ci s'était lancé. Il ne lui avait pas non plus précisé ce qui l'attendait ici, sinon qu'il s'agissait d'un « vague oral universitaire ». Il semblait par ailleurs en savoir long sur son propre compte, Susan s'en était aperçue, moins à cause de ce qu'il lui avait déclaré que des insinuations qu'il avait faites et des questions qu'il s'était abstenu de poser.

Un campus universitaire se profila bientôt sur la droite. Peu après, Susan aperçut un panneau indiquant la direction de l'Institut de recherche sur la préhistoire. À l'intérieur, deux secrétaires s'affairaient à leurs bureaux. L'une d'elles désigna à Susan une autre pièce, plus petite, où Van l'attendait. Il s'extirpa lentement de son fauteuil et la gratifia d'une vague courbette.

« Bienvenue, lui dit-il.

– Merci. (Susan regarda autour d'elle : la pièce était meublée avec goût, à l'ancienne.) Où sommes-nous exactement ? Dans une université ?

– Disons que nous y sommes rattachés. Cela contribue à une nécessaire synergie. »

Il la précéda dans la pièce voisine, puis le long d'un nouveau couloir. Ils arrivèrent enfin devant une porte en chêne à double battant. Van l'ouvrit et s'effaça pour la laisser passer.

Désorientée, en proie à un vague tournis, Susan pénétra dans une petite salle de réunion, recouverte d'une épaisse moquette. Autour de la table, une douzaine de personnes étaient installées sur des sièges confortablement rembourrés. Tous les visages se tournèrent vers elle et la considérèrent avec intérêt, sans manifester la moindre surprise. Puis elle aperçut l'individu qui était assis au centre de l'assemblée et en eut le souffle coupé. Impossible de se méprendre : c'était Matt, en chair et en os.

Eagleton fit pivoter son fauteuil roulant face au mur d'écrans vidéo et s'assura que la cassette enregistrait bien la scène. C'était un moment décisif et il voulait être sûr de bien capter leur expression à tous deux, les regards qu'ils échangeraient à l'instant précis où la surprise fait tomber les masques et révèle la vérité d'un être. Il étudierait tout cela plus tard en détail. Il se félicitait toujours de son habileté à détecter les indices révélateurs, les « espions inconscients de l'âme », comme il les appelait, qui échappaient généralement à des observateurs moins avertis.

Mattison savait que Susan devait les rejoindre, ce qui signifiait évidemment qu'il s'était préparé à la rencontre. Tout cela à cause de ce crétin de Schwartzbaum, qui avait vendu la mèche en début de matinée. Eagleton l'aurait étranglé. Mais comment aurait-il pu procéder autrement ? Il avait souhaité que les membres et les consultants les plus éminents de son équipe rencontrent les nouveaux venus et les interrogent en personne. Un entretien conduit par des experts était encore le meilleur moyen de soutirer des informations scientifiques qui pouvaient s'avérer précieuses, il le savait d'expérience. Même si les experts en question n'avaient pas la moindre idée de l'usage auquel ces informations étaient destinées. Il avait l'art de répartir les rôles entre ses subordonnés et de ne leur distiller des renseignements qu'au compte-gouttes, en les laissant dans le flou. C'était devenu chez lui une sorte de seconde nature, ou plus exactement d'instinct vital.

Eagleton avait pleinement conscience de l'enjeu de toute cette affaire et de la pression qu'elle exerçait sur lui. Mais il ressentait aussi autre chose : ce léger frisson d'excitation, cette moiteur au creux des paumes, comme au bon vieux temps... Mon Dieu, comme il détestait la sueur ! Mais l'excitation... c'était le moteur de sa vie. Il savait fort bien de quels surnoms on l'affublait : « Captain Queeg », « le Serpent à roulettes »... L'ennui, avec ce système de surveillance interne, c'est qu'on finissait toujours par en apprendre plus qu'on ne le souhaitait. Et pourtant, on n'en savait jamais assez L'information, c'est le pouvoir, selon l'expression consacrée. Et une dose raisonnable de paranoïa n'avait jamais fait de mal à personne. Il se rappela la vieille plaisanterie définissant le contraire de la paranoïa : « Tendance irrationnelle d'un être convaincu de ne *pas* être persecuté. »

Pour Harold Eagleton, qui avait maintenant la soixantaine bien sonnée et trop de cheveux blancs, et pour qui l'univers était une puissance hostile, infestée de microbes et truffée d'ennemis potentiels, cette expédition constituait une sorte de retour sur le devant de la scène. Mais il fallait que tout se déroule sans le moindre accroc. L'histoire de Kellicut était préoccupante. Et il ne faisait pas confiance à Van. Il avait besoin de Mattison et d'Arnot et devait s'assurer qu'ils réagiraient comme il le souhaitait.

Il alluma une cigarette et tripota la télécommande. Le visage de Susan apparut en gros plan sur l'écran. Elle ne manquait pas de charme, il devait le reconnaître – lui qui ne considérait généralement les femmes qu'en fonction de leur « valeur d'échange ». Mais il y avait une sorte de séduction en elle, qui tenait à la forme de ses lèvres, à la longueur de ses cheveux et à sa façon de les rejeter en arrière lorsqu'elle était en proie à une certaine nervosité – ce qui était indubitablement le cas en ce moment, stupéfaite qu'elle était d'apercevoir Mattison. Mais elle se ressaisit aussitôt, comme Eagleton le constata avec satisfaction, et pénétra avec assurance dans la pièce.

Elle fit le tour de la table, échangeant une poignée de main avec chacun des participants. Les hommes se levaient en affichant une courtoisie un peu ostentatoire, mais les femmes restaient assises et se contentaient de lui serrer la main, avec ce sourire de complicité féminine que les scientifiques de ce sexe affectionnent de nos jours. Il y avait là un échantillon à peu près complet des diverses disciplines concernées : un expert en morphologie, une neurologue, un physicien et un astrophysicien ; deux généticiens ; une géologue, un anthropologue, une psychologue et un parapsychologue ; un archéologue, un spécialiste de l'écologie, un autre de la sociobiologie évolutive, un paléontologue, une anatomiste et un historien de l'art. Susan identifia la plupart des noms et connaissait même personnellement certains des participants. Lorsqu'on lui présenta Ugo Brizzard, auteur de travaux sur la communication télépathique, que la plupart des scientifiques tenaient pour un charlatan, elle ne manifesta sa surprise que par un infime haussement de sourcils.

Eagleton l'observa avec attention lorsqu'elle arriva au niveau de Mattison. Ce dernier lui tendit la main. Elle la saisit.

« Nous nous sommes déjà rencontrés, dit-elle.

– Comme vous dites », répondit-il.

Ils échangèrent un sourire et elle poursuivit son tour de table. Excellent contrôle de soi, songea Eagleton. Il commençait à se sentir d'humeur un peu plus optimiste. Ils seront à la hauteur de la situation, se dit-il en rangeant leurs dossiers dans un tiroir qui portait la mention : *Réservé au directeur.*

« Nous avons la chance d'avoir pu réunir autour de la même table Mrs. Arnot et Mr. Mattison, déclara le professeur C. B. Simpson, un anthropologue aux cheveux blancs qui faisait fonction de modérateur. Nous pourrons ainsi bénéficier des réponses divergentes qu'ils ne manqueront pas de faire à chacune de nos questions. »

L'assemblée éclata de rire. On servit du thé et du café et les questions se mirent aussitôt à fuser. Les premières étaient d'ordre général, mais la discussion devint très vite plus technique et finit par se concentrer sur le problème auquel elle aboutissait inexorablement : l'extinction de l'homme de Néandertal.

« Pouvez-vous nous résumer l'état actuel de la recherche concernant la date exacte et les raisons de cette disparition ? demanda Eugene Pringle, un mathématicien au visage avenant et au nez chaussé d'épaisses lunettes qui donnaient à ses yeux l'aspect de deux globes bleuâtres et exorbités.

– Il est assez facile de vous répondre au sujet de la date, dit Susan, mais pour ce qui est des raisons, c'est une autre affaire. Tout tend pour l'instant à prouver que l'homme de Néandertal a disparu voilà environ trente mille ans. Les découvertes les plus récentes et les plus significatives ont été faites dans certaines régions de l'ex-Union soviétique. La datation au carbone 14 les fait à peu près remonter à cette époque.

– D'un autre côté, intervint Matt, certains signes semblent indiquer qu'il s'agirait moins d'une extinction que d'une évolution, dans le cadre du paléolithique supérieur. On trouve la trace d'une industrie régionale

– le châtelperronien – dans le sud-ouest de la France et en Espagne.

– Excusez-moi, l'interrompit quelqu'un à l'autre bout de la table, mais qu'est-ce qu'une industrie régionale ?

– La production d'outils sur une aire géographique étendue. Si cette industrie est bien néandertalienne – et la finesse, la qualité des outils tendent à me le laisser penser –, la date pourrait être un peu plus récente. Certains signes semblent même suggérer une association entre les néandertaliens et les aurignaciens. Nous ne pouvons donc pas exclure la possibilité d'une fusion entre deux groupes de population.

– Certains parmi nous rejettent fermement cette hypothèse, intervint Susan.

– Pourquoi ?

– Parce que les restes en question, qui proviennent des fouilles de Vindija, ne sont pas suffisamment concluants. Ils ont été découverts à un niveau où l'on a retrouvé en tout et pour tout une pointe d'os aurignacienne. On ne peut pas bâtir tout un édifice théorique, *a fortiori* lorsqu'il a de telles implications, sur une trouvaille aussi infime. Trop de questions demeurent en suspens. »

Matt fit la grimace. Susan avait toujours été très méticuleuse concernant ce genre de détails, songea-t-il. Il la dévisagea longuement pour la première fois. Elle était toujours d'une beauté à couper le souffle. Les années l'avaient épargnée, se dit-il, même si sa peau était à présent sillonnée de rides infimes, conséquence de trop longues expositions sous un soleil de plomb. Elle avait pris un peu de poids mais cela n'avait rien de disgracieux : au contraire, cela mettait en valeur l'ovale de son visage et la courbe de ses hanches. Comme d'habitude, c'étaient ses cheveux noirs qui frappaient de prime abord lorsqu'on la regardait, même s'ils n'étaient plus aussi longs qu'autrefois et semblaient se dresser dans tous les sens, comme électrisés par l'orage.

Et il y avait une profondeur, une gravité nouvelles dans son regard. Était-ce la conséquence d'une vie solitaire ou d'une nouvelle et mystérieuse liaison, consécutive à leur séparation ? Cela remontait à... combien au juste ? Quinze ans ? Ils ne s'étaient pas adressé une seule fois la parole au cours de cette période, se contentant d'échanger quelques piques par le biais des ragots universitaires et des notes en bas de page de leurs diverses publications. Il l'avait aperçue à plusieurs reprises – un jour, notamment, à l'autre bout d'une salle, lors d'un colloque quelconque ; mais lorsqu'il avait réussi à se frayer un chemin dans la foule pour aller la rejoindre, elle avait disparu.

« Il faut se rendre à l'évidence, reprit Matt, il y a encore beaucoup de choses que nous ignorons. Dans la plupart des cas, nous ne savons même pas à quelle époque vécurent ces créatures. La quantité de fossiles dont nous disposons est tout simplement insuffisante. Si ça se trouve, nous faisons fausse route en nous basant sur des squelettes plus récents : peut-être sont-ils morts comme des mouches il y a quatre-vingts ou quatre-vingt-dix ans.

– Quatre-vingts ou quatre-vingt-dix ans ! s'exclama Pringle, le mathématicien.

– Excusez-moi, j'ai employé la formule abrégée. Je voulais bien sûr parler de quatre-vingts ou quatre-vingt-dix mille ans.

– Nous voilà renseignés sur la date, dit Pringle. Venons-en maintenant aux raisons de leur disparition.

– La question est encore plus débattue, dit Susan. Comme vous l'imaginez, les théories abondent. Elles ont toutes en commun un défaut évident : je veux dire qu'elles sont le fait des survivants. Vous connaissez le proverbe : ce sont les vainqueurs qui écrivent l'Histoire.

– Dans le cas présent, je ne vois pas qui d'autre pourrait s'en charger, rétorqua Pringle.

– C'est exact. Quoi qu'il en soit, tout le monde s'accorde généralement à admettre que la constitution de l'homme de Néandertal lui permettait d'endurer un climat extrêmement froid, beaucoup plus rigoureux que celui que nous serions nous-mêmes en mesure de supporter. Lors de la dernière glaciation, dite de Würm, il ne devait pas se sentir trop handicapé, tant qu'il pouvait s'abriter dans une caverne et disposer d'un bon feu pour se réchauffer. Et puis, quelque chose s'est passé.

– Il ne pouvait s'agir que d'un événement d'ordre traumatique, intervint un petit homme trapu dont Susan n'avait pas saisi le nom. Rien ne peut interrompre la transmission des gènes, pas plus chez l'homme de Néandertal que pour n'importe quelle espèce. »

Oh ! non... songea Susan. J'espère que ce type n'appartient pas à la tribu de ces sociobiologistes, darwiniens forcenés, qui adorent monopoliser l'attention dans les cocktails en lançant des assertions soi-disant définitives, du genre : le microbe de la rage vit dans la salive, ce pourquoi les chiens enragés se mettent à mordre et n'arrivent plus à avaler...

Matt intervint :

« Certains soutiennent une théorie selon laquelle un cataclysme aurait eu lieu, une sorte de big-bang qui aurait provoqué une extinction massive. Un bouleversement de l'environnement, une éruption volcanique, une mutation de l'écosystème que les néandertaliens n'auraient pas été en mesure de surmonter. Le problème, c'est qu'on ne voit pas très bien de quel cataclysme il pouvait s'agir. Il aurait fallu qu'il soit à la fois suffisamment puissant pour annihiler l'homme de Néandertal et assez limité dans l'espace pour épargner l'*Homo sapiens*. C'est une thèse malaisée à défendre. Sans compter que les forages effectués dans les couches glaciaires du Groenland ou dans les sables du

Sahara n'indiquent nullement qu'un phénomène aussi singulier ait eu lieu, il y a trente-six mille ans.

– Peut-être le réchauffement progressif de la Terre a-t-il graduellement réduit sa zone d'habitation, intervint Pringle. Ce qui l'aurait contraint à occuper un espace de plus en plus restreint, à se réfugier dans les montagnes, par exemple, au point de ne plus être en mesure de se nourrir.

– C'est peu probable, dit Susan. L'échelle temporelle est trop étroite. Et il se serait adapté.

– Peut-être a-t-il essayé… et échoué.

– Peut-être. Mais n'oubliez pas que tout ce que nous savons de l'homme de Néandertal nous le montre comme une créature inventive, capable de s'adapter à son contexte. Il maîtrisait le feu. Il vivait dans des grottes. Il se couvrait de peaux de bêtes. Il s'agit là d'un être plus apte à transformer son environnement qu'à en devenir la victime.

– Que voulez-vous dire ?

– Que pendant des centaines de milliers d'années, l'homme préhistorique a pataugé dans la boue, contraint de survivre dans un univers hostile, immuable. Survient alors un surgeon de l'espèce qui parvient à s'extraire de cette fange. Il utilise son cerveau. Il vit en petites communautés. Il résout les problèmes qui se posent à lui. Et ce serait cette créature que la nature aurait choisie comme victime de sa macabre plaisanterie ? Cela ne tient pas debout – scientifiquement parlant, je veux dire. Si la science nous enseigne quelque chose, c'est bien que la nature obéit à un schéma rigoureux, logique.

– C'est exact, dit le petit homme trapu. Comme dans le cas du choléra.

– Je vous demande pardon ? dit Susan.

– Le choléra se propage à travers les excréments… et nous oblige donc à déféquer. »

Je savais que c'était un darwiniste enragé, songea Susan.

« Quelle est donc la réponse ? demanda Victor Schwartzbaum, l'éminent paléontologue.

– Je m'excuse auprès de Gertrude Stein, mais quelle est la question ?

– Celle qui nous réunit autour de cette table : qu'est-ce qui a provoqué la disparition de l'*Homo sapiens neandertalensis* ?

– Le coupable se trouve devant vous.

– Pardon ?

– Les responsables de leur disparition, collectivement parlant, c'est nous.

– Je ne vous suis pas.

– C'est très simple, dit Susan. Nous les avons éliminés.

– Pas si vite ! intervint Matt.

– Voyez-vous, reprit Susan, ceux d'entre nous qui ont suivi la voie ouverte par le professeur Kellicut se divisent en deux camps opposés, qui se regardent en chiens de faïence.

– C'est un euphémisme, dit Schwartzbaum.

– Le camp que j'ai choisi a été baptisé “ l'Arche de Noé ”, ou “ Out of Africa 2 ”, poursuivit Susan. Nous pensons que, bien longtemps après la dissémination de l'*Homo erectus* à partir de l'Afrique, une seconde migration a eu lieu, il y a environ une centaine de milliers d'années. Et qu'il s'agissait alors de nous – je veux dire de l'être humain moderne, anatomiquement parlant. Nous avons supplanté les néandertaliens, que ce soit par le biais d'une nouvelle invention technique ou par celui d'une nouvelle forme d'organisation sociale. Une lutte darwinienne s'est alors engagée, à une immense échelle, une guerre entre les deux espèces. Et il a dû s'agir d'un combat sans merci, mené jusqu'à son terme, c'est-à-dire littéralement jusqu'à ce que mort s'ensuive.

« En face, on trouve les partisans de la théorie que j'ai surnommée " Faites l'amour, pas la guerre ", notamment soutenue par Mr. Mattison, ici présent. Ils ne croient pas à l'existence de cette seconde migration africaine et pensent que des formes d'humanité différentes ont évolué de manière plus ou moins indépendante dans diverses régions du globe, avant de se mélanger. Les gènes de l'homme moderne auraient tout simplement absorbé ceux de l'homme de Néandertal.

– Ce n'est certes pas le terme que j'emploierais, répliqua Matt. Je dirais plutôt : assimilé, intégré. Pour une raison qui nous échappe, l'*Homo sapiens* est la créature la plus portée sur la sexualité que le monde ait jamais produite.

– La plus guerrière aussi, ajouta Susan.

– Oui, et la guerre engendre de nouveaux brassages ethniques. Les deux sous-groupes, initialement distincts, finirent par n'en former plus qu'un. Nous avons triomphé grâce à notre ruse amoureuse, et non par notre puissance sur les champs de bataille. »

La formule prit Susan de court et elle marqua un temps d'arrêt.

« Il est toujours aisé de tourner en dérision la théorie de son adversaire, finit-elle par dire.

– C'est vrai. Mais le problème, avec votre théorie, c'est qu'elle implique l'hypothèse du plus gigantesque massacre de l'Histoire – une sorte d'holocauste du pléistocène, comme certains l'ont désigné. Mais dans ce cas, où sont les charniers ? Et les crânes brisés ? Il est selon moi plus facile, disons même plus réaliste, d'estimer que l'homme de Néandertal a poursuivi sa route et qu'il est toujours présent – en chacun de nous.

– Voilà qui est difficile à concevoir, surtout en contemplant le front altier de Mr. Mattison, lança Susan sur un ton sarcastique.

– Il a fallu quarante mille ans pour en arriver là. Mais chacun de nous porte la trace de cet héritage génétique. »

Leurs regards se croisèrent un instant, puis Susan reprit :

« Nous avons récemment fait certaines découvertes, selon moi fort significatives. Je me suis particulièrement intéressée à l'une d'entre elles, qui a été faite en Ouzbékistan, près de la mer Caspienne. Voilà deux ans, j'ai eu la chance d'y mettre au jour un dépôt d'ossements néandertaliens. Ils se trouvaient sous mes pieds, littéralement : j'avais renversé mon café dessus, un après-midi. Je n'ai pas encore fini de les répertorier, mais, bien qu'ils n'aient pas tous été étudiés, il apparaît clairement que de nombreux néandertaliens sont morts ensemble à cet endroit. Il pourrait s'agir des vestiges d'un ancien champ de massacre.

« Ce qui rend ce site particulièrement intriguant, c'est que les grottes des néandertaliens sont disposées en cercle tout autour et contiennent des milliers d'ossements animaux. Certains sont indéniablement humanoïdes. La plupart de ces os ont été brisés très méticuleusement, visiblement à l'aide d'un outil. Nous en sommes arrivés à une conclusion qui me paraît incontournable : on a cassé ces os pour en extraire la moelle. »

Susan marqua une pause, afin de permettre à ses auditeurs de réaliser la portée de sa dernière phrase.

« On a également retrouvé des crânes qui portaient clairement à leur base la trace d'une mutilation, infime mais parfaitement identifiable, au niveau de l'orifice par où la moelle épinière se raccorde au cerveau. Des crânes témoignant de mutilations identiques ont été découverts dans des grottes néandertaliennes depuis 1931 au moins. Personne ne savait alors comment interpréter ce fait, mais nous pensons avoir trouvé l'explication. (Susan dévisagea son auditoire.) Mesdames et messieurs, la conclusion me paraît s'imposer : l'homme de Néandertal était de toute évidence un grand amateur de cervelle… »

Tandis que Van leur montrait le chemin, au sortir de la salle, Matt se tourna vers Susan.

« Comme le temps passe ! lui dit-il.

– Oh ! cela t'a paru long ? Moi qui croyais avoir été brève… »

Matt hocha la tête. Elle feignait évidemment de se méprendre sur le sens de sa remarque. Une vieille ficelle…

« Où diable as-tu déniché cette théorie du " Faites l'amour, pas la guerre " ? demanda-t-il.

– Je pensais que la formule te plairait. En souvenir du bon vieux temps, comme on dit.

– Tu crois vraiment à cette histoire de mangeurs de cervelle ?

– Je ne vois guère d'autre explication. Sauf à leur supposer une sexualité particulièrement biscornue. »

Matt redevint sérieux.

« Susan, que se passe-t-il au juste ? As-tu la moindre idée de ce que nous sommes venus fabriquer ici ? »

Van s'immisça sans vergogne dans la conversation :

« Patientez encore une minute, et tout s'éclaircira. »

Il s'engagea dans un couloir aseptisé. Susan se pencha vers Matt et murmura :

« Je n'en sais pas plus que toi. J'ai simplement reçu un message me demandant de venir et me précisant que c'était en rapport avec Kellicut, qui serait plus ou moins en danger. »

Van s'arrêta devant une épaisse porte en chêne. Il frappa et attendit la réponse avant d'entrer. La pièce était plongée dans une pénombre inattendue et ce ne fut qu'au bout de plusieurs secondes qu'ils distinguèrent la silhouette anguleuse d'un homme assis derrière un bureau, le long du mur et en face d'une fenêtre dissimulée par des stores hermétiquement clos. L'homme fumait une cigarette. Un nuage de fumée planait au-dessus de sa tête.

« Ah !... Entrez, dit-il, et soyez les bienvenus... »

Il parlait d'une voix nasillarde, sur un ton à la fois charmeur et autoritaire.

Ils s'approchèrent. De l'autre côté du bureau, l'homme ne se leva pas mais leur tendit une main décharnée, au-dessus d'un buvard immaculé.

« Mrs. Arnot, Mr. Mattison... Je suis Harold Eagleton. Bienvenue à l'Institut de recherche sur la préhistoire. »

Son intonation incliquait qu'il était habitué à ce qu'on le reconnaisse. Il tenait sa cigarette comme les gens de l'Europe de l'Est, entre le pouce et l'index de la main gauche, les autres doigts repliés en éventail.

Tandis que Matt lui serrait la main, le dominant de toute sa stature, Susan observait Eagleton. Le dos voûté, tout de guingois, il avait une allure invraisemblable avec son teint livide, sa tête penchée sur le côté et ses lunettes à monture d'acier, chaussées de traviole. Elle remarqua une forme métallique sous le bureau – le dossier incurvé d'un fauteuil roulant au siège capitonné de cuir noir. C'était donc pour ça qu'il avait l'air avachi, affaissé comme un soufflé. Elle perçut des effluves qu'elle ne parvint pas à identifier. Un désinfectant, peut-être.

Eagleton se tourna vers elle.

« Nous vous sommes extrêmement reconnaissants d'avoir réussi à vous libérer aussi vite, chère madame. Kellicut a besoin de votre aide. Et nous de même.

– On ne nous a guère laissé le choix, dit Matt. Que se passe-t-il au juste ? »

Eagleton le dévisagea.

« Peut-être pouvons-nous laisser tomber les politesses, dit-il en exhalant un nouveau nuage de fumée.

L'Institut… mais vous êtes sans doute au courant de nos activités ? Très bien… (Il était difficile de savoir si cette approbation lui faisait réellement plaisir.) Nous nous intéressons à de nombreuses branches des études préhistoriques, ainsi qu'à des aires géographiques souvent négligées par d'autres institutions. Nous disposons de capitaux importants et nous n'hésitons pas à investir lorsqu'un terrain nous semble prometteur. Nous soutenons des projets dans le monde entier et nous nous attachons les services des meilleurs spécialistes. Des gens comme le professeur Kellicut. Nous avons besoin d'eux. »

Matt fut surpris de l'entendre utiliser ce terme.

« Pourquoi avez-vous *besoin* d'eux ? À quelle fin ? »

Il regarda Susan, qui fixait Eagleton d'un air fasciné. Van s'était assis sur un canapé et ne pipait mot. Les murs étaient couverts de cartes et de photographies visiblement prises par satellite. Un petit tableau de Degas trônait dans un coin. Matt remarqua la présence de plusieurs diplômes encadrés et reconstitua mentalement l'ascension qu'ils représentaient : l'université du Tennessee, Columbia, Harvard, Edimbourg, Oxford…

Eagleton surprit son regard. Peu de choses lui échappaient.

« La trajectoire habituelle, dit-il. Ces vieux bouts de papier n'ont pas grande signification, n'est-ce pas ? »

Il s'interrompit et parut réfléchir.

« Où en étais-je ? (Un nouveau nuage de fumée s'éleva.) Oui… Nous avons donc financé plusieurs expéditions ces derniers temps, dont certaines étaient… disons, plus orthodoxes que d'autres. Récemment, nous avons décidé de concentrer nos efforts sur l'homme de Néandertal – ou, plus exactement, cette décision s'est imposée à nous. Nous sommes très enthousiastes, certaines données se sont avérées particulièrement intéressantes. Nous ne disposons pas tous ici de la formation nécessaire, bien que nous ayons réussi à nous entourer d'une assez bonne équipe d'experts, comme vous avez pu le...

– Je crains de ne pas vous comprendre, l'interrompit Matt. Pourquoi vous êtes-vous lancés dans cette recherche sur l'homme de Néandertal ? Qu'espérez-vous en obtenir au juste ? »

L'intonation d'Eagleton changea et se fit brusquement plus tranchante.

« Mais... parce que ce serait une véritable révolution. L'ensemble de la discipline serait bouleversé de fond en comble, vous l'imaginez bien. À dire la vérité, c'est votre ami, le professeur Kellicut, qui nous a entraînés dans cette affaire. Il s'est montré particulièrement convaincant et nous avons accepté de financer son expédition dans le Caucase. Son histoire était un peu tirée par les cheveux, mais après tout, on ne sait jamais... »

Eagleton écrasa sa cigarette, se pencha sous son bureau et appuya sur un bouton : la fumée disparut à travers un aérateur aménagé dans le plafond et une brise légère se répandit aussitôt dans la pièce.

« Il s'agit d'une substance antibactérienne, expliqua-t-il. J'espère que cela ne vous incommode pas ?

– Poursuivez, je vous prie, dit Susan. Et dites-nous donc où se trouve actuellement le professeur Kellicut.

– C'est bien le problème : nous l'ignorons. Nous savons évidemment dans quelle région il se trouve, mais sans savoir précisément où. Et c'est là que vous intervenez. C'est pour cela que nous avons besoin de vous, pour nous aider à remettre la main sur lui. Autant faire appel à un anthropologue pour retrouver un autre anthropologue, comme on dit. »

Eagleton parut brusquement agité. Sa main droite dessina un demi-cercle dans l'air et vint se plaquer sur son front. Il se passa les doigts dans les cheveux et sa tête pencha légèrement sur le côté. Matt commençait à se demander si ce comportement désordonné n'était pas tout bonnement une comédie.

« Je veux dire qu'il se trouve là où nous l'avons envoyé – ou, plus exactement, là où il avait souhaité se rendre, avec notre bénédiction. Le problème, c'est que nous n'avons pas eu de ses nouvelles depuis un bon bout de temps. Jusqu'à ces derniers jours, où nous avons reçu un envoi de sa part, à votre intention.

– À notre intention ?

– Oui.

– À nous deux ?

– Oui. Je vais vous le montrer. »

Eagleton ouvrit le tiroir de son bureau et en sortit un bout de papier d'emballage froissé, où Kellicut avait griffonné, de son écriture caractéristique :

Mrs. S. Arnot/Mr. M. Mattison,
aux bons soins de
l'Institut de recherche sur la préhistoire
1290 Brandywine Lane
Bethesda MD 09763
U.S.A.

« Que disait son message ? demanda Susan. Où est sa lettre ?

– L'envoi ne comportait pas de lettre, dit Eagleton, mais je pense qu'on peut le qualifier de message. Voici ce que contenait le paquet. »

Il fit un signe à Van, qui se dirigea vers une armoire et revint avec une petite caisse en bois d'une trentaine de centimètres de haut, en fort mauvais état. Il la déposa au beau milieu du bureau d'Eagleton, souleva le couvercle, glissa la main à l'intérieur et en retira un objet enveloppé d'une étoffe grisâtre, d'une saleté repoussante.

« L'emballage est d'origine », dit Eagleton en se penchant pour ôter le tissu.

Un crâne luisant, d'une blancheur surprenante, apparut brusquement sur le bureau : on aurait dit qu'il les dévisageait en grimaçant. Van le souleva, du même geste qu'Hamlet. Ils reconnurent immédiatement ce front fuyant, ce menton en retrait, ainsi bien sûr que l'ossature épaisse et saillante des arcades sourcilières, dont la forme évoquait vaguement un scarabée.

« Il est dans un état étonnant ! s'exclama Susan en s'approchant, tout excitée, avant de le saisir entre ses mains, comme un cadeau de Noël. C'est un spécimen parfait, dit-elle. Je n'en ai jamais vu d'aussi complet, d'aussi bien conservé. C'est la découverte du siècle !

– Comme vous dites, dit Eagleton en toussant.

– Il est presque trop parfait, intervint Matt. Il paraît irréel. Vous l'avez daté ?

– Évidemment, dit Eagleton en allumant une autre cigarette.

– Et alors ?

– C'est la partie la plus troublante de l'affaire.

– Que voulez-vous dire ? Quel âge a-t-il ?

– Vingt-cinq, dit Eagleton en exhalant un nuage de fumée.

– Vingt-cinq ? dit Matt en se tournant vers Susan, d'un air incrédule.

– C'est impossible, dit Susan. Il y a vingt-cinq mille ans, l'homme de Néandertal avait disparu de la surface de la Terre.

– Je ne vous parle pas de vingt-cinq mille ans... »

Eagleton fut secoué par une brusque quinte de toux et eut de la peine à terminer sa phrase, murmurant dans un souffle :

« Ce crâne a vingt-cinq ans. »

Il agita la main et le nuage de fumée tremblota au-dessus de sa tête.

4

Susan s'était endormie à côté de lui, la tête rejetée en arrière, le cou dénudé. Ses seins se soulevaient au rythme de sa respiration. De temps en temps, ses cils tremblaient imperceptiblement. Peut-être rêvait-elle.

Matt percevait le son étouffé de la musique dans le baladeur de la jeune femme, semblable à un bourdonnement d'insectes. Il s'agissait évidemment d'un blues, Otis Redding ou Coltrane sans doute. Autrefois déjà, elle n'écoutait que ça. Une image surgit du passé et il revit la chaîne hi-fi qui hurlait à plein tube, dans leur appartement miteux de Cambridge.

Il tourna la tête et regarda par le hublot : l'aile de l'avion s'inclinait et il aperçut pour la première fois la chaîne enneigée du Pamir, dont les sommets déchiquetés émergeaient çà et là dans la blancheur comme autant d'aiguilles métalliques perçant la surface d'une peau. Son cœur se mit à battre. Région impitoyable, songea-t-il, aussi sauvage qu'inhabitable – mais irrésistiblement attirante.

Matt ne s'était pas encore remis du choc qu'avait provoqué en lui la découverte de ce crâne. Il ne parvenait pas à accepter le fait qu'il ait appartenu à un être mort vingt-cinq ans plus tôt : c'était tout simplement inconcevable. L'idée que l'homme de Néandertal ait pu survivre jusqu'en cette fin de XXe siècle n'était pas nouvelle : de nombreux hurluberlus avaient déjà soutenu cette hypothèse, mais les scientifiques dignes de ce nom ne l'avaient jamais prise au sérieux. Et pourtant, c'était apparemment le cas. Le crâne paraissait authentique : il en avait suffisamment manipulé au cours de sa carrière pour en être aussitôt convaincu. Certes, il était possible qu'on l'ait vaguement restauré, en le plongeant par exemple dans un bain d'acide pour lui redonner sa blancheur initiale. Mais de toute façon, il était trop bien conservé. Il y avait toujours la possibilité qu'on l'ait forgé de toutes pièces avec une nouvelle variété de plâtre imitant à s'y méprendre la matière osseuse. Mais, s'il s'agissait d'un faux, il était irréprochable – ce qui supposait des connaissances techniques extrêmement poussées. Et dans quel but se serait-on donné tout ce mal ?

Susan était plus encline à accepter d'emblée la réalité du phénomène. Ils avaient eu une longue discussion en se rendant à l'aéroport. Matt lui avait rappelé quelques impostures célèbres, allant du monstre du loch Ness à la fraude de Piltdown, qui paraissaient elles aussi convaincantes, en leur temps. Mais Susan avait visiblement envie de croire à cette histoire. « Et si c'était vrai ? lui avait-elle répondu. Imagine... Il y en a peut-être toute une tribu quelque part et, si nous les découvrions, nous pourrions enfin les étudier comme des êtres vivants. Nous n'en serions plus réduits à échafauder nos déductions hasardeuses à partir d'un fragment d'os ou d'un éclat de silex. Nous pourrions entrer directement en contact avec eux. Une nouvelle espèce... Tu te rends compte de ce que cela implique ? »

Il reconnaissait avoir éprouvé un léger frisson lorsqu'elle lui avait dit ça. Toute cette affaire lui semblait tirée par les cheveux, mais, s'il avait refusé de suivre la piste qui se présentait, il se serait sans doute demandé jusqu'à la fin de ses jours si Susan n'avait pas eu raison. Ne serait-ce que pour prouver le contraire, cela valait la peine de faire ce voyage. Et il avait une motivation plus pressante : retrouver Kellicut. Car sa disparition ne faisait guère de doute. Et si quelqu'un s'était donné la peine de forger cette histoire de toutes pièces, cela signifiait vraisemblablement qu'il était en danger.

Son regard se posa de nouveau sur Susan. Ils n'avaient pas encore eu l'occasion d'évoquer leur passé. Une heure après avoir décollé de Kennedy, ils avaient commandé des boissons : du scotch pour lui, de la vodka pour elle. Après avoir trinqué en silence, ils s'étaient penchés l'un vers l'autre comme des conspirateurs et il y avait eu un bref instant d'intimité entre eux. Mais cela s'était aussitôt dissipé. Il avait bien essayé de faire dévier la conversation sur leur passé, mais Susan avait fermement repoussé sa tentative et ils s'étaient contentés d'évoquer leurs carrières respectives, ainsi que des souvenirs moins lointains.

« Et après Harvard, qu'as-tu fait ? demanda Matt.

– Le parcours habituel, comme n'importe quel jeune diplômé. J'ai passé trois ans à Berkeley...

– Oui, j'en ai entendu parler.

– Ce n'était pas désagréable, mais comment dire... Ce soleil permanent, cette nourriture aseptisée, ces gens toujours enclins à voir la vie du bon côté... tout cela me pesait un peu. La grisaille commençait à me manquer. »

Matt esquissa un sourire.

« Je n'avais pas encore publié grand-chose. Mais Kellicut a été adorable. Il s'était vraiment attaché à nous, tu sais, et notre avenir le préoccupait. Il a fait jouer ses relations et m'a facilité la tâche. J'ai entendu parler d'une fouille en Irak et j'y suis allée. Mon Dieu, c'était merveilleux ! Le travail, la poussière, les controverses, les aventures inattendues – tout me ravissait. Même les mouches.

« La nuit, quand la fraîcheur recouvrait le désert, je me balançais dans mon hamac avant de m'endormir. Je regardais ce ciel immense, rempli d'étoiles, et je me disais : J'ai atteint mon but, je n'en demande pas plus. Mais bien sûr, ce n'était pas tout à fait vrai. Enfin, le chantier fut une réussite. Nous avons trouvé des ossements, j'ai découvert mon premier crâne – un fragment de cette taille, dit-elle en écartant le pouce et l'index d'une douzaine de centimètres.

– Et après ça ?

– Je suis allée à Madison. J'étais lancée. Les fouilles, les ossements, les articles, les communications se sont succédé : de la poussière retournant à la poussière – voilà l'histoire de ma vie. »

Elle avait délibérément omis les épisodes importants. Incroyable comme une existence peut paraître insipide, réduite à sa plus simple expression, songea-t-elle.

« Et durant tout ce temps, tu n'as jamais songé à te marier ? »

Susan se raidit.

« Non, pas vraiment.

– L'occasion ne s'est jamais présentée ?

– Écoute, Matt... (C'était la première fois qu'elle l'appelait par son prénom et cela éveilla en lui un sentiment étrangement familier.) Il n'est pas franchement nécessaire que nous abordions ce genre de sujet. Il y a quantité d'autres choses dont je préférerais discuter avec toi. (Elle baissa la voix.) Je ne t'ai pas demandé des nouvelles d'Anne.

– Anne... Je ne l'ai pas revue depuis... (Il s'interrompit et fit mentalement le calcul.) Depuis au moins treize ans. »

Ils redevinrent silencieux. Susan commanda un autre verre. Avait-elle surmonté sa vieille hantise, qui était de devenir alcoolique ? Matt demanda un nouveau scotch. L'hôtesse lui faisait les yeux doux, ignorant délibérément Susan.

Et voilà... Les confessions ardentes, les débordements émotifs avaient été évités. C'était peut-être préférable, songea Matt. D'une certaine façon, il aurait souhaité que les choses aillent plus loin, mais d'un autre côté il l'appréhendait. Comment aurait-il pu expliquer ce qui s'était passé, ce qu'il avait ressenti à l'époque ? Cela remontait à si loin. Et il n'avait jamais été très à l'aise dans les conversations lorsque le sujet le touchait de près. Il devait reconnaître qu'il était soulagé.

Susan préférait aussi qu'il en aille ainsi. Elle avait été profondément secouée en apercevant Matt, d'autant que rien ne l'avait préparée à ces retrouvailles. Cela n'avait rien à voir avec les possibilités de rencontres auxquelles elle avait pu songer – et qu'elle avait même vaguement espérées – au fil des années. Il était toujours aussi séduisant, songea-t-elle avec un peu d'amertume. Mais comme c'était étrange d'apercevoir ces premiers cheveux gris sur ces tempes jadis familières ! Au moins, il n'avait pas grossi... Dans certains de ses rêves de vengeance, elle s'était imaginé qu'il était devenu obèse – et cette simple évocation était pour elle une manière de victoire. Mais la réalité était bien différente et elle était heureuse de voir qu'il avait conservé son allure de cow-boy dégingandé. Néanmoins, elle ne constatait pas sans un certain désarroi qu'il dégageait toujours la même aura et qu'elle ne pouvait s'empêcher d'y être sensible.

Il lui avait fallu des années pour parvenir à surmonter sa trahison. Et la blessure ne s'était jamais vraiment refermée, elle avait plutôt été peu à peu recouverte par les épaves accumulées de la vie quotidienne. Ses amis s'étaient lassés de ses reproches et elle avait finalement renoncé à leur parler de lui. Elle avait ravalé ses sentiments et était parvenue à les confiner dans un recoin secret, tout au fond d'elle-même. Elle avait déménagé, elle avait eu d'autres amants, mais parfois le passé remontait à la surface, et elle ressentait alors la même souffrance, moins violente sans doute mais tout aussi douloureuse qu'autrefois. Elle savait donc qu'elle devait garder ses distances aujourd'hui, si elle tenait à préserver cette zone fragile et secrète au fond de son être.

Susan mit ses écouteurs et s'enfonça dans son siège. Sa jupe remonta le long de ses cuisses tandis qu'elle sombrait peu à peu dans le sommeil. Assis à côté d'elle, Matt termina son verre, les yeux fixés sur le hublot.

Van dépouillait des montagnes de documents. Les dossiers en papier bulle empilés sur le siège voisin tanguaient de droite à gauche, selon les mouvements de l'avion. Il avait toujours travaillé de cette façon, le couteau sous la gorge. C'était peut-être pour cette raison qu'il était un si bon chercheur, particulièrement lorsqu'il était en mission. Il ne laissait rien au hasard, lisant et analysant l'ensemble des données, étudiant la question sous tous les angles. Il était fier de sa carrière – c'était l'une des rares choses dont il pouvait réellement être satisfait. Son travail constituait sa vie et ne laissait guère de place à autre chose.

D'aussi loin qu'il s'en souvienne, Van s'était toujours senti supérieur aux autres, y compris dans son enfance. Il y avait toujours eu des gamins plus grands, plus beaux ou plus rapides que lui. Ils avaient tous fini de la même façon, une fois adultes – à l'image de ce Matt : des types à qui tout paraissait facile, qui donnaient l'impression d'arriver à leurs fins sans même lever le petit doigt. Il en allait bien autrement pour Van. Il devait se battre pour la moindre broutille, il n'obtenait rien facilement. Mais il avait un avantage : il était malin, très malin – beaucoup plus que les autres –, et il savait prendre en compte toutes les données d'un problème.

Sa mère était morte dans des circonstances étranges, lorsqu'il avait quatre ans, apparemment à la suite d'une explosion de gaz. Il n'avait jamais réussi à savoir ce qui s'était exactement passé et ce n'était évidemment pas son père – un militaire distant et désabusé – qui risquait de lui fournir de plus amples explications. Van n'avait pas souvenir qu'il l'eût jamais caressé ou pris sur ses genoux, ne fût-ce qu'une fois. Il se souvenait essentiellement de son visage grêlé, de son haleine chargée, de ses cheveux coupés ras qui laissaient apparaître une ligne de peau au-dessus des oreilles. Van et son frère cadet avaient connu la vie de tous les fils de militaires. Ils déménageaient sans arrêt. Leur père partait avant eux et les faisait venir au bout d'un mois ou deux. Ils prenaient le train. Une fois, en allant de Fort Dix à Fort Bragg, ils avaient eu tellement peur de rater l'arrêt qu'ils s'étaient relayés pour dormir et guetter les panneaux des gares où le convoi passait. Lorsqu'ils étaient arrivés, leur père leur avait à peine adressé la parole.

Puis Van avait découvert la science. Il avait commencé par les mathématiques, dont la logique l'avait aidé à mettre un peu d'ordre dans son esprit, avant d'aborder la physique et la chimie. À l'université, il avait découvert les sciences sociales, moins rigoureuses mais plus fascinantes aussi, parce qu'elles débouchaient sur la manipulation du comportement humain. Il fut un moment sous le charme de la psychologie expérimentale, puis, à Chicago, sous celui des behaviouristes. Il observa le comportement des rats dans les labyrinthes, avant et après les opérations qu'il leur faisait subir. Il remonta peu à peu l'échelle de l'évolution, travaillant sur des singes et finalement sur des êtres humains, des malades victimes de lésions cérébrales. La technique était toujours la même, plaisantait-il souvent : un bout de fromage d'un côté, une décharge électrique de l'autre. Le besoin d'être sans cesse à la pointe de la recherche l'amena finalement à s'intéresser au champ alors naissant de la psycholinguistique.

Van se souciait fort peu de la vie domestique. Il n'était pas fait pour ça, et n'avait guère de relations. Il était toujours sur la brèche et aimait son travail, qui le stimulait et correspondait à son tempérament solitaire. Il adorait avoir l'avantage et connaître des choses que les autres ignoraient. Et il était compétent, estimant qu'Eagleton – qui était un employeur redoutable – ne le rétribuait pas à sa juste valeur.

Cette nouvelle mission, cette expédition néandertalienne, était particulièrement déroutante. Il n'avait pas toutes les données en main, loin de là, et cela le mettait un peu mal à l'aise, mais il sentait qu'elle représentait peut-être l'occasion qu'il avait toujours attendue, celle où risquait de se jouer, comment dire... son destin – si le terme n'était pas trop galvaudé.

« Ça ne vous ennuie pas que je m'assoie ? » demanda Matt en désignant le siège voisin.

En grommelant, Van referma le dossier qui était ouvert devant lui et jeta un coup d'œil aux montagnes qui se profilaient derrière le hublot. L'avion survolait d'impressionnants à-pics rocheux et des escarpements recouverts d'une neige éternelle.

« C'est sans doute la région la plus inexplorée du globe, dit Matt. Regardez-moi ça : comment peut-on survivre dans un cadre pareil ?

– On ne le peut pas. »

Matt regarda les montagnes, par-delà le profil de Van, et se remémora les renseignements sur le Pamir qu'il avait dénichés la semaine précedente, dans un atlas : la chaîne se composait de sept ou huit massifs distincts, s'étendant dans une zone inexplorée entre le Cachemire, l'Afghanistan et les républiques reculées d'Asie centrale de l'ex-Union soviétique. On l'avait surnommée « le toit du monde » depuis la nuit des temps – moins en raison de ses sommets vertigineux qu'à cause des vallées, des plaines et des lacs qu'abritaient ses hauts plateaux. Le premier à avoir employé le terme de Pamir était le moine bouddhiste chinois Hsüan Tsang, qui avait traversé la région en se rendant de Badakhshan à Tashkurghan, au VIIe siècle de notre ère. Mais c'était Marco Polo qui en avait fourni la meilleure description, en évoquant le labyrinthe menaçant de ses versants parsemés de glaciers, de moraines, d'éboulis et de ses vallées insoupçonnées, riches en gisements de lapis-lazuli.

« D'un autre côté, dit Matt, si des êtres arrivaient à survivre par ici, ils demeureraient probablement inconnus du reste du monde pendant des années.

– Vous voulez dire des décennies, des siècles. (Van se détourna brusquement du hublot.) Vous savez, il y avait jadis dans cette région un village, du nom de Leztinecia, dont personne ne soupçonnait l'existence. Il était totalement coupé du monde et vivait en autarcie depuis une bonne centaine d'années, peut-être plus, sans le moindre contact avec l'extérieur. C'est une expédition russe qui l'a découvert, en 1926. Les habitants étaient retournés à l'état sauvage, ils avaient presque oublié l'usage du feu. Ils considérèrent les explorateurs qui les avaient découverts comme des sortes de dieux et leur firent don de tout ce qu'ils possédaient. Une nuit, pendant leur sommeil, savez-vous ce qui s'est passé ?

– Eh bien ? fit Matt.

– En sortant de leur hutte, le lendemain matin, ils ont découvert sur le seuil deux cadavres d'enfants. Ils avaient été égorgés.

– Quoi !

– L'ensemble du village avait participé à cette boucherie. On pouvait difficilement leur reprocher d'enfreindre des lois dont ils ignoraient l'existence. (Van émit un gloussement.) Le sacrifice en l'honneur des dieux est l'un des plus vieux réflexes de l'humanité.

– Et le village ? Qu'est-il devenu ?

– L'histoire habituelle. Décimé par les maladies. Certains habitants le quittèrent et se marièrent avec des étrangers. Tous les autres périrent. Ils étaient d'ailleurs probablement condamnés. Il faut bien admettre qu'une société qui met à mort ses propres enfants n'a guère d'avenir devant elle. »

Ils demeurèrent un moment silencieux. Puis Van reprit, d'un air embarrassé :

« J'ai lu vos travaux, vous savez...
– Vraiment ?
– Mais oui. Vos articles dans *The New England Journal of Archeology* et dans *The Fossil Review.* Ainsi que votre livre : *L'Homme de Néandertal : proche cousin ou prédateur lointain ?* »

Matt ne rencontrait pas tous les jours des lecteurs des publications confidentielles et des revues spécialisées où paraissaient ses articles. Quant à son livre, il avait toujours eu vaguement honte de son titre ronflant, suggéré par un éditeur avide de ventes, qui avait finalement dû déchanter. Il remarqua du reste que Van s'était abstenu de lui faire le moindre compliment.

Van lui demanda sur quoi portaient actuellement ses recherches, et Matt lui répondit qu'il étudiait la morphologie de l'appareil vocal chez l'homme de Néandertal. Le pharynx en particulier.

« Pourquoi ? demanda Van.
– Parce qu'il pourrait s'avérer primitif. À partir de ce fait, nous pourrions déduire qu'il avait une faculté d'élocution limitée. Il ne pouvait vraisemblablement pas prononcer certaines consonnes, le *g* ou le *k* par exemple. Ses capacités vocales étaient atrophiées.
– Et où tout cela nous mène-t-il ?
– Il est encore trop tôt pour le dire, mais voici brièvement ma théorie. Le langage est l'essence de la pensée. Il est à la fois le berceau et le seuil de l'intelligence. L'homme de Néandertal ne possédant pas un spectre linguistique très étendu, la capacité d'une pensée abstraite ne s'est jamais développée chez lui. Comme les relations sociales devenaient un facteur de survie de plus en plus déterminant, il a perdu la partie. Dans des activités telles que la chasse en petits groupes, où la communication et la faculté d'anticipation sont essentielles, il était incapable de s'imposer. Il a été largué sur le bord de la route.

– Condamné à disparaître, faute d'une épiglotte appropriée ? ironisa Van.

– En quelque sorte, répondit Matt, sur la défensive.

– Vous vous préparez de sérieux ennuis, professeur.

– Que voulez-vous dire ?

– Vous surestimez l'étendue de vos connaissances, dit Van. Pour commencer, la communication peut s'établir même lorsque le registre vocal est extrêmement limité. Il existe en Nouvelle-Guinée et en Amazonie des tribus qui parviennent parfaitement à survivre alors que leur langage ne comporte pas plus d'une douzaine de sons différents.

– Et ensuite ?

– Pourquoi pensez-vous par ailleurs que la pensée abstraite ou la complexité du langage dépendent de la multiplicité des sons ? À dire vrai, nous en avons l'intuition mais il est possible que nous nous trompions. Et puis, bien sûr, il existe une troisième éventualité, la plus intéressante de toutes.

– C'est-à-dire ?

– La communication en dehors du langage.

– Vous faites allusion à la perception extrasensorielle ?

– Plus ou moins. Je n'aime pas ce terme : il suppose que ce que nous percevons sans l'aide de nos sens relève de l'extraordinaire.

– N'est-ce pas le cas ? demanda Matt.

– De toute évidence, je ne le pense pas. Sinon, je n'aurais pas consacré ma vie à ce phénomène.

– C'est donc votre champ d'étude ?

– Oui. Je ne suis évidemment pas titulaire d'une chaire prestigieuse à l'université de Chicago, contrairement à vous, mais j'ai tout de même soutenu ma thèse. Je n'ai pas besoin qu'on me fasse un cours comme à un étudiant de première année.

– Excusez-moi de vous avoir donné cette impression. J'étais loin de penser une chose pareille. »

Matt était intrigué par ce que Van venait de lui dire et il essaya de l'interroger sur ses recherches en cours, mais Van refusa de s'étendre sur le sujet, se bornant à lui déclarer que « ce n'était pas publiable ».

Un silence embarrassé s'installa. Puis Van reprit la parole :

« Puis-je vous poser une question ?

– Allez-y.

– Pourquoi n'avez-vous jamais envisagé que l'homme de Néandertal puisse encore exister ?

– Parce que c'est une hypothèse tellement peu probable qu'elle en devient absurde.

– Vraiment ? Qu'est-ce qui vous permet de l'affirmer avec une telle certitude ? »

Van avait presque montré les dents en prononçant cette dernière réplique. Quel curieux personnage ! songea Matt. Et d'une telle maladresse... En dépit d'une intelligence évidente, il paraissait dominé par des pulsions parfaitement irrationnelles.

Van se lança dans un long exposé, ce qui visiblement l'enchantait. On estimait, dit-il, à 14 millions le nombre des espèces vivant sur la surface du globe, et seules 1,7 million d'entre elles – à peine plus de dix pour cent – avaient été identifiées et recensées. On n'arrêtait pas d'en découvrir de nouvelles. Au cours du siècle écoulé, disons depuis le début des années 20, on en avait répertorié environ 500. Et le mouvement s'était accéléré dans la période récente, au rythme d'une centaine par décennie.

« Et je ne vous parle pas de mammifères minuscules, dit-il, mais d'animaux de gros calibre : l'entelle au nez retroussé, le chimpanzé nain d'Afrique. Avez-vous entendu parler du *Meganuntiacus vuquangensis* ? Évidemment non. C'est une sorte de daim géant. Ou du *Pseudoryx nghetinhensis,* un lointain cousin du zébu ? Ils ont été découverts l'un et l'autre au Laos, en 1994. Une expédition française a aperçu au Tibet, en 1995, un vague ancêtre du cheval, d'à peine un mètre de haut, qui semblait tout droit sorti des peintures de Lascaux.

« De nouvelles espèces surgissent sans arrêt. On remarque un gibier inconnu à l'étal d'un marché local, une pelisse portant d'étranges bigarrures sur les épaules d'un indigène. Au siècle dernier, personne ne voulait croire à l'existence du gorille des montagnes, en dépit des nombreuses légendes qui circulaient à son sujet, parce que personne ne l'avait aperçu – hormis deux ou trois mille Africains. »

Van rappela le cas du panda géant, dans l'ouest du Sichuan, que l'on avait traqué pendant soixante-dix ans avant de réussir à en capturer un.

« Les choses se passent toujours de la même façon. La rumeur et la légende précèdent toujours la découverte – et les gens refusent d'y croire tant qu'ils n'ont pas vu l'animal de leurs propres yeux. Et puis un beau jour il est là, et on finit par oublier l'incrédulité initiale. Le fait d'avoir mis son existence en doute paraîtrait brusquement ridicule. Nous nous considérons comme l'espèce élue de la planète. Et nous croyons que la Terre nous appartient, alors que nous ignorons pratiquement tout à son sujet.

« Prenez la surface du globe : une fois que vous avez enlevé les océans, les déserts, les montagnes et les régions polaires, que vous reste-t-il ? À peine vingt pour cent du total. Nous vivons sur un cinquième de la planète et nous croyons l'occuper en entier, sans qu'il reste la moindre place pour d'autres espèces. Nous sommes même incapables d'imaginer que nous puissions avoir des rivaux. Mais il est aussi déraisonnable de nous considérer comme les uniques hominiens que de croire que la Terre soit la seule planète habitée de l'univers. »

C'était au tour de Matt de se sentir traité comme un étudiant de première année et cela ne lui plaisait guère, à lui non plus.

« Une seconde… protesta-t-il. Nous n'occupons effectivement qu'une surface modeste de la planète, mais nous l'avons bel et bien explorée de fond en comble. À supposer que nous ayons des rivaux, pourquoi ne les avons-nous jamais rencontrés ?

– Pour la même raison qui fait que la plupart des Américains n'ont jamais rencontré d'Indiens.

– Que voulez-vous dire ?

– Qu'il s'agit d'une loi naturelle. Les vainqueurs repoussent les vaincus et finissent par les rendre invisibles. Ils les condamnent à se retirer dans les régions les moins hospitalières – les déserts où rien ne pousse, les terres déshéritées, les étendues arctiques. C'est la raison qui a poussé les Esquimaux – je suppose que vous préférez le terme d'Inuits – à remonter de plus en plus haut vers le nord.

– N'empêche que nous les avons bel et bien rencontrés, qu'il s'agisse des Indiens d'Amérique ou des Inuits.

– Oui, mais imaginez maintenant que les vaincus en question ne soient pas simplement une race ou une tribu quelconque, mais un groupe appartenant à une espèce totalement différente de nous, quasiment exterminée. Représentez-vous cette misérable, cette pathétique minorité dépossédée de tout, réduite à une poignée d'individus. Ne pensez-vous pas qu'ils auraient peur de nous – non sans raison, du reste – et qu'ils prendraient fichtrement soin de ne pas se montrer ? De faire demi-tour et d'aller se terrer quelque part dès qu'un membre de l'espèce dominante, un de leurs terribles ennemis, pointerait le bout de son nez ?

« Allons même plus loin : imaginons que cette minorité possède une faculté d'adaptation particulière, comme l'homme de Néandertal par exemple, et qu'elle soit en mesure de survivre dans des températures polaires, auxquelles nous succomberions nous-mêmes au bout de quelques minutes. Cela ne rendrait-il pas encore plus improbable l'hypothèse d'une rencontre, du moins à une échelle significative ? »

Matt ne répondit pas.

« Écoutez, poursuivit Van, j'ignore qui a raison, de Mrs. Arnot ou de vous. Peut-être les avons-nous exterminés, peut-être avons-nous fini par les absorber. Mais, dans l'une ou l'autre hypothèse, il n'est pas difficile d'imaginer qu'une poignée d'entre eux aient survécu. Comme ces soldats japonais qui s'étaient réfugiés dans la jungle. Si une guerre a eu lieu jadis et qu'elle s'est terminée par leur génocide, il est parfaitement concevable qu'un petit groupe y ait échappé, quitte à se réfugier dans des grottes et à se remémorer autour des feux, génération après génération, les sombres jours de leur défaite.

« On peut tout aussi bien imaginer un groupe ayant échappé à l'assimilation et décidant de se retirer dans une région reculée. Il aurait ainsi préservé la pureté de l'espèce, en tournant le dos au courant dominant de l'évolution. Les derniers vestiges d'une race, vivant en ermites dans des zones montagneuses où quasiment personne ne met jamais les pieds. De temps en temps, au fil des siècles, ils aperçoivent l'un d'entre nous au détour d'un sentier. La nouvelle se répand – *il y a un intrus !* – et ils se retirent un peu plus haut. Leur univers se réduit comme peau de chagrin mais ils parviennent à rester cachés, en sécurité. Vous savez, même de nos jours, on découvre encore des tribus inconnues en Amazonie. La région est pourtant plus passagère que la chaîne du Pamir. »

Matt vit Susan remuer, cinq rangées de sièges devant lui.

« D'accord, dit-il, admettons l'existence d'un petit groupe de survivants appartenant à cette espèce... parallèle. Mais, dans ce cas, pourquoi n'en avons-nous jamais aperçu un seul ? Un homme de Néandertal errant quelque part, le long d'un sentier... Cela aurait forcément fini par se produire, ne serait-ce qu'en vertu de la loi des probabilités…

– Voyons, monsieur le professeur… (Van avait prononcé le titre d'un air sarcastique, comme s'il s'agissait d'une insulte.) À votre avis, pourquoi sommes-nous ici aujourd'hui ? Que croyez-vous que contiennent tous ces dossiers ? (Il en prit un sur la pile et l'ouvrit.) On les a bel et bien aperçus. Simplement, les gens se sont mépris à leur sujet. »

Matt jeta un coup d'œil et aperçut des photocopies de cartes et de pages de livres, dont de nombreux passages, ainsi que certaines dates, avaient été soulignés. Il feuilleta l'un des dossiers et tomba sur une série de coupures de presse : il y en avait des dizaines. Il en choisit une au hasard, qui datait de 1948 et provenait du *Hong Kong Record* :

« *Chinozchia, le 12 décembre.* – Le professeur Peter Armstrong et ses trois assistants sont revenus de leur expédition à l'intérieur des terres. Ils ont déclaré avoir fait une incroyable découverte : celle d'un homme sauvage, de près de deux mètres de haut, au corps entièrement recouvert d'un long pelage roux. Le professeur Armstrong dit avoir rencontré la créature au détour d'un sentier, non loin d'un cours d'eau… »

Matt feuilleta le dossier : il y en avait des quantités d'autres, rédigées en anglais, en français, en allemand et en chinois.

« Ces témoignages ne datent pas d'hier, dit Van. On en trouve la trace tout au long de l'histoire. Les manuscrits du Moyen Âge sont truffés d'allusions à d'étranges tribus sauvages, vivant à l'écart de la civilisation. Êtes-vous un familier des auteurs latins ? Lucrèce, dans son *De natura rerum*, en donne une description parfaite, parlant d'une race primitive « au squelette plus massif et plus robuste ». Feuilletez votre Pline et vous tomberez sur les Blemmies, qui vivaient dans le désert de Libye. Ils portaient des massues et semblaient ne pas avoir de cou – ce qui est indubitablement l'impression que vous donnerait un néandertalien si vous trébuchiez sur son cadavre lors d'une promenade au clair de lune…

« Si vous voulez avoir une idée de ces archives historiques, poursuivit Van, tout est là. Des centaines de témoignages, provenant de toutes les régions et de toutes les cultures du monde. Il suffit d'avoir l'œil et de les repérer – un paragraphe par-ci par-là, dans d'obscurs périodiques, tous les deux ou trois ans. Tous les indices sont réunis : il n'y a plus qu'à faire le lien. »

Il saisit un dossier et en fit tourner les pages avec une telle énergie que Matt sentit l'air lui caresser le visage.

« Peu importe le nom dont on l'a affublé : le " Grand-Pied " ou Sasquatch en Amérique, le Yéti au Tibet, l'Alma dans le Tarbagati, le Chuchunaa dans le Verkhoïansk…

– Une seconde… l'interrompit Matt. Vous insinuez qu'il s'agirait à chaque fois de l'homme de Néandertal ? Il était déjà difficile d'admettre hier soir qu'il se trouvait en Mongolie-Extérieure, et vous voudriez à présent me faire croire qu'on peut le rencontrer dans l'État de Washington ?

– Bien sûr que non. (Van changea de ton, comme s'il tentait de raisonner un enfant récalcitrant.) Je ne prétends pas qu'il s'agit dans tous les cas de l'homme de Néandertal. Loin de là. Ce que je dis, c'est qu'il existe une similitude frappante entre ces divers témoignages et les descriptions des grands primates velus qui vivraient dans les sommets enneigés des montagnes. Cela ne relève plus des lois de la probabilité, ou du simple hasard. Dans tous les pays du monde ou presque, la nuit, autour des feux de camp, on raconte des histoires concernant d'étranges créatures : et, curieusement, ces créatures ont pratiquement toujours le même aspect. Comment expliquez-vous cela ?

– Peut-être s'agit-il de simples légendes.

– Sans doute. Et je dirais même : indubitablement. C'est là que je voulais en venir. Vous vous souvenez bien sûr de Taylor, de Rosenthal ? *La Signification du folklore, Le Royaume de l'irréel et l'Âme collective* ? Nous savons l'un et l'autre que les légendes ont un sens. Elles ne surgissent pas comme ça du pur néant. Elles transmettent un message, de génération en génération, qui tente de traduire et de conjurer quelque chose. Et il s'agit là de légendes universelles, que l'on retrouve dans le monde entier – avec des variantes locales, évidemment. Elles comportent donc probablement une part de vérité objective, évoquant des événements ayant bel et bien eu lieu dans la réalité. Songez aux mythes d'origine, à l'histoire du déluge... Pourquoi le déluge apparaît-il dans des dizaines de cultures différentes ? Parce que ce fut un événement historique : simplement, il s'est déroulé bien avant l'invention de l'écriture.

« Les témoignages concernant ces créatures se retrouvent dans tous les coins du monde. Ce qui signifie que ce mythe est universel et qu'il repose sur une réalité.

– Très bien, dit Matt. Admettons un instant que vous ayez raison et que ce phénomène soit réel. Mais il a pu se produire il y a très longtemps – voilà des milliers, si ce n'est des dizaines de milliers d'années – et survivre uniquement dans notre inconscient collectif.

– C'est ici que nous quittons la légende pour en venir aux preuves scientifiques.

– Fort bien. J'attends que vous me les exposiez. »

Van eut un sourire onctueux.

« Pour commencer, il y a les empreintes. Pas une ou deux, mais des dizaines, des quantités d'empreintes. On en a très exactement authentifié cent soixante et onze, pour être précis. Et beaucoup d'autres sont encore à l'étude. »

Il ouvrit un dossier et le tendit à Matt. Les pages contenaient des photos, des croquis, des cartes, des diagrammes exclusivement consacrés à la question. Un livre d'empreintes... La plupart étaient larges, plates, révélant un gros orteil curieusement protubérant. Une règle en bois figurait souvent à côté. Il y avait aussi des photos montrant ceux qui les avaient découvertes, brandissant des moulages en plâtre ou pointant le doigt vers le sol. La plupart de ces individus, hommes ou femmes, avaient une drôle d'allure, avec leurs traits tirés, leurs vêtements dépareillés et leurs sourires triomphants, fanatiques.

L'une des pages retint l'attention de Matt. C'était la reproduction d'une empreinte relevée dans un site néandertalien bien connu, une grotte située en Toscane. Il la compara aux autres : elles étaient virtuellement identiques. À titre comparatif, on avait représenté à côté l'empreinte d'un pied d'homme moderne : sa taille était inférieure d'un bon tiers.

« Et ce n'est pas tout, reprit Van. Il y a aussi les touffes de poils, généralement roux, du moins pour celles qui ont été découvertes en Chine. La plupart ont été retrouvées sur des troncs d'arbres, à un mètre cinquante du sol.

– Sans doute parce qu'ils s'y frottaient le dos, dit Matt. (Sa remarque se voulait ironique, mais Van ne s'en aperçut pas.)

– Et puis il y a des fèces, des excréments de toutes sortes.

– Vous pouvez m'épargner les clichés...

– Mais le plus étonnant, c'est l'abondance des témoignages concernant leurs apparitions. On en dénombre pas moins de cent soixante dans la seule région du Caucase, entre 1923 et 1951. La plupart du temps, ceux qui les ont aperçus étaient des villageois illettrés, aussi ne les a-t-on pas pris au sérieux. Les témoignages ont nettement diminué dans la période récente – ils deviennent même extrêmement rares. Il est possible que ces créatures soient en voie d'extinction dans la région.

– Mais s'ils étaient aussi nombreux, comment se fait-il qu'on n'en ait jamais capturé un seul ? Ou découvert l'un de leurs cadavres quelque part ?

– C'est drôle que vous me posiez cette question… »

Van lui tendit un autre dossier, qui contenait la photocopie d'un livre de Myra Shackley, un universitaire britannique, relatant de nombreuses rencontres avec des êtres mi-hommes mi-bêtes, y compris certaines au cours desquelles la créature avait été tuée.

Matt regarda Van. Cet homme étrange, au front massif et bombé, dont les cheveux hirsutes retombaient comme un casque sur ses yeux, n'était pas précisément séduisant mais il y avait en lui une force, une conviction un peu inquiétante.

« Je ne cherche pas à faire du prosélytisme, poursuivit Van. Comme je vous l'ai dit, il m'est parfaitement égal que vous me croyiez ou non. Simplement, je pense que vous devriez accepter de reconsidérer la question, car si votre principal argument contre l'existence de ces créatures réside dans le fait que l'on manque de preuves à leur sujet, eh bien vous vous trompez. Ces preuves existent, je dirais même qu'elles abondent.

– Si elles se trouvent toutes réunies là-dedans, comme vous le prétendez, comment se fait-il que personne n'en ait jamais entendu parler, en dehors de vous et de quelques illuminés ? »

Van se raidit et agrippa l'accoudoir de son siège.

« Vous tenez vraiment à le savoir ? demanda-t-il.

– Bien sûr.

– Parce que cette histoire sent le soufre. Et qu'elle va à l'encontre de toutes les idées reçues. Avez-vous idée de la méchanceté, de la sournoiserie dont la communauté scientifique – les gens de votre espèce – peut faire preuve lorsqu'une menace se présente à l'horizon ? Elle réagit comme n'importe quelle bureaucratie qui trouve un intérêt vital dans le maintien du *statu quo*. Et même pis. Dès qu'apparaît une nouvelle théorie venant contredire l'opinion courante, elle est abattue sur-le-champ, à peine l'a-t-on détectée sur le radar. Pas question qu'elle fasse son chemin et qu'elle aille se répandre dans le peuple.

« Si elle ne représente qu'une menace partielle, on se contente de la tourner en dérision. Les publications spécialisées la réfutent, l'*establishment* s'en gausse, la grande presse en fait écho de manière ironique. Mais s'il s'agit, comme dans le cas présent, d'une théorie vraiment révolutionnaire, on ne rigole plus et on sort le grand jeu. On brise des carrières, on vire les trouble-fête et la presse n'en souffle pas un mot. Trop d'intérêts sont en jeu.

– D'accord, dit Matt, je vous concède que la nouveauté se heurte toujours à une certaine résistance. C'est vrai dans tous les domaines. Mais si les preuves s'accumulent et deviennent convaincantes, on finit quand même par la prendre en considération.

– Laissez-moi vous raconter une anecdote. En 1906, un explorateur russe du nom de Badzare Baradiyan conduisit une expédition dans le désert d'Alachan. Un soir, alors que la caravane avait fait halte, ils aperçurent une créature velue au sommet d'une dune de sable. Ils la poursuivirent vainement, mais tout le monde l'avait vue de près, sans l'ombre d'un doute. Cet événement provoqua un certain remous et, à son retour, lorsque Baradiyan rédigea son rapport officiel de mission, le président de la Société géographique de la Russie impériale en personne lui demanda de supprimer le passage qui concernait cet incident. Et il respecta la consigne. Pourquoi ? Je suis persuadé que, s'il se trouvait devant vous aujourd'hui, il pourrait se justifier de mille et une façons. Et pourtant, l'apparition de cette créature était de loin l'événement majeur de l'expédition.

« Ce qui est significatif dans cette affaire, c'est la manière dont a réagi l'*establishment* – comme il le fait toujours –, en choisissant de passer sous silence un fait pour lequel il ne possédait pas d'explication préétablie. C'est une vieille histoire, et qui ne remonte pas seulement à Galilée. La science n'hésite jamais à recourir à la superstition, si ce n'est à la torture, pour défendre son propre droit à l'erreur.

– Mais au bout du compte, répliqua Matt, les théories qui ne tiennent pas debout sont mises au rancart. Les preuves finissent par s'imposer.

– Et moi, je vous dis que les preuves sont là, mais qu'on refuse de les prendre en considération, dit Van en montrant la pile de dossiers. Sans parler de celle, bien palpable, que vous avez eu vous-même entre les mains. Je veux parler de ce crâne. »

Matt était bien obligé d'admettre ce dernier point. Il laissa ses pensées vagabonder un instant. Et si cette histoire était vraie ? Si cette espèce inconnue existait pour de bon, qu'une poignée de ses descendants aient trouvé refuge dans une région où l'homme était incapable de survivre ? Brusquement, tout lui semblait possible. Il se voyait travaillant sur le terrain, en compagnie de Kellicut et de Susan. Ils découvriraient des choses que nul n'avait jamais vues, trouveraient la réponse à des questions réputées insolubles, publieraient des articles qui provoqueraient la stupéfaction du monde entier. Cela ne révolutionnerait pas seulement notre connaissance de l'homme de Néandertal, songea-t-il, mais aussi tout ce que nous savons de l'humanité. Van avait fait allusion à Galilée, mais cette révélation aurait plus de portée que tout ce qu'il avait pu entrevoir à travers son télescope.

Matt revint sur terre. Pour l'essentiel, ne serait-ce qu'en raison de sa formation scientifique, son esprit était incapable de concevoir l'existence de ces créatures, mais il devait reconnaître que ses résistances commençaient à être battues en brèche.

L'hôtesse lui apporta un verre de scotch qu'il n'avait pas réclamé et lui adressa un grand sourire en le posant sur son plateau. Il lui tendit le précédent, vide depuis un bon moment.

« Dites-moi, fit-il en se tournant vers Van, pourquoi Kellicut nous a-t-il envoyé ce paquet ?

– Il devait se douter que vous sauriez quelle décision prendre.

– Pourquoi ne nous a-t-il rien dit ? Pourquoi tous ces mystères ? »

Van demeura silencieux.

« Et pourquoi ne nous a-t-il pas écrit ?

– Je suis dans l'incapacité de vous répondre. »

Van se tut un instant, puis reprit d'une voix lente :

« Je crois que vous avez reçu le message qu'il voulait vous adresser. Après tout, vous êtes là. (Il se tourna et fixa à nouveau le hublot.) Et nous voilà partis à la recherche de cette fichue tribu.

– Je croyais que notre but était de retrouver Kellicut.

– Bien sûr. Les deux choses sont liées. »

Matt termina son verre. Ayant vu que Susan bougeait la tête, il poussa un grognement, se leva et remonta l'allée. Les cheveux ébouriffés, les yeux ensommeillés, elle était en train de s'étirer et affichait une expression momentanément perplexe. En apercevant Matt, elle lui adressa pour la première fois un sourire chaleureux.

Elle avait ôté ses chaussures. Matt regarda ses pieds, moulés dans des bas noirs. Ils paraissaient si frêles, leur courbe était si fine, si délicatement dessinée, comparés aux empreintes dont il venait de voir les reproductions.

5

Les soupçons de Matt et de Susan ne firent que croître lorsqu'ils arrivèrent au Tadjikistan. Le voyage avait été éprouvant et, au bout de deux tentatives, l'avion avait atterri en cahotant sur la piste de Dushanbe. Le pays avait retrouvé son indépendance depuis peu et était au bord de la guerre civile. Des adolescents à la peau mate et aux pommettes de Mongols, en tenue de camouflage, somnolaient sur des chaises métalliques, leurs AK 47 négligemment pointés vers le sol.

Les employés des douanes, qui arboraient des insignes flambant neufs sur des uniformes antédiluviens, fouillèrent méticuleusement leurs bagages, plus par curiosité que pour tout autre motif. Ils manipulèrent le petit magnétophone de Matt et le baladeur de Susan d'un air admiratif. Ils demandèrent ensuite à Van de les suivre dans une pièce isolée, où le ton ne tarda pas à monter. Les échos de l'altercation étaient parfaitement audibles à travers la porte fermée.

« Il a un pistolet, dit Susan.

– Quoi ? Comment le sais-tu ?

– J'ai reconnu la mallette, avec ses tampons et ses étiquettes. Je n'aime pas ça du tout.

– Moi non plus, dit Matt.

– On n'a jamais vu un chercheur se promener avec un flingue. »

Matt tenta de la rassurer :

« À vrai dire, cette expédition n'a rien de bien orthodoxe.

– Qui est ce type, au juste ? Et où se croit-il ? Dans un safari ?

– C'est une sorte de cow-boy.

– Un cow-boy en Ray-Ban... Il y a quelque chose de bizarre en lui, mais je n'arrive pas à deviner quoi.

– Je vois ce que tu veux dire, répondit Matt. C'est un marginal. J'ai lu certains de ses articles et j'ai discuté avec lui dans l'avion. Il est réellement convaincu de l'existence des phénomènes paranormaux, il y croit dur comme fer.

– Je me demande encore pourquoi Kellicut ne nous a pas contactés directement, s'il tenait vraiment à nous entraîner dans cette affaire.

– Peut-être ne savait-il pas comment nous joindre, dit Matt. En tout cas, il n'avait pas mon adresse. Nous nous étions perdus de vue depuis un certain temps.

– Peut-être. Mais que fabrique-t-il avec ces types ? Tu sais quelle haute opinion il a de lui-même et tu as vu cette assemblée, l'autre jour : il n'y avait là aucun chercheur de premier plan, en dehors de Schwartzbaum – et encore, il est un peu sur la touche, à présent. La plupart des autres ne lui arrivent pas à la cheville.

– Je me pose des questions sur la nature même de cet Institut. Pourquoi est-il rattaché à une université de quinzième zone, dont personne n'a jamais entendu parler ? »

Susan réfléchit un instant avant de reprendre :

« J'ai été jusqu'à me demander si nous n'étions pas victimes d'une sorte d'illusion – si je n'avais pas tout laissé tomber, abandonné mes recherches et risqué ma réputation, pour me lancer à la poursuite d'une chimère. Mais au fond, peu importe qui sont ces gens. S'ils ont vraiment mis le doigt sur quelque chose, l'enjeu est bien trop important pour que nous laissions passer l'occasion par simple crainte de nous tromper.

– À mon avis, dit Matt, si nous veillons au grain et restons sur nos gardes, nous pourrons suivre notre propre programme et agir comme nous l'entendons. »

Van réapparut, sa mallette sous le bras. Elle portait quelques étiquettes neuves et deux ou trois coups de tampon supplémentaires.

« Incroyable ce qu'on peut obtenir avec un petit bakchich, ricana-t-il.

– Quelle arme trimbalez-vous là-dedans ? demanda Matt.

– Un Magnum 345.

– Pourquoi l'avez-vous emporté ?

– À titre d'assurance.

– Vous n'avez pas lésiné sur la prime… »

Ils quittèrent aussitôt Dushanbe à bord d'un petit bimoteur à hélice, qui les emmena plus haut dans les montagnes. Il y avait des chèvres dans l'allée centrale, attachées par une corde aux accoudoirs des sièges. Une hôtesse voilée leur distribua des bonbons. L'avion survola l'aéroport, une simple piste d'asphalte aménagée au milieu d'un champ, et atterrit en rebondissant à plusieurs reprises, comme un caillou faisant des ricochets sur l'eau.

Lorsqu'ils émergèrent de l'appareil, l'air était si vif à une telle altitude qu'ils eurent un instant le souffle coupé. Ils furent accueillis par Rudy, un Russe qui avait été engagé à l'avance et qui devait leur tenir lieu de guide, ainsi que d'homme à tout faire. Il les attendait à la sortie et leur fit de grands signes dès qu'il les aperçut, avant de se précipiter pour leur serrer la main, s'emparer de leurs bagages et charger ceux-ci dans la Land Cruiser, d'une démarche saccadée qui n'était pas sans évoquer Charlie Chaplin.

« Par ici, mademoiselle, par ici », lança-t-il par-dessus son épaule.

Rudy était un grand gaillard au visage franc et au nez de boxeur. Ses cheveux blonds lui tombaient sur les oreilles et il avait des mains immenses. Il plut immédiatement à Susan, qui s'était assise à côté de lui. Il conduisait à toute allure, les mains crispées sur le volant et les coudes relevés, comme des ailes de poulet. Le véhicule zigzaguait de droite à gauche tandis qu'il pestait contre les ratés du moteur, en hochant violemment la tête et en jetant de fréquents coups d'œil dans le rétroviseur pour adresser un sourire à Matt et à Van.

Rudy passa son avant-bras velu sur le pare-brise pour le nettoyer grossièrement, révélant du même coup les rochers, les maigres touffes d'herbe brune et les flancs arides des collines qui constituaient le paysage environnant.

« Dans mon pays, dit-il, il y a de vrais arbres, et non pas de ridicules buissons rabougris. Et de l'herbe dans laquelle on s'enfonce en marchant. Et des vaches qui donnent un lait digne de ce nom. Et des radis aussi gros que… »

Il s'arrêta, à court d'inspiration.

« … que votre poignet, l'aida Susan.

– Disons, de la taille du vôtre. Et de l'eau. Ici, les rivières sont à sec les trois quarts du temps, sauf au moment de la fonte des neiges, où elles débordent et inondent la région. Un vrai déluge… Mais le reste du temps, macache. On passe d'un extrême à l'autre.

– Dans ce cas, pourquoi vous êtes-vous installé ici ? »

Il haussa les épaules.

« Les hasards de la vie… »

Il leur résuma à grands traits son existence. Venu construire un barrage dans le Kazakhstan, son père avait épousé une Tadjike et continué sa carrière dans la diplomatie. Ils avaient vécu un an à New York, où Rudy avait poursuivi ses études secondaires.

« Dans l'East Side, précisa-t-il. Au lycée Julia Richmond. En 1976.

– Non !

– Si, si, je vous assure. J'ai appris des tas de choses, là-bas. L'anglais, pour commencer. Et j'ai découvert des musiques nouvelles, des livres dont j'ignorais l'existence. J'ai même appris la signification de ce geste… »

Susan éclata de rire et Matt se pencha par-dessus le dossier pour voir de quoi il s'agissait. Rudy avait tendu la main droite, son majeur pointé vers le haut.

« Et les chansons... Je connais tous les tubes de cette année-là. J'écoutais le *Topten*, sur WABC. Accordez-nous vingt minutes et nous vous offrirons le monde... »

Il entonna sur-le-champ le refrain de *Don't Go Breaking my Heart*, avec un fort accent et d'une voix de fausset. À l'arrière, Van grommela mais il paraissait lui aussi amusé par cette démonstration spontanée d'exubérance bouffonne.

Rudy les conduisait à un hôtel où ils devaient passer la nuit et rencontrer le guide de Kellicut, la dernière personne à l'avoir vu en vie.

« Racontez-nous un peu ce que vous savez au sujet de ces hommes des montagnes, lança Van à brûle-pourpoint.

– Les Tadjiks de la région colportent d'innombrables histoires à leur sujet. Ils leur donnent le nom d'" Alma ", ou parfois de " Tchechkai ", ce qui signifie habitants des neiges. En fait, personne ne les a jamais vus, du moins parmi les gens que j'ai pu rencontrer. Mais, comme je suis russe, les autochtones ont tendance à se méfier de moi. Ils n'aiment pas trop aborder le sujet et se contentent généralement d'ouvrir de grands yeux lorsque j'y fais allusion. Et je ne comprends pas toujours ce qu'ils racontent.

« Ce qui est certain, c'est qu'ils croient à l'existence de ces créatures. Certains prétendent même faire du troc avec elles. Ils se rendent en haute altitude et déposent du sel, du sucre, des graines et d'autres denrées à un certain endroit. Lorsqu'ils y retournent, au bout d'une semaine ou deux, la nourriture a disparu et ils trouvent à la place des fourrures, des peaux d'ours, de lièvre ou d'autres animaux. »

Van l'interrompit :

« Avez-vous déjà interrogé quelqu'un qui se livrait à ce commerce ? »

Rudy lui répondit que non, et que personne n'avait pu lui révéler l'endroit exact où ce troc avait lieu. Il n'était même pas certain que cette histoire soit vraie.

« Il arrive que des gens disparaissent, après avoir pénétré dans la zone des neiges éternelles. Ils s'évaporent sans laisser la moindre trace. Lorsque cela survient, toute la communauté est en émoi. Les gens allument des bougies et mettent cela sur le compte des " Tchechkai ". Certains prétendent que la situation empire, que le phénomène se produit de plus en plus souvent. Mais nul ne sait pourquoi. J'ai parlé avec un homme dont le fils avait disparu de la sorte. Il était allé chasser dans les sommets, comme cela lui arrivait fréquemment, mais un beau jour il n'est pas revenu. On est parti à sa recherche et certains prétendent avoir découvert son cadavre, décapité. Mais est-ce bien la vérité ? Son père a refusé d'aborder la question.

« Les gens sont très superstitieux dans la région. Ils n'aiment pas trop qu'on prononce ce mot de " Tchechkai " devant eux. Quand ça arrive, les enfants s'enfuient en courant. Ça me rappelle ce monstre, en Amérique... Quel est son nom, déjà ? Celui dont les parents menacent leurs enfants...

– Le croque-mitaine, intervint Susan.

– Vous êtes sûre ?

– C'est un monstre qui est censé se cacher sous le lit des petits enfants.

– Eh bien, c'est un peu la même chose ici. »

La route était maintenant jonchée de nids-de-poule, signe qu'on approchait d'une agglomération. Matt se tourna vers Susan, l'air brusquement excité.

« Sais-tu où nous sommes ? Je viens d'apercevoir sur un panneau le nom de la ville où nous venons d'entrer. Nous sommes à Khodzant ! »

Susan mit quelques secondes à réagir.

« Comme dans l'énigme de Khodzant ? finit-elle par dire.

– Exactement.

– C'est incroyable !

– Qu'est-ce que l'énigme de Khodzant ? » demanda Rudy.

Ce fut Van qui lui répondit :

« Une sorte de bas-relief, d'origine apparemment très ancienne. Mais personne ne sait au juste de quand il date, car l'original a disparu. Il en manquait d'ailleurs une partie et il n'a jamais été déchiffré.

– Et il proviendrait d'ici ? demanda Rudy.

– Apparemment. À moins qu'il n'existe une autre localité du nom de Khodzant. »

Matt était un peu surpris, car seuls une poignée d'archéologues connaissaient l'existence de cette sculpture. La plupart n'en avaient jamais entendu parler.

« Comment se fait-il que vous soyez au courant de cette histoire ? demanda-t-il à Van.

– C'est le genre de détails qui retiennent mon attention. Et qui s'avèrent souvent d'une grande utilité. »

La Land Cruiser tourna à plusieurs reprises dans un dédale de ruelles étroites, bordées de bâtisses en pierres et en mortier, avant de pénétrer dans une petite cour. Le simple mot d'HÔTEL, déjà délavé, figurait en lettres bleues au-dessus d'une porte en ogive.

Rudy sortit le premier de la voiture, aboyant un ordre au gamin qui leur avait ouvert le portail. Il les emmena à la réception, composée en tout et pour tout d'un étroit comptoir en bois. Le propriétaire aux yeux noirs, aux dents rares et au crâne surmonté d'un fez arborait un sweat-shirt de Duke, orné d'un diable bleu. C'était la première fois qu'il voyait des passeports américains et il les feuilleta lentement, avant de leur montrer leurs chambres.

Le ragoût qu'on leur servit le soir passa en grande partie grâce à la vodka dont Rudy avait pris soin de se munir. Dès qu'un verre était vide, il s'empressait de le remplir à ras bord, brandissant la bouteille en travers de la table, au bout de son immense bras.

Le repas terminé, ils se rendirent au bar, une petite cave ornée d'un enchevêtrement de plantes et de racines émergeant de jarres cendreuses. Le propriétaire arriva avec le plateau du café, servi dans des tasses en porcelaine, et murmura quelque chose à l'oreille de Rudy : le jeune homme qui avait servi de guide à Kellicut venait d'arriver.

Il pénétra bientôt dans la pièce. Âgé de treize ou quatorze ans, il avait des cheveux d'un noir de jais et des yeux bruns au regard triste, qui se portèrent sur eux à tour de rôle. Il était vêtu d'une tunique, d'un ample manteau et d'une paire d'espadrilles.

Van voulut prendre la parole mais Susan l'interrompit aussitôt. Elle se dirigea vers le jeune homme et lui serra chaleureusement la main, avec un grand sourire. Il lui rendit solennellement sa poignée de main, avant de s'incliner devant elle.

« Je vous présente Sharafidin », dit Rudy.

Les deux autres lui serrèrent la main. Après chaque poignée, le jeune homme faisait une petite courbette.

Rudy le convia à s'asseoir, mais il resta debout. Ils échangèrent quelques mots en persan, puis le garçon entama son récit, sans paraître embarrassé ni marquer la moindre hésitation. Rudy fut obligé de l'interrompre d'un geste, pour lui laisser le temps de traduire.

« Il dit que le Maître – c'est ainsi qu'il désigne Mr. Kellicut – est arrivé ici il y a très longtemps et qu'il logeait précisément dans cet hôtel. Personne ne savait ce qu'il voulait, ni la raison précise de sa venue. Au début, on ne lui adressait pas la parole, mais, comme les gens étaient curieux, ils se décidèrent bientôt à l'aborder. Il s'exprimait en persan, mais il ne maîtrisait pas très bien la langue. »

Pendant que Rudy faisait l'interprète, le jeune homme garda les yeux fixés sur Susan, qui soutint son regard.

« Peu à peu, les gens finirent par s'habituer à lui. Il faisait de longues randonnées. Généralement dans les collines environnantes, parfois plus haut dans les montagnes. Il connaissait la médecine et a guéri plusieurs personnes. Et peu à peu les gens l'accueillirent chez eux. Il est venu dîner un soir à la maison. Nous avions égorgé une chèvre. Il a donné un cadeau à mon père, une très belle image qui représentait une femme, la statue d'une femme immense, debout au milieu de l'eau, tenant un livre et une torche. Il y avait écrit dessus : *New York City.* Elle a tellement plu à mon père qu'il l'a accrochée chez nous, au-dessus du four. »

Van l'interrompit :

« Qu'est-ce que ton père lui a dit à propos de l'Alma ? »

Rudy traduisit la question. Le jeune homme n'eut pas l'air de comprendre. Rudy la reformula et il détourna les yeux.

« Il dit qu'il n'était pas à la maison ce jour-là, dit Rudy.

– Laissons-le poursuivre son récit », dit Matt avec douceur.

Cette fois-ci, le jeune homme s'exprima longuement. Rudy l'encourageait de temps en temps en hochant lentement la tête. Il raconta comment le Maître avait un jour révélé son désir de s'aventurer dans les hauteurs des montagnes afin de voir l'Alma de ses propres yeux, et comment ils avaient tenté à plusieurs reprises de le détourner d'un tel projet.

« Un soir, mon père a fini par lui dire : “ S'il faut vraiment que vous partiez là-haut, allez-y. Mais, dans ce cas, acceptez que mon fils aîné vous accompagne. ” »

Son père espérait ainsi assurer la sécurité du Maître, expliqua-t-il. Il décrivit ensuite les préparatifs de l'expédition, puis l'ascension elle-même, qui dura de nombreux jours.

« Finalement, nous avons atteint la région où les arbres eux-mêmes ne poussent plus. C'est là que nous avons dressé notre cabane. Chaque jour, nous explorions les environs, en grimpant de plus en plus haut. Partout où nous allions, le Maître étudiait le sol. Parfois nous déplacions notre camp – toujours un peu plus haut. Les nuits étaient glaciales. Le Maître avait fabriqué un petit lit pour moi mais, malgré cela, j'avais toujours froid.

« Un beau jour, le Maître décida de partir seul. Il ne voulait plus que je l'accompagne. Il faisait de longues excursions. Un soir, il ne revint pas au camp et ne réapparut que le lendemain. Par la suite, il lui arriva de disparaître pendant de longues périodes, des jours et des jours d'affilée. Lorsqu'il revenait, il écrivait beaucoup. Son comportement était devenu étrange. Parfois il parlait tout seul, à voix haute. Puis un jour il tomba malade ; il tremblait, il était très affaibli. Mais il se rétablit et reprit ses expéditions, disparaissant à nouveau pour de longues périodes.

« Il ne nous restait plus beaucoup de provisions. Je devais fréquemment redescendre plus bas dans la montagne pour capturer des lapins ou des oiseaux que je rapportais au camp. J'ignore si le Maître revenait en mon absence. Je cherchais des traces de son passage et j'en apercevais parfois.

« Puis un beau jour le Maître réapparut. Il avait très mauvaise mine, il avait beaucoup changé. Il ne faisait guère attention à moi, il se comportait comme si je n'existais pas. Il parlait souvent tout seul, mais dans sa langue à lui, de sorte que je ne comprenais rien à ce qu'il disait.

« Nous n'avions quasiment plus rien à manger, mais il ne voulait pas rentrer. Je lui demandais pourquoi, mais il refusait de me répondre. Il parlait beaucoup de l'Alma, mais quand je lui posais des questions, il se contentait de rire. Puis il repartit, une fois de plus, et je ne le vis plus pendant des jours.

« Un après-midi, en revenant de la chasse, je le trouvai au camp. Il avait une longue barbe à présent. Il était très excité. Il m'a dit qu'il fallait que je rentre chez moi, pour emporter quelque chose. Il m'a confié une boîte. Elle était lourde et il y avait des mots écrits dessus. Il m'a dit que je devais la donner à mon père, afin qu'il la mette au plus vite à la poste. Et c'est ce que j'ai fait.

– Puis vous êtes remonté là-haut ? » demanda Susan.

Rudy traduisit la question et le jeune homme hocha négativement la tête.

« L'avez-vous revu par la suite ? »

Nouveau hochement de tête.

« Vous-même, avez-vous aperçu l'Alma ? demanda Matt.

– Non. (Le garçon se mordit les lèvres et reprit lentement.) Un jour, en cherchant les traces du Maître, j'ai aperçu d'autres empreintes. Beaucoup plus grandes. »

Tout le monde se regarda. Rudy avala une gorgée de vodka.

« D'autres questions ? demanda-t-il.

– Demandez-lui s'il a ouvert le paquet », dit Matt.

Van lui lança un regard sombre. Le jeune homme répondit que non, puis regarda Susan et ajouta quelque chose. Rudy lui répondit un peu sèchement.

« Qu'a-t-il dit ? demanda Susan.

– Rien, mademoiselle. C'est sans importance.

– Je veux savoir ce qu'il a dit.

– Il m'a demandé si vous étiez de la même famille, le Maître et vous.

– De la même famille ?

– Je n'ai pas exactement saisi sa question. Mais c'est sans importance, croyez-moi. »

Van paraissait perplexe.

« Pourquoi diable veut-il savoir ça ? demanda-t-il.

– Dites-lui que c'est le cas, dit Susan.

– Je refuse de me prêter à ce jeu, dit Rudy.

– Dites-le-lui, un point c'est tout. »

Susan avait répliqué d'une voix cinglante. Lorsque Rudy eut traduit sa réponse, le jeune homme la dévisagea. Puis, après avoir fait quelques courbettes à la ronde, il sortit de la pièce à reculons.

Dehors, la nuit était en train de tomber. Susan était assise le dos à la fenêtre, sa peau hâlée brillait à la lueur des bougies, ses yeux évoquaient deux cavernes obscures. En pianotant sur le plateau, elle demanda d'une voix calme :

« Et maintenant, Van, que sommes-nous censés faire ?

– Nous avons déjà un point de départ, dit Van. Le camp de Kellicut.

– Je suppose que Sharafidin nous conduira là-haut ?

– Tout est déjà arrangé, répondit Van.

– D'autres arrangements de ce genre ont-ils été pris ? demanda Susan.

– Pas à ma connaissance.

– Bon, dit Matt. Nous allons jusqu'au camp de Kellicut. Et après ? »

Un silence s'ensuivit. Van finit par répondre :

« Après, nous improviserons. Tout dépend de ce que nous découvrirons. Peut-être a-t-il laissé un message, des traces, une piste quelconque...

– Et si nous ne découvrons rien ?

– C'est là que vous entrez en scène, tous les deux. Vous l'avez bien connu et vous savez ce qu'il cherchait. Vous arriverez peut-être à vous mettre dans sa peau, à reconstituer ses faits et gestes, à suivre le fil de sa pensée, à savoir où il est parti. Comme je viens de vous le dire, nous improviserons.

– Et ce flingue, Van ? demanda Matt. Quel usage comptez-vous en faire ?

– Aucun, si cela ne tient qu'à moi.

– Dans ce cas, pourquoi l'avez-vous emporté ? demanda Susan.

– Au cas où il s'avérerait nécessaire.

– Avez-vous une raison particulière d'envisager cette hypothèse ?

– Écoutez... Nous n'avons pas la moindre idée de ce qui nous attend là-haut. »

Matt intervint :

« Notre but est-il de découvrir cette créature ou de l'abattre ?

– Bon Dieu, vous avez entendu ce gosse ! Des gens disparaissent régulièrement dans ces parages. Si vous tenez à faire votre petit numéro d'anthropologue à la noix, libre à vous. Sortez votre magnéto et demandez-leur de vous révéler leurs pensées les plus profondes. Vous verrez bien où ça vous mène. Moi, je préfère prendre mes précautions.

– Souvenez-vous simplement que nous sommes des savants. Pas des chasseurs.

– Ouais... Mais je tiens à revenir entier. »

Van était vaguement inquiet : ils ont peut-être la pétoche, songea-t-il. Seraient-ils sur le point de tout laisser tomber ?

Ils restèrent assis en silence, dans l'obscurité grandissante. Il n'y avait pas grand-chose à ajouter. Susan repoussa brusquement sa chaise, se leva et murmura un vague bonsoir, avant de quitter la pièce. Matt se leva à son tour et la suivit.

Matt et Susan se dirigèrent vers une échoppe où l'on servait du thé et dont le rectangle lumineux se découpait dans la nuit. Une douzaine d'hommes étaient installés autour des tables métalliques disséminées le long du patio. Ils buvaient du thé vert et fumaient du tabac brun en discutant paisiblement, d'une voix chantante. Certains jouaient aux dames, assis en tailleur au pied de lits surélevés, recouverts de tapis de Boukhara. De la musique turque émanait d'un couloir éclairé. Les hommes dévisagèrent Susan et Matt sans dissimuler leur curiosité.

Ils s'assirent à une table et commandèrent du café, en se faisant comprendre par gestes.

« Regarde un peu… »

Susan lui désignait de la tête le pan de ciel situé juste au-dessus des maisons, plongées dans les ténèbres. La pleine lune brillait dans le ciel, on aurait dit qu'elle reposait simplement sur la ligne des toits. Elle était si claire qu'à sa surface les cratères étaient parfaitement visibles, comme les taches d'une pêche trop mûre.

« Ah ! dit Matt, tout ça ne vaut pas un clair de lune…

– … à Khodzant !

– Oui, à Khodzant. Pas étonnant que rien ne tourne rond, dans cette affaire. Depuis que nous sommes arrivés ici, j'ai l'impression que la clef de l'énigme me glisse entre les doigts, si telle est bien l'expression consacrée. »

Susan sourit.

« Est-ce que tu te rends compte, lui dit-elle, que selon toute vraisemblance notre hominien se trouve quelque part là-haut dans les montagnes et qu'il est sans doute en train de contempler le ciel, lui aussi ?

– Ou de hurler à la lune.

– Voyons, Matt…

– Quoi ?

– Tu remets ça, dit Susan. Tu tiens absolument à ce que ces créatures ne soient pas civilisées.

– Je n'ai jamais prétendu que le fait de hurler soit incompatible avec la civilisation. Moi-même, je hurle à tout bout de champ.

– Tu apportes de l'eau à mon moulin. D'ailleurs, c'est toi qui es censé soutenir qu'ils sont aussi bons que nous.

– Je dirais plutôt qu'ils sont nos égaux, nos pareils...

– Et qu'ils sont aussi séduisants...

– Allons, protesta Matt, je n'ai jamais dit ça.

– Mais ta théorie l'admet implicitement. Sinon, pourquoi aurions-nous éprouvé à leur égard une telle frénésie de... comment dis-tu, déjà ?

– D'impérialisme reproducteur ?

– C'est cela même. Et quelle est l'autre formule que tu as popularisée ? Tous mes élèves la recasent un jour ou l'autre dans leurs copies.

– Le flux génétique, dit-il.

– Oui, le flux génétique. Brillante formule. On dirait un slogan publicitaire pour Calvin Klein.

– Très drôle. Et toi, alors ? Où es-tu allée dénicher cette histoire de génocide ? Ces batailles, ces poursuites, ces massacres au fond des ravins ? Sans parler de cette absurdité concernant leur goût prononcé pour la cervelle. Je croyais qu'on avait définitivement renoncé à ce genre de divagations depuis l'époque d'Alberto Blanc, dans les années 50. Tu y crois sérieusement ?

– Je ne pense pas forcément que ce soit la vérité, dit Susan, sur la défensive. Disons que je n'écarte pas l'hypothèse.

– Mais quelles preuves peux-tu avancer ?

– Il ne s'agit pas de preuves, mais d'indices. Songe à toutes ces perforations crâniennes.

– Il y a sûrement une autre explication.

– Oui, ils ont peut-être été abattus à la mitrailleuse... »

Matt chercha le serveur des yeux.

« Puis-je te poser une question ? reprit Susan tout à fait sérieusement.

– Je t'écoute.

– À l'époque où nous sortions ensemble, est-ce que tu n'aurais pas eu une liaison avec une femme de Néandertal ? »

Matt éclata de rire. Elle était encore capable de le surprendre.

« Je n'ai pas eu le moindre succès, dit-il. Elle me trouvait moche, avec mes bras trop courts et mon front plat. Pourquoi me poses-tu la question ?

– Simple curiosité. Je me demandais si cette théorie du brassage sexuel et des croisements génétiques ne relevait pas de l'extrapolation, à partir d'une simple expérience personnelle.

– Je vois. On pourrait faire la même remarque à propos de ta théorie guerrière. »

Le serveur arriva avec deux petites tasses de café turc et s'attarda avec un certain sans-gêne, mettant un temps infini à disposer les tasses de manière que leurs anses soient correctement tournées vers la droite. Susan resta silencieuse jusqu'à son départ, puis regarda Matt, l'air brusquement étonnée.

« L'*Homo sapiens sapiens*... dit-elle. Je me suis toujours demandé pourquoi on avait éprouvé le besoin de redoubler le terme.

– La réponse est simple.

– Je t'écoute.

– Comme tu l'as dit toi-même, ce sont les vainqueurs qui écrivent l'Histoire – et qui décident des noms.

– Mais c'est d'une telle prétention...

– Que voudrais-tu mettre à la place ?

– Que dirais-tu de l'*Homo hypocritus* ? (Susan réfléchit un instant.) Malheureusement, la formule qui s'appliquerait le mieux à la plupart des hommes que j'ai connus est déjà prise : l'*Homo erectus*... Qu'en penses-tu ?

– Que les plaisanteries les plus courtes sont les meilleures…

– C'est bien mon avis. »

La voix de Susan était brusquement redevenue sérieuse et il la dévisagea. Elle ne souriait pas. Sa peau paraissait encore plus hâlée dans sa robe de coton blanc au décolleté profond. Matt s'était rendu compte qu'elle n'avait pas de soutien-gorge. Il regarda sa main posée en travers de la table et eut brusquement envie de la saisir, mais elle la retira.

« Il se fait tard, dit-elle. Il est temps de rentrer. »

Ils regagnèrent l'hôtel en silence. Le portail était fermé et ils durent sonner un bon moment avant qu'un gamin n'apparaisse, vêtu d'une ample tunique blanche, et ne vienne leur ouvrir. Les clefs de leurs chambres, en cuivre massif, étaient suspendues côte à côte à la réception, fixées à des plaques de bois. Ils montèrent l'escalier sans échanger un mot. Dans le couloir, ils insérèrent au même instant leur clef dans la serrure et se dévisagèrent brusquement, avant d'échanger un sourire complice.

La chambre de Susan était aussi petite qu'austère. Une lampe à l'abat-jour troué projetait des ombres sur le mur.

Elle se dirigea vers l'armoire et ouvrit le battant. Un grand miroir était fixé à l'intérieur. Elle contempla son reflet avec surprise : il y avait de la tristesse dans son regard, mais elle était encore présentable. Elle ôta sa robe de coton : ses seins étaient toujours fermes, sa silhouette élancée. Elle fit glisser son slip sur ses chevilles, l'envoya balader et se cambra devant la glace, en observant son corps dénudé.

Elle enleva ses chaussures, s'allongea sur le lit et fixa le plafond. Elle eut l'impression que la pièce se mettait à tourner et ferma les yeux. Elle écarta légèrement les cuisses et se massa doucement l'estomac, du bout des doigts. Elle entendait la voix de Matt enregistrant le compte rendu de la journée sur son magnétophone, de l'autre côté de la cloison. Qu'allait-il dire à son sujet ?

Une angoisse aussi soudaine qu'irraisonnée s'empara d'elle. Son regard relevait d'infimes détails – une lézarde au plafond, une poignée de porte, une chaussure posée de travers –, mais cela ne chassait pas l'anxiété qui l'avait gagnée. Elle ouvrit les yeux et releva la tête, jusqu'à ce que le tournis ait cessé. Puis elle se rallongea et se détendit à nouveau. Sa main descendit un peu plus bas, en continuant à tracer des cercles lents, et ses paupières se refermèrent.

Elle entendit soudain du bruit, un léger frottement, comme si l'on grattait à la porte. Elle se redressa et regarda vers l'entrée. Une enveloppe blanche avait été glissée sous la porte.

Elle sauta hors du lit, enfila sa robe et se précipita pour ouvrir la porte. Le couloir était désert. Elle déchira fébrilement l'enveloppe et eut un brusque serrement de cœur en reconnaissant cette écriture nerveuse, saccadée, à la fois familière et malaisée à déchiffrer.

C'était une lettre de Kellicut.

6

Van avait découvert l'endroit approprié, le « périmètre de sécurité » idéal, comme aurait dit Eagleton. La toile goudronnée qui recouvrait le toit de l'hôtel commençait à chauffer, sous les rayons du soleil matinal. Van s'était installé, hors de vue, derrière la cheminée. Il se pencha pour vérifier que la petite porte était bien refermée, à l'autre extrémité du toit. Dans le ciel, quelques rares cirrocumulus dérivaient lentement vers l'est : ils ne risquaient pas de brouiller la transmission.

Il ouvrit son sac à dos, en sortit une mallette noire, débloqua les taquets de chaque côté et ôta le couvercle. Les touches du clavier étaient sales et maculées d'empreintes digitales laissées par tous ceux qui l'avaient manipulé avant lui. C'était bien leur genre, de lui refiler un Nomad d'occasion... Ils auraient au moins pu choisir un modèle moins archaïque, et surtout plus léger. Celui-ci pesait bien une tonne.

Il mit l'appareil en marche, inclina l'antenne selon un angle de 45 degrés, tapa le code d'accès et se connecta au satellite de l'océan Indien, l'un des quatre qui faisaient en permanence le tour de la Terre. Les diodes indiquant l'intensité de réception du signal traversèrent l'écran – 14,8, la plus haute qu'il ait jamais reçue – et il inséra la disquette avant de taper son propre code d'identification. Il y eut un léger bourdonnement, suivi d'un long silence tandis que les ondes cherchaient leur destinataire dans le ciel, et il attendit que la poignée de main magique ait lieu, à l'autre bout de la stratosphère. Il éprouvait toujours une certaine tension à cet instant-là. On n'avait pas la même impression avec la radio ou le téléphone. Cela devait tenir à la distance que les vibrations électroniques franchissaient dans l'espace – distance incommensurablement plus grande que celle de tous les voyages qu'il avait pu faire dans sa vie. L'envie de fumer lui revint brusquement, comme autrefois.

Au cours du petit déjeuner, Van avait perçu une certaine défiance dans le comportement de Matt et de Susan. Non pas à cause de leurs remarques ou de leur attitude à son égard : au contraire, ils avaient essayé d'adopter un comportement naturel, amical même. Mais il avait l'habitude de déchiffrer le sens caché des gestes les plus anodins, de lire le langage du corps. À un moment donné, il les avait vus échanger un regard entendu. Il s'était même demandé s'ils n'avaient pas fricoté ensemble, la nuit dernière. Ils faisaient vraiment la paire, tous les deux – aussi foutrement parfaits l'un que l'autre.

Il entendit soudain le léger bourdonnement, l'infime signal sonore indiquant que la communication était établie. Un instant plus tard, l'image disparut et le signal « Émettez » apparut sur l'écran. Van utilisa le code convenu. C'était un simple rapport de routine, il n'avait guère d'informations à transmettre, en dehors de leur situation géographique. Il avait déjà expédié un message résumant l'histoire que le jeune homme leur avait racontée la veille. Eagleton aimait les rapports détaillés – il était vraisemblablement curieux de connaître l'évolution de la situation, concernant Susan et Matt –, et Van éprouvait un plaisir pervers à lui dissimuler le plus de renseignements possible. Il savait qu'Eagleton pouvait décider à tout moment de se passer de ses services et n'éprouvait un soupçon de puissance que lorsqu'il était en mission : la balance penchait alors en sa faveur. Autant en profiter tant qu'il en avait l'opportunité.

Il vit apparaître le message indiquant que son rapport avait été reçu. Il referma l'écran du Nomad et appuya sur la touche qui coupait le contact. Il avait été prévenu par le responsable des communications, un vieil ivrogne plutôt sympathique, que tous les appareils avaient été trafiqués, de sorte qu'en les débranchant on mettait aussitôt en route le système de recherche automatique par satellite, qui permettait de les localiser n'importe où dans le monde. Eagleton était coutumier de ce genre de coups fourrés. Pour l'instant, Van prenait soin de bien laisser la touche en position d'arrêt : s'il ne l'avait pas fait, on se serait immédiatement douté qu'il était au courant. Puis il rangea l'ordinateur dans son sac à dos et se faufila dans l'escalier.

Le message de Kellicut intriguait Matt, tant par son contenu que par les motifs qui l'avaient conduit à le rédiger, sans parler du chemin sinueux qu'il avait choisi pour le faire parvenir entre leurs mains – celles de Susan, plus exactement, puisque c'etait à elle qu'il était adressé. Sans doute l'avait-il confié à Sharafidin lorsque celui-ci l'avait quitté, dans les montagnes : et c'était probablement le jeune homme qui l'avait glissé la veille sous la porte de la chambre. Ce qui expliquait son étrange question concernant les liens de parenté unissant Susan et Kellicut : il avait vraisemblablement mal compris la consigne de ce dernier, qui avait dû exiger que le message soit remis en main propre à sa destinataire.

Lorsque Matt avait entendu frapper à sa porte, la nuit précédente, il avait immédiatement su qu'il s'agissait de Susan. Il avait lâché son magnétophone et était allé lui ouvrir, la gorge serrée. Mais, en apercevant son visage bouleversé, il avait aussitôt compris qu'elle n'était pas venue dans le but qu'il escomptait. Sans un mot, elle lui avait tendu la lettre. Il l'avait encore sur lui ; il déplia le bout de papier maculé et le lut à nouveau :

> Susan,
> Il faut que tu viennes sur-le-champ. Il n'y a que Matt et toi qui puissiez réaliser l'énormité de ma découverte. Une précision supplémentaire : ne parle de ceci à personne. Le secret doit être gardé. Seuls des scientifiques tels que nous sont habilités à établir le contact. Et il y a parmi nos semblables trop de piètres représentants de notre espèce. Mais fais vite, pour l'amour de Dieu ! L'expérience que nous allons vivre ensemble n'a pas le moindre équivalent dans l'histoire de l'humanité.
> Par tous les dieux, le jour du règlement est proche !

Il n'y avait pas de signature. C'était tout à fait son genre, songea Matt en contemplant l'écriture nerveuse de Kellicut, égocentrée et sibylline d'un bout à l'autre. Le message n'était pas daté et ne comportait pas davantage d'indication de lieu. Mais, vu la façon dont le papier était froissé et chiffonné, il était évident qu'il avait été rédigé à la hâte. Son but était apparemment de les avertir qu'il fallait tenir l'expédition secrète. Mais pourquoi ? Voulait-il être le premier à annoncer la nouvelle au monde ? Cela lui ressemblait assez. Et il y avait cette allusion aux « piètres représentants de notre espèce » – une étrange manière de formuler les choses.

Fort bien. Il nous affirme que nous sommes sur le point de faire la plus grande découverte de l'histoire et nous supplie de ne pas en parler. Il nous met en garde, tout en sachant fort bien que l'affaire nous échappe. Pourquoi n'a-t-il pas pris la peine de retrouver nos adresses et de nous prévenir directement, s'il a soulevé un lièvre pareil ? Kellicut le Joueur de Flûte, qui les entraînait une fois de plus dans l'inconnu, au bout de toutes ces années... Sauf qu'aujourd'hui il ne s'agissait plus de Jung ou de la théorie des quanta, mais de... De quoi d'autre, au juste ?

Il y avait un autre détail troublant : ce message laissait entendre qu'il y avait bel et bien eu une première lettre, à l'intérieur du paquet. Ce n'était pas affirmé noir sur blanc, mais tout indiquait qu'il s'agissait d'un post-scriptum, d'une « précision supplémentaire », comme il le formulait lui-même. Ce qui tombait sous le sens. Kellicut aimait la mise en scène et ne répugnait pas à détourner de temps en temps quelques objets anciens, mais c'était avant tout un scientifique. Il n'aurait jamais envoyé un paquet contenant le crâne d'un homme de Néandertal mort voilà vingt-cinq ans sans un seul mot d'explication. Il y avait trop de choses en jeu, trop de risques d'erreur. Et la disparition de cette lettre n'avait rien de bien rassurant, car cela signifiait qu'elle avait été subtilisée par Eagleton ou par Van – ou par eux deux, s'ils étaient de mèche. Mais pourquoi ? Quels renseignements pouvait-elle contenir, dont on avait jugé préférable de ne pas informer Susan et Matt ?

Le message provenait bien de Kellicut, cela ne faisait aucun doute. C'était tout à fait son style, son jargon de bonimenteur. Matt l'imaginait parfaitement griffonnant sa promesse d'une découverte sans « le moindre équivalent dans l'histoire de l'humanité ». Sans oublier le coup de trompette final, pour parachever le tout, cette citation d'Homère : « Par tous les dieux, le jour du règlement est proche ! » C'était Susan qui l'avait identifiée : il s'agissait des paroles prononcées par Achille après la mort de Patrocle, au pied des murailles de Troie.

Même dans une situation aussi grave, alors qu'il se croyait sur le point de faire une découverte capitale et s'apprêtait à entraîner ses deux plus proches confrères dans une aventure incertaine, si ce n'est périlleuse, il n'avait pu s'empêcher d'étaler au grand jour sa pédanterie coutumière. En se faisant cette réflexion, Matt ressentit soudain une amertume qui le surprit lui-même.

Van avait déballé tout leur matériel dans la cour. Sa liste à la main, il lançait ses ordres et cochait au fur et à mesure les articles que Rudy emballait d'un air enjoué. Matt était furieux de voir qu'ils emportaient autant de choses : il y avait là plusieurs tentes, des sacs de couchage, des bottes, des anoraks, toute une infirmerie, des lampes, une batterie de cuisine au grand complet, des poignards, des couteaux, des gourdes, des appareils photo... Sans parler de la nourriture – des boîtes de conserve et de la viande séchée, mais aussi un stock de légumes déshydratés et fort peu appétissants, emballés dans des sachets sous vide.

« Bon Dieu ! lança Matt en considérant cette montagne d'ustensiles. Que sommes-nous censés faire ? Partir à la recherche de l'Alma ou ouvrir un supermarché ? »

Susan apparut à son tour, les cheveux ébouriffés, une tasse de café fumant à la main.

Matt désigna un petit sac de toile et demanda à Van :

« Qu'y a-t-il là-dedans ?

– Des fusées éclairantes.

– Pourquoi nous charger de ça ?

– Au cas où nous aurions besoin d'être évacués d'urgence.

– Et qui viendra nous récupérer ?

– On ne sait jamais. Mieux vaut prévenir que guérir. »

Susan regarda Matt, fronça les sourcils et secoua la tête, avant de faire demi-tour.

Ils suivirent la route du Pamir, un ruban d'asphalte noir qui zigzaguait à travers les montagnes jusqu'à Khorog, sur la frontière afghane, et au-delà jusqu'à l'ancienne cité d'Osh, qui était jadis un important relais d'étape pour les caravanes. Rudy était au volant et les abreuvait d'un pot-pourri de chansons datant de l'année qu'il avait passée à New York. Assis à ses côtés, Van faisait preuve d'une surprenante indulgence à son égard.

Ils traversèrent un ou deux villages déserts, constitués de quelques huttes en boue regroupées à l'abri des arbres, sur le flanc escarpé des collines. Les portes et les fenêtres étaient closes et on n'apercevait aucun signe de vie. À leur périphérie s'étendaient d'anciens champs de maïs. Ils aperçurent même une ferme abandonnée, aux murs de pierre écroulés et au toit effondré. Les carrioles et les charrues étaient encore en place.

« Qu'est-il arrivé ? demanda Matt. La famine ? Une épidémie ?

– Ni l'un ni l'autre, dit Rudy. Ce sont les restes d'une colonie établie par ordre du gouvernement, au bord de la rivière Vaksh. Les gens ont été contraints de l'évacuer en 1981, après trois tremblements de terre successifs qui ont fait près de douze mille victimes. L'épicentre du cataclysme était situé par ici. La région est toujours menacée. »

Plus tard, en montant plus haut dans les collines, Matt devait apercevoir des torrents dont le lit débordait à cause de la fonte des neiges, entourés d'une végétation brusquement verdoyante.

À midi, ils firent halte pour déjeuner. Rudy gara le véhicule au bord d'un torrent et, après le repas, Matt le remonta un moment, jusqu'à une courbe derrière laquelle il formait un petit bassin. Obéissant à une brusque impulsion, il se déshabilla et pénétra dans l'eau. Le sol était sablonneux. Il se laissa lentement basculer en arrière en tendant les bras pour amortir sa chute, jusqu'à ce que l'eau lui arrive au menton.

Il se laissa porter comme une feuille par le courant. Toute la matinée, il n'avait cessé de nourrir des pensées érotiques à propos de Susan. Sur le sentier qui menait au torrent, il s'était arrêté pour l'attendre, obsédé par son corps. Il l'avait laissée passer, les yeux rivés sur les gouttes de sueur qui perlaient le long de ses cuisses. Que n'aurait-il donné pour écarter ces cuisses et y enfouir sa tête, comme autrefois !

Ses rêveries furent interrompues par les cris de ses compagnons, lui annonçant qu'il était temps de repartir. À regret, il émergea de l'eau. En se séchant, il sentit l'air chaud caresser son corps et fut surpris de constater qu'il était en érection.

L'après-midi, Matt prit le volant. Généralement, il aimait conduire, mais ici, ce n'était pas une mince affaire. Ils avaient quitté la route principale et s'étaient engagés sur une piste poussiéreuse et cahoteuse. Dès qu'il allait un peu trop vite, la carcasse du véhicule se mettrait à vibrer, comme si elle menaçait de s'effondrer. Devant eux, à l'horizon, le soleil était sur le point de se coucher et les reflets de ses rayons sur les caillasses l'empêchaient de bien distinguer la piste. Il devait tellement se concentrer que ses sourcils en étaient douloureux.

En fin de journée, Susan prit le relais, tandis que Van et Rudy dormaient sur la banquette arrière. La température ne tarda pas à se rafraîchir. Un courant d'air froid s'engouffrait par les fenêtres, mais ce n'était pas désagréable et ils laissèrent les vitres ouvertes. Avec tous ces cahots, les phares éclairaient mal la piste et Matt devait jouer au copilote, poussant un cri dès qu'il apercevait un obstacle. Il commençait à s'amuser. Et Susan aussi.

De temps à autre, ils apercevaient un scorpion surpris par la lueur des phares et qui détalait en travers de la route, son dard obscènement dressé et oscillant avec souplesse.

« Il ne nous manque qu'un peu de musique, dit Matt.

– Attends une seconde… »

Susan arrêta le véhicule, alla fouiller dans le coffre et revint avec une sacoche en cuir contenant un magnétophone portatif. Elle le cala sur le tableau de bord, appuya sur une touche et la voix de Bruce Springsteen s'éleva soudain dans la nuit. Ils avaient tous les deux le sourire aux lèvres lorsqu'elle redémarra.

Trois heures plus tard, ils s'arrêtèrent pour la nuit au pied d'un tertre herbeux, entouré de falaises et de rochers. Ils firent un grand feu, creusèrent une tranchée autour du campement et y déversèrent de l'essence, afin d'éloigner les scorpions.

Lorsqu'ils furent tous assis autour du feu, Van déplia une carte.

« Nous avons fait un bon bout de chemin, vu l'état de la route, dit-il. Pas loin de quatre cents kilomètres... (Matt se pencha par-dessus son épaule pour suivre la ligne qu'il indiquait.) Je pense que demain, vers midi, nous devrions arriver au pied de la montagne. »

Il s'exprimait presque avec amabilité.

Après le dîner, ils déroulèrent leurs sacs de couchage. Susan installa le sien à côté de celui de Matt. Sharafidin étala sa couverture et fit sa prière à genoux, le front collé au sol, en direction de La Mecque. Incliné comme il l'était, sa tunique de coton glissa, découvrant son dos efflanqué. Il se redressa brusquement, sortit de sa sacoche un objet qui ressemblait à une boîte minuscule et le brandit vers le ciel étoilé, avant de le ramener lentement vers son visage et de l'embrasser à plusieurs reprises. Rudy l'observait. Il se tourna ensuite vers Susan et Matt, le sourire aux lèvres, en se tapotant la tempe du bout de l'index.

Matt tentait de s'endormir mais il revoyait la route défiler devant lui et le sang lui battait aux tempes. Il percevait la respiration profonde et régulière de Susan à ses côtés. Le sommeil s'abattit tout à coup sur lui, aussi brusquement que s'il avait basculé dans un ravin.

Ils se mirent en route de bonne heure le lendemain matin. Van avait pris le volant et conduisait en silence. La route montait de plus en plus et leurs oreilles ne tardèrent pas à se boucher, à cause de l'altitude. Le paysage était en train de changer. De part et d'autre de la piste, les buissons rabougris cédèrent peu à peu la place à des alignements de conifères squelettiques. Puis les arbres s'éclaircirent et la piste ne fut bientôt plus qu'une suite de virages en épingles à cheveux et de dangereux lacets. Van dut passer en seconde, puis en première. Finalement, la route s'arrêta net, débouchant sur un sentier caillouteux.

Van gara le véhicule sous un arbre, à la lisière d'un pré.

« Terminus, tout le monde descend ! lança-t-il en coupant le moteur.

– J'ai horreur de cette expression », dit Susan.

Ils déchargèrent le véhicule et répartirent l'équipement dans leurs sacs à dos, sous l'œil vigilant de Van : il avait placé ses propres affaires à part et son chargement était nettement plus important. Lorsque tout fut achevé, il ouvrit le capot de la Land Cruiser et débrancha la batterie.

« Nous ignorons combien de temps nous allons rester là-haut, dit-il en glissant les clés du véhicule sous le pare-soleil. Je les laisse là, au cas où…

– Au cas où quoi ?

– Où nous serions séparés. »

Tandis qu'ils traversaient le pré pour rejoindre la forêt, les sommets déchiquetés qui les surplombaient semblaient à la fois gigantesques et étrangement proches, avec leur couronne de glaciers. Les nuages qui passaient dans le ciel et la brume qui les encerclait de ses volutes mouvantes leur procuraient une illusion de mouvement, comme s'ils étaient en train de vaciller, sur le point de s'effondrer.

Ils marchèrent pendant des heures le long des pentes rocheuses couvertes d'épineux, en suivant l'itinéraire établi par Sharafidin. Celui-ci avançait à pas réguliers, parcourant sans répit de ses yeux noirs le décor environnant, à la recherche d'éventuels repères. Il n'y avait pas de sentier. Une ou deux fois, il se fourvoya et ils durent revenir sur leurs pas. Ils firent halte quelques instants pendant que le jeune homme partait seul en avant ; mais il ne tarda pas à les appeler, après avoir retrouvé son chemin. Le soleil tapait fort et il s'était dévêtu jusqu'à la taille : ses côtes saillaient sur son torse souple et vigoureux.

La chemise de Van était maculée de sueur. Son sac à dos était plus lourd que les autres et cela entravait sa marche. Matt et Susan progressaient à pas lents, réguliers, en économisant leurs forces. Rudy était le plus bruyant de la bande. Il écartait les branches noueuses des buissons qui se trouvaient en travers de son chemin avec autant d'énergie que s'il avait poussé les portes d'un saloon. Il avait l'air un peu ridicule avec son chapeau de paille à large bord et, dès qu'un de ses compagnons se trouvait à portée de voix, il engageait aussitôt la conversation.

Ils atteignirent le delta d'une vallée et aperçurent les ruines d'un *kishlak*, composé de quelques bâtisses, de canaux creusés pour l'irrigation et de champs jadis cultivés. Tout était à l'abandon. Les murs de pierre s'étaient effondrés. La terre brune paraissait fertile et le site avait visiblement été occupé par l'homme pendant des siècles.

Au bout de plusieurs heures, ils atteignirent un plateau montagneux, traversé par un torrent tumultueux. Ils déposèrent leurs sacs – il fallut aider Van à se défaire du sien – et burent avec avidité de grandes gorgées d'eau glacée. Rudy plongea son chapeau dans le torrent et s'arrosa la tête à plusieurs reprises : il avait l'air si comique que les autres ne purent s'empêcher de rire.

Susan s'aventura seule sur l'étendue du plateau. Elle aperçut à un endroit de grands bosquets de cyprès et de genévriers, mêlés çà et là à des buissons d'églantiers, de chèvrefeuilles et de groseilliers. Le parfum des fleurs de montagne était idéalement mis en valeur par la chaleur un peu moite de l'atmosphère.

« Splendide, n'est-ce pas ? lança Rudy derrière elle. (Il contempla un moment le paysage avant de reprendre :) C'est l'une des raisons qui me poussent à revenir dans ce pays de fous. »

Tandis qu'il relevait les yeux vers les sommets vertigineux, ses traits enfantins se détendirent. Il est fichtrement beau, songea tout à coup Susan.

« C'est la première fois que vous venez au Tadjikistan ? demanda Rudy.

– Oui. Pourquoi ?

– Je m'étais dit que vous aviez peut-être participé à la première expédition.

– Quelle expédition ?

– Celle qui est venue l'année dernière, vous savez, avant l'arrivée de Mr. Kellicut, et dont Van faisait partie. »

7

Ils poursuivirent leur ascension tout le reste de l'après-midi. La pente était de plus en plus raide et leur progression malaisée. Sharafidin ouvrait la marche, loin devant eux.

En fin de journée, les épineux, les bouleaux et les peupliers nains commencèrent à se raréfier et ils les laissèrent bientôt derrière eux. Ils n'apercevaient plus désormais que de maigres broussailles, des buissons rabougris et des saules étiques, érigés çà et là au milieu des caillasses. Ils installèrent leur camp pour la nuit sur une saillie rocheuse et déplièrent leurs sacs de couchage. Matt et Rudy partirent chercher du bois : ils durent revenir sur leurs pas et redescendre une partie de la pente qu'ils venaient d'escalader. Ils revinrent avec une demi-douzaine de bûches et des brassées de brindilles juste à temps pour alimenter le foyer que Susan venait d'allumer avec des herbes sèches.

« Tenez, dit-elle en leur tendant une tasse. Le café salvateur… »

Après le repas, Sharafidin fit ses prières du soir. Lorsqu'il eut terminé, Susan s'approcha de Rudy et ils rejoignirent le jeune homme pour discuter avec lui. À un moment donné, Sharafidin fouilla dans sa sacoche et en sortit l'objet qui les avait tant intrigués la veille. Il le tendit à Susan, qui l'examina avec soin. En le lui rendant, elle prononça quelques mots que Rudy traduisit.

Matt s'était assis sur un rocher, au bord de la saillie. Ses muscles étaient douloureux, mais ce n'était pas une sensation désagréable. Le soleil était en train de se coucher : à la lueur pourpre de ses rayons, il distinguait plus bas la ligne des arbres qui ondulait le long des pentes, avant de disparaître de part et d'autre dans les vallées. La brume du soir s'élevait comme un nuage de vapeur. Le paysage s'étendait au loin, à l'infini.

Susan vint s'asseoir à ses côtés. Sa présence lui fit du bien. La vue était tellement splendide qu'il avait envie de compagnie. Ils restèrent un moment silencieux, puis Matt se tourna vers elle.

« J'ai vu que tu examinais l'amulette de Sharafidin, dit-il. De quoi s'agit-il ?

– C'est un coran miniature. Il prétend que c'est grâce à lui que l'ennemi a été repoussé, à la bataille d'Omdurman. Celui qui le possède est sûr d'aller au paradis. Il est passablement usé, à force d'avoir été manipulé, j'imagine.

– T'a-t-il expliqué à quoi servait cet objet ?

– Il n'avait pas besoin de me le dire. C'est une sorte de talisman, qui le protège et le met en rapport avec Allah, ainsi qu'avec les esprits des montagnes.

– Il n'en a pas d'autres en réserve ? »

Lorsque Susan reprit la parole, son ton était redevenu sérieux. Elle lui rapporta ce que Rudy lui avait incidemment révélé concernant le précédent séjour de Van dans la région.

« Je me demande bien qui l'accompagnait, dit-elle. Et pour quelle raison il se trouvait là.

– Sans compter qu'il s'est bien gardé de nous en parler », ajouta Matt.

Ils ne pouvaient pas faire grand-chose pour l'instant. S'ils avaient ouvertement abordé la question avec Van, celui-ci aurait tout simplement nié les faits. D'autre part, leur mission était de retrouver le camp de Kellicut. Ils décidèrent donc provisoirement de surveiller Van, dans l'espoir d'en apprendre un peu plus et d'entrevoir la vérité. Ce n'était pas très satisfaisant, il fallait bien l'admettre, mais ils n'avaient guère le choix.

Il faisait pratiquement nuit maintenant. Tandis qu'ils contemplaient la vallée, Susan reprit la parole :

« Il y a un autre point qui me tracasse. Plus le temps passe depuis que nous sommes arrivés ici, et plus j'ai tendance à croire à la réalité de ces néandertaliens. Kellicut était convaincu de leur existence, et Van est visiblement dans le même cas. Pendant que nous marchions dans la forêt, je n'arrêtais pas de penser à ce crâne. Je suis sûre qu'il est authentique.

– Cela me paraît de plus en plus probable.

– Et s'il ne s'agit pas d'un faux, peut-être que toutes ces histoires que les gens se racontent dans les villages au cours des longues soirées d'hiver correspondent à la réalité…

– Peut-être, répondit Matt.

– Et nous voilà en train de grimper, dans l'espoir de découvrir l'un de ces êtres. Ou une tribu entière. Mais que se passera-t-il s'ils se révèlent dangereux ? Comment allons-nous réagir ? En nous précipitant pour leur serrer la main ?

– Peut-être pourrons-nous les observer sans qu'ils s'en aperçoivent, dit Matt.

– Mmm… Et peut-être que non.

– N'oublie pas que ce sont eux qui sont allés se réfugier là-haut. Sans doute auront-ils plus peur de nous que nous d'eux.

– Parle pour toi, répondit Susan. Autre chose : je sais que c'est un pur effet de mon imagination mais, pendant que nous traversions cette forêt, j'avais constamment l'impression qu'ils nous épiaient. Au début, je m'étais simplement demandé s'ils n'étaient pas dans les parages, et au bout du compte j'ai fini par le croire. Est-ce que tu as eu la même impression ?

– Non.

– Eh bien moi si. Je n'en avais pas la certitude absolue, mais le doute s'est insinué en moi. »

Matt regarda les collines qui s'étendaient à leurs pieds et qui étaient maintenant sur le point de disparaître dans les ténèbres.

« N'oublie pas que nous sommes en haute altitude, dit-il. À plus de quatre mille mètres, sans doute. On est parfois victime de curieux phénomènes, à cette hauteur.

– D'hallucinations, par exemple ? demanda-t-elle d'un air sarcastique. Ou de délires paranoïaques ?

– Non, je parle sérieusement. À cause de l'hyper-oxygénation, on est fréquemment sujet à des insomnies, des accès de panique, des crises d'angoisse sans fondement. On a l'impression d'étouffer, d'avoir de l'eau dans les poumons.

– Génial ! Je me sens déjà dix fois mieux…

– Cela ne signifie pas que tu sois sur le point de craquer. Simplement, tout ce qui s'avère tant soit peu inquiétant prend vite des proportions démesurées. Essaie de ne pas trop y faire attention.

– Je tâcherai de m'en souvenir lorsque je me retrouverai dans la marmite et qu'on s'apprêtera à convertir mon cerveau en steak tartare. »

Matt esquissa un sourire. Il y avait chez Susan un mélange de fragilité et de totale confiance en soi – c'était d'ailleurs cela qui l'avait séduit en elle, des années plus tôt.

« Je dois reconnaître que tu n'as guère changé, dit-il avec une chaleur qui n'était pas feinte.

– Est-ce un compliment ou un reproche ?

– Un compliment. »

Susan hocha imperceptiblement la tête, un peu embarrassée par sa déclaration. Elle avait passé tant d'années à nourrir sa rancœur et à remâcher la colère que Matt lui inspirait que ce sentiment avait fini par devenir routinier : elle n'était même plus très certaine de l'éprouver encore.

La trahison... Ce mot résumait à lui seul le péché de Matt, l'ensemble des méfaits et des mensonges dont il s'était rendu coupable. À force de le répéter comme un mantra, des années auparavant, elle était parvenue à ramener leur relation à son essence. Et le terme n'était pas exagéré : il l'avait bel et bien trahie, en la trompant avec sa meilleure amie. Elle ne s'était doutée de rien, elle n'avait jamais soupçonné sa liaison avec Anne, ce qui n'avait fait qu'accroître sa honte lorsqu'elle avait appris la vérité – et rendu Matt d'autant plus impardonnable à ses yeux. La connaissant, il savait pertinemment à quel point elle se sentirait humiliée, face au reste du monde. Elle s'était mise à le trouver méprisable, à cause de tous ses petits mensonges. Et l'amour qu'elle avait éprouvé pour lui n'avait pas tardé à disparaître, dès lors qu'elle ne pouvait plus le respecter.

À dire la vérité, elle l'avait trompé elle aussi, de son côté. Mais ce n'était pas la même chose, car d'une certaine façon elle devait se douter de la trahison de Matt – on ne partage pas d'aussi près la vie de quelqu'un sans avoir ce genre d'intuitions – et elle avait donc plus ou moins tenté de se défendre en le traitant de la même façon. Elle se rendait bien compte qu'en raisonnant ainsi elle cherchait surtout à justifier sa propre trahison, mais elle avait néanmoins la certitude de ne pas avoir agi par simple coquetterie. Elle avait même doublement ressenti la nécessité de son acte, puisqu'elle s'était trouvée incapable de combler à elle seule le désir de Matt. Cela relevait de l'autodéfense.

« Il est temps de rejoindre les autres », dit-elle brusquement.

Le lendemain matin, ils se levèrent de bonne heure et reprirent leur ascension. Ils progressaient en silence, les jambes raides, les pieds meurtris. Le moindre pas s'avérait douloureux. Ils avançaient comme des zombis : entre la monotonie de leur marche et le soleil qui leur tapait sur la nuque, ils perdirent bientôt toute notion de temps.

Seul Sharafidin grimpait sans effort apparent, bondissant de droite à gauche à la recherche de la meilleure prise tel un cerf-volant. Ses jambes fines étaient sans cesse en mouvement.

À cette altitude, la végétation avait quasiment disparu et ils se retrouvèrent bientôt dans un décor désertique parsemé de rochers, de poussière, d'éboulis. Au milieu de l'après-midi, ils atteignirent un col, situé entre deux sommets. Dès que le sol s'aplanissait un peu, la progression était nettement plus aisée. De là-haut, ils distinguaient l'ensemble de la vallée qui s'étendait à leurs pieds, sur près de quatre-vingts kilomètres.

Ils remarquèrent une zone ombragée, à l'abri d'un surplomb rocheux. Lorsqu'ils s'en approchèrent, ils entendirent un murmure cristallin, tout en sentant le sol vibrer sous leurs pas. À l'ombre d'un gros rocher, ils découvrirent un trou au fond duquel coulait un ruisseau souterrain, à un demi-mètre de profondeur.

Matt se pencha, glissa son bras dans l'orifice et sentit le contact de l'eau glacée sur ses doigts. Il remplit sa gourde et la tendit à ses compagnons.

« Autant s'arrêter ici pour déjeuner », dit Susan.

Rudy posa une question à Sharafidin, qui lui répondit d'une voix inquiète, les yeux baissés. Son attitude intrigua Matt.

« Que se passe-t-il ? demanda-t-il.

– Je lui ai demandé où nous étions et il m'a dit que nous avions – je vous traduis littéralement sa réponse – " atteint la région où les gens ne vont pas ".

– Eh bien, ironisa Van, dites-lui qu'il va falloir songer à la rebaptiser autrement. »

Il partit ensuite à la recherche de l'endroit où le cours d'eau faisait surface, une centaine de mètres plus loin.

Soudain, les autres l'entendirent crier. Ils se précipitèrent et l'aperçurent sur une berge sableuse qui s'étendait en demi-cercle, au pied de l'endroit où l'eau jaillissait des rochers. La gourde de Van gisait à ses pieds : visiblement, il avait voulu la remplir. Il se mit à pousser des glapissements étouffés, avant d'émettre une sorte de sifflement rauque. Il était agenouillé, dans une posture bizarre, et montrait quelque chose du doigt, en agitant le bras de bas en haut, comme un piston.

Matt crut tout d'abord qu'il était victime d'une crise cardiaque.

« Tout va bien ? lui cria-t-il.

– Regardez ! »

Van désignait quelque chose sur le sol à ses pieds, tout en continuant d'agiter frénétiquement le bras. Ils se précipitèrent tous dans sa direction. Susan arriva la première.

« Mon Dieu ! » s'exclama-t-elle.

Dans le sable, au bord du ruisseau, se trouvait une empreinte profonde, anormalement grande. Matt se pencha et l'examina de près : cela ressemblait à un pied humain, mais la cambrure était beaucoup plus large.

« Alors, s'écria Van en les dévisageant de ses yeux écarquillés, qui délire à présent ? Je vous l'avais bien dit, mais vous ne vouliez pas me croire ! »

Ils explorèrent les environs et découvrirent d'autres empreintes identiques – ainsi, curieusement, que des traces de bottes, de tailles différentes et visiblement plus récentes.

Ils les suivirent aussi loin qu'ils le pouvaient, mais elles s'interrompaient là où le sol redevenait rocheux. Elles semblaient avoir été laissées par trois individus distincts, sans compter la créature qui les avait précédés. Les traces de bottes étant disposées en cercle, autour des empreintes de cet énorme pied, on pouvait logiquement en déduire que les trois hommes étaient sur sa piste.

« Regardez… », dit Rudy.

Il brandissait un mégot entre le pouce et l'index et le porta à ses narines.

« C'est une cigarette russe », ajouta-t-il.

Van traînait à l'arrière. Il respirait avec peine et son sac à dos lui paraissait aussi lourd que s'il avait été bourré de cailloux. En s'habillant, le matin même, il avait fixé à sa taille l'étui du pistolet. Une lanière de cuir le maintenait le long de sa cuisse droite : il l'avait tellement serrée qu'elle entamait sa chair. Mais le contact de l'arme lui donnait une impression de puissance. Il savait qu'il commençait à ressentir les effets du manque d'oxygène. Toutes les cigarettes qu'il avait fumées jadis étaient en train de prendre leur revanche, ainsi que les saletés qu'il avait ingurgitées : du DMT, du STP, des substances dont il avait oublié jusqu'au nom et dont les initiales lui rappelaient celles des stations de radio qu'il écoutait dans son enfance. Il connaissait les symptômes des maux dus à l'altitude : de brusques accès de tournis, pas exactement désagréables mais qui s'accompagnaient de bouffées paranoïaques, et surtout cette sensation paniquante de ne plus parvenir à emplir ses poumons et d'être au bord de l'asphyxie. Si cet état empirait, il risquait de devenir bientôt insupportable.

Il tenta de se raisonner mais cela ne fit qu'accroître son angoisse, aussi laissa-t-il ses pensées vagabonder à leur guise. Ainsi donc, les Russes étaient dans les parages, finalement. Il aurait dû s'en douter. Pour sa part, il ne leur avait jamais fait confiance, même si c'était lui qui avait traité directement avec eux. Cette soi-disant *glasnost* était de la foutaise. L'affaire était bien trop importante pour qu'ils ne viennent pas y fourrer leur nez. Ils leur avaient communiqué certains renseignements, en avaient dissimulé d'autres et, au bout du compte, ils avaient décidé de monter leur propre expédition. Peut-être les Russes ont-ils décidé de nous laisser faire le sale boulot et d'attendre sagement leur tour, avant de nous éliminer et d'en retirer tout le bénéfice. Eagleton avait eu lui aussi quelques hésitations à ce sujet, Van ne l'ignorait pas, mais il les avait finalement balayées en misant sur ce qu'il appelait le « facteur d'anarchie » de Moscou. Eagleton adorait ce genre de paris, surtout lorsqu'il jouait avec des choses qui ne lui appartenaient pas – la vie des autres, par exemple.

Brusquement, en fin d'après-midi, Sharafidin accéléra le pas. Ils le virent se mettre à courir, au détour d'une courbe, et l'appelèrent à grands cris : mais il ne ralentit pas l'allure et ne se retourna même pas. Il disparut bientôt derrière le sommet d'une crête.

Ils se hâtèrent de le rejoindre. Après avoir atteint le bord de la crête, ils aperçurent à l'extrémité d'une longue pente un terrain dégagé, où se dressait une sorte d'édifice. Il leur fallut quelques instants pour réaliser qu'ils venaient d'atteindre le camp de Kellicut.

L'endroit n'était pas mal situé, songea Matt. La vue était dégagée, dans quelque direction que ce soit, et le sentier qui y conduisait était d'accès facile, en cas de retraite précipitée. Hypothèse d'ailleurs peu vraisemblable, car Kellicut n'était pas du genre à prendre ainsi la fuite. Il avait probablement été séduit par la beauté du site : le soir, il pouvait contempler les sommets qu'il avait escaladés et les collines qui s'étendaient à ses pieds. Cette vue surplombante ne pouvait que flatter son sentiment de supériorité.

Ils atteignirent le périmètre du camp. À l'intérieur, une forme confuse s'agita soudain devant eux. Van la perçut à la périphérie de son champ de vision avant même d'avoir réellement réalisé sa présence. Il se jeta au sol, tandis que sa main droite plongeait vers son étui. D'un geste rapide, il sortit son pistolet et se redressa lentement, l'arme braquée devant lui. Mais il se détendit aussitôt, brusquement soulagé. Ce n'était qu'un oiseau – un grand faucon doré qui ébrouait ses ailes, perché au sommet d'un poteau. Van se releva.

« Merde, dit-il. Je ne m'attendais pas à ça. »

La présence de cet oiseau n'était pas de très bon augure, songea Susan. Elle eut soudain la certitude irrationnelle que Kellicut n'était plus là. Le camp semblait à l'abandon, sens dessus dessous, dévasté par les intempéries.

L'endroit avait un côté vaguement spartiate, comparé à l'image du camp de base parfaitement équipé qu'ils s'étaient forgée au cours de leur ascension. L'édifice principal était une sorte de cabane, d'environ un mètre de haut sur trois mètres cinquante de long. Elle était édifiée le long d'un gros rocher d'une taille légèrement inférieure à celle d'un homme. Une petite murette en pierre d'un demi-mètre de haut la protégeait du vent.

Une soixantaine de mètres plus loin, une caisse était fixée à l'un des rares arbustes qui poussaient encore à cette altitude. C'était une sorte de garde-manger. Le foyer se trouvait à l'autre extrémité du camp. Dans un autre coin, un puits rudimentaire avait été creusé : une tasse en aluminium accrochée à une ficelle traînait à côté, dans la poussière. Un peu à l'écart, sur le bord du sentier, ils aperçurent une fosse recouverte de deux planches, qui tenait probablement lieu de latrines.

« Ça ne fait pas lourd », dit Van.

Matt s'était fait la même remarque.

« Visiblement, il n'est plus là depuis un bon bout de temps », dit-il.

Susan se dirigea vers la cabane et se baissa pour pénétrer à l'intérieur.

« Matt ! Viens voir ! » s'écria-t-elle.

Il se précipita et la rejoignit, plié en deux. La cabane était à peine assez grande pour les abriter. Tout était sens dessus dessous. Un matelas pneumatique traînait dans un coin, éventré sur toute sa longueur. Des boîtes et des casseroles jonchaient le sol. L'une d'elles semblait avoir été piétinée. La cafetière gisait en mille morceaux et une lampe à essence avait été brisée. Seule une paire de bottes constellées de boue avait été laissée en place, sur une étagère de fortune.

Bouleversée, Susan se baissa pour ramasser les feuilles de papier qui traînaient par terre. Elles étaient toutes vierges. Elle releva les yeux et regarda Matt.

« Que s'est-il passé, à ton avis ? demanda-t-elle.

– Difficile à dire.

– Mais s'agit-il d'un acte de vandalisme délibéré, dû à une quelconque… créature ? Ou est-ce la simple conséquence d'un phénomène naturel, d'une tempête par exemple ?

– Une tempête aurait difficilement pu faire ça, dit Matt en montrant les débris déchiquetés d'une tasse en plastique bleu. Un animal, à la rigueur… »

Il paraissait sceptique.

« Mais tout n'a pas été saccagé de la sorte. Peut-être est-ce en partie dû au vent ou à de violentes averses. Après tout, l'endroit est probablement abandonné depuis des mois.

– L'explication ne tient pas, pour ce qui est du matelas. Regarde, dit Matt en le ramassant : il est en loques. Je ne pense pas que ce soient des griffes qui aient fait ça, mais c'est bien le résultat d'un acte délibéré. Et là... ajouta-t-il en montrant un lambeau déchiré : on dirait des traces de dents. Ce matelas a été déchiqueté.

– Si la cabane a été mise à sac par une créature quelconque, pourquoi ne l'a-t-elle pas entièrement détruite ? (Susan se redressa, agrippa l'une des planches du toit et la secoua.) Elle est à peu près aussi solide qu'au moment de sa construction, selon moi. Mais on aurait facilement pu la démolir en deux minutes si... si on l'avait vraiment voulu. »

Matt la regarda d'un air interrogateur. Il savait qu'elle cherchait à se rassurer, qu'elle était prête à saisir la moindre perche.

« Allons jeter un coup d'œil à l'extérieur », dit-il.

Ils se glissèrent au-dehors et se redressèrent, soulagés de se retrouver à l'air libre. On était vite gagné par la claustrophobie dans cet antre minuscule où régnait une étrange et prenante odeur.

Ils se mirent à examiner le sol. Sans le reconnaître ouvertement, ils cherchaient tous les deux des empreintes. Mais ils n'en aperçurent aucune, le sol était trop caillouteux.

Van, qui était allé explorer les abords du camp, ne tarda pas à les rejoindre. Après s'être accroupi et avoir jeté un coup d'œil dans la cabane, il glissa son doigt dans un interstice, entre deux planches du toit.

« Je n'y comprends rien, dit-il. Il devait y avoir une toile ou une bâche là-dessus, pour éviter que la pluie ne passe à travers. Mais je n'en vois la trace nulle part. »

Toutes ces recherches semblaient l'avoir requinqué. Il secoua la tête et dévisagea successivement Matt et Susan.

« Laissez-moi vous poser une question, dit-il, puisque vous connaissez Kellicut mieux que moi...

– Eh bien ?
– Le qualifieriez-vous de téméraire ? Si ce n'est d'insouciant ?
– Qu'entendez-vous par là ? demanda Susan.
– Appartenait-il à cette race de gens qui ont du mal à s'imaginer qu'il puisse un jour leur arriver des ennuis ? Le genre de types qui ne se donnent pas la peine de rédiger leur testament ?
– Je ne dirais pas ça.
– Allons, Susan... intervint Matt. Van a mis dans le mille. C'est son portrait tout craché.
– Où voulez-vous en venir ? dit Susan, un peu agacée par les airs que se donnait Van, comme s'il se prenait pour un inspecteur de Scotland Yard.
– Ce qui l'étonne, intervint Matt, c'est que Kellicut ne nous ait pas laissé de message.
– Peut-être l'a-t-il fait. Ce n'est pas parce que nous ne l'avons pas trouvé qu'il n'en a pas rédigé un. J'ai peine à croire qu'il soit parti comme ça, sans nous fournir la moindre indication.
– Peut-être ignorait-il qu'il allait partir », dit Van.
Susan comprit aussitôt ce qu'il sous-entendait, mais préféra faire l'idiote.
« Que voulez-vous dire ?
– Supposez qu'on l'ait attaqué ? Assassiné ? Qu'on l'ait emmené de force ? Ou qu'il soit tombé dans une embuscade ? dit Van en désignant d'un geste vague les parois rocheuses qui les surplombaient.
– Il n'y a aucune trace de lutte, dit Susan. Et même dans cette hypothèse, je suis certaine qu'il avait pris ses précautions, en pensant à ceux qui viendraient à sa recherche. N'oubliez pas qu'il nous a demandé de venir.
– Peut-être a-t-il laissé un message, dit Van. Et peut-être que non.
– Il a pu être détruit, dit Matt. Ou subtilisé. Ou emporté par le vent. Tout est envisageable.

– À moins qu'il ne l'ait planqué quelque part, dit Susan. Cela lui ressemblerait davantage. »

Van émit un grognement.

« Et pendant que nous y sommes, dit Matt, vous venez de dire que nous le connaissions mieux que vous : j'ignorais que vous l'aviez rencontré. Dans quelles circonstances cela s'est-il produit ?

– Oh ! nos chemins se sont croisés à deux ou trois reprises, tout simplement parce qu'il travaillait pour nous. »

Matt savait que Van leur dissimulait une fois de plus la vérité et se promit intérieurement de reprendre la discussion, le moment venu.

Ils continuèrent à chercher des empreintes et d'éventuels indices, après avoir divisé le terrain en quatre secteurs égaux, comme des parts de gâteau, partant du centre et se dirigeant vers la périphérie du camp. Mais le sol rocheux ne leur livra aucune indication supplémentaire.

Matt rejoignit les autres autour de l'ancien foyer. Les pierres disposées en cercle avaient été éparpillées, mais au milieu se trouvait encore un tas de cendres détrempées. Van s'agenouilla et saisit un bout de bois carbonisé, qui s'effrita entre ses doigts.

« Il y a six mois, dit-il, le climat était encore plus froid qu'en ce moment, et il faisait sans doute très attention à ce que le feu ne s'éteigne pas. (Il ramassa une branche à moitié brûlée.) on dirait que le foyer a été inondé : à moins qu'il n'ait plu à l'époque, ce qui est possible mais peu vraisemblable. Il l'aurait donc éteint lui-même en y versant de l'eau.

– Ce qui signifie, intervint Susan, que c'est sans doute le dernier geste qu'il ait accompli ici. Un peu de ménage avant de partir. Cela ne cadre pas avec l'hypothèse d'une attaque ou d'une fuite précipitée. Tous ces actes de vandalisme auraient donc eu lieu après son départ. »

Matt farfouilla dans les cendres, agglutinées par l'humidité.

« Tout cela ne semble pas dater d'hier. Cela dépend bien sûr du temps qu'il a fait, mais je ne pense pas que ce feu ait été allumé depuis trois ou quatre mois, peut-être plus.

– Ouais, dit Van. Il s'est tiré depuis longtemps. Et quel qu'ait été son sort depuis lors, il n'a pas remis les pieds ici.

– Probablement pas après avoir confié ce paquet à Sharafidin.

– Alors, que faisons-nous maintenant ? demanda Rudy.

– Nous allons partir à sa recherche, dit Susan.

– Et si jamais nous le retrouvons, dit Van avec un soudain enthousiasme qui les surprit tous, je vous fiche mon billet que nous ne tarderons pas à mettre la main sur *eux*. »

À cette altitude, le soleil se couchait plus tard que dans la vallée mais les dernières lueurs qu'il diffusait ne réchauffaient en rien l'atmosphère. Il ne tarda pas à disparaître derrière les nuages qui s'étendaient un peu plus bas ; un vent glacial se mit à souffler et des nappes de brume dévalèrent les pentes qui les surplombaient, comme une avalanche fantomatique, recouvrant l'ensemble du décor – au point qu'ils ne distinguèrent bientôt plus rien au-delà des limites du camp. Ils rangèrent leurs provisions dans le garde-manger, allumèrent un feu et s'enveloppèrent dans leurs sacs de couchage en attendant que le dîner soit réchauffé. Rudy distribua des tasses de café noir à la ronde.

Van allait un peu mieux, même s'il se sentait encore épuisé. Son nez saignait de temps à autre : il sentait le filet de sang couler le long de son menton. Il réfléchissait en regardant les étincelles qui jaillissaient du feu et s'élevaient dans la brume.

« On peut apprendre bien des choses sur un homme rien qu'à la manière dont il construit son camp, dit-il. Davantage même qu'en observant sa maison, qui existait avant qu'il ne l'habite. Alors qu'il doit édifier lui-même son camp, au milieu du néant. Il lui imprime ainsi sa marque.

– Par exemple ? demanda Matt.

– Eh bien, prenez ces latrines : deux planches posées en travers d'une fosse. Un peu rudimentaire, vous ne trouvez pas ? Tout comme le garde-manger. Je dirais que votre ami le professeur n'était pas du genre à consacrer beaucoup de temps à son confort domestique.

– Vous n'avez pas tout à fait tort, dit Matt.

– Et sa cabane ne vaut guère mieux. Pourquoi ne s'est-il pas donné la peine de construire un abri un peu plus confortable ? D'autant qu'on se les gèle, par ici. Soit il estimait ne pas devoir rester ici très longtemps, soit il s'en fichait.

– Aucun doute sur ce point, dit Matt. La seconde hypothèse est la bonne.

– Sans parler du site lui-même. S'il avait voulu passer inaperçu, il aurait pu s'installer dans une grotte : il y en a probablement des dizaines, un peu plus haut dans la montagne. Au lieu de ça, il a choisi l'endroit le plus repérable de la région. Pas très malin de sa part.

– À moins qu'il n'ait souhaité être vu, intervint Susan.

– Tu n'as pas tort, dit Matt. Il n'est pas impossible qu'il ait voulu signaler sa présence. Les obliger à se manifester.

– Peut-être s'est-il tout simplement dit qu'ils le repéreraient de toute façon, où qu'il s'installe », dit Susan.

Van tourna la tête et la dévisagea d'un air interrogateur, comme s'il cherchait à deviner quelque chose.

« Celui qui a construit ce camp ne redoutait visiblement aucun danger, reprit Susan. Et, connaissant Kellicut, je dirais que cela lui correspond assez bien.

– Mais il a forcément découvert leurs empreintes, dit Matt. Nous en avons nous-mêmes aperçu, alors que nous ne les cherchions pas. Cela aurait dû le faire réfléchir.

– J'aurais tendance à penser le contraire, dit Susan.

– Tu estimes donc qu'il n'avait pas peur d'eux ?

– C'est mon sentiment.

– Mais pourquoi n'a-t-il pas pensé qu'il pouvait, lui, les effrayer ? Pourquoi se montrer ainsi au grand jour, au lieu d'essayer de les surprendre ?

– Je l'ignore, dit Susan. Au début, il n'a pas dû prendre au sérieux cette histoire de néandertaliens se retirant dans les montagnes pour échapper à l'*Homo sapiens*. En tout cas, il n'en a jamais fait mention dans ses publications. Il semblait au contraire les considérer d'une manière un peu romantique, comme des êtres vaguement supérieurs.

– Quelque chose nous échappe peut-être, reprit Matt. Il a pu découvrir un indice, avoir la preuve qu'ils n'avaient finalement rien de redoutable. »

Ils restèrent un moment silencieux autour du feu. Rudy somnolait déjà. Van réfléchit un moment, puis hocha la tête et regarda autour de lui.

« Il y a une autre chose qui m'intrigue, dit-il. Regardez comment tout est disposé ici, en dépit du bon sens. Le foyer se trouve de ce côté, alors que le puits est installé à l'autre bout du camp. Pourquoi ne les a-t-il pas placés côte à côte : ç'aurait tout de même été plus pratique. Et qu'est-ce que fabrique ce garde-manger, complètement à l'écart du reste ? Réfléchissez un peu : pour préparer le repas, il faut traverser le camp dans tous les sens. Ça ne...

– Un instant ! s'exclama Susan en se levant, l'air excité. Vous avez raison. Regardez ces trois points : ils forment un triangle. Un triangle parfait, Matt... »

La même pensée le traversa et il se leva à son tour.

« Tu crois que... murmura-t-il.

– Vite, va chercher une corde ! »

Rudy ouvrit les yeux. Matt alla farfouiller dans son sac à dos et revint avec un rouleau de corde. Il saisit l'une des extrémités et tendit l'autre à Susan, qui se mit aussitôt à mesurer la distance séparant le foyer du puits.

« Cela vous ennuierait de me mettre au courant ? lança Van. (Il essayait de se donner un air nonchalant, mais une certaine irritation pointait dans sa voix.)

– C'est une simple hypothèse, dit Susan. J'ignore si nous avons raison. »

Après avoir tendu la corde et établi la distance exacte, elle se dirigea de l'autre côté, sans lâcher sa prise, afin de mesurer l'écart séparant le puits du garde-manger.

« C'est une méthode dont se servent les paléontologues – ou du moins que Kellicut utilisait. C'était devenu une sorte de rite, sur nos chantiers de fouilles. Avant toute chose, nous prospections l'ensemble du terrain, en nous demandant où il s'avérerait le plus profitable de creuser – en fonction de la nature du sol, de l'érosion glaciaire et de divers autres facteurs. Lorsque nous avions trouvé l'endroit qui nous semblait le plus approprié, nous tracions un triangle équilatéral avec des pierres. Et nous commencions toujours par creuser au centre de cette surface. »

Susan s'était mise à mesurer le troisième côté et Matt poursuivit les explications à sa place :

« Malin comme il l'est, Kellicut savait qu'il devait disposer d'une cachette sûre. Mais où l'installer ? Les rochers peuvent toujours être soulevés, déplacés.

– Il aurait donc utilisé le camp lui-même ? demanda Van.

– Eurêka ! s'exclama Susan en brandissant la corde. C'est un triangle équilatéral parfait. »

Elle divisa la base en deux, déposa un caillou pour en marquer le milieu et plaça la corde en équerre, perpendiculairement, avant de se diriger vers le centre exact du triangle, dont elle marqua l'emplacement d'un coup de talon.

Matt alla chercher une pelle pliante et se mit à creuser. Le sol était dur et il ne ramenait à chaque pelletée qu'une poignée de cailloux et de terre rocailleuse. Rudy vint l'aider en dégageant le trou à coups de hachette.

« Je n'arrive pas à croire qu'il ait fait une chose pareille, dit Matt. Même de sa part, c'est un peu tordu. »

La pelle ne tarda pas à heurter quelque chose. Il creusa tout autour, dégageant l'objet avec la pointe de son outil ; puis il se pencha et exhuma une boîte métallique. Il ôta la terre qui souillait le couvercle et dut s'y reprendre à plusieurs fois avant de parvenir à l'ouvrir. À l'intérieur gisait un épais cahier rouge, corné et maculé.

8

Eagleton n'aimait pas l'homme en uniforme qui était assis en face de lui, mais il savait qu'il était le meilleur dans sa branche et il avait besoin de ses services. Il avait donc accepté de faire au colonel Kane un exposé complet – enfin, relativement complet – de la situation. Eagleton gardait toujours pour lui une partie de la vérité, quel que soit son interlocuteur.

En signe de bonne volonté, il lui montra le message de Van, qui ne comportait que quatre lignes et qui était du reste dénué d'intérêt. Dans la pénombre, l'homme se pencha pour le saisir, le lut et émit un grognement.

« Où en étais-je ? demanda Eagleton.

– À Kellicut.

– Oui… Eh bien, comme je vous le disais, cela fait des années que nous le finançons. Des bricoles à droite, à gauche, rien de bien faramineux… Nous n'avions jamais pensé décrocher le gros lot avec lui. Son dossier était considéré comme tout à fait secondaire.

– Secondaire ? Vous m'étonnez… Surtout vu ce qui se passe aujourd'hui… »

Eagleton se rejeta dans son fauteuil. D'un geste délicat, il tira une bouffée de sa cigarette.

« À dire la vérité, la cryptozoologie n'a jamais été la spécialité de l'Institut, dit-il. Deux de nos assistants travaillaient sur le sujet depuis le début, mais plutôt en dilettantes. La question n'était pas considérée comme prioritaire, du moins jusqu'à ces derniers temps.

– Continuez.

– Pour l'essentiel, nous nous contentions de tenir le dossier à jour, en y versant tous les témoignages bizarres qui nous tombaient sous la main : des coupures de presse, des choses de ce genre… (Il désigna d'un geste une pile de classeurs, sur le rebord de la fenêtre.) En fait, nous le faisions uniquement parce que que les Russes s'intéressaient à la question. Pour éviter d'être à la traîne, en quelque sorte. Les choses fonctionnaient ainsi, à l'époque. Et nous savions qu'ils avaient mis le paquet, Dieu sait pourquoi : sur le moment, on ne voyait pas très bien quels avantages militaires ils comptaient en retirer. Peut-être s'agissait-il d'une simple lubie, comme ces travaux sur les marsouins dans lesquels nos services de contre-espionnage s'étaient lancés à une époque – une de ces décisions saugrenues prises parce que à un échelon quelconque un type s'intéresse à un domaine marginal et qu'une fois mise en route, la bureaucratie est incapable d'enrayer sa propre logique. »

Eagleton lui parla des expéditions que les Russes avaient montées dans le passé, à commencer par celle d'un explorateur du nom de Badzare Baradiyan, en 1906, puis de celle qu'avait conduite un peu plus tard un scientifique d'origine mongole, connu sous le seul patronyme de Zhamtsarano. En récompense de leurs bons et loyaux services, ils avaient l'un et l'autre été arrêtés, puis déportés, et leurs volumineux dossiers avaient disparu dans les caves de l'Institut d'études orientales de l'Académie des sciences, à Leningrad.

En 1958, une expédition conduite par un certain Boris Porshev s'était rendue dans le Pamir : elle s'était soldée par un échec et avait été la risée du monde entier, grâce à quelques ragots mensongers habilement diffusés par le MI 6 et reproduits dans la presse britannique. « Nul ne tenait spécialement à les accabler, gloussa Eagleton, mais c'était la logique de la guerre froide. » Après la chute du mur de Berlin, il avait expédié Van sur la piste de Richen, le célèbre spécialiste, qu'il avait fini par retrouver dans une yourte, au fin fond de la Mongolie. Richen avait accepté de montrer à Van les archives prétendument perdues de l'Académie : elles étaient classées sous un terme mongol signifiant littéralement « l'invisible qui existe ».

« Une vraie mine d'or… Sept cent quatre-vingt-une pièces au total – bien plus que tout ce que nous avions été en mesure de rassembler. Nous avons eu accès à l'ensemble du dossier. Nous avons rentré les données dans un ordinateur, recoupé tous les renseignements et c'est ainsi que nous avons pu délimiter avec précision la zone de recherche la plus appropriée. Un mélange idéal de faits objectifs et d'analyse projective – l'union rêvée du mode de production marxiste et de la technique capitaliste, si vous préférez.

« Notre idée – la mienne, en fait – était de renoncer à une opération de grande envergure, avec quadrillage systématique du terrain, détecteurs à infrarouge et tout le bazar. À quoi bon expédier une armée dans une région pareille, et dans de telles conditions, contre des créatures qui vous repéreront bien avant que vous les ayez seulement localisées ? Mieux valait établir une présence constante, à une plus modeste échelle, en évitant d'attirer l'attention. Envoyer là-bas quelqu'un qui saurait exactement ce qu'il recherche, qui s'y établirait pendant des mois, des années si nécessaire. Qui se lierait avec les autochtones, converserait avec eux, écouterait leurs histoires.

« C'est ainsi que nous avons porté notre choix sur Kellicut. Le rôle lui convenait à merveille et, bien évidemment, l'affaire l'intéressait. Il est d'un tel égocentrisme… Il a suffi de lui faire miroiter le projet et il a aussitôt sauté sur l'occasion.

– Lui avez-vous parlé de l'opération Achille ? »

Eagleton hésita une fraction de seconde. Il ignorait que Kane était au courant de l'opération Achille – le secret des secrets, la divine intervention qui avait tout mis en branle. Bon Dieu… S'il en avait entendu parler, il n'était probablement pas le seul.

« Non. Nous ne l'avons pas fait. Il ne nous a pas semblé nécessaire de… de lui compliquer la tâche.

– Je vois.

– Nous n'étions même pas certains qu'il réussisse. Pas si vite, en tout cas. Nous ne lui avons pas fourni beaucoup d'équipement, ni un grand soutien logistique. Il aime vivre à la dure, de toute façon. Au début, nous avons reçu un ou deux messages, rien de bien important. Puis ce fut le silence – des mois de silence. Comme s'il était tombé dans un trou noir. Nous commencions vraiment à nous faire du souci. Et puis, il nous a envoyé ce paquet.

– Qui était me semble-t-il adressé à Mrs. Arnot et Mr. Mattison.
– Oui, mais c'est un détail secondaire. C'était nous qui financions l'opération.
– L'opération, ou l'expédition ?
– L'expédition.
– Je vois. (L'homme en uniforme se leva.) Je vous remercie pour cet exposé, dit-il. Je garderai évidemment cela pour moi. Si nous devons nous rendre là-bas pour les récupérer, il faudra que je forme une équipe et que je commence assez vite l'entraînement. Lorsque nous serons prêts, nous pourrons intervenir en moins de vingt-quatre heures. Avez-vous d'autres informations à me communiquer ?
– Non, je ne vois rien d'autre. »
L'homme lui adressa un rapide salut avant de quitter la pièce. Eagleton trouva son geste vaguement hypocrite. Mais au moins, se dit-il, il ne lui est pas venu à l'idée de me demander si les Russes n'avaient pas monté leur propre expédition dans le Pamir. Cela m'a évité d'avoir à lui mentir, songea-t-il en poussant un petit gloussement.

Le 12 février. Temps froid et nuageux. Passé toute la journée à l'édification du camp. Totalement épuisé. Pas très évident de construire un abri quand la matière première fait quasiment défaut. Abattu quatre arbustes, débités ensuite en tronçons de 1,50 mètre. Sharafidin ne m'est pas d'un grand secours. Il ne manque pas de bonne volonté, le pauvre bougre, mais il ignore absolument comment s'y prendre. Je dois tout lui apprendre. Du reste, je pense qu'il me croit fou. Et peut-être n'a-t-il pas tout à fait tort. Quoi qu'il en soit, maintenant que me voici installé dans mes nouvelles pénates, j'entame la rédaction de ce journal. J'en avais pris la décision voilà déjà plusieurs semaines, en me disant que je m'y mettrais une fois mon camp de base installé, mais pas avant. J'ai déjà choisi l'endroit où je compte enterrer ce cahier. Si jamais vous lisez ces lignes – c'est à vous que je m'adresse, Susan et Matt –, je ne puis que me féliciter de mon choix et vous suggérer de porter un toast à notre commune perspicacité. Si vous ne l'avez pas découvert, nul autre n'y parviendra et ces lignes resteront à jamais inconnues – ce qui serait peut-être préférable… Trop fatigué pour poursuivre. Je reprendrai demain le fil de ce récit.

Matt poursuivit sa lecture en haussant le ton, afin de couvrir le bruissement du vent. Ils étaient tous les quatre assis autour du feu. La nuit était en train de tomber et les ombres vacillantes de leurs silhouettes se profilaient sur la brume, à la lueur des flammes qui dansaient comme des feux follets. Matt leur avait suggéré de sauter le début du journal et de passer directement à la fin, pour voir si elle ne contenait pas une révélation susceptible d'éclairer la disparition de Kellicut mais ses compagnons avaient unanimement rejeté sa proposition – Susan, surtout, qui tenait à suivre le récit en respectant la chronologie telle que son auteur l'avait vécue.

Les premières pages étaient rédigées dans un style à la fois laborieux et alambiqué. Kellicut décrivait le début de son aventure : ses préparatifs, son ascension, la nature de son équipement, qui était étonnamment réduit. Il s'étendait sur la flore et la faune de la région, allant même jusqu'à mentionner le nom latin de certaines espèces. Il parlait des faucons, « qui gonflaient leur poitrail et dessinaient de grands cercles dans le ciel, comme s'ils cherchaient à passer pour des vautours ». Il se permettait par endroits quelques apartés caustiques, ainsi que d'obscures citations. Puis le style devenait brusquement plus direct, plus authentique, comme si la fatigue, la solitude et les longues randonnées avaient eu raison de sa pédanterie.

Dieu sait comment, Kellicut avait mis la main sur une carte sommaire de la région des hauts sommets. Il partait tous les matins en ayant établi son itinéraire à l'avance, afin d'explorer tour à tour les différents secteurs des environs. Son but était de se montrer au grand jour, d'attirer l'attention sur sa présence en faisant le plus de bruit possible, en abandonnant des déchets derrière lui, bref en se comportant comme « un être humain normalement constitué, c'est-à-dire haïssable, barbare, mal élevé », ainsi qu'il l'écrivait lui-même. Il faisait exactement le contraire de Hänsel et Gretel, souligna ironiquement Matt : il laissait derrière lui une traînée de débris pour que les ogres parviennent à retrouver sa piste. Sa stratégie s'appuyait sur deux hypothèses de base. La première était que ces créatures, quelle que soit leur nature, n'allaient pas venir lui fracasser le crâne en catimini. La seconde, qu'elles ne seraient pas terrorisées par sa présence et n'iraient donc pas chercher refuge dans quelque cachette inaccessible. Mais si l'une de ces hypothèses se révélait fausse, qu'allait-il advenir ?

Matt arriva enfin à un passage crucial, daté du 27 février. À partir de là, Kellicut cessait périodiquement d'utiliser le « je », détail qui semblait correspondre à un changement significatif : ses forces déclinaient et ses résolutions semblaient battues en brèche. Matt poursuivit sa lecture à voix haute.

> *27 février.* Reçu de la visite la nuit dernière. Je suis sûr, je sais, qu'il s'agissait d'eux. Ai constaté que quelque chose ne tournait pas rond dans le camp, dès mon réveil. Difficile de dire pour quelle raison. Le sixième sens, probablement. Perçu également une étrange odeur, malaisée à décrire – aussi pre-

nante que celle d'un animal au pelage trempé ou d'un putois écrasé sur le bord de la route. Rien n'a été déplacé. Seul le garde-manger a été visité, mais d'une drôle de façon : on a prélevé la nourriture qui se trouvait au milieu – de la viande, un reste de lièvre fumé – sans toucher au reste, comme un banal client faisant son choix dans les rayons d'un supermarché. Les provisions qui se trouvaient juste à côté – confiture, sucre, condiments, etc. – n'ont pas été déplacées. Aucun animal n'aurait pu se dresser sur ses pattes et s'en emparer sans renverser le reste. N'ai pas aperçu la moindre empreinte, bien qu'ayant exploré les parages des heures durant. La bonne nouvelle, c'est qu'ils ne sont vraisemblablement pas très loin d'ici. Et, puisqu'ils m'ont repéré, je devrais pouvoir les dénicher à mon tour. La curiosité est le meilleur des appâts. Si ça se trouve, pendant que j'écris ces lignes, mes visiteurs nocturnes sont peut-être en train de m'épier, en se curant les dents !

Même jour, plus tard. Revenu au camp à la nuit tombante. Épuisé. Pas eu de chance. Rien aperçu d'inhabituel. Ne veux pas effrayer Sharafidin.

1er mars. Passé la journée à chercher, de l'aube au crépuscule. Sans le moindre succès. Sharaf. semblait heureux de me revoir. Devait me croire fichu. Trop épuisé pour écrire davantage.

2 mars. Rien.

3 mars. Aperçu pour la première fois des sentiers, à huit kilomètres d'ici (4e quadrant, secteur 5 E). D'abord cru qu'il s'agissait de tracés naturels, le long des crêtes. Mais remarqué ensuite des buissons arrachés, des rochers concassés, des portions de sol aplanies. Peut-être dû au passage des chèvres, des bouquetins ou même des ours. Mais j'ai l'intuition que ce sont eux qui ont aménagé ces sentiers. Adopté une nouvelle tactique : je m'installe à un endroit quelconque, au bord d'un sentier, et je me contente d'attendre. Mes forces vont en déclinant – je ne dois pas me nourrir suffisamment.

5 mars. Rien à signaler. Suis resté assis toute la journée au bord de ce qui m'était apparu comme un sentier plus important et n'ai rien aperçu, à l'exception d'un curieux animal, une sorte de rongeur. Ne suis pas arrivé à l'attraper. Ne me sens toujours pas très bien.

6 mars. Ne peux pas continuer ainsi. Dois entreprendre des incursions plus longues, plus lointaines, mais ne pense pas avoir la force de déplacer le camp et d'en construire un autre. Vais tenter d'emporter des provisions et de partir pendant trois ou quatre jours. Tenté de l'expliquer à Sharafidin, mais doute qu'il m'ait réellement compris. Rien aperçu de notable aujourd'hui.

9 mars (? – pas sûr de la date, perdu le fil). Passé plusieurs nuits dans les sites indiqués sur la carte (4e q., secteur 12 F). Couvert beaucoup de terrain, mais pas aperçu grand-chose. Toujours sujet à ces étourdissements. Crains de souffrir de déshydratation. Peut-être le manque d'ox. ? Pas convaincu d'avoir adopté la bonne méthode.

15 mars. De retour après une longue excursion. Rien à signaler. Besoin de récupérer un peu. J'ai peur.

16 mars. Resté au camp. Fièvre.

20 mars (approximativement). Me sens un peu mieux. Capable de rester assis et de boire du potage. Sharafidin a été merveilleux. Lui dois la vie. Espère être bientôt sur pied.

La rédaction s'interrompait pendant plusieurs jours. Venaient ensuite une série de notations éparses, relatant d'étranges visions, des crises de panique. Puis de longs passages confus, décousus, souvent incohérents. L'écriture elle-même était à peine déchiffrable. Matt avait par moments l'impression de lire le journal d'un fou. Puis, Kellicut semblait avoir fait une découverte capitale : il faisait allusion à une sorte de pont, sans que l'on comprenne clairement s'il s'agissait d'un site naturel ou d'un édifice construit par des créatures douées d'intelligence. Il s'y référait toujours en disant « le lien », mais ne précisait pas sa localisation exacte, ne fût-ce qu'en se référant à sa carte, qui avait de toute manière disparu. Il semblait avoir perdu la raison et oublié que son manuscrit était destiné à être lu par d'autres. Visiblement, il n'écrivait plus que pour lui, sous la dictée d'un cerveau perturbé et d'une mégalomanie qui s'étalait à chaque page, comme une tache de sang. Il faisait encore allusion à sa fièvre et proclamait qu'il avait fait la plus grande découverte de l'histoire, que la traversée de Vespucci et le télescope de Galilée n'étaient rien à côté de sa propre trouvaille.

Il avait cessé de mentionner les dates et avait apparemment perdu toute notion du temps. Il parlait maintenant de lui à la troisième personne. Matt se rendit compte qu'il était confronté à un torrent verbal dont l'énigme demeurait cachée, où tous les mots se bousculaient et dont les bribes de narration ne menaient nulle part. Mais que pouvait-il signifier ? Il feuilleta les dernières pages et tomba sur ces lignes, au milieu d'une page :

> … un bruissement dans la crevasse, la ténèbre, le vent… où est Cerbère ?… Il pénètre dans l'immense tunnel, s'écorchant les coudes aux parois, il perd son sang – repère possible sur le chemin du retour, s'il doit y en avoir un… La ténèbre, de plus en plus épaisse, et soudain cet éclat de lumière aveuglante… Je connais leur secret et le pouvoir qu'ils possèdent – assez étendu

pour conjurer la mort – oui, l'au-delà, la véritable vie éternelle... Ils savent que je suis au courant, et que je les observe. Et ils m'observent aussi, sans me voir... C'est extraordinaire... La vallée de la vie, un monde en soi, un univers entier – les enfants de Dieu, nus et velus. Les grandes cosses dans les arbres, les cocons des mites géantes et tous ces ossements éparpillés au-dessous... Ah ! ce cimetière ! – et ces yeux, *ces yeux au fond de vous...*

Suivait une page blanche. Puis venait la dernière notation. Le ton était redevenu calme, rationnel :

Camp de base, le 7 avril. Je retourne chez eux. Je vais me montrer au grand jour, me présenter à eux.

Le texte s'arrêtait là. Au verso, la page était blanche, ainsi que toutes les suivantes.

Matt referma lentement le cahier. Ce qu'il venait de lire avait confirmé ses craintes, provoquant en lui un flux d'adrénaline. Était-ce dû à l'excitation ? À la peur ? Il n'aurait su le dire, ses impressions étaient trop confuses. Ces créatures étaient donc bien réelles, au bout du compte ! À moins que Kellicut ne soit devenu fou. Matt songea brusquement au monde des hommes – à sa puissance, à ses conquêtes. À ces foules innombrables. À toutes ces villes, à ces aéroports, à cette profusion d'ordinateurs, de voitures, de téléviseurs... C'était cela, la réalité. Comment un tel anachronisme, un tel vestige du passé, avait-il pu survivre, perdurer ? Une vague d'incrédulité monta au fond de lui, comme un torrent sur le point de rompre ses digues. Mais, en contemplant le feu et en dévisageant ses compagnons, il reprit conscience du décor désertique du Pamir, ainsi que du cahier qu'il tenait à la main : une brusque certitude l'envahit et balaya ses doutes. Inexplicablement, cela s'accompagna d'une bouffée de paranoïa, surgie du néant : et si toute cette histoire n'était qu'un leurre, une mise en scène alambiquée ?

Ils restèrent un moment silencieux, tous les quatre. Susan porta la main à son front. Sa poitrine se soulevait comme si elle ne parvenait plus à respirer. Cette manifestation émotive avait presque quelque chose de théâtral.

Matt rouvrit le cahier. Il ne contenait pas la moindre carte. Il contempla les ultimes pages blanches comme si elles recelaient une sorte de secret, puis revint en arrière et vérifia la date de la dernière notation. Elle remontait à plus de deux mois. Et Kellicut n'était pas revenu. Était-il réellement possible qu'il soit encore en vie ? Qu'il n'ait pas été mis en pièces ? À moins qu'il ne gise quelque part au fond d'un ravin ou au pied d'un rocher, après avoir succombé à la faim et au froid. Comment pouvait-il avoir survécu au bout de tout ce temps ?

« Eh bien, dit-il finalement, quelque chose s'est passé. Apparemment, il les a aperçus.

– À moins que ce ne soient eux qui l'aient découvert, dit Susan. Que veut-il dire avec cette histoire d'yeux ?

– Et ce cimetière ? intervint Rudy.

– Il est visiblement au bout du rouleau, dit Matt. Il part pendant des jours, seul, sans provisions suffisantes. Il a de la fièvre, cela doit lui troubler l'esprit, il délire peut-être. »

Matt constata avec surprise qu'il venait de parler au présent, ce qui n'était pas très approprié.

« Il ne délirait absolument pas, dit Van. Il savait fort bien de quoi il parlait. »

C'est étrange, songea Susan, nous sommes brusquement devenus très attentifs au choix de nos mots, comme si nous marchions sur des œufs.

« Comment le savez-vous ? lui lança-t-elle.

– C'est évident, répondit Van. (Sa condescendance était tellement apparente qu'elle en devenait presque risible.) Il a découvert un moyen quelconque, un lien, comme il dit, pour pénétrer dans leur monde. Il est parti à leur recherche et il les a trouvés. Il le dit clairement : il parle d'une sorte de tunnel, et même d'un cimetière. D'où diable croyez-vous que provenait ce crâne ?

– Et les yeux ? demanda Susan. Que signifient-ils selon vous ? »

Van haussa les épaules.

« Le problème, dit Matt, c'est que nous ne possédons pas la carte dont il parle, et dont il indique même le quadrillage. Sans elle, comment allons-nous pouvoir retrouver sa piste ? Nous n'avons pas la moindre idée de la direction qu'il a prise, ni de l'endroit où il s'est rendu – sinon qu'il se situe quelque part là-haut.

– Même si nous avions cette carte, nous ne serions guère plus avancés, dit Susan. Il ne précise pas la situation de ce... passage, ou de ce tunnel, peu importe. Il ne le décrit même pas, ajouta-t-elle en hochant la tête.

– C'est horripilant, dit Matt. Il aurait tout de même pu se montrer un peu plus explicite. Il y a toujours eu une certaine dose de perversité en lui. »

Susan demeura un moment silencieuse. Puis elle reprit la parole comme si elle raisonnait à voix haute, en se parlant à elle-même :

« Il semble donc qu'il les ait vus, ou du moins observés d'une manière ou d'une autre, avant de découvrir ce crâne. Auquel cas, il disposait déjà de certaines preuves concrètes. Il connaissait leur existence et ne se contentait pas de spéculer à leur sujet. Mais alors, pourquoi avoir fait tant de mystères ? S'être contenté de fourrer ce crâne dans une boîte et de l'envoyer sans un mot d'explication ? Pourquoi ne pas avoir révélé sa grande découverte ? Il prenait beaucoup de risques en ne le faisant pas : nous pouvions ne pas le prendre au sérieux, refuser de venir le rejoindre. Il n'allait tout de même pas courir un risque pareil : l'enjeu était beaucoup trop important – tant pour lui que pour la science. Personne n'aurait jamais eu l'idée de garder pour soi une révélation de cette envergure – surtout pas lui, mégalo comme il l'était. »

L'un après l'autre, ils se tournèrent vers Van, qui gardait les yeux fixés sur le feu. Il bougea enfin et s'essuya le visage du revers de la manche. Lorsqu'il prit la parole, il n'y avait aucune trace d'émotion ni de remords dans sa voix.

« Il y avait un message, dit-il. Particulièrement bref. »

Il se tut à nouveau.

« Nous attendons la suite, dit Matt en refrénant la colère qui montait en lui.

– Sincèrement, il n'y a pas grand-chose à dire.

– Nous attendons, répéta Matt d'une voix ferme.

– Il se trouvait dans le paquet. C'était une simple feuille, qui provenait sans doute de ce journal. En tout cas, le papier était identique. »

Matt feuilleta le cahier. Tout à la fin, il aperçut le bord déchiré de la page manquante.

« Et alors ? reprit-il.

– Il vous était adressé, à tous les deux. Kellicut exposait brièvement la situation, ou plus exactement essayait de le faire, car son message était aussi incohérent que ce journal. Il semblait dire qu'il les avait rencontrés et s'apprêtait à repartir pour les observer à nouveau.

– Continuez.

– Nous n'avons pas très bien compris ce qu'il voulait dire. Il ne parlait pas comme dans ce cahier d'aller se " présenter à eux ", quel que soit le sens d'une telle expression. Je ne pense pas qu'il aurait utilisé cette formule dans une lettre : elle aurait eu l'air un peu mélodramatique.

– Continuez.

– Il n'y a pas grand-chose à ajouter. Nous avons fait analyser la lettre, évidemment, et sur toutes les coutures – par des graphologues, des chimistes, des psychiatres et tout le bazar.

– Qu'en est-il ressorti ?

– Rien de bien surprenant. Elle était authentique.

– Rien de bien surprenant ! s'exclama Matt. On venait de vous révéler l'existence d'une espèce hominienne inconnue et vous voudriez me faire croire que cela ne vous a même pas ébranlé ?

– Voyez-vous, monsieur le professeur, je n'ai jamais partagé votre scepticisme. »

Van avait accompagné sa réplique d'un sourire ironique. Matt l'aurait volontiers étranglé.

« Mentionnait-il autre chose ? intervint Susan. Un détail qui ne figurerait pas dans ce journal ?

– Pas d'après mes souvenirs.

– Une carte ?

– Grand Dieu, non ! Si nous avions disposé d'une carte, nous n'aurions pas eu besoin de faire appel à vous.

– Des croquis de la région ?

– Non. Il n'y avait pas d'autres indications. On ne comprenait même pas très clairement la nature de sa découverte, à supposer qu'elle ne soit pas le fruit de ses délires enfiévrés. La seule chose certaine, c'est qu'il avait déniché une sorte de cimetière. Il ajoutait à la fin que nous devions tous nous hâter. “ Faites vite, pour l'amour de Dieu ! ” – je crois que ce sont ses termes exacts. »

Matt et Susan échangèrent un coup d'œil, à la lueur du foyer. La même formule que dans le message transmis par Sharafidin.

« Très bien, dit Matt d'un ton lourd de menaces. Expliquez-nous à présent pourquoi vous avez cru bon de nous dissimuler l'existence de cette lettre. »

Van poussa un soupir.

« Très franchement, nous ne pensions pas que vous prendriez cette histoire au sérieux.

– Pourquoi donc ?

– Vous-même, vous l'avez prise au sérieux, ajouta Susan.

– Oui, mais cela fait des années que j'y crois. (Van émit un rire bref, une sorte de ricanement.) Et il y a autre chose : je ne suis pas certain qu'il aurait été enchanté de ma présence. Il ne nous a jamais vraiment fait confiance.

– Tiens donc ! lança Matt. Je me demande bien pourquoi… »

Van ignora sa repartie.

« Il n'a jamais su ce que nous cherchions au juste.

– Vous venez de dire que la lettre nous était adressée, dit Susan. Faisait-il allusion à vous ?

– Oui.

– En quels termes ?

– Il disait : “ Ne leur faites pas confiance. Venez seuls si cela vous est possible. ”

– C'est on ne peut plus clair », dit Matt.

Le silence retomba. Matt était toujours furieux, mais Van avait retrouvé sa contenance et souriait même vaguement, comme un gamin surpris en flagrant délit de mensonge. Susan se pencha vers lui.

« Dites-moi un peu… Qui êtes-vous au juste ? Quel est exactement le but de cet Institut ?

– Le même que le vôtre, répondit Van. Nous sommes des chercheurs, des scientifiques. Plus ou moins. »

La brume s'était épaissie et il était tard à présent, mais ils étaient tous trop excités pour aller se coucher. Matt s'exclama brusquement :

« Il faut que nous interrogions Sharafidin. »

Ils regardèrent autour d'eux, mais le jeune homme était hors de vue. Ils partirent à sa recherche et le découvrirent peu après, seul dans un coin, enveloppé dans sa couverture en laine. Susan songea que leur dispute l'avait peut-être effrayé.

« Demandez-lui s'il connaît l'existence de cette carte », dit Matt à l'intention de Rudy.

Celui-ci traduisit la question. Le jeune homme répondit d'une voix lente. Malgré sa couverture, il tremblait de tous ses membres. Rudy se tourna vers ses compagnons.

« Il dit que le Maître avait effectivement une carte, mais qu'il la gardait toujours sur lui.

– Où la laissait-il lorsqu'il s'absentait ?

– Il l'emportait toujours avec lui.

– Demandez-lui si le Maître enterrait ce cahier à chacun de ses départs.

– Il dit qu'il ne l'a jamais vu enterrer le livre.

– Ça se tient, dit Matt. Il l'a probablement enterré juste avant de partir, la dernière fois. Il devait avoir des raisons de penser qu'il risquait de ne pas revenir. Et il redoutait visiblement autre chose : que le camp ne reçoive de la visite avant que nous n'arrivions.

– Apparemment, ricana Van, il avait raison sur toute la ligne. »

Le feu était presque éteint lorsque Matt s'éveilla, émergeant d'un sommeil léger. Susan était toujours assise, les bras autour des genoux, les yeux fixés sur les flammes mourantes.

Il se leva, alla jeter quelques branches dans le foyer et revint s'asseoir à côté d'elle. Elle lui sourit, d'un air presque triste.

« Tu n'arrives pas à dormir ? »

Elle se contenta de hocher la tête en silence.

« C'est ce journal qui te tracasse ?

– Ce journal, Kellicut, le fait que ces créatures aient l'air d'exister pour de bon, la tournure que prend toute cette affaire… (Elle s'interrompit un instant.) Et toi, ajouta-t-elle.

– Dans cet ordre ? »

Elle esquissa de nouveau un sourire.

« Matt, dit-elle d'une voix solennelle, te rends-tu compte que nous sommes peut-être sur le point de faire la plus grande découverte de l'Histoire ? La conquête de l'espace, les trous noirs, le télescope de Hubble ont marqué d'immenses avancées dans notre connaissance du monde extérieur. Mais cela concerne notre univers intérieur, un peu comme l'ADN – l'origine même de notre espèce. Qui aurait imaginé… Toutes les théories que l'homme a édifiées à ce sujet vont peut-être être réduites à néant – et je m'en réjouis, car elles seront remplacées par la vérité. »

Il se pencha et lui prit la main. Elle le laissa faire un moment, sans manifester d'hostilité, mais finit par se dégager.

« Je vais me coucher », dit-elle.

Elle se dévêtit et se glissa dans son sac de couchage.

Matt ne parvint pas à se rendormir immédiatement. Il percevait la respiration de ses compagnons, ainsi que d'autres bruits dans les ténèbres environnantes. Il sombra finalement dans un demi-sommeil agité, à mi-chemin entre le rêve et la réalité. À un moment donné, il crut voir une étrange et massive silhouette se déplacer à la périphérie du camp. Elle s'approcha ensuite du garde-manger et se baissa pour attraper quelques morceaux de viande. Puis elle vint farfouiller dans leurs sacs et se pencha vers eux, en les dévisageant. À une ou deux reprises, Matt fut même sur le point de s'éveiller. La brume recouvrit peu à peu les braises, jusqu'à ce que le feu soit entièrement éteint : l'obscurité fut alors complète et il sombra dans un sommeil de plomb.

Le lendemain matin, la brume s'était dissipée et le soleil brillait. Ils se réveillèrent en même temps, comme si un sort les avait maintenus tous les quatre endormis et avait été levé d'un seul coup.

En préparant le petit déjeuner, ils s'aperçurent que Sharafidin avait disparu. Ils le cherchèrent partout mais ne découvrirent pas la moindre trace de sa couverture, ni de son maigre bagage.

« Je l'aurais parié, dit Van, qui paraissait furieux. Il a eu les jetons. Je m'en suis aperçu lorsque nous l'avons interrogé hier soir. J'étais sûr qu'il prendrait la fuite.

– C'est tout de même bizarre, dit Rudy en se grattant la tête.

– Je suis certain que c'est en rapport avec ce satané journal, poursuivit Van. Il en savait plus long qu'il n'a bien voulu le dire. Il nous a caché quelque chose. »

Susan s'était accroupie à l'endroit où Sharafidin s'était endormi. Elle examinait le sol et tendit brusquement la main, avant de ramasser quelque chose et de se diriger vers Matt. Elle paraissait abasourdie, comme si elle avait reçu un coup sur la nuque.

« Il n'a pas pris la fuite », dit-elle.

Elle ouvrit sa main droite et brandit le coran miniature, dont le cuir usé brillait sous les rayons du soleil matinal.

9

« Eh bien, demanda Rudy, qu'allons-nous faire à présent ? »

Personne ne répondit. Après avoir passé une bonne partie de la matinée à s'interroger sur la disparition de Sharafidin, ils étaient tous redevenus silencieux. Chacun se posait en fait la même question. Matt était assis à l'écart, Rudy s'affairait et rangeait les affaires du petit déjeuner, Van faisait les cent pas en affichant un air détaché et Susan rédigeait une longue missive à l'intention de Kellicut, qu'elle enterra ensuite dans la « boîte aux lettres », comme Matt l'avait surnommée. Après tout, il n'était pas totalement impossible qu'il remette un jour les pieds ici.

Ils avaient exploré le camp, espérant découvrir les signes d'une éventuelle bagarre ou des traces quelconques laissées par leurs « visiteurs », comme ils les désignaient par euphémisme, mais ils n'avaient rien aperçu d'anormal. Matt était allé jeter un coup d'œil aux sacs à dos : deux d'entre eux étaient renversés et gisaient sur le côté, mais il ne se souvenait plus de quelle manière ils les avaient rangés la veille. Il aurait été incapable de dire s'ils avaient été fouillés ou non. Dans le garde-manger, tout paraissait en ordre. Il n'avait parlé à personne du cauchemar qu'il avait fait, la nuit précédente.

« Écoutez, déclara Van, je ne dis pas que ce gosse est forcément un poltron. Il nous a conduits jusqu'ici et peut-être a-t-il estimé qu'il avait rempli sa mission, qu'il n'avait plus la moindre raison de s'attarder. »

Susan le dévisagea d'un air furibond.

« Il ne serait pas parti comme ça, en pleine nuit, sans même nous prévenir. Vous racontez n'importe quoi. »

Matt essaya de détendre l'atmosphère :

« Nous allons nous remettre en route, dit-il. À partir d'ici, de toute façon, nous ne pouvions plus compter que sur nous. Sharafidin ne nous aurait été d'aucun secours, il ne pouvait pas nous guider au-delà.

– Mais quelle direction allons-nous prendre ? demanda Rudy.

– Nous allons continuer de grimper, voilà tout, dit Matt avec une assurance qu'il était loin de ressentir. Nous n'avons pas de carte, mais le journal nous indique en gros ce que nous devons chercher : un ravin, pour commencer, puis une sorte de pont, et enfin une faille dans les rochers. Ce sera sans doute cette dernière qui sera la moins facile à localiser. »

Ils se mirent en route et commencèrent l'ascension de la pente qui débutait à l'extrémité du camp. À mi-chemin, profitant d'une corniche, Susan s'arrêta pour se retourner et contempla le décor qu'ils laissaient derrière eux. Elle aperçut le sentier par où ils étaient arrivés, l'endroit où Van s'était jeté à plat ventre, en braquant son pistolet. Cela remontait à moins de vingt-quatre heures, songea-t-elle, et pourtant cela semblait déjà si loin… Le journal de Kellicut avait tout bouleversé : l'existence de ce groupe d'hominiens, vestige d'un passé immémorial, paraissait désormais de plus en plus probable. Vue d'en haut, la cabane avait l'air minuscule : on aurait dit un simple monticule de brindilles et de cailloux, perdu dans l'étendue aride du paysage et sous l'immensité du ciel.

Le soleil brillait mais, lorsque le vent soufflait, il les pénétrait jusqu'aux os. Ils avançaient péniblement, en file indienne. Chaque pas leur coûtait un effort, comme si l'altitude avait lesté leurs semelles de plomb.

Susan ne parvenait pas à comprendre ce qui était arrivé à Sharafidin. En tout cas, Van se trompait : il ne les aurait jamais abandonnés comme ça, elle en avait la certitude. Il y avait évidemment une autre hypothèse, mais elle était bien trop terrifiante et Susan refusait de l'envisager.

Lorsqu'ils franchirent le sommet de la crête, un paysage impressionnant s'étendit devant eux. Après une légère déclivité, une grande paroi rocheuse constellée çà et là de névés descendait en pente raide. Au-delà se dressait un nouveau pic, semblable à une immense vague gelée. D'autres sommets émergeaient à sa suite, en enfilade, le dernier surmonté d'une couronne de glaciers scintillante. Le monde semblait s'étendre ainsi à l'infini, aussi loin que portaient leurs regards.

Matt se sentait minuscule, infime au milieu de cette immensité. Curieusement, cette impression n'avait rien d'oppressant, elle avait même quelque chose de cosmique, de libérateur – du moins au début. Mais cet effet se dissipa vite, cédant la place à l'inquiétude : face à la majesté et à l'étendue du décor, la réussite de leur mission paraissait de plus en plus ténue, incertaine, voire franchement impossible.

Alors qu'il atteignait le bord de la paroi, Susan le rejoignit et ils firent quelques pas côte à côte. La jeune femme avait ramené ses cheveux sous sa casquette et quelques mèches s'en échappaient, lui effleurant les joues.

« Nous avons déniché la meule de foin, dit-elle en désignant le paysage du menton. Reste à trouver l'aiguille… Je voudrais te poser une question.

– Je t'écoute.

– Il est encore possible de faire demi-tour, pas vrai ? Je veux dire que nous n'aurions pas trop de peine à revenir sur nos pas, à partir d'ici ?

– Probablement pas.

– Mais dans trois ou quatre jours, ce ne sera peut-être plus le cas.

– Exact.
– Alors ?
– Alors quoi ? Où veux-tu en venir ?
– Nous devrions peut-être en discuter et prendre une décision, avant d'aller plus loin.
– Susan… ta décision est déjà prise.
– Comment le sais-tu ?
– Parce que je te connais. »
Il avait raison, bien sûr. Rien n'aurait pu l'empêcher de poursuivre et, si l'un de ses compagnons avait suggéré qu'ils fassent demi-tour, elle s'y serait opposée avec l'énergie d'une tigresse. Ce n'était pas pour rien qu'elle était la petite-fille d'une aventurière hongroise qui avait traversé le Canada à pied. Mais elle éprouvait le besoin d'en parler, de se sentir en quelque sorte encouragée, soutenue par l'approbation des autres.
« Et nos équipiers ? dit-elle. Ils ont peut-être leur mot à dire, eux aussi.
– Tu veux rire ? Regarde Van : il piétinerait sa propre mère pour pouvoir continuer. Il arrive à peine à respirer, mais il n'est pas près de renoncer.
– Et Rudy ?
– Son cas est moins évident, mais je pense qu'il s'est engagé à nous suivre jusqu'au bout et qu'il respectera son contrat, quoi qu'il advienne. »
Susan eut un sourire contraint.
« Génial, soupira-t-elle. J'ai toujours rêvé de finir mes jours ainsi : à deux pas du paradis, sur la piste d'un savant fou et de l'abominable homme des neiges. »

Lorsqu'ils atteignirent le sommet de la crête, ils s'arrêtèrent net, sidérés par la grandeur du décor. Une nuée d'oiseaux noirs passa à toute allure, à quelques mètres d'eux, en poussant des cris dont l'écho semblait se perdre au loin, comme une traînée de vapeur. C'était un peu étourdissant d'être ainsi dressé, pour ainsi dire en plein ciel, environné de tous côtés par cet océan de nuages mouvants, tourbillonnants.

Matt ôta son sac à dos.

« J'ai réussi, maman ! J'ai atteint le sommet ! » s'exclama-t-il en écartant les bras pour imiter Jimmy Cagney.

Susan éclata de rire. Matt fit demi-tour, la saisit par le bras et l'attira contre lui. Elle tendit son visage vers le sien, les yeux grands ouverts, et il l'embrassa – furtivement d'abord, sur la joue. Elle tourna légèrement la tête et leurs lèvres se rencontrèrent. Ils échangèrent alors un long et profond baiser et Susan se serra contre lui, en se blottissant dans ses bras.

Rudy apparut derrière eux : il applaudit à tout rompre et exécuta un petit pas de danse, avant de se précipiter pour les rejoindre.

« Ah ! je le savais ! J'en aurais mis ma main au feu. J'ai le flair pour ce genre de choses. »

Il déposa son sac à dos et se mit à leur tourner autour, visiblement ravi de ce qui leur arrivait.

« Rudy… dit Susan d'une voix affectueuse. Voici une expression des années 90 : " calmos ".

– Calmos ? répéta-t-il d'un air radieux. Qu'est-ce que ça signifie ?

– À peu près la même chose que " cool ", mais en moins désinvolte.

– Calmos… Génial. »

Ils s'assirent pour attendre Van. Matt et Susan se turent, brusquement gênés, mais cela n'empêchait pas Rudy de papoter sans arrêt. Un long moment s'écoula et, lorsque Van émergea finalement au sommet de la pente, il avait l'air hagard et haletait comme un phoque. Son visage était livide et sa tête se balançait de droite à gauche à cause des efforts qu'il faisait pour reprendre son souffle. Il s'effondra à côté d'eux et plongea sa tête dans ses mains.

« Je croyais que toutes ces cigarettes vous avaient accoutumé au manque d'oxygène », ironisa Matt.

Van lui lança un regard sombre, mais il était trop épuisé pour répondre.

Ils décidèrent d'alléger le chargement de Van. Matt se mit à déballer son sac à dos et tomba sur l'ordinateur.

« Qu'est-ce que c'est que cet engin ? » dit-il en le brandissant.

Susan le saisit à son tour et l'examina.

« J'ai déjà eu l'occasion de voir un de ces appareils, dit-elle. Ils permettent de communiquer par satellite, c'est bien ça ?

– Vous vous en êtes déjà servi ? »

Matt parvenait difficilement à maîtriser sa colère. Une fois de plus, Van les avait menés en bateau.

Van hocha la tête et ouvrit la bouche pour répondre mais se contenta de baisser les yeux, prenant prétexte de sa faiblesse.

« Ce n'était pas une mauvaise idée que de s'assurer une liaison par satellite, reprit Matt, mais je ne comprends pas pourquoi vous nous l'avez caché. Et cet engin est beaucoup trop lourd, nous ne pouvons pas continuer à le trimbaler. »

Il le posa sur une corniche, sortit du sac d'autres bricoles qu'il entassa à côté et commença à les recouvrir de pierres.

« J'ai toujours rêvé d'enterrer un ordinateur », ajouta-t-il.

Avant de le recouvrir entièrement, Matt s'assura que le contact était coupé : le bouton était bien en position « off ». Il ne pouvait évidemment pas deviner que cela déclenchait l'émission d'un signal automatique permettant de localiser l'appareil – et Van se garda bien de le lui révéler.

Matt sortit une pelle du sac et l'ajouta à la pile. Van se décida enfin à ouvrir la bouche :

« Je pensais m'en servir pour creuser ma tombe, dit-il.

– Arrêtez vos conneries, lança Susan. Vous nous enterrerez tous. »

Van se rendait compte qu'il était dans un sale état. Il était au bord de l'asphyxie. De temps en temps, une vague de panique parcourait tout son corps : il la sentait monter et le traverser de part en part, comme une décharge électrique. Il ruisselait de sueur et se sentait en même temps frigorifié. Un jour, à la Barbade, il avait aperçu un équipage qui ramenait un noyé. L'un des plongeurs avait été pris d'un malaise : il était resté un moment étendu sur la plage avant d'expirer, en fixant le soleil de ses yeux grands ouverts. Par la suite, Van avait appris que l'homme était un nageur confirmé : il avait effectué des centaines de plongées à de très grandes profondeurs et exploré une infinité de grottes sous-marines. Personne ne comprenait ce qui lui était arrivé cette fois-ci, alors qu'il se trouvait à moins de deux cents mètres de fond. L'un de ses compagnons supposait qu'il avait été victime d'un accès de panique, aussi soudain qu'irrésistible, qui l'avait contraint à remonter en toute hâte à la surface, sans respecter les paliers.

Van comprenait maintenant ce que cet homme avait pu ressentir – à ceci près qu'au-dessus de lui il n'y avait pas la moindre surface vers où remonter. Ses défenses étaient tombées et son esprit était traversé de pensées aberrantes. Il en avait conscience, sur un certain plan, mais cela ne l'empêchait pas de subir leur assaut. De manière parfaitement irrationnelle, il avait la conviction que les autres le persécutaient. Ils faisaient exprès de marcher à une cadence accélérée pour l'épuiser et le laisser crever derrière eux. Ils avaient commis une grosse erreur en le privant de cet ordinateur, et ils allaient s'en mordre les doigts. Mais qu'ils s'emparent donc de ce qu'ils voulaient… Ils n'avaient pas la moindre idée de ce qui était en train de se passer. Il savait de quoi ils étaient capables, mais ils n'étaient pas encore débarrassés de lui. Laissez-moi juste un peu de temps, se dit-il. Je sais comment revenir au score et gagner la partie.

Ils campèrent cette nuit-là au fond d'un ravin abrité de chaque côté par de gros blocs de rochers effondrés. Le vent s'était calmé mais le froid les transperçait jusqu'aux os, comme des éclats de verre.

Van avait la tête qui tournait et il sentit une nouvelle vague de panique l'envahir. Dieu sait pourquoi, il se mit à penser à son père. « La maladie est une faiblesse, mais la faiblesse aussi est une maladie », lui disait souvent ce dernier.

Plus tard, en essayant de s'endormir, il fut victime d'un bref malaise, dû à l'altitude. Alors qu'il était sur le point de sombrer dans le sommeil, sa respiration s'interrompit brusquement. Les commandes de son cerveau prirent aussitôt le relais et son corps fut secoué de frissons, tandis qu'il aspirait de grandes bouffées d'air. Il se réveilla, pris de panique et trempé de sueur. Le phénomène se reproduisit à trois reprises au cours de la nuit.

Ils marchèrent toute la matinée du lendemain. Au début de l'après-midi, Matt sentit à nouveau ses pensées lui échapper : son esprit vagabondait, comme lors d'une banale rêverie, à ceci près que le phénomène se prolongeait, qu'il était plus intense et la frontière entre rêve et réalité nettement moins étanche.

« Matt ! Matt ! »

Il se retourna, l'esprit encore dans la brume. Quelques mètres en arrière, Susan lui faisait de grands signes.

« Viens voir ! »

Il la rejoignit mais ne décela rien d'extraordinaire sur cette étendue d'éboulis et de caillasses désormais familière, où, un pas après l'autre, les semelles de ses chaussures de montagne venaient se poser, martelant inexorablement la poussière.

« Regarde ! Tu ne remarques rien ? »

Il y avait plus d'excitation que d'inquiétude dans la voix de Susan, qui résonnait de manière étouffée à cause de la raréfaction de l'air et semblait émaner de très loin.

Il réalisa brusquement ce qu'elle voulait dire : ils se trouvaient sur un sentier ! Celui-ci était d'ailleurs rudimentaire et disparaissait çà et là sous la couche terreuse, mais on distinguait sans la moindre équivoque le tracé d'une piste.

Matt se pencha. Il n'aperçut pas d'empreintes à proprement parler, mais le sol avait indéniablement été piétiné. Un peu plus loin, le sentier contournait une petite éminence et dessinait une légère courbe, pour éviter un amas de rochers.

Susan le suivit, en respirant à grand-peine.

« Qu'en penses-tu ? demanda-t-elle.

– Difficile à dire. Il n'y a pas la moindre empreinte.

– C'est peut-être la conséquence du passage des bouquetins, ou d'autres animaux des montagnes. Mais d'un autre côté, il n'y a aucune trace d'excréments.

– C'est bizarre : la piste semble débuter brusquement, au milieu du néant.

– Cela correspond tout à fait à la description de Kellicut », dit Susan.

Rudy les rejoignit assez vite, mais ils attendirent Van un bon moment. Le Russe parut enchanté de cette découverte. Van ne manifesta pas le moindre enthousiasme : il semblait à bout de forces.

« Eh bien, dit-il en poussant un soupir résigné, nous savons maintenant que nous sommes entrés sur leurs terres. »

Ce soir-là, ils dressèrent leur camp sur un petit renfoncement de la pente rocheuse.

La journée avait été rude. Le sentier s'était un peu élargi et son tracé apparaissait plus nettement. Au bout de quatre heures, ils atteignirent un embranchement : une nouvelle piste rejoignait la première. Ils en aperçurent encore une autre, un peu plus loin. Matt hésitait longuement à chaque bifurcation, se demandant quelle direction prendre. Mais les sentiers devinrent de plus en plus nombreux et il abandonna finalement la partie, se contentant de suivre en gros la même direction.

Le ciel s'assombrit rapidement. Rudy, qui semblait moins éprouvé que ses compagnons, se chargea de préparer le repas : des pâtes précuites et des légumes déshydratés. Il passa bien une demi-heure à rassembler suffisamment de brindilles pour édifier un petit foyer.

« Mieux vaut rester autour du feu, dit-il, et nous réchauffer un peu. »

Matt et Susan n'avaient pas échangé un geste depuis leur baiser de la veille, au sommet de la crête. Non que Matt n'en ait pas éprouvé l'envie, bien au contraire : son désir pour elle n'avait cessé de croître et il fantasmait continuellement à son sujet. Mais la fatigue, la faim, le froid en avaient eu raison. À présent, Van et Rudy s'étaient endormis dans leurs sacs de couchage, tournant le dos au feu. On n'entendait aucun bruit, à l'exception du vent qui gémissait au loin et du sifflement des braises achevant de se consumer.

Matt ouvrit en silence la fermeture éclair de son sac de couchage. Il sentit aussitôt l'air froid l'envahir, mais c'était supportable. Il tendit le bras, trouva la fermeture du sac de Susan et la descendit lentement, sans faire de bruit. Il glissa la main à l'intérieur et tâtonna de droite à gauche, avant de rencontrer le flanc de Susan. Lorsqu'il sentit sous ses doigts l'étoffe de son tee-shirt et sa chair palpitante au-dessous, il se rapprocha d'elle.

Elle était éveillée, il en avait la certitude. Elle respirait irrégulièrement, par saccades, mais elle ne bougeait pas. Il insinua sa main sous le tissu et lui caressa doucement le ventre, avant de remonter un peu plus haut et d'empoigner son sein droit. Puis il laissa sa main redescendre lentement le long de son ventre. Il l'entendit respirer plus intensément mais elle ne bougea toujours pas.

Ses doigts remontèrent et il sentit ses tétons se durcir sous leur caresse. Sa main redescendit à nouveau et se posa finalement sur sa touffe pubienne. Au même instant, Susan se retourna : elle ouvrit les bras, l'attira à elle et il sentit un intense désir monter au fond de lui.

Un cri s'éleva soudain dans la nuit, si déchirant, si inhumain, que Matt ressentit une violente poussée d'adrénaline. Il retira sa main du sac de Susan et se leva avant même d'avoir réalisé la provenance de ce hurlement. Une silhouette gigotait devant lui – c'était Van, qui se contorsionnait dans son sac de couchage en poussant de grands cris.

« Que se passe-t-il, bon Dieu ? »

Matt se précipita et l'immobilisa avec son genou. Il ouvrit la fermeture éclair et Van roula hors du sac en se tenant le ventre, plié en deux. Matt perçut alors un autre bruit : Rudy poussait lui aussi des gémissements plaintifs.

« Empoisonnés, haleta Van, on nous a empoisonnés.

– Vite, buvez ça ! » dit Susan en portant une gourde à ses lèvres.

Van en avala une gorgée.

« Davantage, ordonna-t-elle. Et dépêchez-vous. »

Elle se dirigea ensuite vers Rudy et procéda de même avec lui, puis elle tendit la gourde à Matt, avant de boire à son tour. Peu à peu, Van et Rudy sentirent la douleur s'estomper au fond de leur estomac.

« Rien de bien grave, dit Susan. C'est à cause des légumes : vous n'avez pas ajouté assez d'eau et, comme ils étaient insuffisamment hydratés, le thé que nous avons bu les a fait gonfler dans notre estomac.

– Nom de Dieu... », grommela Matt.

Il se releva et se dirigea vers Rudy, qui réussit à lui adresser un timide sourire, entre deux crampes.

Le lendemain matin, le soleil était caché derrière une épaisse couche de nuages et la température était encore plus glaciale. Ils durent glisser des bandes de polypropylène sous leurs anoraks pour se protéger du froid.

Ils marchaient depuis trois bonnes heures lorsqu'ils aperçurent le ravin, dont la vue leur avait été dissimulée par une déclivité. De prime abord, ils crurent qu'il s'agissait d'une simple dénivellation du terrain, avant la paroi rocheuse qui se dressait en face. Matt faillit même y basculer la tête la première.

« Il fait bien cent mètres de large, dit-il.

– Ce qui est trop long pour nos cordes, dit Van. À supposer que nous parvenions à les fixer de l'autre côté.

– Vous croyez qu'il s'agit du ravin dont parlait Kellicut ? demanda Susan.

– Impossible de le savoir, répondit Matt. Il y en a probablement des quantités d'autres un peu plus haut. Mais, comme il n'en a mentionné qu'un seul au cours de ses excursions, peut-être avons-nous déniché le bon. »

Leur progression était plus lente et plus malaisée que lorsqu'ils suivaient le sentier. Matt marchait en tête, escaladant des corniches et contournant des amas de rochers. Malgré le froid, ils ne tardèrent pas à suer à grosses gouttes et durent ôter une partie de leurs bandes protectrices. Van perdit l'équilibre et tomba à plusieurs reprises, en poussant force jurons. Ils marchaient en s'arrangeant pour ne pas perdre le ravin de vue.

Au bout de deux heures, ils s'arrêtèrent pour manger quelques tranches de bœuf séché, arrosées d'un thé aussi brûlant qu'insipide.

Van s'était assis et restait parfaitement immobile, comme si le moindre geste représentait une dépense superflue d'énergie.

« Avez-vous remarqué, dit-il, qu'à cette altitude on n'éprouve plus le moindre plaisir, en dehors du soulagement que constitue le fait de se savoir encore en vie ou de souffrir un peu moins ?

– Oh ! je ne serais pas aussi affirmative, dit Susan en riant et en regardant Matt à la dérobée.

– Je vais pisser un coup », lança Rudy avant de s'éloigner.

Quelques minutes plus tard, ils l'entendirent pousser des cris et le virent brusquement surgir au détour d'un rocher, le pantalon encore déboutonné, agitant les bras dans tous les sens comme un pantin. Ils se précipitèrent et, lorsqu'ils l'eurent rejoint, il leur montra frénétiquement du doigt un point situé juste au-delà.

Un peu plus loin, à un jet de pierre à peine, se dressait une étrange structure qui s'étirait comme un gros ruban en travers du ravin.

« Nous y sommes ! s'écria Susan. C'est bien l'endroit dont il parlait… comment disait-il, déjà ? " le lien avec l'autre monde "…

– Un pont », ajouta Matt.

Ils s'y dirigèrent en courant, mais ralentirent tout à coup l'allure et se mirent instinctivement à marcher à pas de loup, en jetant autour d'eux des regards prudents pour détecter d'éventuels signes de vie.

La construction était rudimentaire. D'une centaine de mètres de long, elle était composée de feuilles et de branchages, maintenus et liés ensemble par de grosses racines. L'ensemble formait un cylindre incurvé d'une soixantaine de centimètres de large, qui fléchissait au milieu de manière inquiétante, avant de se redresser et de rejoindre la paroi rocheuse, sur l'autre versant du ravin, où il était attaché à de gros poteaux plantés dans le sol.

Matt et Susan le contemplaient avec ébahissement, mais Van ne semblait guère impressionné.

« Ce n'est pas le pont de Brooklyn, dit-il. Comment traverse-t-on ce machin ?

– En rampant, répondit Matt.

– Mais est-il assez solide ?

– Il n'y a pas trente-six façons de le savoir.

– Il n'y en a effectivement que quatre, puisque tel est notre nombre.

– Qui va passer le premier ? demanda Rudy.

– Tirons à la courte paille, proposa Van.

– Nous ne sommes pas dans une cour de récréation », dit Matt.

Susan était en train d'examiner la manière dont les racines étaient attachées, sur le versant où ils se trouvaient. Elle fronça les sourcils d'un air préoccupé.

« Matt, viens voir ça... On n'a jamais rien découvert de tel : techniquement parlant, c'est de très loin supérieur à tout ce que nous savons de la civilisation moustérienne. Regarde la complexité de ces nœuds... »

Matt s'agenouilla à côté d'elle.

« Je n'en sais rien, dit-il. Il y a des milliers d'années, on utilisait peut-être des cordes ou des racines tressées de cette manière... Comment pourrions-nous le savoir ? Ce genre de matériau ne résiste pas à l'usure du temps, de toute façon. »

Susan se leva brusquement.

« Je vais passer la première, dit-elle sur un ton qui n'admettait pas de réplique. D'une part parce que je suis la plus légère, et ensuite parce que c'est moi qui ai le plus envie de faire la traversée. »

Personne n'émit d'objection.

Ils déposèrent leurs sacs à dos et se délestèrent d'une partie de leur chargement. Ils décidèrent notamment d'abandonner de nombreuses boîtes de conserve, ainsi que deux petites tentes : ils les glissèrent dans une fente de rocher qu'ils recouvrirent ensuite de cailloux, afin qu'on ne puisse pas découvrir leur cachette.

Susan fourra son anorak dans son sac, dont elle attacha les sangles autour de ses cuisses et de ses bras afin d'avoir une plus grande liberté de mouvement. Elle passa ensuite une corde autour de sa taille, puis, en se penchant au bord du ravin, elle l'enroula autour du pont et la ramena à elle, avant de la nouer solidement. Elle fixa alors une seconde corde à sa ceinture, dont elle tendit l'autre extrémité à Matt qui l'attacha autour d'un gros rocher.

« Tout est en place, dit-elle en se forçant à sourire. Et si jamais les choses tournent mal, n'oublie pas que je tiens à cosigner l'article…

– C'est juré, répondit Matt.

– Lorsque je serai à mi-chemin, dis-le-moi : je détacherai cette corde pour que tu puisses la récupérer. Elle n'est pas assez longue pour atteindre l'autre côté. »

Susan s'engagea prudemment sur le pont, cramponnée aux branchages. Elle avança en rampant de quelques centimètres, puis tendit le bras droit pour faire glisser un peu plus loin la corde de sécurité enroulée autour du cylindre, presque comme un inspecteur des Eaux et Forêts escaladant un arbre. Elle progressait très lentement.

Lorsqu'elle eut parcouru trois mètres, la construction se mit à osciller et se balança bientôt comme un pendule. Susan s'immobilisa et s'agrippa fermement jusqu'à ce que le mouvement ait cessé. Elle reprit ensuite sa progression : le pont tanguait légèrement, mais il tenait bon. À un moment donné, elle jeta un regard sous elle, mais ferma aussitôt les yeux et dut s'arrêter un instant.

Au bout d'un certain temps, elle finit par trouver son rythme et accéléra l'allure. Matt surveillait la corde et, lorsqu'il la vit sur le point de se tendre, il cria pour avertir Susan. Sans regarder en arrière, elle porta la main à sa ceinture et dénoua la corde, dont l'extrémité tomba aussitôt dans le vide. En la ramenant à lui, Matt la trouva anormalement lourde.

Après avoir atteint l'autre versant, Susan se redressa et leur fit un signe de victoire.

Rudy la suivit, puis ce fut le tour de Van. Parvenu au milieu du pont, il ramena à lui la corde de sécurité et la lança à Susan. Il dut s'y prendre à quatre reprises avant d'atteindre son but.

Matt passa en dernier : il n'y avait plus de corde pour le retenir. Au tiers du parcours, il sentit un brusque vertige le gagner. Il s'immobilisa et s'agrippa aux branchages. Il faisait froid et le vent lui fouettait les doigts. Il entendait des oiseaux crier, mais il aurait été incapable de dire s'ils se trouvaient au-dessus ou au-dessous de lui. Il se reposa un instant et rassembla ses forces, puis reprit sa progression. Juste avant d'arriver au bout, il sentit son sang battre à ses tempes et fut pris d'un nouveau vertige.

« C'est pas de la tarte, hein ? » lança Van.

Ils restèrent assis un long moment, récupérant. Finalement, Susan demanda :

« Qui a construit ce machin, à votre avis ? Est-il d'origine humaine ?

– Et comment s'y est-on pris pour l'installer en travers du ravin, la première fois ? ajouta Matt.

– Ça représente un travail gigantesque, dit Van.

– Et qu'est-ce qui a bien pu pousser ses auteurs à le construire ? reprit Susan.

– Ils avaient sûrement leurs raisons, dit Matt. Quelque chose les a sans doute poussés à sortir de leur précieuse retraite. Mais quoi ?

– Le troc ? suggéra Van. Rappelez-vous cette histoire d'échange de nourriture et de peaux de bêtes.

– J'en doute, dit Susan. Cela me paraît un motif bien mince pour vaincre des siècles de réclusion et d'exil volontaires.

– Peut-être sont-ils à la recherche de quelque chose. »

Matt s'agenouilla au bord du pont, se pencha pour l'examiner par en dessous et émit un petit sifflement. Il appela ses compagnons et leur montra un piquet qui émergeait du tas de rochers soutenant la butée du pont.

« Regardez : c'est un levier. Il suffit d'appuyer là-dessus pour que les rochers s'écroulent et que l'ensemble de l'édifice s'effondre dans le ravin.

– Une sorte de système d'éjection, dit Van. Ceux qui ont construit ce machin, quelle que soit leur identité, voulaient être sûrs de pouvoir le détruire à tout instant.

– Ils voudraient donc communiquer avec le monde extérieur tout en le redoutant ? dit Susan. C'est incohérent.

– Poussons le raisonnement plus loin, dit Matt. Imaginons une seconde qu'ils aient conscience de notre présence – ce qui ne me semble pas une hypothèse absurde. Pourquoi ne l'ont-ils pas détruit pour nous empêcher de passer ? »

Ils restèrent un moment silencieux, puis Van rétorqua :

« Il n'y a qu'une explication possible : ils *veulent* que nous passions. »

En examinant le sol, quelques mètres plus loin, Rudy fit sa seconde découverte de l'après-midi.

« Et nous ne sommes pas les seuls, dit-il en leur montrant sa trouvaille du doigt. Regardez : il y a d'autres traces de bottes – les mêmes que l'autre jour. »

10

Matt était en train de traverser une étendue de caillasses qui jonchaient le sol comme des débris de plâtre lorsqu'il aperçut le premier flocon de neige. Il le vit tournoyer lentement dans l'air et fut frappé par sa taille inhabituelle. Le flocon se posa à ses pieds sur un rocher et y resta collé, comme un morceau de barbe à papa. Matt ne tarda pas à en apercevoir un second.

Il dut faire un violent effort pour refréner l'angoisse qui le gagnait. À cette altitude, la chute de quelques flocons de neige était sans doute un phénomène aussi fréquent que naturel. Peut-être ne s'agissait-il que d'une averse passagère : c'était toutefois peu probable, il devait bien l'admettre, et le ciel bas et plombé qui s'étendait au-dessus de lui ne pouvait que confirmer ses craintes.

Après avoir franchi le pont, une étrange griserie les avait tous envahis : ils étaient à la fois étourdis et effrayés, excités et anxieux. Ils avançaient prudemment, en prenant soin de rester groupés et en jetant des regards inquiets autour d'eux, comme s'ils venaient de débarquer sur une planète inconnue. Qui sait quelles créatures les observaient peut-être, dissimulées derrière ces rochers ? Mais au bout d'une ou deux heures de marche dans ce décor terne et inanimé, leur inquiétude finit par se dissiper, cédant la place à la fatigue, à la lassitude de cette progression monotone.

« Kellicut ne nous a pas révélé ce qui se passait à partir de là, dit Susan lorsqu'ils firent leur première halte. Enfin, peut-être l'a-t-il fait, mais, comme je n'ai pas eu le loisir de lire sa dernière lettre, comment le saurais-je ? » ajouta-t-elle en regardant Van d'un air sardonique.

Celui-ci réagit d'une manière inattendue : il lui adressa un grand sourire.

« Ne revenons pas là-dessus, dit-il en plaisantant presque. Je vous ai déjà présenté mes excuses. »

Cette humeur badine ne tarda pas à les abandonner. Ils firent halte vers midi, mais le repas ne fut pas une partie de plaisir, car il régnait un froid glacial. Les doigts de Rudy étaient tellement engourdis qu'il parvint à peine à allumer un feu ridiculement modeste. Ils se serrèrent les uns contre les autres pour se tenir chaud. Le bouillon de bœuf lui-même était à peine tiède.

Le vent s'était levé et s'engouffrait dans un défilé voisin en émettant un sifflement lugubre, pareil à celui d'un orgue. Ils décidèrent de se remettre en route : lorsqu'ils marchaient, ils ressentaient un peu moins les atteintes du froid.

Les flocons étaient de plus en plus abondants. C'était étrange, se dit Matt : lorsqu'il levait les yeux, il avait l'impression qu'ils tombaient en se concentrant sur lui. Était-ce un simple effet de son égocentrisme ? Ils étaient nettement séparés et se posaient sur le sol les uns après les autres, comme des parachutistes. Pour la centième fois, Matt contempla le ciel : son aspect n'avait pas changé, c'était toujours le même plafond lourd et grisâtre qui s'étendait de tous côtés, comme un immense nuage de vapeur gelée.

Son esprit battait la campagne. De toute évidence, ils avaient eu tort d'abandonner leur pelle, ainsi que ces deux tentes, à cause de leur poids. Comment allaient-ils s'abriter, à présent ? Il avait toujours son couteau, mais il ne lui serait pas d'un grand secours pour creuser le sol. Pas plus que le pistolet de Van. Peut-être pourraient-ils attacher ensemble les sacs de couchage, au moins deux par deux, et s'en faire un abri ? Mais ils en avaient besoin par ailleurs pour se protéger du froid ; et, de toute façon, ils ne tiendraient jamais en place si le vent continuait à souffler avec une telle violence.

Matt s'arrêta et attendit que les autres l'aient rejoint. Ils avançaient très lentement et il leur fallut un certain temps pour se regrouper.

« Qu'en pensez-vous ? » demanda-t-il lorsqu'ils furent tous réunis. Il s'aperçut qu'il avait inconsciemment haussé la voix, comme si le vent rugissait déjà.

« Les choses se présentent mal, dit Van. J'ai l'impression qu'une tempête se prépare. Nous sommes dans de sales draps.

– Regardez ce ciel, dit Rudy. Pas la moindre éclaircie en vue. »

Susan fut la seule à comprendre que Matt leur demandait leur avis sur la décision à prendre.

« Il me semble que nous n'avons guère le choix, dit-elle. Continuons à marcher : nous finirons bien par trouver un endroit où nous abriter.

– Le problème, dit Matt, c'est que nous traversons une sorte de plateau. Nous n'avons rien aperçu depuis des heures, pas même une faille dans le sol ou un vague rocher.

– Ce qui est certain, dit Van, c'est que nous ne pouvons pas nous arrêter ici. L'endroit est beaucoup trop exposé. Il faut aller de l'avant.

– Tout le monde est d'accord ? demanda Matt. (Il dévisagea ses compagnons, qui acquiescèrent à tour de rôle.) Dans ce cas, nous devons impérativement rester groupés. Et nous hâter. La remarque s'adresse à vous, Van. Débrouillez-vous comme vous voudrez, mais ne traînez pas. »

Van parut sur le point de répondre, mais se contenta de détourner les yeux.

Lorsqu'ils se remirent en route, les parachutistes s'étaient multipliés : une véritable attaque aérienne avait été déclenchée. Aussi loin que portât son regard, Matt voyait les flocons s'intensifier et envahir le ciel. Une soudaine angoisse monta au fond de lui.

La neige se déposa d'abord dans les renfoncements et les creux des rochers et forma bientôt d'étroites corniches blanches sur le bord des falaises.

Le vent s'était intensifié lui aussi et soulevait parfois des bourrasques de neige qui tourbillonnaient autour des parois rocheuses. Matt resserra les cordons de sa capuche. Il fouilla dans ses poches et chaussa ses lunettes de montagne, avant de se tourner vers Susan qui le suivait à une cinquantaine de mètres : elle avançait péniblement, à pas lents et forcés, comme quelqu'un qui lutte contre la douleur. Autour d'elle, le décor ténébreux balayé par la bourrasque blanche évoquait un paysage lunaire. Ce spectacle éveilla en lui une émotion qu'il n'avait plus ressentie depuis des années. Il adressa un petit signe à Susan, avant de se retourner et de reprendre sa marche silencieuse dans la neige.

Bien des années plus tôt, en entamant ses études de paléontologie, Matt avait eu le coup de foudre pour cette discipline. Lors de son premier chantier de fouilles, tout l'avait enthousiasmé, particulièrement le début : les premiers coups de pioche, le fait de creuser et de traverser lentement, couche après couche, les diverses périodes géologiques. Il entendait encore la litanie des grandes glaciations, telle qu'il l'avait apprise en cours : Würm, Riss, Mindel, Günz ; pluviale, gamblienne, kanjérienne, kamasienne, kagérienne… En creusant ainsi le sol, dans les tréfonds et l'épaisseur du temps, on les voyait apparaître l'une après l'autre, à la surface d'une paroi verticale. Il avait eu l'impression d'être une sorte de plongeur sous-marin, descendant dans les profondeurs de l'océan pour exhumer le trésor oublié de la terre. Était-ce lié au fait de fouiller ainsi ses entrailles ou à l'excitation que provoquait la moindre découverte – quelques ossements épars, un débris de clavicule, un fragment de crâne noirci ? Le terme même de « fouilles » lui semblait particulièrement approprié, avec son côté primordial, primitif. Il s'était lancé dans ce labeur avec ravissement, scrutant le sol à quatre pattes, une loupe à la main, comme un Sherlock Holmes du désert, ou vautré à plat ventre sur une planche, manipulant délicatement un scalpel ou une brosse à dents pour dégager lentement de la terre d'infimes fragments de phalanges. Mais par-dessus tout il avait été fasciné par le début des fouilles, les premiers coups de pioche, l'éventrement du sol : cela avait éveillé en lui un sentiment indescriptible, à la fois rassurant et terrifiant – comme s'il était revenu sur le lieu mythique d'une enfance lointaine, immémoriale.

Le vent s'était mis à hurler et il entendit à peine les autres l'appeler : on aurait dit qu'ils criaient à travers une paroi de verre. Ses trois compagnons étaient quasiment invisibles dans la blancheur environnante. En rebroussant chemin, il s'aperçut que ses propres empreintes étaient déjà presque entièrement recouvertes.

« La tempête est trop forte, dit Rudy. Nous ne nous voyons plus les uns les autres.

– Nous risquons d'être séparés, dit Susan. Van avait pris une mauvaise direction et nous avons dû faire demi-tour pour aller le rechercher.

– Bon, dit Matt. Nous allons sortir les filins et nous encorder. »

Les flocons de neige s'étaient mués en boulettes compactes qui leur martelaient le visage, cuisantes comme des morsures d'insectes. La tempête faisait un vacarme assourdissant et il leur fallut une éternité pour attacher leurs cordes.

Van ouvrit la bouche pour la première fois :

« Matt... »

Celui-ci songea que son nom avait quelque chose d'irréel, au milieu de toute cette blancheur.

« Cette tempête ne va pas se calmer, poursuivit Van. Nous sommes fichus. Bel et bien fichus… »

Il y avait une once de panique dans sa voix. Susan l'interrompit.

« Notre seul espoir, c'est de dénicher au plus vite un abri. Nous ne pourrons pas continuer beaucoup plus longtemps de la sorte.

– Je crois que le plateau se termine un peu plus loin, dit Matt. Je n'en suis pas absolument certain, mais il m'a semblé distinguer une vague forme : il pourrait s'agir d'un gros rocher.

– Nous ferions bien de nous hâter.

– Il faut l'atteindre à tout prix. C'est notre unique espoir.

– Je vais vous chanter quelque chose », dit Rudy.

En se remettant en route, Matt l'entendit psalmodier derrière lui :

You can't always get what you want
You can't always get what you want
But if you try sometimes
You just might find
You get what you need.

Quelques minutes plus tard, Matt atteignit un monticule rocheux qui émergeait au milieu du néant et se dressait dans la tempête comme un promontoire obscur, fantomatique. Il tira sur la corde pour prévenir ses compagnons et s'y dirigea d'un pas vacillant.

Parvenu au pied du monticule, il se mit à creuser avec frénésie, dégageant la neige à pleines brassées. Les autres ne tardèrent pas à le rejoindre et se mirent à leur tour à l'ouvrage. La neige était si légère qu'ils la sentaient à peine sous leurs doigts.

Ils atteignirent bientôt la paroi rocheuse et la déblayèrent grossièrement. Une fente apparut. Ils la suivirent, dégageant de plus en plus de neige au fur et à mesure que la fissure s'élargissait. Le travail devenait harassant. Matt transpirait et la neige était désormais plus dense, plus pesante. La crevasse avait maintenant une cinquantaine de centimètres de largeur. Ils dégagèrent encore de la neige mais constatèrent bientôt qu'elle n'allait pas plus loin.

Personne ne fit de commentaire.

Matt essaya de s'insinuer dans la crevasse, mais il en toucha le fond au bout de soixante centimètres à peine. Il voulut déplacer un gros rocher, qui bascula et lui heurta violemment le bras. Il remonta sa manche : quelques gouttes de sang s'écoulèrent et tombèrent dans la neige, infimes perles rouges dans la tourmente blanche.

Susan appliqua un peu de neige sur la plaie et le sang cessa de couler. Matt ne ressentait pas la moindre douleur.

« Rien à faire, dit Susan. Il faut continuer. »

Ils s'assirent pour se reposer un instant dans le petit cratère qu'ils avaient creusé, mais ils sentirent presque aussitôt le sommeil les gagner et se hâtèrent de se relever pour se remettre en route. La neige leur arrivait à présent aux genoux, ce qui entravait considérablement leur progression : ils titubaient plus qu'ils ne marchaient.

Matt était tiraillé par la soif, sa gorge lui brûlait mais il ne voulait pas s'arrêter pour chercher sa gourde, qui pendait quelque part derrière lui, dans l'armure de neige gelée qui enveloppait son corps. Même en marchant, il commençait à sentir le sommeil l'envahir.

Matt ne s'était pas rendu compte qu'il s'était arrêté, pas plus que ses compagnons : Susan et Rudy étaient assis, de la neige jusqu'à la taille, et Van rampait laborieusement, à quatre pattes. Ils ne ressentaient plus vraiment les morsures du froid, ils ne sentaient d'ailleurs plus grand-chose, en dehors de l'épuisement, et du sommeil qui les gagnait irrésistiblement. Dans un lointain repli de son cerveau, Matt se disait qu'ils allaient mourir : mais ce constat lui-même demeurait diffus, extérieur à lui, estompé par la blancheur absolue du décor qui les entourait. Il n'avait rien d'inquiétant.

La soif, par contre, le tenaillait toujours. Il parvint à atteindre sa gourde et la porta à ses lèvres. Le goulot était obstrué par un bloc de glace, mais il réussit à en extraire un mince filet d'eau. Il frissonna, se releva et sentit à nouveau ses membres. Il se dirigea en titubant vers Susan, qui s'était à moitié effondrée. Ses pupilles étaient dilatées, elle avait le regard hébété et un vague sourire aux lèvres. Van dodelinait de la tête, à demi inconscient.

Matt dénoua les cordes qui les reliaient et les attacha bout à bout afin de n'en former qu'une. Il saisit l'une de ses extrémités et la fit successivement passer sous les ceintures de ses trois compagnons ; puis il fixa l'autre à la sienne. « Ne bougez pas », lança-t-il dans le vide avant de repartir seul, droit devant lui. Il entendit dans son dos Rudy qui chantonnait, d'une voix de fausset.

La voix décrut, puis s'éteignit. Matt aurait été incapable de dire si Rudy s'était arrêté de chanter ou si c'était le vent qui couvrait sa voix.

À présent, la neige lui arrivait souvent à la taille. Il trébucha à deux reprises et, en s'effondrant, il se sentit plonger dans un cocon si blanc, si pur, si rassurant qu'il eut la tentation de s'y reposer un instant. Mais il se releva et poursuivit sa route. La partie supérieure de son champ de vision disparaissait dans les ténèbres, comme une photographie déchirée.

Le vent tourna brusquement et il put distinguer un bref instant le paysage environnant. Devant lui, dans la neige, se dressait une forme sombre qui ressemblait à Susan. Mais, en s'approchant, il constata qu'elle n'avait plus son anorak : elle portait en fait la même robe d'été que le jour où ils s'étaient rencontrés, des années auparavant. Comment pouvait-elle résister au froid dans une tenue pareille ? Et le vent agitait doucement ses cheveux longs, comme dans ces vieux mélos ringards. Elle lui fit signe d'approcher : lorsqu'il arriva à sa hauteur, il tendit la main et voulut l'attirer à lui, mais elle lui résista.

Matt s'aperçut qu'il était appuyé contre une paroi rocheuse. Le vent qui soufflait par rafales dans son dos l'aida à avancer le long de la paroi. À un moment donné, il sentit l'obscurité l'entourer, tandis que le vent cessait brusquement de souffler. Il retrouva toute sa lucidité et comprit qu'il était à l'entrée d'une grotte.

Il détacha la corde de sa ceinture et l'enroula autour d'un rocher, où il l'arrima solidement. Puis il fit demi-tour, émergea de la grotte et replongea dans la tempête de neige. En tirant sur la corde et en la remontant comme un filet de pêcheur, il ne tarda pas à rejoindre ses compagnons.

*

La lumière réapparut à l'extrémité d'un immense tunnel. Susan la voyait se rapprocher de plus en plus, comme le fanal d'un train, à ceci près que ce n'était pas la lueur, mais elle, qui se déplaçait. Elle l'atteignit enfin et, lorsqu'elle émergea dans la clarté aveuglante du jour, elle perçut un écho de voix autour d'elle.

« Allez, viens ! Relève-toi ! » lui criait Matt.

Il l'aida à se redresser et la soutint jusqu'à l'entrée de la grotte, qui lui parut étonnamment proche. Puis il repartit et ramena successivement Rudy, puis Van. Après quoi, ils s'effondrèrent tous les quatre à l'intérieur de la caverne et perdirent connaissance.

Lorsque Susan se réveilla, elle n'avait pas la moindre idée du temps qu'elle avait passé endormie. Elle perçut d'agréables effluves de chaleur, une bonne odeur de nourriture. Elle ouvrit les yeux et vit Rudy qui s'activait autour d'un feu, préparant le repas. Les flammes vacillaient et dessinaient d'étranges ombres sur les parois de la grotte. Rudy lui sourit et lui tendit une tasse de café, en lui passant la main dans les cheveux.

À côté d'elle, Matt ne tarda pas à s'agiter.

« Ah ! notre héros se réveille ! » lança Rudy.

Matt regarda autour de lui en clignant des yeux d'un air ahuri. Plusieurs secondes s'écoulèrent avant qu'il n'arrive à parler.

« Le héros, c'est vous, dit-il à Rudy. Je n'aurais jamais repris connaissance si vous ne vous étiez pas mis à chanter.

– Mon plan s'est donc avéré efficace… »

Susan se pencha, posa la main sur la nuque de Matt et lui dit en souriant :

« Je ne sais pas comment tu t'es débrouillé, mais nous te devons une fière chandelle. »

Matt repensa à la vision qu'il avait eue, à ses cheveux agités par le vent. Il se tourna brusquement et chercha Van des yeux.

« Il va bien, dit Rudy. Il est déjà levé. Vous êtes le seul à avoir fait la grasse matinée. La soupe sera bientôt prête. »

Matt se leva et se dirigea vers l'entrée de la grotte. Le seuil était couvert de neige mais la tempête avait cessé. Par-delà les parois ourlées de blanc, il aperçut un paysage immémorial, d'une blancheur étincelante, qui s'étendait à l'infini. Le décor était si paisible, si beau qu'on avait de la peine à imaginer qu'il avait failli devenir leur tombeau.

Ils mangèrent tous les quatre avec appétit – des tranches de bœuf séché, accompagnées de haricots et d'un café bien chaud. Le visage de Van ne tarda pas à reprendre des couleurs et il leur dit qu'il se sentait beaucoup mieux. Il n'arrêtait pas de se palper la jambe gauche.

« J'ai bien cru qu'elle était gelée », dit-il.

Ils étaient tranquillement assis autour du feu lorsque Rudy leur déclara :

« Vous n'êtes pas curieux de savoir où j'ai déniché ce bois ? (Ils regardèrent autour d'eux.) De ce côté, reprit-il en leur désignant un recoin de la grotte.

– C'est étrange, dit Matt. Et la fumée monte et s'échappe par en haut. Il doit s'agir d'une cheminée naturelle.

– Ce n'est pas tout, poursuivit Rudy. Tenez-vous bien : nous ne sommes pas les premiers à faire du feu ici. J'ai aperçu des cendres en l'installant. »

Matt alla fouiller dans son sac à dos et en sortit une torche. Van l'imita et ils se mirent à étudier les parois de la grotte, en prenant soin d'éviter les stalactites et les stalagmites.

Quelque chose accrocha soudain le regard de Matt. Il se rapprocha.

« Nom de Dieu ! » s'exclama-t-il.

Van s'empressa de le rejoindre et dirigea le rayon de sa torche dans la même direction que Matt.

À la lueur de leurs lampes, ils aperçurent des ébauches de peintures, un ensemble de taches ocre, brunes et rouges. Au premier abord, ils ne distinguèrent pas très bien ce qu'elles représentaient, mais elles ne tardèrent pas à prendre forme. Certaines figuraient des hommes, d'autres des animaux. Il y en avait qui dépeignaient des scènes de chasse, d'autres des combats.

« Mon Dieu... déclara finalement Van. Ce sont des peintures préhistoriques... on dirait la grotte de Lascaux.

– Regardez par ici, dit Matt. Ces personnages sont en train de chasser. Vous voyez celui-là ? Il tient une massue. (Il rapprocha sa torche de la paroi.) Je n'ai pas la berlue... Regardez son front. »

Le personnage qui était représenté avait des arcades sourcilières énormes, protubérantes – comme tous ceux qui figuraient à ses côtés.

Van toucha la paroi peinte, puis regarda ses doigts : ils étaient maculés de rouge.

« Cette peinture est encore fraîche... », murmura-t-il.

Au même instant, ils entendirent derrière eux un cri étouffé, le genre de son qu'on émet involontairement lorsqu'un événement inimaginable se produit sous vos yeux.

Susan et Rudy étaient accroupis à l'entrée de la caverne. Ils regardaient à l'extérieur et, sur l'étendue neigeuse, dans la blancheur immaculée du paysage, ils venaient de voir surgir des silhouettes sombres, vaguement anthropoïdes, mais qui n'avaient visiblement rien d'humain. Elles se dirigeaient vers la grotte.

Eagleton déplaça son fauteuil roulant jusqu'à la fenêtre et souleva le rideau d'un geste délicat. Le crépuscule était en train de tomber – moment toujours pénible à vivre, surtout dans les faubourgs de Washington. Les lampadaires s'allumaient le long des rues, tandis que les lumières s'éteignaient une à une dans les bâtiments du campus et que les voitures quittaient les parkings pour ramener dans leurs foyers les salariés exténués. Ce ne sont pas eux qui vont faire des heures supplémentaires, songea Eagleton : leurs familles les attendent, contrairement à moi.

À dire la vérité, personne ne l'attendait. C'était même cette amère réflexion qu'il avait vainement essayé de chasser. Elle le guettait en permanence, surtout à cette heure de la journée. Dans sa jeunesse, lorsqu'il s'était lancé dans la bataille de la guerre froide avec autant d'enthousiasme que s'il s'était agi d'une gigantesque partie de football, il avait cru que ses collègues étaient aussi motivés que lui. C'était l'impression qu'ils donnaient, mais au fil des années ils avaient accumulé les mariages, les enfants, les caravanes, les résidences secondaires et les chiens de garde qui venaient leur lécher la main lorsqu'ils rentraient à la maison. Il ne possédait rien de tel et se sentait vaguement floué. Personne ne lui avait enseigné les règles du jeu, ni révélé qu'il y avait des choses plus importantes que la partie de football qui se déroulait sous ses yeux et qui l'absorbait tant.

Rien d'étonnant après ça qu'il ait consacré sa vie entière à la Compagnie… Il était devenu une légende incarnée, assumant les plus hautes fonctions vingt ans durant en tant que directeur adjoint chargé du contre-espionnage. Mais la guerre froide avait pris fin, il s'était fait trop d'ennemis, son heure de gloire était passée. Les nouveaux responsables de l'équipe avaient à peine entendu parler du blocus de Berlin, de la baie des Cochons, du Viêt-nam. Et l'honneur avait-il le moindre sens pour eux ? Ils l'avaient donc relégué dans ce placard à balais, en le nommant pompeusement directeur du Bureau de recherche sur les phénomènes paranormaux. Mais il allait avoir le dernier mot. Il était tombé sur une affaire tellement phénoménale qu'ils en auraient le souffle coupé. L'espionnage du Kremlin était du pipi de chat, à côté de ça.

Il aspira une nouvelle bouffée. Évidemment, il ne lui aurait guère été possible de mener une vie normale, attendu son infirmité. Il appréhendait toujours d'être présenté à des inconnus, particulièrement lorsqu'il s'agissait de femmes. Il se sentait humilié en arrivant devant une marche trop haute ou au pied d'un escalier gigantesque, comme à l'Opéra. Il avait passé la moitié de sa vie dans ce fauteuil et il ne s'y était toujours pas adapté. Il ne ressemblait pas à cette nouvelle génération de handicapés qui exigeaient que l'on construise à leur intention des ascenseurs ou des rampes d'accès spéciaux et refusaient d'être traités comme des créatures inférieures. Ils avaient une telle confiance en eux... Il les enviait et les haïssait à la fois.

Le sexe aussi était un problème, même s'il ne manquait pas totalement d'expérience. Il avait loué les services de prostituées, mais seulement lorsque son désespoir excédait sa honte. Il n'était jamais à l'aise en leur présence. Le fait de savoir qu'elles ne ressentaient rien pour lui, l'horrible moment où il devait s'extraire de son fauteuil pour rejoindre le lit, le sentiment qu'elles éprouvaient peut-être de la pitié pour lui, mais jamais de la peur – tout cela rendait la moindre érection problématique. Et ce dernier point était bien sûr devenu une hantise en soi, recouvrant d'autres inquiétudes et étendant sur tout le reste un voile d'horreur, de honte et de tourment.

Puis Sarah était apparue dans sa vie, comme l'ange de la miséricorde. Il l'avait engagée comme secrétaire et, le jour où elle avait pénétré pour la première fois dans son bureau, enveloppée d'un nuage de parfum, il avait oublié sa terreur des microbes. L'évolution de leur relation s'était faite d'une manière si naturelle... Lorsqu'il repensait à cette fin d'après-midi où elle s'était approchée de lui, avant de poser sa main sur son bras et de se pencher pour l'embrasser gentiment sur la joue, son cœur battait encore. Il revoyait les nuits qu'il avait passées chez elle, le sourire entendu de son chauffeur lorsqu'il le déposait au pied de son immeuble. Elle lui cuisinait même des petits plats ! Et puis étaient venus les doutes, les soupçons, ces murmures infernaux qui lui vrillaient le crâne et qui, selon Sarah, provenaient du dégoût qu'il ressentait à l'égard de lui-même. Quoi qu'il en soit, ses doutes avaient grandi et fini par se muer en certitudes. Elle se fichait de lui, elle le menait en bateau depuis le début et avait simulé la tendresse dans le seul but de gravir les échelons. Il l'avait fait surveiller par l'un de ses subordonnés, qui n'avait pas découvert grand-chose, à dire la vérité – une repartie désobligeante sur une bande magnétique, une lettre dont l'interprétation pouvait prêter à confusion mais, aux yeux d'Eagleton, cela suffisait. La fierté avait toujours été son point faible.

Il laissa retomber le rideau et fit demi-tour sur son fauteuil roulant. « Voilà où vous entraînent les leurres de la folie… » Avait-il prononcé la phrase à voix haute ? Il en avait l'impression et crut même percevoir l'écho de sa voix dans un recoin obscur de la pièce.

Il regagna son bureau et tenta de se concentrer. L'affaire semblait mal enclenchée. Il ouvrit le premier dossier de la pile, sans grande conviction. Il était toujours aussi mince : quelques cartes, les rapports concernant les carrières de Matt et de Susan, des bulletins météo, les rares messages de Van, les consignes qu'il avait données à Kane. Pourquoi l'ordinateur de Van était-il bloqué depuis cinq jours sur la signalisation automatique, sans avoir changé de place ? Il avait déjà envisagé à d'innombrables reprises les diverses explications possibles. La plus probable, c'était que le groupe avait été contraint de camper quelque part, sans que Van parvienne à s'isoler afin d'expédier un message, pour une raison quelconque. Peut-être était-il tombé malade. À moins que l'ordinateur n'ait rendu l'âme et qu'il ne l'ait tout bonnement abandonné.

Eagleton sentit un frisson le parcourir. Il n'avait pas la moindre sympathie pour Van – ils travaillaient ensemble depuis trop longtemps pour qu'un tel sentiment soit possible entre eux – mais, s'il lui était arrivé malheur, ses compagnons n'avaient pas la moindre idée de ce qu'ils allaient devoir affronter. Comment l'auraient-ils pu ? Qui aurait pu imaginer une chose pareille ? Et, s'ils ne disposaient d'aucune indication concernant la nature extraordinaire des créatures qu'ils s'apprêtaient à rencontrer, ils échoueraient inéluctablement. Et cette mission ne constituerait pas son salut, mais sa ruine.

Eagleton se pencha et ouvrit pour la énième fois le dossier intitulé *Opération Achille.*

11

Susan et Rudy jetèrent un coup d'œil à l'extérieur de la grotte. Le soleil scintillait à la surface de la neige et on ne distinguait pas grand-chose dans cette blancheur aveuglante : mais, à quelques dizaines de mètres, les silhouettes ténébreuses avançaient comme des ombres sur le sol enneigé.

« Mon Dieu ! » s'exclama Susan, une nuance de respect dans la voix.

Rudy marmonna quelques mots en russe. Matt était silencieux et Van retenait son souffle.

À l'extérieur, les grandes silhouettes noires se rapprochaient lentement, dans la blancheur absolue du paysage. Elles convergeaient vers la grotte, de toutes les directions : il y en avait près d'une vingtaine.

Voici donc les êtres que nous sommes venus chercher aux confins du monde, songea Susan. Kellicut n'a pas menti : ils existent pour de bon. En tant que scientifique, elle éprouvait une intense émotion : c'est la première fois, se dit-elle, que le contact va s'établir entre nos deux espèces depuis… combien de temps au juste ? Quarante mille ans ? Mais une pensée beaucoup plus sombre l'envahit tout à coup : quelqu'un le saura-t-il jamais ?

Une beauté froide, distante, émanait du paysage, comme dans un tableau de Brueghel : les silhouettes massives se détachaient nettement sur le décor immaculé. Mais la manière dont les créatures progressaient en demi-cercle vers la grotte n'avait rien de bien rassurant. Une vague de panique envahit Susan, si violente qu'elle semblait être le fruit d'une répugnance ancestrale, d'une terreur immémoriale.

Matt et Van se penchèrent par-dessus son épaule. L'entrée de la grotte, encadrée de surcroît par la neige, était si étroite qu'ils pouvaient à peine y passer la tête. Van ne put retenir une exclamation étouffée. Matt se contenta de hocher la tête.

« Bon Dieu, dit-il, je ne parviens pas à le croire ! »

Aucun de ses compagnons ne lui répondit, fascinés qu'ils étaient par la scène qui se déroulait sous leurs yeux. Un brusque émoi le gagna. Je suis ici, se dit-il, je suis témoin de cette scène incroyable. Peu importe ce qui adviendra ensuite, je n'aurai pas vécu en vain.

Les créatures se rapprochaient, avançant avec prudence. Elles semblaient émerger de toutes parts, comme si elles avaient coordonné leur approche. Cherchent-elles à nous encercler ? se demanda Matt. À cause des reflets du soleil, on ne les distinguait pas nettement. L'ensemble de la scène – avec ces congères de neige, ce soleil éblouissant, l'obscurité des parois rocheuses au seuil de la caverne – avait quelque chose d'irréel, comme s'ils se trouvaient sur une autre planète.

Bien que seuls leurs contours soient visibles, on se rendait immédiatement compte que ces êtres étaient différents des hommes : ils étaient plus massifs, avaient l'échine plus voûtée, des jambes à la fois plus courtes et plus épaisses. Tandis qu'ils se rapprochaient, un nuage cacha soudain le soleil : la réverbération cessa et leurs traits apparurent brusquement, révélant sans équivoque leur profonde altérité. Ils portaient de lourdes massues, apparemment taillées dans de grosses branches, mais plus effilées au niveau de la poignée. Ils étaient vêtus de peaux de bêtes, grossièrement découpées en forme de jambières et de ponchos. Leurs bras velus étaient nus. Ils portaient aux pieds des sortes de sandales en cuir renforcées de bois, qui leur permettaient de se déplacer en glissant sur la neige sans s'y enfoncer, en dépit de leur poids évident. Des flocons gelés constellaient leurs torses et leurs jambières, exposés au vent.

Comme ils se sont bien adaptés à cet environnement hostile, se dit aussitôt Susan, par pur réflexe scientifique. Elle en choisit un au hasard et l'examina minutieusement. Sa taille n'était pas gigantesque mais il donnait une impression de lourdeur, de puissance. Sa poitrine et ses épaules étaient larges et les muscles de ses avant-bras deux fois supérieurs à ceux d'un homme ordinaire. Ses longs cheveux noirs retombaient en crinière sur son cou massif. Mais ce qui frappait le plus, de prime abord, c'était bien sûr ce visage d'une taille démesurée, aux yeux trop écartés, au nez aplati et aux traits disproportionnés, comme ceux d'un personnage imprimé sur un ballon gonflé à bloc. La mâchoire était épaisse mais le menton fuyant, presque inexistant, comme s'il avait été raboté. Et surtout, il y avait ces énormes arcades sourcilières qui émergeaient du front comme des excroissances osseuses et surplombaient le reste du visage, à tel point qu'au-dessous les yeux disparaissaient presque au fond de leurs vastes orbites. L'ensemble avait quelque chose de grotesque mais, bizarrement, on ne parvenait pas à en détacher son regard. Les créatures se tenaient parfaitement droites, mais penchaient la tête en avant d'une curieuse façon, comme si elles regardaient au loin ou tentaient de garder l'équilibre sur d'invisibles fils.

Aux yeux d'un être humain, le résultat était d'une indescriptible laideur. En les contemplant depuis l'entrée de la grotte, ils furent tous les quatre frappés par l'aspect profondément différent, monstrueux, de ces créatures, mais en même temps étrangement proche, familier. Ces êtres n'avaient pas la moindre ressemblance avec les pitoyables représentations qu'on en avait faites en essayant de reconstituer leur silhouette à partir d'un fragment de crâne. Ils ne ressemblaient strictement à rien de ce qu'ils s'étaient les uns et les autres imaginé.

Matt fut surpris d'éprouver une telle répugnance. Il regarda l'horizon : le ciel, la neige... l'ensemble du décor avait l'air si normal... Tout ce qui s'était passé depuis le début – la découverte de ce crâne dans le bureau d'Eagleton, leur longue ascension dans les montagnes, la tempête de neige – lui parut brusquement incongru. Quel cheminement, quelles étapes avait-il suivis pour se retrouver là ?

« Je n'en reviens pas, murmura Susan. Jusqu'à maintenant, je n'y avais pas réellement cru.

– Moi non plus, dit Matt. Et même en ce moment, je ne suis pas certain d'y croire.

– J'ai l'impression d'avoir remonté le temps, de me retrouver à l'aube de l'humanité. »

Van les interrompit, d'une voix blanche :

« Leur attitude n'a rien de spécialement amical. Et ils savent que nous sommes ici. Ils viennent nous capturer.

– Pour l'instant, nous l'ignorons, dit Susan. Disons qu'ils viennent à notre rencontre. »

L'un des hominiens se détachait des autres. Il était plus grand et précédait visiblement le reste de la horde, qui le suivait en retrait. Il tenait à la main une lourde massue et arborait un bandeau de fourrure noire et blanche autour de son crâne fuyant.

« Regardez, dit Matt. Voici leur chef. Observez les regards que lui jettent les autres : ils règlent leur comportement sur le sien. »

Van se pencha pour saisir son revolver et batailla un moment avant de l'extraire de son étui, qui était recouvert de glace. Il parvint enfin à l'ouvrir : il sortit l'arme par la crosse et l'éleva à la lumière pour mieux l'examiner.

« Merde… Regardez. »

Il leur montra le canon, qui était complètement gelé, obstrué par la glace. Matt sentit son cœur se serrer.

« Bon Dieu, murmura-t-il.

– N'ayons pas trop de regret, dit Susan. Vous avez vu leur nombre : un seul pistolet ne les aurait pas arrêtés.

– Non, mais il aurait pu les effrayer, dit Van.

– Que faisons-nous maintenant ? » demanda Rudy.

Personne ne lui répondit.

Les créatures s'étaient encore rapprochées et avançaient plus lentement à présent. Elles s'étaient regroupées en demi-cercle, comme si elles cherchaient à bloquer toutes les issues. Matt fut le premier à reprendre la parole :

« Notre seul atout, c'est que nous sommes aussi étranges à leurs yeux qu'ils le sont aux nôtres. Ils ne nous ont même pas vraiment vus. Et ils ne savent rien de nous – ni qui nous sommes, ni ce dont nous sommes capables.

– Ce serait une grosse erreur que de leur montrer que nous avons peur, dit Susan. Nous devons nous comporter de manière sereine, pacifique.

– Un vrai travail d'acteur… dit Rudy.

– Susan a raison, dit Matt. Nous devons les convaincre que nous sommes animés de louables intentions. Que nous sommes venus à leur rencontre en tant qu'émissaires d'un monde dont ils ignorent tout et peuplé d'innombrables êtres semblables à nous. Il faut qu'ils comprennent qu'ils ont tout à gagner s'ils nous traitent correctement. Mais que, s'ils se montrent hostiles, ils le paieront très cher. »

Van regarda derrière lui, dans les profondeurs de la grotte. Il semblait chercher quelque chose.

« Il faudrait que nous leur offrions une bricole quelconque, à titre d'échange ou de don. Que pouvons-nous leur donner ?

– Un anorak ? suggéra Rudy. Ou une gourde ?

– Non, dit Matt. Il faut avant tout obtenir leur confiance. Tout ce qui leur paraîtra étrange risque de les effrayer. Ou de susciter leur courroux. Essayons plutôt de la nourriture. »

Susan se dirigea vers le foyer et revint avec quelques tranches de bœuf.

« Nous n'avons guère le choix, dit-elle.

– L'un de nous doit leur porter ça », dit Van.

Les autres le dévisagèrent.

« Pourquoi ?

– Ils savent que nous sommes ici. Si nous ne faisions pas le premier geste, ce ne serait pas un don. D'autre part, il faut leur faire comprendre que nous voulons vraiment les rencontrer, que nous avons fait tout ce chemin dans ce but. »

Les autres restèrent silencieux. Ils savaient que Van avait raison.

« Il y a une autre raison, dit-il. Il est beaucoup trop risqué d'attendre qu'ils arrivent jusqu'ici. »

Matt regarda Susan, qui opina de la tête. Il formula donc à voix haute la question que chacun se posait intérieurement.

« Qui va y aller ?

– Cette fois-ci, dit Van, pas question de volontaire. Il n'y a pas trente-six solutions : tirons à la courte paille. »

Tout le monde acquiesça.

« Laissons Rudy à l'écart de ça, dit Susan. Son contrat n'allait pas jusque-là. Réglons l'affaire entre nous trois.

– Pas question, protesta Rudy. Ayant accepté cette mission, j'en assume les risques. Je fais partie du groupe. Un pour tous, et tous pour un », ajouta-t-il crânement.

Van haussa les épaules, fouilla dans une de ses poches intérieures et en sortit une boîte d'allumettes. Il en retira quatre et en brisa une. Puis il les plaça dans sa main gauche, en repliant la paume de manière que seules leurs extrémités dépassent.

À tour de rôle, ils tirèrent solennellement une allumette, chacun dissimulant sa prise. Matt inspira profondément. Susan avait les traits tendus. Ils se dévisagèrent tous. Rudy sourit d'un air contraint et brandit l'allumette brisée.

« Eh bien, dit-il, ce n'est pas mon jour de chance. »

Il avait l'air sonné. Il se leva et étreignit tour à tour chacun de ses compagnons. Puis il demanda une cigarette à Van et en tira nerveusement quelques bouffées.

« Je n'ai jamais réussi à m'arrêter », dit-il d'une voix mal assurée.

Il tendit la boîte d'allumettes à Matt, se dirigea vers le foyer et saisit les tranches de viande de la main gauche, entre le pouce et l'index.

« Il vaut mieux rabattre en arrière la capuche de votre anorak, dit Van. Afin de leur montrer que vous n'avez rien à cacher. »

Rudy acquiesça et se mit brusquement à parler en russe : un torrent de mots jaillissait de sa bouche et Matt comprit au bout d'un moment qu'il récitait le *Notre Père*.

Il se dirigea ensuite vers l'entrée et baissa la tête pour se glisser à l'extérieur. Avant d'être entièrement sorti, il se retourna et dévisagea ses compagnons.

« Dieu vous protège », lui lança Susan.

Rudy parut sur le point de dire quelque chose, mais aucun son ne sortit de sa bouche.

À l'instant même où il émergea de la grotte, les créatures s'immobilisèrent et le fixèrent avec autant d'intensité qu'ils les avaient eux-mêmes dévisagées, quelques minutes plus tôt. Plusieurs d'entre elles brandirent ensuite leur massue au-dessus de leur tête, tandis que d'autres reculaient d'un pas. Leur chef demeura immobile, à une centaine de mètres. Sous l'énorme protubérance de ses arcades sourcilières, ses yeux verts et perçants restaient fixés sur Rudy.

Matt crut percevoir des sons, de vagues grognements gutturaux, mais ils étaient trop indistincts et il n'en avait pas la certitude. « Flûte... », murmura-t-il. Ils n'avaient pas pensé à la neige. Rudy s'y enfonçait jusqu'à mi-cuisse et avançait malaisément, se frayant à grand-peine un passage entre les congères, ce qui ôtait toute dignité à son allure et le rendait même pathétique : on aurait dit un animal blessé se traînant pour regagner son antre, plutôt que le représentant d'une espèce supérieure.

Au bout d'une trentaine de mètres, Rudy se retourna vers l'entrée de la grotte et haussa les épaules, d'un air découragé. Il était livide, comme si le sang s'était retiré de son visage, et son regard désemparé serra le cœur de Susan. Peut-être cela jouera-t-il en sa faveur, se dit-elle, puisque son allure n'a rien de menaçant. Mais au fond, elle n'y croyait guère. Vu la manière dont les créatures le dévisageaient, c'était de la force, de la puissance qu'il aurait fallu manifester, et non de la faiblesse.

Lorsque Rudy s'arrêta un instant pour récupérer, le chef avança de deux grandes enjambées, se déplaçant aisément sur la neige grâce à ses chaussures rudimentaires. Puis il s'arrêta et attendit, légèrement tourné de côté, comme un archer. Il tenait sa massue derrière lui, l'extrémité pointée vers le sol. Essayait-il de la cacher ?

Ils n'étaient plus séparés à présent que d'une dizaine de mètres. Courageusement, Rudy avança pour réduire encore l'écart. Malgré sa stature, il enfonçait tellement dans la neige que sa tête arrivait à peine aux hanches de la créature. On aurait dit un enfant levant les yeux vers un adulte. En prenant soin d'agir avec lenteur, il leva sa main gauche. Le vent agita doucement les tranches de bœuf séché. Étrange offrande... Vu de la grotte, Rudy ressemblait à un gamin brandissant une poignée de rubans. D'un geste improvisé, afin de manifester ses intentions pacifiques, il leva également sa main droite, la paume vers le haut.

Le chef des créatures tourna lentement la tête, en examinant les mains de Rudy. Son cou allongé ondulait bizarrement, comme celui d'un lézard. Il considéra le visage de Rudy, puis son corps immergé dans la neige. Il parut hésiter, s'interroger un instant. Son regard brillait d'intelligence. Ses dents jaunes et pointues étaient bien apparentes.

Alors, d'un geste si rapide que rien ne l'avait laissé prévoir, il pivota brusquement sur lui-même, fit jaillir sa massue de derrière son dos d'une puissante torsion de la hanche et l'abattit avec une violence inouïe sur la tempe de Rudy. Le choc fut tel qu'un horrible craquement se répercuta à la ronde. Rudy s'effondra sur le côté, plié en deux. Son crâne ressemblait à une citrouille éclatée. D'épaisses giclées rouges jaillirent d'entre ses mèches blondes et constellèrent autour de lui la neige immaculée.

Van poussa un cri. Susan saisit le bras de Matt, qui gardait les yeux fixés sur la scène, le souffle coupé. Ils savaient tous les trois que Rudy était mort.

Ils virent ensuite les créatures se rapprocher lentement et faire cercle autour du cadavre. L'une d'elles plongea les doigts dans cet amas sanguinolent. Une autre saisit l'une des tranches de viande et la brandit au-dessus de sa tête, en l'observant avec attention.

Ils refluèrent tous les trois à l'intérieur de la grotte.

« Je... je ne peux pas... pas le croire, balbutia Susan.

– Il ne pouvait pas survivre à un choc pareil », dit Van, qui tremblait de tous ses membres.

Pris de panique, ils fouillèrent du regard la pénombre qui les entourait.

« Vite ! cria Matt, il faut faire quelque chose. Récupérons nos sacs à dos. Van, essayez de déboucher ce flingue. Approchez-le du feu. »

Van se précipita vers le foyer et tendit le canon juste au-dessus des flammes. Il se brûla les doigts mais le maintint ainsi jusqu'à ce que quelques gouttes commencent à s'écouler de l'arme.

« Plus vite, bon Dieu, plus vite ! gémit-il.

– Magnez-vous ! » hurla Matt.

Une ombre apparut soudain dans leur dos et se profila sur la paroi de la grotte. L'une des créatures s'était insinuée à l'intérieur et les dévisageait, les lèvres retroussées d'une manière affreuse, à mi-chemin entre le sourire et le ricanement.

« Rien à faire, haleta Van. Il est toujours bouché.

– Essayez encore ! » lança Matt.

Une nouvelle ombre se glissa à l'intérieur, puis une autre. La plus grande partie de la horde ne tarda pas à se profiler devant l'entrée de la grotte, obstruant le passage et interdisant toute possibilité de fuite.

Une odeur diffuse et nauséabonde envahit l'atmosphère.

Kane s'adossa à son siège, dans la soute du C130, et sentit les vibrations des moteurs remonter le long de sa colonne vertébrale. Il regarda les rangées d'hommes ceinturés dans les travées métalliques de l'avion. Leur entraînement était quasiment terminé, mais ils étaient loin d'être au point. Comme l'avaient montré les derniers essais en parachute, ils ne fonctionnaient pas encore en équipe. C'était pourtant là le point essentiel pour une mission de récupération aussi tordue que celle-ci.

Le lieutenant Sodder se pencha et cria pour couvrir le bruit des moteurs. Kane aurait pratiquement pu déchiffrer ses pensées.

« Puis-je vous poser une question, monsieur ? »

Kane n'aimait pas le son de sa voix : on aurait dit qu'il gémissait.

« Allez-y, répondit-il.

– Certains de nos hommes s'interrogent.

– À quel sujet ?

– Au sujet de cette mission.

– Précisez.

– C'est difficile à dire, monsieur. Mais il leur semble curieux que…

– Oui ?

– Les hommes se demandent quelle est la nature exacte de cette mission, monsieur. Devons-nous capturer quelque chose ? »

Ce n'était pas une mauvaise déduction. Pas très difficile à faire, du reste, vu le matériel qu'on avait livré à leur base, en Turquie : filets, cages, fusils à pompe équipés de cartouches soporifiques, tout cela soigneusement dissimulé dans des caisses banalisées. Mais il était évidemment impossible de garder bien longtemps un secret, dans l'armée.

Pendant une fraction de seconde, Kane se demanda s'il n'allait pas mettre le lieutenant Sodder au courant de la situation. Il aurait aimé étudier son visage tandis que l'incompréhension, l'incrédulité puis la peur modifieraient ses traits, au fur et à mesure qu'il réaliserait le véritable enjeu de cette expédition.

« Qu'est-ce qui vous fait dire ça, lieutenant ?

– Eh bien, monsieur, notre équipement est plutôt inhabituel et nous nous demandons quelle est sa destination. »

Kane ne lui répondit pas directement.

« Tout cela ressemble fort à une partie de chasse, vous ne trouvez pas, lieutenant ?

– Si, monsieur. Mais ce n'est pas tout. »

Kane commençait à s'impatienter.

« Quoi encore, lieutenant ?

– Ces drôles d'appareils, monsieur... Qui ressemblent à des lunettes à infrarouge... Lorsqu'on les met, on n'y voit strictement plus rien.

– Lieutenant, vous êtes depuis assez longtemps dans l'armée pour savoir qu'on vous fournira toutes les informations voulues en temps utile. »

Un éclair de colère passa dans le regard de Sodder, à la grande satisfaction de Kane. Il détacha sa ceinture, se dirigea vers la cabine et hurla quelque chose au copilote, qui sortit le plan de vol et une carte où était tracé un cercle rouge indiquant la zone où ils devaient être largués.

« Nous y serons dans deux ou trois minutes ! » cria le pilote.

Kane regagna la soute de l'appareil et donna le signal à ses hommes. Ceux-ci se levèrent et vérifièrent leur équipement.

Kane ouvrit le panneau de la porte. Au-dessous s'étendaient les plaines arides de la Turquie. Il fit signe à Sodder, qui s'approcha et posa ses mains de part et d'autre de l'encadrement, en regardant l'ampoule fixée juste au-dessus. Lorsqu'elle s'alluma, il sauta dans le vide et disparut. Les hommes le suivirent, l'un après l'autre.

Il n'y eut bientôt plus personne dans l'avion, en dehors de Kane. Il se demanda ce qui se passerait s'il restait à bord ou s'il attendait que l'appareil ait fait demi-tour vers sa base pour sauter dans un coin perdu de Turquie. Il avait toujours caressé le rêve de disparaître un jour, à tout jamais.

L'ampoule s'alluma. Par réflexe, il prit une grande inspiration, banda ses muscles et se jeta dans le vide. Le vent s'engouffra aussitôt dans sa bouche, lui gonflant les joues. Il apercevait un peu plus bas les parachutes ouverts de ses hommes, semblables à de gros champignons dérivant dans le ciel. Comme chaque fois qu'il sautait, le bref instant de terreur initiale céda bientôt place à la lente et infinie descente vers le sol.

Les créatures bloquaient l'entrée de la grotte. La lumière du foyer projetait sur les parois leurs ombres incertaines, ce qui les rendait encore plus menaçantes.

Van souleva son pistolet gelé. Il était encore lourd de glace et l'eau s'égouttait toujours du canon. Van le pointa vers le chef de la horde, mais cela ne produisit pas plus d'effet que s'il avait brandi un bout de bois.

« Restez près de moi, murmura Matt. Je vais éteindre le feu. »

Il jeta une brassée de terre sur le foyer et la grotte fut aussitôt plongée dans l'obscurité, à l'exception de la lumière du jour qui filtrait à l'entrée.

Matt saisit sa lampe torche et l'alluma. L'effet fut immédiat : les créatures s'écartèrent précipitamment de l'étroit rayon de lumière. Même leur chef recula pour éviter son contact.

Matt pointa le rayon vers le sol et le dirigea lentement vers les créatures, les obligeant ainsi à reculer vers l'entrée de la grotte.

Van sortit sa propre lampe et l'alluma à son tour : un second rayon de lumière troua les ténèbres, croisant le premier. Matt lui lança : « Non, ne... », mais, avant qu'il ait pu achever sa phrase, Van brandit sa torche et en dirigea le rayon en plein sur le poitrail de l'hominien le plus proche de lui.

Celui-ci émit un cri aigu et regarda sa poitrine d'un air paniqué. Il battit en retraite en gesticulant et perdit l'équilibre. Les autres se précipitèrent vers lui en poussant des hurlements.

« Fichons le camp avant qu'il ne se relève, dit Susan. Il y a peut-être une autre issue. »

Profitant de la confusion, ils coururent jusqu'au fond de la grotte, où ils découvrirent une étroite galerie. Ils s'y engagèrent, progressant aussi vite qu'ils le pouvaient à la lueur de leurs torches. Ils entendaient déjà derrière eux le piétinement des créatures qui s'étaient lancées à leur poursuite.

« Ils arrivent… », haleta Van.

Le sol était légèrement aplani, formant un étroit sentier qui descendait en pente douce. De chaque côté, les parois inclinées allaient en se rétrécissant, comme un entonnoir. Ils avaient l'impression de s'enfoncer dans les entrailles de la terre.

Devant eux, la galerie se divisa soudain en deux. Matt éclaira rapidement chacun des embranchements et prit celui de gauche, qui paraissait avoir été moins emprunté. Deux cents mètres plus loin, au détour d'une courbe, le tunnel se scinda à nouveau. Cette fois-ci, ils prirent l'embranchement de droite, qui déboucha bientôt sur une cavité étroite, au plafond incliné. Matt y promena le rayon de sa lampe et aperçut dans un recoin la bouche sombre d'un puits. Le plafond était si bas qu'ils devaient se courber. Le sol était en terre battue.

« Arrêtons-nous ici un instant, dit Susan. Nous devons prendre une décision.

– Nous ne pouvons pas nous le permettre, rétorqua Van. Il faut continuer.

– Non, dit Matt. Nous avons besoin de reprendre notre souffle. »

Ils découvrirent un renfoncement dans l'une des parois de la cavité, s'y faufilèrent et éteignirent leurs lampes. Tapis dans l'obscurité, ils tendirent l'oreille pour guetter les échos de leurs poursuivants.

Au début, ils ne perçurent que le bruit de leur propre respiration. En se cachant de la sorte, ils avaient l'impression d'être encore plus vulnérables et l'angoisse les saisit à nouveau.

« Écoutez… », chuchota Van.

Ils entendirent d'abord un tumulte étouffé, puis de plus en plus net. Ils distinguèrent bientôt, tout près d'eux, des martèlements de pas et des grognements gutturaux, entrecoupés parfois d'étranges cris aigus. Les bruits décrurent, s'éloignèrent dans une autre direction et le silence retomba durant quelques minutes. Matt regarda Susan. Son visage était hagard. Van avait fermé les yeux.

Ils entendirent bientôt de nouveaux pas qui se rapprochaient, le long d'une autre galerie, quelque part derrière eux. Leurs poursuivants semblaient marcher d'une drôle de façon, comme s'ils faisaient des petits bonds. Matt remarqua une fente dans la paroi, de la largeur d'une main. Il y colla son œil et aperçut une galerie faiblement éclairée par des torches aux flammes vacillantes, dont la lueur ne tarda pas à décroître, tandis que le bruit s'estompait.

Ils n'étaient guère plus de trois ou quatre, songea Matt, et ils semblaient courir dans tous les sens. Les occupants de la grotte paraissaient pris de panique, comme des guêpes dont le nid vient de s'écraser au sol. Il se demanda quel était le pire : une fouille minutieuse, méthodique, ou ces petits groupes les cherchant au hasard, dans le plus complet désordre. Tôt ou tard, l'un d'entre eux finirait bien par les découvrir.

Le silence retomba, durant un long moment, et leur respiration retrouva peu à peu son rythme normal. Les yeux de Van restaient obstinément fermés.

12

Van tremblait à l'intérieur de leur cachette, sous les effets conjoints de la colère et de la peur. Son visage était livide, de la salive brillait à la commissure de ses lèvres. Les soupçons qu'il nourrissait depuis trois ans à l'égard de ces créatures étaient pleinement confirmés.

« Je ne me trompais pas, murmura-t-il. Ce sont des êtres abjects, d'infâmes monstres.

– Vous avez vu son regard lorsqu'il a tué Rudy ? dit Susan en frissonnant. Il n'a pas eu l'ombre d'une hésitation, le moindre geste d'humanité.

– Le seul réconfort, c'est que cela ait été si rapide, dit Matt. Rudy est mort sur le coup, avant même d'avoir touché le sol.

– Nous n'aurions jamais dû l'envoyer à leur rencontre, dit Susan.

– C'est peut-être lui qui a eu de la chance, grommela Van.

– Je ne supporte pas l'idée de devoir abandonner son cadavre, dit Susan. Que vont-ils faire de lui, à votre avis ?

– Je n'en sais rien, dit Van. Ça n'a d'ailleurs guère d'importance, pour ce qui le concerne en tout cas. »

Une fois de plus, Susan ressentit une vive répulsion à l'égard de Van. Dans les moments de tension, les pires côtés de sa personnalité refaisaient surface.

« Une chose est sûre, dit Matt. S'ils nous retrouvent, nous subirons le même sort. »

Ils tendirent à nouveau l'oreille afin de percevoir l'écho d'une éventuelle poursuite, mais n'entendirent rien. Van se racla la gorge.

« Pour ce qui est de la lampe, dit-il, vous aviez évidemment raison. Dès que j'ai dirigé le rayon sur ce monstre et qu'il s'est rendu compte que cela n'avait pas le moindre effet, cela a perdu toute sa… magie. J'aurais dû y penser.

– Eh bien, dit Matt, rattrapons-nous et réfléchissons un peu. Comment diable allons-nous sortir d'ici ?

– Sur quoi pouvons-nous compter ? demanda Susan.

– Sur le flingue, dit Van. C'est notre seul espoir.

– Il faudrait arriver à le dégeler, dit Matt.

– Pour cela, il nous faudrait du feu. Ça commençait à marcher tout à l'heure.

– Mais nous ne pouvons pas en allumer un ici, dit Susan. Ils auraient vite fait de le repérer.

– Non, dit Matt, mais nous pouvons nous servir du leur. Ils ont forcément un foyer quelque part, puisqu'ils utilisent des flambeaux.

– De toute façon, dit Van, nous ne pouvons pas rester ici. Ce n'est pas une bonne cachette. »

Ils émergèrent prudemment dans la cavité. Matt promena le rayon de sa torche dans toutes les directions et ils aperçurent une nouvelle galerie, plus étroite, qui semblait comporter des fissures et des recoins où ils pourraient éventuellement s'abriter. Matt s'y engagea le premier, n'allumant sa lampe que par intermittence. Ses deux compagnons le suivaient, rasant instinctivement la paroi.

Un peu plus loin, la galerie se divisait : les deux embranchements présentaient à peu près le même aspect, sauf que l'un d'eux partait en pente dans les profondeurs du sol.

« Je n'ai pas la moindre idée de l'endroit où nous nous trouvons, dit Matt. Je n'arrive plus à m'orienter. »

Susan le tira par la manche et lui fit signe de prendre le tunnel qui descendait. Ils progressaient à tâtons dans l'obscurité, sans allumer leurs torches, de crainte qu'elles ne les trahissent. Au bout de cinq minutes, ils arrivèrent devant un nouvel embranchement, et ce fut encore Susan qui leur indiqua la direction à prendre.

« Tu arrives à te repérer là-dedans ? lui demanda Matt.

– Non, je me fie simplement à mon intuition. »

Après avoir obliqué sur la gauche et suivi le tunnel un certain temps, ils aperçurent au loin une faible lueur.

« Voilà peut-être ce que nous cherchons », dit Susan.

Au détour d'une courbe, le tunnel remontait légèrement, avant de reprendre sa descente. Matt alluma sa torche et aperçut une sorte de renfoncement dans la paroi. Il promena le rayon de droite à gauche : des niches maculées de traces noirâtres étaient aménagées dans la paroi.

« Bon Dieu ! dit-il. Je parie que c'est là qu'ils accrochent leurs flambeaux. Nous sommes sans doute dans l'une des galeries principales.

– Cette putain de grotte leur sert probablement d'habitation, dit Van. Nous avons trouvé le moyen de nous jeter tête baissée dans leur abri. »

La lueur s'intensifia. Ils entendirent le craquement d'un feu et aperçurent bientôt le reflet vacillant des flammes sur les parois rocheuses.

Matt se colla à la paroi et risqua prudemment un œil à l'angle du tunnel. Il aperçut une nouvelle cavité, guère plus grande qu'un cellier, dont la voûte se perdait dans les ténèbres. Au centre brûlait un grand foyer, qui dégageait une intense chaleur. Du bois était entassé en désordre le long de l'une des parois.

La cavité était déserte, mais deux autres galeries y aboutissaient : on pouvait donc aisément les surprendre à l'improviste. Ils se trouvaient de toute évidence dans la partie centrale de la grotte et les créatures pouvaient surgir à tout instant de l'un des tunnels. Mais, s'ils voulaient profiter de ce feu, ils n'avaient pas le choix.

Matt s'avança, ressentant aussitôt les effluves de chaleur, et fit signe aux deux autres de le suivre. « Dépêchez-vous », murmura-t-il d'une voix rauque. Van se précipita vers la pile de bois, arracha un morceau de branche, déchargea son pistolet et glissa l'extrémité de la branche dans la détente, de manière à pouvoir maintenir l'arme au-dessus du foyer. Son ombre qui se projetait derrière lui sur la paroi amplifiait grotesquement ses gestes.

Il semblait avoir retrouvé un peu de son sang-froid. Peut-être le simple fait d'agir lui redonnait-il de l'énergie.

« Il est impossible que cet endroit reste désert bien longtemps, dit-il. Le feu a trop d'importance pour eux. Il y en a forcément un qui va venir l'alimenter. »

Susan s'était postée à la jonction de deux galeries dont elle surveillait les entrées, tandis que Matt faisait les cent pas avec nervosité.

« Je n'arrive pas à comprendre, dit-il.

– Quoi donc ? demanda Van.

– Pourquoi ont-ils tué Rudy de cette façon ? On tue lorsqu'on a peur, n'est-ce pas ? C'est ainsi du moins que réagissent les humains. Mais qu'est-ce qui pouvait bien les effrayer ?

– Nous, dit Susan.

– Mais Rudy ne les menaçait pas, dit Matt. Et ils étaient dix fois plus nombreux. Il était à leur merci.

– Et alors ? demanda Van.

– Alors, leur attitude est incompréhensible. À moins qu'ils n'aient des réactions totalement différentes des nôtres. Qu'ils tuent pour le plaisir. Ou que cela ne signifie rien à leurs yeux.

– Peut-être n'ont-ils pas conscience de la mort, dit Susan.

– À moins qu'ils ne la glorifient, qu'ils lui vouent une sorte de culte. Souviens-toi de tes recherches – et de ta théorie selon laquelle les néandertaliens seraient de grands amateurs de cervelle… »

C'était la première fois que l'un d'entre eux désignait les créatures par leur nom.

« Je ne suis pas certaine qu'ils soient si différents de nous, dit Susan. Ils ont tué Rudy parce qu'ils avaient peur de lui – et de nous.

– Mais même en acceptant ton hypothèse, ça ne tient pas debout ! Lorsqu'on a peur de quelque chose, on ne s'en approche pas, on s'en éloigne. S'ils redoutent le monde extérieur, pourquoi ont-ils construit ce pont ?

– Pour des raisons pratiques, dit Van. Afin de faire leur troc.

– Mais dans ce cas, pourquoi massacrer les premiers clients qui se présentent ?

– Rien ne dit que nous soyons les premiers, dit Susan. Et peut-être y a-t-il un autre motif qui les pousse à quitter leur montagne. Un événement récent, qui expliquerait la démonstration de sauvagerie à laquelle nous venons d'assister.

– Peut-être, dit Matt d'un air sceptique. Mais cela ne semble pas correspondre à la description de Kellicut. Les créatures dont il parlait avaient l'air pacifiques, presque amicales. Alors que nous sommes tombés sur des primates assoiffés de sang. Il y a quelque chose qui cloche.

– Votre grand professeur s'est peut-être fourré le doigt dans l'œil, lança Van par-dessus son épaule, sans cesser de brandir son arme au-dessus du foyer. En tout cas, je vous assure que je ne laisserai pas un seul de ces salopards mettre la main sur moi. »

Susan le dévisagea. Avec ses yeux chassieux et sa barbe de plusieurs jours, recroquevillé comme il l'était devant le feu, suant à grosses gouttes dans son anorak, il avait lui-même quelque chose d'animal.

Matt lui lança :

« Cette satanée opération va-t-elle durer encore longtemps ?

– Nous y sommes presque. La glace est entièrement fondue, l'écoulement vient juste de s'arrêter.

– Vous avez remarqué leurs chaussures de neige ? dit Susan.

– Oui, dit Matt. Quelques bouts de bois vaguement cousus ensemble. Plutôt rudimentaire – mais efficace.

– Ceux que nous avons aperçus étaient probablement les chasseurs de la tribu. Ils avaient l'air mieux équipés que… que nous n'aurions pu le penser. Mais leur armement n'était pas très sophistiqué. Il m'a semblé que l'un d'eux portait une lance : je l'ai aperçue lorsqu'ils sont entrés dans la grotte. Mais la plupart avaient de simples massues.

– S'il s'agissait des chasseurs, dit Matt, ils sont probablement plus nombreux. Il y en a sans doute d'autres, chargés de faire la cuisine, d'entretenir le foyer, de tanner les peaux, etc. Et ils ne sont peut-être pas très loin, si cette grotte leur sert bien d'habitat. À moins qu'il ne s'agisse d'un simple avant-poste.

– L'hypothèse ne tient pas, dit Susan d'un air convaincu. Songe à ces peintures, à ce réseau de galeries, à ce foyer… Tout cela tend vers la même conclusion : cette grotte est bel est bien leur résidence. »

Matt s'apprêtait à lui répondre lorsqu'il entendit un cliquetis dans son dos. Van avait retiré le pistolet du foyer et faisait tourner le barillet. Comme la crosse était brûlante, il avait enveloppé sa main dans sa manche, s'en servant comme d'un gant.

Pour la tester, il appuya sur la détente : il y eut un déclic métallique. Puis il déposa l'arme sur le sol, cracha sur le barillet pour le refroidir, ramassa les balles et les inséra une à une dans leurs alvéoles, en se brûlant les doigts. Il sortit une boîte de cartouches de son sac à dos et la fourra dans sa poche.

« En parfait état de marche… dit-il en ricanant comme un dément.

– Il était temps ! s'écria Susan. J'entends des bruits de pas ! »

Elle faisait le guet à l'entrée de l'une des galeries et la montra du doigt, après avoir perçu le lourd martèlement de pas qui se rapprochaient. Leurs poursuivants avaient l'air de courir. Peut-être savent-ils parfaitement où nous sommes, songea brusquement Susan : ils ne nous cherchent pas, ils nous encerclent...

Matt regarda l'entrée des deux autres tunnels et dit à voix basse :

« Lequel choisir ? Ce sera quitte ou double.

– Il vaudrait peut-être mieux prendre celui-ci, qui a l'air plus large, dit Susan. Nous n'allons pas errer indéfiniment dans ces galeries. D'autant que le pistolet fonctionne, à présent. »

Matt regarda Van.

« Vous vous êtes déjà servi d'un engin pareil ? »

Pour toute réponse, Van se contenta d'un rictus.

Ils s'enfoncèrent dans la galerie que Susan avait choisie et qui s'avéra nettement plus large que toutes celles qu'ils avaient empruntées précédemment. Ils sentaient une brise légère et percevaient des bruits confus, assourdis et indistincts, semblables à la rumeur lointaine d'une ville. Ces sons indéchiffrables avaient quelque chose d'inquiétant et ils se serrèrent instinctivement les uns contre les autres, en longeant l'une des parois. Toutes les dix secondes, Matt allumait brièvement sa lampe, le temps de voir où ils posaient les pieds.

Soudain, émergeant de cette rumeur confuse, ils perçurent nettement des bruits de pas traînants, accompagnés de grognements : les créatures se rapprochaient, mais impossible de savoir dans quelle direction. Ils tendirent l'oreille en essayant vainement de distinguer s'ils venaient de devant ou de derrière. La rumeur allait croissant.

Ils se mirent à courir, ignorant toujours s'ils se rapprochaient de leurs adversaires ou s'ils s'éloignaient d'eux. Puis, tout à coup, ils localisèrent clairement la provenance de ces bruits : ils venaient de devant.

Matt prit le risque d'allumer sa lampe et promena rapidement son rayon devant lui. Il aperçut un renfoncement sombre, dans la surface de l'une des parois : une crevasse de soixante centimètres de large, débouchant sur un cul-de-sac, guère plus grand qu'un placard. Mais ils pouvaient s'y cacher. Ils s'y faufilèrent l'un après l'autre et attendirent, le cœur battant.

Van, qui était passé en dernier, brandit son pistolet et le braqua vers l'entrée de la crevasse.

« Fermez les yeux, ordonna-t-il soudain.

– Vous êtes devenu fou ? chuchota Matt.

– Je parle sérieusement. Ne posez pas de questions. Contentez-vous de fermer les yeux », ajouta-t-il en baissant lui-même ses paupières.

Matt regarda Susan : elle aussi avait fermé les yeux.

Quelques instants plus tard, les bruits de pas s'amplifièrent et, devant leur crevasse, à la lueur des flambeaux qui se rapprochaient, la paroi se teinta peu à peu d'une lueur orangée, de plus en plus vive. Matt ferma les yeux. À travers ses paupières closes, il percevait le halo des flammes et sentit la chaleur qu'elles dégageaient en frôlant leur cachette. Puis, progressivement, la lueur et le bruit s'estompèrent. Tapi au fond de son recoin, Matt eut pour la première fois conscience de l'odeur des créatures – un mélange tenace de graisse animale et de sécrétions humaines, qui imprégnait ses narines et lui donnait la nausée. Puis les ombres et les couleurs s'éloignèrent, l'agitation cessa, le silence et l'obscurité retombèrent. Matt se mit à trembler.

Van expira bruyamment et Susan poussa un léger soupir.

« Il s'en est fallu de peu, dit-elle.

– Pourquoi nous avez-vous demandé de fermer les yeux ? demanda Matt.

– Je vous l'expliquerai plus tard, dit Van. Pour l'instant, il faut trouver le moyen de sortir d'ici avant que d'autres créatures n'arrivent. »

L'un après l'autre, ils se glissèrent hors de leur cachette et s'enfoncèrent à nouveau dans la galerie, à la recherche d'une issue.

Au bout de deux cents mètres, la paroi s'interrompait d'un côté et formait une voûte. Ils la suivirent et débouchèrent dans une immense cavité, dont les parois étaient ornées de peintures. Plusieurs séries de motifs bleus et noirs couraient le long des parties supérieures ; au-dessous figuraient d'élégantes rangées d'arabesques. La voûte était couverte de stalactites dont les pointes, acérées comme des poignards, étaient rehaussées de peinture écarlate. Des stalagmites entourées de colliers et de lanières de cuir se dressaient comme autant de piliers sur le pourtour de la grotte, où régnait une puissante odeur animale. Au centre, des peaux de bêtes étaient étalées sur le sol, à côté d'une pile d'ossements.

« Qu'est-ce que c'est que cet endroit ? demanda Susan d'une voix hésitante.

– Sans doute une sorte de chapelle », répondit Matt, vaguement troublé.

Les peaux étaient disposées avec soin, en demi-cercle, comme si elles étaient destinées à la vente ou à un culte quelconque. Matt se retourna et dirigea le faisceau de sa torche vers la paroi qui se trouvait en face. Ce qu'il aperçut lui coupa le souffle et il entendit Van émettre un sifflement.

Sa lampe éclairait une fresque aux couleurs vives qui couvrait toute la paroi – une immense surface rectangulaire divisée en plusieurs panneaux, dont les personnages soigneusement peints paraissaient vivants. Les différents panneaux avaient l'air de raconter une histoire, comme les rouleaux éthiopiens. Les aplats de couleurs formaient une couche épaisse, comme s'ils avaient été repeints à de multiples reprises, au fil des générations.

Ils regardèrent la fresque un bon moment, sans émettre le moindre commentaire. Les personnages représentés étaient d'un réalisme impressionnant. De toute évidence, à en juger par leurs massues et leurs diverses armes, il s'agissait de guerriers, divisés en deux clans opposés. Les premiers arboraient les arcades proéminentes et la silhouette trapue propres aux néandertaliens. Leurs adversaires étaient plus grands, plus élancés, leurs mentons étaient saillants et leurs crânes plus étroits : c'étaient des *Homo sapiens*.

Matt promenait le rayon de sa lampe sur la paroi, stupéfait par la virtuosité, la maîtrise artistique de cette composition. Il essayait en même temps de suivre le récit de la bataille, des combats qu'elle évoquait. Oui, c'était bien ça : les deux espèces étaient en guerre, et la fresque racontait leur immémorial affrontement. Mais pourquoi lui semblait-elle aussi familière ? La réponse jaillit brusquement.

« Susan ! s'exclama-t-il. Sais-tu ce que nous avons sous les yeux ?

– Oui, dit-elle. (Elle était arrivée à la même conclusion, presque simultanément.) C'est l'énigme de Khodzant ! ajouta-t-elle d'une voix étranglée par la surprise.

– Et regarde… Elle est complète, il n'en manque pas un seul fragment. Il s'agit sans doute de l'original.

– Qu'est-ce qu'il fabrique ici ? »

Ils n'avaient pas remarqué que Van s'était éclipsé, s'engageant dans un tunnel qui débouchait dans un autre recoin de la grotte. Ils admiraient toujours la fresque et tentaient d'en déchiffrer le sens lorsque son cri les interrompit :

« Eh ! Par ici ! Venez vite ! »

Ils se précipitèrent dans le tunnel. Matt constata avec soulagement que Van n'était pas en danger. C'était l'étonnement, et non la peur, qui avait motivé son appel. Il se trouvait sur le seuil d'une vaste caverne, qu'il contemplait d'un air ébahi. Il s'agissait visiblement de la tanière secrète des créatures qui les poursuivaient.

Pour l'instant, elle paraissait déserte, mais on distinguait de toutes parts des signes évidents d'occupation. De la fumée s'élevait de trois petits foyers et disparaissait dans les hauteurs ténébreuses de la voûte. Tout autour, les parois étaient constellées de taches noirâtres, qui maculaient la roche comme de la suie. Ce sont des âtres, se dit Matt, qui servent à la cuisson des repas, ainsi sans doute qu'au séchage des peaux. Instinctivement, il guettait des yeux les signes d'éventuels mouvements. Il n'en aperçut pas, mais il avait l'horrible impression que la caverne grouillait de créatures quelques instants auparavant et qu'elles pouvaient resurgir d'une seconde à l'autre.

À force de volonté, Matt retrouva son calme et se mit à étudier les lieux avec plus d'attention. Chaque recoin, la moindre anfractuosité était garnie de peaux de bêtes. Il y en avait partout : sur le sol rocheux, dans les replis ou sur les saillies des parois, entassées dans les coins… Il reconnut des peaux d'ours, de buffles à poil long, de daims, d'élans, de lièvres, de marmottes, de bouquetins – d'autres espèces encore, qu'il était incapable d'identifier. Il se rendit compte que leur répartition obéissait à un certain ordre.

« On dirait que leur communauté est divisée en petites unités, peut-être familiales », dit Susan.

À ses pieds, le sol était jonché d'ossements. Elle aperçut dans un coin un amas répugnant de chairs et de cartilages, lambeaux méconnaissables d'animaux à moitié putréfiés, encore sanguinolents.

« Eh bien, dit-elle, nous avons désormais la preuve qu'ils sont carnivores. »

Des armes étaient regroupées dans un autre endroit et Susan s'approcha pour les examiner. Il y avait là des poinçons, des lances, des épées et divers outils tenant apparemment lieu de hachoirs et de tranchoirs. Des éclats de pierre entouraient un rocher plat qui devait servir d'enclume. Incroyable, se dit-elle : un vrai petit atelier... C'était déjà un signe de grande évolution, pour des créatures aussi primitives, que de dégrossir ainsi le noyau de la pierre avant de la tailler – technique dite de Levallois, se souvint-elle. Il y avait d'autres instruments, certains longs de cinquante centimètres, qu'elle n'avait jamais vus auparavant.

Elle découvrit un petit enclos, un renfoncement naturel de la paroi dont on avait bloqué l'entrée à l'aide de rochers disposés en demi-cercle et calés par des peaux de bêtes. Elle le considéra un bon moment avant d'en comprendre la fonction.

« Ce sont bien des familles qui vivent ici, dit-elle à Matt. Viens voir... »

Admirant la manière dont la curiosité de Susan triomphait de sa peur, Matt la rejoignit et se pencha au-dessus de l'enclos, remarquant aussitôt l'odeur fétide qui émanait des pelisses, mêlée à des relents d'urine.

« C'est la crèche du quartier, lui dit-elle. À première vue, on dirait un puits, mais c'est pourtant bien sa fonction : on dépose les gamins là-dedans et on peut tranquillement aller préparer une bonne fricassée de mammouth. »

Ils poursuivirent leur exploration. Des armes étaient alignées sur une saillie rocheuse. Leurs pointes étaient ensanglantées. Matt en saisit une et la renifla : l'odeur était ténue, difficile à identifier. Il la remit en place.

« Si nous sommes bien dans leur tanière, dit-il, où sont-ils tous passés ? On a l'impression qu'ils étaient encore là il y a moins d'une minute.

– Il n'est pas impossible que nous les ayons effrayés, dit Susan. Peut-être ont-ils donné l'alerte et lancé un ordre d'évacuation générale, afin de mettre à l'abri les femmes et les enfants.

– À moins qu'ils ne sachent fort bien que nous sommes ici et qu'ils ne soient en train de nous épier. Ou de nous tendre un piège. »

Van paraissait inquiet. Il avait rejoint le centre de la caverne et restait cloué sur place. Il fit signe à Matt et à Susan de le rejoindre, tout en fixant quelque chose au-dessus de lui, les yeux écarquillés.

Ils le rejoignirent et levèrent à leur tour les yeux. Contre la paroi de la caverne, dans les hauteurs de la voûte, se dressait une immense sculpture, taillée dans les flancs escarpés de la roche – une sorte de statue, hérissée de fourrures noires et blanches. On aurait dit une créature hybride, mi-homme, mi-ours. Son visage avait le museau allongé et les crocs luisants d'un ours des cavernes. Au-dessus, deux yeux minuscules, enfoncés dans leurs orbites, les fixaient d'un air sardonique. Dans la pénombre, ils distinguèrent vaguement un front proéminent, surmonté d'une crinière noire dont les mèches hirsutes retombaient de part et d'autre et se perdaient dans une pelisse de six mètres de long, fixée à ses épaules. Le tout ressemblait à une gigantesque poupée vaudoue et dégageait une impression contradictoire de réussite esthétique et de malveillance, voire de méchanceté, qui fascinait et répugnait à la fois.

« Il doit s'agir de leur divinité, dit Susan. Un dieu à tête d'animal. Vous avez vu la… la haine qu'il dégage ? Ses auteurs, quels qu'ils soient, étaient tout simplement guidés par le mal. Nous sommes devant un dieu païen malfaisant et sanguinaire.

– Cet endroit est une sorte d'autel, dit Matt. (Il remarqua des taches rouges qui constellaient les rochers autour d'un bloc de pierre érigé au pied de la statue.) Je ne serais pas surpris que des sacrifices se déroulent ici. »

Ils ne tardèrent pas à découvrir les crânes. Ils étaient encastrés le long de la paroi, à gauche de l'idole, dans un obscur renfoncement rocheux. Matt y promena lentement le rayon de sa torche, les éclairant l'un après l'autre, comme des masques hideux au mur d'une galerie. Il s'agissait de toute évidence de crânes humains, bien reconnaissables à leur calotte développée et à leurs pommettes enfoncées. L'un d'eux était posé légèrement de profil, ce qui leur permit d'apercevoir le trou qui avait été pratiqué à la base du crâne, juste au-dessus de la moelle épinière, afin d'en extraire le cerveau.

« Matt ! s'exclama Susan. Ils sont *vraiment* amateurs de cervelle ! »

Matt continua de déplacer le rayon de sa lampe et ce qu'ils aperçurent alors leur arracha un cri d'horreur. Au bout d'une rangée se trouvait un autre crâne – le plus récent de ces macabres trophées. Il était affreusement mutilé et des lambeaux de chair noirâtres et sanguinolents pendaient encore le long de sa joue. La peau était presque entièrement arrachée et le visage était quasiment méconnaissable, mais aucun doute n'était permis : il s'agissait de Sharafidin.

Matt sentit la nausée le gagner. Susan se pencha pour vomir. Van demeura silencieux.

« Eh bien, nous voilà fixés, dit-il au bout d'un long moment.

– Nous ne pouvons pas le laisser ici, dit Susan. Il faut faire quelque chose.

– Vous êtes folle ! lança Van. Ce n'est vraiment pas le moment de procéder à des funérailles – du reste, l'endroit ne s'y prête guère. Nous ferions mieux de décamper, si nous ne voulons pas subir le même sort. »

Il était visiblement en proie à une terreur intense, car il tremblait comme une feuille.

Un bruit jaillit soudain, à l'autre bout de la caverne, comme si un caillou s'était détaché et avait roulé sur le sol. Matt sentit Susan lui agripper le bras et éteignit sa lampe, mais il était trop tard.

Un hurlement suraigu emplit soudain la grotte – un son strident et plaintif qui ne ressemblait à rien de ce qu'ils connaissaient. On aurait dit le cri d'un homme dont les cordes vocales auraient été tendues à se rompre, comme celles d'un instrument. Il résonna dans toute la caverne et son écho se répercuta dans les galeries adjacentes.

À l'extrémité de la grotte, juchée sur une saillie qu'ils n'avaient pas remarquée jusqu'alors, une silhouette indistincte, de petite taille, était penchée et les dévisageait. Un enfant... songea Susan. La créature se remit à hurler.

Ils se précipitèrent vers la galerie la plus proche et s'y engouffrèrent comme si on les y avait propulsés, sans prendre le temps de s'interroger sur la meilleure route à suivre. Le martèlement de leur course résonnait le long des parois, mais ils perçurent bientôt d'autres bruits de pas : ils semblaient provenir de derrière, mais ils n'en étaient pas certains. Ils accélérèrent encore l'allure et ne tardèrent pas à suffoquer, tant à cause de l'altitude que de l'air pestilentiel qui régnait dans ces grottes.

« Je ne vais plus pouvoir continuer... », haleta Van.

Il trébuchait de plus en plus souvent et ses bras pendaient le long de son corps comme d'inutiles appendices.

« Ne vous arrêtez pas maintenant, pour l'amour de Dieu ! » lui cria Matt.

Mais le visage de Van était blême, cadavérique. Il ne va pas tenir le coup longtemps, se dit Matt. Et c'est lui qui a le flingue...

La galerie prit brusquement fin et déboucha sur une sorte de gorge ou de défilé plongé dans les ténèbres. Matt promena devant lui le rayon de sa lampe et distingua un pont naturel, entièrement rocheux, dressé en travers du ravin. Impossible de deviner s'il était assez résistant pour supporter leur poids.

« C'est notre seul espoir, dit-il. Nous passerons l'un après l'autre. »

Van acquiesça, en soufflant comme un phoque.

« Si nous arrivons de l'autre côté, dit-il, nous serons hors de leur portée. Et s'ils essaient de traverser, nous les attendrons de pied ferme », ajouta-t-il en brandissant son arme.

Susan passa la première, sans regarder en bas et en progressant lentement, afin d'éviter de glisser. Parvenue à mi-chemin au-dessus du gouffre obscur, elle entendit se rapprocher les pas de leurs poursuivants. Elle accéléra l'allure et atteignit sans encombre l'autre versant. Van l'imita, puis ce fut le tour de Matt.

Ils se faufilèrent dans l'entrée d'une galerie qui débouchait de ce côté et attendirent. Les créatures ne tardèrent pas à émerger dans le défilé, dans un tumulte fracassant. Elles aperçurent les trois humains de l'autre côté du gouffre et s'immobilisèrent aussitôt, tandis que le silence retombait.

Vus d'aussi près, ces êtres avaient une apparence véritablement hideuse. Un pelage galeux recouvrait leurs membres incrustés de crasse et de sueur. Leurs yeux avaient une expression sournoise et ils grimaçaient en montrant leurs dentures dénuées de canines. La plupart avaient des massues, mais certains portaient des armes plus effilées, acérées comme des stylets. Ils se mirent à trépigner, en poussant des grognements excités.

L'un d'eux se détacha et se dirigea vers le pont. Il s'y engagea sans la moindre hésitation, lentement, mais d'un pas assuré. L'un de ses congénères s'avança à son tour pour le suivre. Arrivé au milieu du pont, le premier s'arrêta un instant et regarda les trois humains d'un air étonné. Pourquoi ne prenaient-ils pas la fuite ? Et quel était cet objet que tenait l'un d'entre eux ?

Van brandit son arme et la braqua sur le poitrail de la créature, d'une main tremblante.

« Allez-y ! s'écria Matt. C'est le moment, tirez ! »

L'écho de sa voix se répercuta dans les profondeurs du défilé. Les créatures tournèrent la tête dans tous les sens, puis le dévisagèrent. Celle qui était sur le pont s'arrêta à nouveau et s'immobilisa, formant une cible parfaite. Et pourtant, Van ne tirait toujours pas.

« Qu'est-ce que vous attendez, bon Dieu ? s'écria Matt, en se demandant si la peur paralysait Van au point de l'empêcher de tirer. Passez-moi ce flingue, si vous n'y arrivez pas ! »

Au même instant, le bruit de la détonation déchira ses tympans et il vit le poignet de Van tressauter en l'air, secoué par l'impact. En plein milieu du pont, la créature contemplait d'un air étonné le trou qui lui déchirait la poitrine et d'où le sang s'était mis à gicler. Matt regarda ses congénères, de l'autre côté du gouffre. Ils avaient reculé en entendant ce vacarme assourdissant et paraissaient éberlués, effrayés même. Sur le pont, encore abasourdie, la créature porta la main à sa poitrine. Au même instant, l'écho de la détonation leur parvint, émanant des profondeurs du défilé avant de se répercuter dans une autre direction. Elle paraissait encore plus forte que tout à l'heure et fut bientôt suivie d'un vacarme plus sourd, d'un bruit de déchirure, de craquement. Des rochers commencèrent à tomber de tous les côtés. Le tumulte se prolongea et les parois se mirent à vibrer autour d'eux, comme lors d'un tremblement de terre. De nouveaux rochers s'effondrèrent en soulevant des nuages de poussière et ils ne distinguèrent bientôt plus les contours du défilé.

« Un éboulement ! » s'écria Susan, tandis qu'ils tombaient tous les trois à la renverse.

À cet instant, au-dessus de leurs têtes, la terre parut s'écrouler et s'effondrer sur eux dans un tumulte assourdissant, les écrasant de son poids implacable, à une telle vitesse qu'ils n'eurent même pas le temps de ressentir la moindre douleur. Matt se sentit entraîné dans une spirale vertigineuse et sombra dans le néant.

Il ouvrit les yeux, sans réaliser qu'il était resté inconscient. Ses premières sensations furent celles d'un poids énorme sur ses jambes, et d'une sorte d'engourdissement. Il était étendu dans l'obscurité et arrivait à peine à respirer, tant il y avait de poussière. Il ne parvenait pas à se rappeler où il était, ni ce qui s'était passé.

La mémoire lui revint peu à peu : il revit les peintures sur les parois de la grotte, l'apparition des créatures dans la neige, la mort de Rudy, la poursuite, la caverne, l'instant de la détonation... Il voulut remuer mais s'aperçut que ses jambes ne lui obéissaient pas. Avaient-elles été écrasées au cours de l'éboulement ? Ressentait-on ce genre d'impression lorsqu'on avait perdu l'usage de ses membres inférieurs ? Il tâta ses poches et sentit à travers l'étoffe les contours d'un couteau et d'une boîte d'allumettes. Il se souvint que cette dernière lui avait été donnée par Rudy, juste avant qu'il ne quitte la grotte. Il parvint à l'extraire et en gratta une, provoquant d'abord un éclair aveuglant, vite réduit à un faible halo. Il regarda autour de lui. Ses jambes étaient prises sous un amas de terre et de rochers qui s'élevait comme une muraille vers le plafond de la galerie. Il remarqua ensuite que du sang ruisselait sur son bras gauche. À travers le rideau de poussière, il distingua le contour d'une silhouette : c'était Susan, dont le corps gisait non loin du sien, inerte et recroquevillé. Il n'aurait pas su dire si elle respirait ou non.

Lentement, laborieusement, Matt entreprit de se dégager. Étendu sur le dos comme il l'était, et dans l'obscurité, ce n'était pas une mince affaire. Griffant la terre de ses doigts, il parvint à se redresser, mais avec tant de peine que ses muscles abdominaux se contractèrent, dans un spasme douloureux. De ses mains, il rejeta des poignées de terre derrière lui, de manière à se faire un appui. Ses doigts ne tardèrent pas à saigner. Il dégagea les plus gros cailloux et les rejeta sur le côté. Cela lui prit beaucoup de temps car, dès qu'il avait creusé une petite cavité, d'autres cailloux et de la terre s'effondraient par-dessus et l'obstruaient aussitôt. À un moment donné, il sentit sous ses doigts un objet métallique. Son cœur se mit à battre : c'était sa lampe torche. Il retint son souffle, fit une courte prière et appuya sur le bouton : elle ne s'alluma pas. Il la laissa de côté et continua à creuser. Au bout d'une demi-heure, il s'était presque entièrement dégagé, à l'exception des pieds. Il se rallongea, prit appui sur ses poignets, tira de toutes ses forces et parvint à s'extraire complètement de l'éboulis. Il s'aperçut qu'il parvenait à faire bouger l'une de ses jambes. L'autre était luxée ou foulée.

Susan remua vaguement et se mit à marmonner d'une voix faible, monocorde. Matt gratta une allumette, se traîna jusqu'à elle et lui caressa la joue. Elle ouvrit les yeux, puis les referma et tendit la main pour se frotter le bras. Matt sentit quelque chose d'humide sous ses doigts, un liquide poisseux, collé à ses cheveux, et sut aussitôt que c'était du sang. Il essaya de se mettre debout et s'aperçut qu'il y parvenait, à condition de faire porter tout son poids sur sa jambe valide et de tendre le bras pour se retenir à la paroi. Il aida ensuite Susan à se redresser. Elle tenait à peu près debout, mais ses yeux étaient toujours fermés.

Matt gratta une nouvelle allumette et regarda derrière lui. L'éboulement avait entièrement obstrué l'entrée de la galerie sous un monceau de terre noire, mais les parois étaient intactes, comme si un bulldozer avait poussé des tonnes de gravats dans le tunnel pour en bloquer l'accès. Il n'aperçut ni Van, ni le pistolet. Il a dû être tué sur le coup, se dit-il, avant d'être enterré sous l'éboulis. Après tout, il y avait des manières plus terribles de mourir. Il tendit le bras pour atteindre son sac à dos, qu'il portait toujours, et sentit une douleur à l'épaule dont il n'avait pas encore eu conscience.

Ils avancèrent en titubant dans la galerie, avalant la poussière qui commençait à retomber. Susan semblait plongée dans une sorte de coma. Elle parlait toute seule, mais Matt ne comprenait strictement rien à ses marmonnements. Il lui dit quelques mots mais elle se tut aussitôt, sans qu'il sache si elle l'avait entendu ou non. Elle ne lui répondit pas.

Matt sentit qu'ils atteignaient un tournant et gratta l'ultime allumette. Devant eux, la galerie continuait en ligne droite. En plissant les yeux, il aperçut une trouée de lumière qui tombait dans le tunnel et le traversait de part en part, comme la lame d'une épée. Il déposa doucement Susan sur le sol et boitilla jusque-là. Il s'agenouilla – son épaule le faisait toujours souffrir – et colla son visage à l'ouverture de la paroi. L'air froid pénétra dans ses poumons et se répandit dans son corps comme s'il venait d'avaler une rasade de whisky. Il l'aspira goulûment.

Il se mit à élargir l'ouverture, dégageant la terre tout autour et la rejetant dans la galerie. Cela allait étonnamment vite et il fut bientôt en mesure de passer la tête, puis les épaules à travers la trouée. À l'extérieur, le calme et la froideur régnaient, des congères de neige s'élevaient, le soleil brillait avec une telle intensité qu'il en fut presque aveuglé.

Matt retourna chercher Susan et dut la pousser par-derrière pour lui faire franchir l'ouverture. Ses jambes retombèrent mollement dans la neige et elle ne s'éveilla pas. Sur le sol, la couche était épaisse mais elle avait durci, aussi ne s'y enfonçaient-ils pas trop. Matt voulait s'éloigner au plus vite de la grotte : il tenta de se mettre debout et de tirer Susan derrière lui, mais il n'y parvint pas et, au bout de plusieurs tentatives, la fatigue et la douleur eurent raison de lui. Il s'effondra, ses pensées s'embrouillèrent. Le vent soufflait, à présent, et il cessa de lutter. Il prit Susan dans ses bras et plaça sa tête dans le creux de son épaule : elle s'y adaptait parfaitement. Nous voici enfin unis, songea-t-il vaguement, en se laissant bercer par le vent.

Assis sans bouger dans la neige, le froid ne tarda pas à le gagner : il attaqua d'abord la surface de sa peau, avant de s'insinuer dans les profondeurs de son corps. Il sentit ses membres s'alourdir, ses sens s'engourdir – comme des lumières s'éteignant une à une dans les pièces reculées d'une immense maison. Il serra Susan contre lui et s'allongea dans la neige, éprouvant une étrange sensation de chaleur. Le soleil dardait ses rayons sur son visage et faisait naître une profusion d'étoiles et de comètes sur l'écran clos de ses paupières. Il se laissa peu à peu glisser dans ce tourbillon lumineux, cette nouvelle aube de la création.

Ils restèrent là, figés comme des statues, jusqu'à ce que la neige se soit amoncelée autour d'eux. Puis, tandis que les nuages s'étiraient et masquaient le soleil, des silhouettes massives s'approchèrent, tendirent leurs grands bras velus et les tirèrent de leur gangue de neige.

DEUXIÈME PARTIE

LE JARDIN D'ÉDEN

13

Kane inclina la cafetière en maintenant le couvercle du bout des doigts et versa le reste du liquide insipide dans une tasse ornée d'un visage hilare.

Il était arrivé la veille, de nuit, à bord d'un hélicoptère qui l'attendait à l'aéroport de Dushanbe, où le contrôle des passeports s'était avéré particulièrement éprouvant. Les officiers tadjiks qui avaient envahi la loge des VIP étaient surexcités et ne parlaient pas un mot d'anglais. Kane s'était habillé en civil afin de ne pas éveiller les soupçons.

Il avait ensuite passé deux heures dans l'hélicoptère qui survolait le paysage aride, aux arbres squelettiques : sa lueur balayait le sol comme celle d'un phare volant. Finalement, il s'était posé sur un terrain de fortune à la périphérie de Murgab, une bourgade tadjik située au pied du Pamir. La poussière soulevée par les hélices de l'appareil maculait le visage de Kane : elle s'était déposée sur son front, ses joues, autour de ses yeux, et lui donnait vaguement l'allure d'un raton laveur.

Il avait été accueilli par l'officier de garde, un individu du nom de Grady, vêtu d'un treillis élimé, qui lui avait machinalement serré la main avant de pousser un bâillement. Il n'avait même pas demandé à Kane de lui montrer son badge, ce qui était plutôt inattendu pour une opération de cette envergure. Lorsqu'ils avaient atteint le dortoir, Grady lui avait désigné d'un geste vague l'enfilade de couchettes superposées. « Prenez celle que vous voudrez, lui avait-il dit. Elles sont toutes aussi inconfortables. » Puis il s'était éclipsé par une porte entrouverte. Kane avait posé son sac. Des ronflements s'élevaient dans l'obscurité, à l'autre bout de la pièce. Un écran de télé et un magnétoscope trônaient sur une table, au milieu de la salle, à côté d'une pile de cassettes vidéo, d'exemplaires fatigués de *Penthouse* et du *Hustler* et de bouteilles de Coca-Cola abandonnées, au fond desquelles flottaient des mégots détrempés. Deux flacons d'aspirine à peu près vides traînaient non loin de là. Les murs à la peinture écaillée transpiraient l'ennui.

Pas de doute, l'endroit était un vrai taudis. Kane se souvint des photographies de Los Alamos qu'il avait vues jadis : ces baraquements en bois érigés en plein désert, au sommet d'une *mesa*, où les plus grands cerveaux du siècle s'étaient réunis pour mettre au point leur arme diabolique – avec leur citerne qui fuyait, leurs ruelles boueuses, leur gymnase probablement infect et la baraque minuscule où la bombe elle-même avait été assemblée. Étrange comme les événements de portée historique avaient souvent lieu dans un décor complètement délabré…

Il ouvrit la porte du fond et longea un couloir à l'extrémité duquel brillait un faible halo lumineux. Il découvrit Grady dans une pièce adjacente, les pieds sur son bureau, un livre de poche ouvert sur les genoux. Devant lui, plusieurs écrans étaient encastrés dans le mur. Deux étaient éteints, mais les trois autres fonctionnaient. Le premier montrait un mur vide, à l'exception d'un évier. Sur les deux autres, on apercevait les contours sombres d'une silhouette étendue sur un lit de camp, filmée sous des angles différents. On ne la distinguait pas très bien : elle était d'ailleurs immobile, probablement endormie.

« C'est lui ? demanda Kane.

– Ouais. La Belle au bois dormant... »

Kane regarda les chiffres digitaux qui apparaissaient dans l'angle inférieur de l'écran.

« Vous l'enregistrez ?

– Ouais. Ce sont les ordres : vingt-quatre heures sur vingt-quatre, sept jours sur sept.

– Le son aussi ?

– Oui, mais il est coupé. Sinon, on deviendrait vite marteaux. »

Grady se pencha et tourna un bouton. Un bruit étrange jaillit d'un haut-parleur installé au plafond : on aurait dit une sorte de lent raclement. Kane mit quelques instants à comprendre qu'il s'agissait d'une respiration. Il regarda sa montre pour chronométrer son rythme, en se servant de l'aiguille des secondes. Grady l'observa, puis referma le bouton.

Plus tard, étendu sur sa couchette, Kane saisit sa montre et tenta d'imiter le rythme de cette respiration. Il s'aperçut que cela n'avait rien d'évident, car l'intervalle entre chaque inspiration était anormalement long. Il eut de la peine à s'endormir, à cause des ronflements qui s'élevaient toujours à l'autre bout de la salle.

Le lendemain, lors du petit déjeuner, devant une assiette d'œufs brouillés, Kane fit la connaissance des six hommes dont il partageait le dortoir. Ils étaient tous américains, taciturnes et militaires jusqu'au bout des ongles, comme lui. Ils ressemblaient à tous les gardiens de prison du monde.

Avant de quitter la Turquie, il avait eu droit à un exposé complet de la situation, mais il ne se sentait toujours pas très bien préparé à ce qu'il allait devoir affronter. Il avait entendu parler de l'opération Achille depuis un certain temps – on n'occupe pas un poste si élevé sans s'être entouré d'un réseau d'informateurs dont l'importance stratégique peut s'avérer vitale – et il avait réussi à soutirer suffisamment de renseignements à Eagleton et à quelques autres personnes pour avoir une assez bonne idée de ce qui se tramait. Mais il avait eu quelque peine à croire à la réalité de toute cette affaire et ses doutes ne s'étaient véritablement dissipés que quelques minutes plus tôt, lorsqu'on lui avait communiqué le dossier.

On l'avait introduit dans une petite pièce aveugle : le dossier était posé au milieu du bureau – il n'y avait d'ailleurs pas d'autres papiers en vue. Un gros flacon d'aspirine était posé dans un coin : c'était le troisième qu'il apercevait depuis son arrivée. Lentement, comme s'il s'agissait d'un colis piégé, il décacheta la lourde enveloppe qui portait la mention : SECRET DÉFENSE NIVEAU 5 (le plus élevé) et en sortit une liasse de documents épaisse de trois bons centimètres. Il se contenta de feuilleter les premières pages, rédigées dans une prose qui n'avait rien de militaire et qui était probablement l'œuvre d'un quelconque scientifique. Il tomba ensuite sur un passage plus intéressant, une sorte de résumé :

> Le sujet a été découvert dans une région montagneuse, au bord d'un sentier dont la localisation exacte est inconnue. Il gisait sur le ventre, visiblement souffrant (ou blessé), lorsqu'il a été aperçu par deux bergers. Ceux-ci ont immédiatement été frappés par l'apparence physique du sujet et l'ont tout d'abord laissé à sa place : mais ils sont finalement revenus, l'ont hissé sur une charrette et conduit jusqu'au village de Djibaillot (Tadjikistan), où le sujet a été installé dans une étable. Lorsque son état s'est aggravé, il a été emmené dans une clinique locale, dont le responsable a refusé de le soigner. Il fut toutefois autorisé à rester dans l'enceinte de l'établissement et sa présence finit par être signalée au consul américain, qui suivit la procédure habituelle en pareil cas, selon les instructions du DATCOM 3824. Le sujet fut ensuite transféré

sous étroite surveillance dans de nouveaux locaux, à Murgab, et placé au secret.
Au bout de quelque temps, l'état du sujet s'améliora, il reprit connaissance et se remit à manger, bien que son alimentation continue de poser problème. Psychologiquement, il se montre parfois agité et semble mal supporter sa réclusion. Il a fallu l'enfermer. Les tests auxquels il est soumis s'avèrent difficiles, voire impossibles, et de plus en plus malaisés à effectuer au fil du temps. Mais des données substantielles ont déjà été recueillies, sur le plan expérimental. À vrai dire, les réactions du sujet ne correspondent à rien de ce qui a pu être antérieurement observé chez les humains.

Chez les humains... C'était la première notation indiquant que le « sujet » échappait totalement aux critères ordinaires et que sa découverte, rapportée ici avec une neutralité prosaïque, était l'événement scientifique le plus ahurissant de l'Histoire. Kane feuilleta le reste du dossier. Il y avait des rapports médicaux, rédigés au stylo à plume d'une écriture penchée. Pression artérielle, électroencéphalogrammes, tests auditifs, ADN... Des points d'exclamation apparaissaient parfois, à la suite de certaines mesures. Les examens avaient été effectués alors que le « sujet » était inconscient. Une note en bas de page précisait qu'il refusait de « coopérer » et que la vue d'un stéthoscope ou de tout autre appareil médical le plongeait dans une rage ou une terreur folles – ces deux réactions étant peut-être liées. Venaient ensuite de longues pages de notes consacrées à l'analyse de ses perceptions, accompagnées de photos en couleurs ou en noir et blanc montrant des formes diverses – cercles, cubes, carrés –, des cartes à jouer, des cartes postales, des références à des images projetées sur écran.

Kane était en train de déchiffrer ce jargon lorsque la porte s'ouvrit. Un petit homme chauve pénétra dans la pièce, la main déjà tendue. Il avait l'air d'un vrai paquet de nerfs, sous sa blouse blanche. Le capuchon d'un stylo à plume émergeait de l'une de ses poches.

« Je suis Resnick. Bienvenue dans notre petit repaire. »

Kane se contenta de grommeler. Il n'avait pas spécialement envie de se montrer aimable. Resnick entra aussitôt dans le vif du sujet. Il était un peu inquiet, dit-il, parce que l'état de santé du sujet s'était brusquement détérioré. Il refusait maintenant de se nourrir – ce qui était aussi préoccupant que vexant, vu les efforts déployés pour lui offrir une alimentation correcte. Il n'était guère aisé de se procurer des légumes frais dans cette région du monde. Il avait même fallu en faire venir par hélicoptère de la capitale locale... Et pourtant, le sujet perdait du poids à une allure inquiétante. Resnick poussa un soupir.

« On dirait presque qu'il a décidé de se laisser mourir. Nous ne pouvons évidemment pas le laisser faire. Nous serons sans doute obligés de le nourrir de force. Je n'aimerais pas en arriver à une telle extrémité, mais nous n'aurons peut-être pas le choix.

– Parlez-moi un peu de son talent... spécial, dit Kane.

– Ah !... »

Resnick esquissa un sourire et détourna les yeux.

« Possède-t-il vraiment ce pouvoir ? reprit Kane.

– J'aurais aimé que vous puissiez en être personnellement témoin, mais je crains que cela ne soit impossible pour l'instant. Il ne se montre guère coopératif depuis quelque temps.

– Mais l'avez-vous constaté de vos propres yeux ?

– C'est difficile à dire. À un moment donné, oui, sans l'ombre d'un doute. Mais par la suite, cela ne s'est pas reproduit facilement. Scientifiquement parlant, les données ne sont pas… comment dire… irréfutables. Elles ne peuvent d'ailleurs pas l'être, sans d'indispensables recoupements. Et comment y procéder, en disposant d'un seul sujet ?

– Mais avez-vous personnellement la conviction que ce pouvoir existe ? »

Resnick esquissa de nouveau un sourire.

« Il faut que vous compreniez que je suis et que je demeure avant tout un scientifique. J'exige des faits, là où d'autres seraient tentés de s'en remettre à leur intuition. Les théories, les hypothèses, les spéculations – cela n'est pas de mon ressort. »

Kane se rappela les renseignements qu'il avait glanés dans le dossier de Resnick : un officier à cheval sur le règlement, travaillant sous les ordres de Van Steeds – ce récent disciple de B. F. Skinner qui avait fait sa thèse sur le thalamus et la psycholinguistique. Eagleton avait griffonné en marge : *Ce Resnick exécutera n'importe quelle expérience sans poser de questions.* Bref, c'était l'individu rêvé pour superviser une étude qui ne manquerait pas de soulever le scepticisme des rares savants amenés à partager un tel secret. Ce qui, par mimétisme, l'amenait vraisemblablement à mettre en doute les conclusions de ses propres recherches, même si les preuves lui crevaient les yeux. Kane poussa un nouveau grognement.

« Montrez-le-moi. »

Tandis qu'ils s'engageaient dans un escalier conduisant au sous-sol, Kane eut un imperceptible mouvement de recul. Il savait fort bien pourquoi : ce souvenir le hantait encore. Presque vingt ans plus tôt, il s'était engagé dans un escalier identique, en Ouganda. Idi Amin venait de s'enfuir de Kampala et, en tant que jeune attaché militaire à l'ambassade américaine de Nairobi, Kane s'était aussitôt hâté de rejoindre la capitale dévastée. Il avait été parmi les premiers à pénétrer dans le palais abandonné d'Amin : dans les sous-sols, il avait découvert un tunnel qui menait au célèbre bâtiment de la police d'État. Là, il avait descendu un escalier en tout point semblable à celui-ci, éclairé de sa seule lampe de poche, avant de déboucher dans un cachot souterrain où soixante-dix personnes avaient été massacrées quelques heures plus tôt. Certaines se traînaient encore, coupées en morceaux, lorsqu'il s'était avancé sur le sol en ciment, pataugeant littéralement dans des mares de sang. La scène revenait encore hanter ses cauchemars, de temps en temps.

Il suivit Resnick. Lorsqu'ils furent arrivés devant une lourde porte blindée, Resnick sortit un trousseau et introduisit dans la serrure la clef à tête dentelée qui commandait tous les loquets. La porte s'ouvrit et Kane perçut aussitôt d'infects effluves d'urine, de sueur et d'excréments, à quoi se mêlait encore une odeur plus tenace, qui dominait les autres. Malgré lui, et malgré son entraînement, il sentit la peur l'envahir.

« Le matin, il est généralement plus calme, dit Resnick, mais on ne sait jamais. On se demande d'ailleurs comment il a conscience du temps, puisqu'il n'y a pas de fenêtre ici, ni de distraction particulière. »

Il parlait par-dessus son épaule, comme un médecin faisant sa tournée en compagnie d'un nouvel interne. Ils longèrent une demi-douzaine de cellules vides et s'arrêtèrent devant une autre porte.

« Il vaut mieux que vous entriez seul, dit-il à Kane. Dans la mesure du possible, nous évitons de l'exciter. Lorsque vous serez dans son champ de vision, gardez la tête penchée : nous avons constaté que c'était efficace. Déplacez-vous très lentement. Ne faites surtout pas de geste brusque – ce serait la catastrophe. Et ne vous approchez pas des barreaux. Vous éprouverez peut-être de curieuses sensations à l'intérieur du crâne. Et ne parlez pas – *surtout, ne parlez pas !* Même s'il émet un son, ne réagissez pas. »

Il déverrouilla la porte et s'écarta pour laisser passer Kane. Celui-ci se raidit et s'avança d'un pas, puis d'un autre, sans faire le moindre bruit.

Avant même de la distinguer clairement, Kane éprouva un choc. Et brusquement, en un éclair, il aperçut la créature : il voyait ses contours, sentait son odeur, mais la percevait aussi d'une manière étrange, au-delà de ses sensations ordinaires, comme cela ne lui était encore jamais arrivé. Son regard la détaillait de haut en bas, l'estimait, changeait d'angle, la mesurait, l'évaluait, la jaugeait. La créature était étendue sur un matelas, tournée face au mur, et il n'apercevait pour l'instant que la masse arrondie de son dos. Sa peau était velue, mais assez semblable à celle d'un homme, malgré sa couleur plus sombre, presque grisâtre. Ses poils étaient longs et fins, comme ceux d'un chimpanzé, plus clairsemés cependant, et emmêlés. Ses épaules étaient larges, puissantes, mais tournées d'une drôle de façon. Kane s'aperçut bientôt que c'était à cause des lanières métalliques, qui contraignaient la créature à se rouler en boule. De larges bandes enserraient ses poignets et maintenaient ses bras en travers de sa poitrine, comme une camisole de force. Ces garrots avaient entamé sa chair par endroits et les plaies étaient bordées de croûtes et de sang séché. La créature était vêtue d'un pantalon jaune, fendu le long des cuisses pour ne pas comprimer ses muscles saillants. Le fond avait carrément été découpé et laissait émerger ses fesses énormes, souillées d'excréments desséchés. Ses pieds nus aux orteils écartés étaient larges. Leur plante était d'un rose vif.

Pour l'essentiel, la cellule était nue. Il y avait un évier dans un angle de la pièce, mais Kane remarqua que la créature, retenue par une chaîne, ne pouvait pas l'atteindre. Il n'y avait pas de toilettes, ni de seau hygiénique. Le sol en ciment s'inclinait à un endroit pour former une rigole d'écoulement. Un gros tuyau fixé à un robinet était suspendu dans un coin.

Kane éprouva une sensation étrange. Peut-être était-ce dû à l'odeur fétide qui régnait dans la pièce, ou à une soudaine poussée d'adrénaline, mais il avait la tête lourde, comme si quelque chose s'était insinué dans son cerveau ; et une brusque douleur lui vrillait le crâne, au point de le faire vaguement loucher. Mais il n'eut pas le loisir de s'interroger plus longuement à ce sujet, car au même instant la créature remua, se redressa laborieusement et parvint à se mettre en position assise. Elle se retourna et dévisagea Kane sans manifester la moindre surprise. Leurs regards se croisèrent. Kane scruta attentivement ces pupilles enfoncées, sombres, irisées de bleu, et sut immédiatement qu'il ne contemplait pas le regard obtus d'un quelconque animal mais celui, combien plus profond, d'un être doué d'intelligence. Ils se fixèrent un moment, droit dans les yeux, comme deux avions s'épiant mutuellement sur l'écran d'un radar avant de se décider à ouvrir le feu. Kane n'aimait pas trop ce qu'il apercevait dans ce regard et sentit une répulsion viscérale monter du fond de lui. Il regarda un peu plus haut et contempla ce front saillant, qui avait quelque chose de répugnant et de grotesque, comme une excroissance incongrue. La créature soutenait son regard : on aurait presque dit qu'elle le défiait. Kane n'éprouvait pas une once de pitié. Il ne baissa pas la tête : bien au contraire, il releva le front et dévisagea sans aménité la créature impuissante. Il se mit brusquement à crier, sans réfléchir aux mots qu'il prononçait et qui semblaient émaner malgré lui des profondeurs obscures de son être :

« Tu nous traiterais de la même façon si tu le pouvais, pas vrai ? »

La créature rejeta aussitôt la tête en arrière, fixa le plafond et poussa un cri déchirant, suraigu, empreint d'une angoisse presque humaine, qui se répercuta dans la cellule et dans les profondeurs du couloir.

Kane sentit Resnick le tirer violemment en arrière, le serrant si étroitement qu'il percevait son souffle à son oreille.

« Vous êtes devenu fou ? Qu'est-ce qui vous prend ? Je vous avais pourtant prévenu ! »

En remontant l'escalier pour rejoindre la lumière du jour, il entendit le cri se prolonger derrière lui, mais ce n'était plus à présent qu'un faible gémissement. Puis une porte claqua, l'étouffant brusquement. Une fois en haut, dans le bureau minuscule, il s'effondra sur une chaise, profondément secoué. Il regarda Resnick qui s'agitait en défroissant sa blouse blanche et sentit à nouveau une violente douleur, étrangement diffuse, lui traverser le crâne.

Matt émergea à grand-peine et reprit lentement connaissance, comme un plongeur regagnant par paliers la surface. Il était étendu, immobile. Il ouvrit les yeux et les referma aussitôt. Les questions mirent un certain temps à se former dans son cerveau embrumé. Où était-il ? Il aurait voulu sombrer à nouveau dans un sommeil apaisant mais quelque chose l'aimantait, l'obligeait à rejoindre la surface. Il rouvrit les yeux, pour de bon cette fois-ci, malgré la lumière aveuglante.

Il bougea et sentit aussitôt la douleur l'élancer. Elle émanait de sa cuisse droite, remontait le long de son dos et se propageait tout autour de son épaule. Il leva sa main gauche au-dessus de son visage. Trois de ses doigts, du majeur à l'auriculaire, étaient quasiment insensibles. Il les replia et constata qu'il parvenait au moins à les remuer. Il se redressa péniblement, en s'appuyant sur ses coudes : la douleur l'élança de nouveau et lui vrilla le flanc, du côté droit. Que s'était-il passé ? Par un effort de volonté, il parvint à remonter en arrière et ses souvenirs se remirent peu à peu en place. Il avait à présent retrouvé toute sa lucidité : une vague de terreur l'envahit et le saisit aux tripes. Où était Susan ? Était-elle en vie ? Il remua les jambes et réussit à s'asseoir. La douleur se propagea une fraction de seconde plus tard, avec la précision d'une onde sismique. Il regarda autour de lui.

Il découvrit avec stupéfaction qu'il était environné de verdure, de plantes, de branches, de feuillages : il y avait bien longtemps, lui semblait-il, qu'il n'avait pas vu d'arbres. Leurs écorces étaient d'un brun intense. La brise tiède et légère qui soufflait agitait mollement les feuillages, avec une régularité qui lui donnait vaguement le tournis. Au-dessus de sa tête, les branches se rejoignaient et formaient une voûte, à travers laquelle il distinguait des fragments de ciel. Par endroits, la verdure était si dense que le soleil y pénétrait par d'infimes trouées d'où il projetait des rayons obliques, comme dans les représentations bibliques de la forêt primordiale, à l'aube de la création.

Matt avait dormi sur un tapis de branches, d'herbes et de feuilles liées ensemble, qui n'avait rien d'inconfortable et n'était pas naturel. Une créature, un être quelconque, avait fabriqué ce lit rudimentaire. Mais qui ? Il tenta à nouveau de remonter en arrière, mais il n'avait pratiquement plus aucun souvenir de ce qui s'était passé après l'éboulement. Il revoyait fort bien la poussière et les rochers qui s'effondraient sur lui, à la lueur de sa torche – ainsi que les efforts qu'il avait faits ensuite pour se dégager et qui expliquaient sans doute la douleur qu'il ressentait du côté droit. Il s'aperçut que sa chemise était maculée de sang ; mais lorsqu'il voulut l'ôter, une violente douleur l'élança : le tissu adhérait à sa peau. Il le décolla lentement, avec soin, et aperçut une large plaie constellée de zébrures déjà noires et séchées, qui remontait depuis sa hanche jusqu'à l'extrémité inférieure de sa cage thoracique.

Elle n'était pas belle à voir, mais lui parut superficielle. Il leva la main et remua de nouveau ses doigts engourdis, qui finirent peu à peu par lui obéir, comme à contrecœur. C'est le froid qui les a gelés, songea-t-il en se rappelant soudain de quelle manière il était parvenu à sortir de la grotte, dégageant les rochers à mains nues et hissant Susan à l'extérieur, avant de la pousser dans la neige. Il se souvint de cette blancheur aveuglante, de la léthargie qui l'avait envahi. Mais comment était-il arrivé jusqu'ici ? Quel était cet endroit ? Et où était passée Susan ?

À quelques mètres, il aperçut soudain son anorak, roulé en boule au pied d'un arbre. À côté se trouvait son sac à dos. Cette découverte lui redonna espoir. Elle était de bon augure. De toute évidence, on l'avait transporté jusqu'ici et, quelle que soit l'identité de son sauveur, il ne l'avait pas tué – du moins pour l'instant. Peut-être Susan se trouvait-elle dans les parages et avait-elle déposé elle-même ses affaires près de lui.

Matt poussa un grognement, rassembla ses forces et se mit debout. Il vacilla aussitôt et dut tendre le bras pour se retenir à un tronc d'arbre. Lorsque sa tête cessa de tourner, il se dirigea vers son sac à dos, s'agenouilla, l'ouvrit et en inspecta le contenu. Tout paraissait en place, y compris les fusées éclairantes qu'il avait prises à Van. Il aperçut sur le dessus la trousse de secours en plastique bleu, l'ouvrit et en sortit le flacon d'antiseptique. Le bouchon céda facilement : il avait déjà été ouvert. Matt l'examina et s'aperçut qu'il manquait un bon quart du flacon. Il releva sa chemise et inspecta de nouveau sa blessure. Il n'y avait pas trace d'infection et une croûte se formait sur les bords. Quelqu'un l'avait déjà soigné. Il reversa un peu d'antiseptique par-dessus.

Il se trouvait sous une sorte de tonnelle. Le feuillage s'étendait dans toutes les directions et de grandes fougères recouvraient le sol, dégageant un arôme humide et puissant. Il aperçut un sentier et s'y engagea prudemment, s'arrêtant régulièrement en regardant de toutes parts et en retenant son souffle, afin de surprendre une éventuelle présence. Mais rien ne bougeait nulle part et il régnait le plus complet silence.

Matt était confondu par l'abondance de la végétation. La mousse, le feuillage, les fruits proliféraient de toutes parts et les arbres étaient festonnés de branchages. De toute évidence, il se trouvait nettement au-dessous de la grotte et du plateau désolé où la tempête de neige s'était déclenchée. Mais, même à supposer que la dénivellation soit de plusieurs centaines de mètres, cette végétation luxuriante ne correspondait en rien à celle du Pamir. À moins qu'il n'ait atterri dans une vallée bénéficiant d'un microclimat défiant les lois météorologiques – une sorte d'enclave abritée par les hauts sommets, alimentée par la fonte des neiges et réchauffée par des vapeurs volcaniques.

Le sentier traversait à présent une futaie plus sombre et il ralentit l'allure, essayant de marcher sans faire de bruit. Il parvint à la lisière d'un pré et s'assit, ne sachant trop quelle décision prendre.

S'avancer en terrain découvert ne l'enchantait guère. Il regarda les herbes, qui lui arrivaient au niveau des yeux. Des mouches passaient en bourdonnant. Son estomac se contracta brusquement et il réalisa qu'il mourait de faim. Mais il se sentait trop faible pour se mettre en quête d'une quelconque nourriture. Il s'allongea, leva la main gauche et regarda ses doigts : ils étaient un peu moins engourdis, c'était déjà ça. Il se souvint du personnage de Jack London, cerné par les loups auprès d'un feu de camp, dont le dernier geste conscient est d'admirer la beauté et la perfection d'une main humaine – toute la création résumée dans le geste harmonieux des doigts qui se referment.

Et soudain il aperçut la créature qui venait de surgir à l'autre bout du pré et le traversait à vive allure, d'une démarche curieusement sautillante. Elle était nue et portait quelque chose sur l'épaule. Matt s'aplatit au sol et retint son souffle. La créature se dirigeait droit vers lui. Il dut lutter contre l'instinct qui le poussait à se lever pour prendre la fuite. S'en gardant bien, il rampa prudemment à travers les herbes et regagna l'abri de la futaie. Puis il se redressa légèrement et se mit à courir, tête baissée et courbé en deux. Lorsqu'il eut dépassé l'écran des arbres, il se releva complètement et s'élança de toutes ses forces, sautant par-dessus les branches et écrasant les racines qui se trouvaient sur son passage. Il aperçut alors un arbre au tronc incliné et se glissa entre ses branches, pour se cacher sous son feuillage.

Il retint son souffle et regarda la créature qui se trouvait sur le sentier, à une centaine de mètres. Brusquement, comme si quelque chose l'avait frappée, elle s'immobilisa, s'arrêta un instant et bifurqua soudain vers le bois, en se dirigeant droit vers lui. Matt aperçut alors la forme hideuse de son crâne, sa large poitrine velue et le tronçon de bois qui se balançait nonchalamment sur son épaule. Il fit volte-face, écarta les branches, se glissa à travers l'ouverture et se précipita hors de sa cachette.

Il courait comme s'il avait le feu aux trousses. À bout de souffle, il reconnut la tonnelle et s'y précipitait déjà lorsqu'il remarqua un mouvement, une silhouette qui bougeait à travers les arbres. Susan ! Elle se trouvait au milieu de la tonnelle. Mais juste devant elle, marchant à sa rencontre, il distingua une autre silhouette, massive et velue. Matt rassembla toutes les forces qui lui restaient et se précipita, débouchant à toute allure sous la tonnelle. Profitant de son élan, il bondit en l'air, s'éleva au-dessus du sol et retomba de tout son poids sur le dos de la créature. Il sentit l'impact du choc, entendit un grognement ou un soupir de douleur et entrevit un soupçon d'inquiétude sur le visage de Susan. Puis il partit en vol plané et retomba sur un tronc d'arbre, que sa tête heurta de plein fouet. Il perçut encore d'autres bruits, aussi vagues qu'indistincts, avant de sombrer dans les ténèbres apaisantes de l'inconscience.

« Matt... Matt... »

Susan l'appelait doucement, en lui caressant le front. Il ouvrit les yeux. Elle était agenouillée près de lui et le regardait. Elle prit sa tête dans ses bras et la berça un moment, avant de la poser sur ses genoux, tout en effleurant son visage du bout des doigts.

« Je dois admettre que tu ne manques pas de courage, dit-elle. Mais quel était exactement ton plan ? Tu voulais lui briser l'échine ?

– Mais bon sang, Susan, je voulais l'arrêter ! Il était sur le point de t'attraper, dit Matt en essayant de se lever.

– Mais non... Il me rejoignait, tout simplement. C'est mon copain. Calme-toi, dit-elle en le forçant à se rasseoir. J'ai beaucoup de choses à te raconter. »

Matt s'assit et jeta un rapide coup d'œil autour de lui. Le néandertalien se trouvait à quelques mètres, debout à côté d'un arbre. Malgré elle, Susan se mit à rire et ajouta :

« Vous avez eu aussi peur l'un que l'autre. Ne crains rien, il est inoffensif. Il s'appelle Tristemine – c'est ainsi du moins que je l'ai surnommé. »

14

« Combien de temps suis-je resté dans les vapes ?

– Toute une journée. Et je t'assure que cela m'a paru beaucoup plus long qu'à toi.

– Je m'en doute, répondit Matt en palpant la bosse qu'il avait sur le crâne.

– Mais avant toute chose, il faut que tu manges. »

Susan s'activa aussitôt pour lui préparer une collation, disposant des baies et des noix sur une assiette en fer-blanc qu'elle avait sortie de son sac. Elle saisit une bouteille – Matt remarqua qu'il s'agissait de l'ancien flacon de vodka de Rudy –, versa de l'eau dans une coupe en bois et la mélangea à une sorte de gruau.

« Ce n'est pas aussi mauvais que ça en a l'air, lança-t-elle d'un air encourageant. Dis-toi que c'est l'équivalent d'un petit déjeuner suédois.

– Parle-moi un peu de cette créature…

– Chut… Chaque chose en son temps. »

Lorsque Matt eut apaisé sa faim, à défaut de sa curiosité, Susan lui donna une petite tape sur le genou.

« Attends-moi ici, dit-elle, et prépare-toi au choc de ta vie. »

Elle disparut derrière un buisson et réapparut au bout de quelques minutes, marchant bras dessus bras dessous avec l'hominien que Matt avait tenté d'estourbir.

« Matt, je te présente Tristemine. Tristemine, voici Matt. Ne crains rien, ajouta-t-elle en souriant. Il ne cache pas une massue derrière son dos. »

Matt contemplait la scène d'un air incrédule, après avoir instinctivement reculé en apercevant le primate, qui était entièrement nu. Il regarda son corps trapu, ses jambes épaisses, sa poitrine massive, ses biceps saillants. Puis il releva les yeux sur son énorme tête au crâne aplati, au menton presque inexistant, aux orbites enfoncées et au front proéminent, bien reconnaissable à l'excroissance osseuse de ses arcades sourcilières. Il avait presque l'air humain – et pourtant, la différence était sensible. En voyant la perplexité de Matt, Susan se mit à rire.

« Tu peux parler à ta guise, dit-elle, ravie de jouer les experts. Il ne peut pas comprendre. Ils n'ont pas de langage. »

L'hominien s'approcha et s'accroupit en considérant Matt avec intérêt, mais sans manifester de curiosité particulière. Il n'avait l'air ni apeuré, ni menaçant. Matt le détailla de la tête aux pieds : il avait le torse élancé, mais les jambes relativement courtes. Il était plus velu qu'un être humain, sans être pour autant hirsute. Tout en lui paraissait vaguement faussé, décalé, et néanmoins il était suffisamment proche de l'humanité pour – pour quoi, au juste ? Matt se pencha et rapprocha son visage de celui de la créature. Il y avait de l'intelligence dans son regard – une intelligence peut-être égale à la sienne –, mais pas la moindre trace d'interrogation, d'étonnement.

Tristemine tendit la main vers la manche de Matt et palpa l'étoffe de sa chemise. Matt baissa les yeux et contempla ces doigts courtauds, ces ongles rugueux, ces grosses articulations. Les lignes qui sillonnaient sa paume ne ressemblaient absolument pas à celles d'un homme. Obéissant à une brusque impulsion, Matt prit sa main dans la sienne : dès qu'il sentit son étreinte puissante, une vague d'émotion l'envahit et un frisson parcourut tout son corps, si intense qu'il semblait émaner d'un passé immémorial, comme si les racines mêmes de ses gènes s'étaient embrasées à l'étincelle de ce contact. Il eut soudain envie de rire.

« Incroyable, n'est-ce pas ? dit Susan. Quand tu penses que ce contact remonte à plus de trente mille ans…

– Écoute ! s'écria Matt. Il parle ! »

Une sorte de gargouillis émanait en effet de la vaste poitrine.

« Je crains que non, dit Susan. Il leur arrive d'émettre des sons mais, d'après ce que j'ai pu constater, il s'agit plutôt d'une sorte de réaction primaire à certaines émotions – l'inquiétude, la joie, la surprise. Mais ils ne parlent pas. Ils communiquent autrement.

– Comment cela ?

– Par la pensée.

– Que veux-tu dire ?

– Ils émettent des pensées, ou des images – je ne sais pas comment les qualifier au juste.

– Tu veux parler de télépathie ?

– Plus ou moins. Mais tu le constateras par toi-même. Lorsque cela se produit, on s'en rend parfaitement compte. Et ils semblent avoir conscience de ce que l'autre regarde, comme s'ils le voyaient aussi.

– Comment le sais-tu ?

– Essaie de te cacher et tu comprendras ce que je veux dire. C'est comme si…

– Comme si quoi ?

– Comme s'ils lisaient en toi.

– C'est incroyable.

– Je sais. Je suis incapable de l'expliquer. Cela fait penser à une forme de communication extrasensorielle. »

Tristemine parut soudain se désintéresser de la situation et s'éloigna à pas lents. Il y avait dans son allure, sa démarche et jusque dans son port de tête une sorte de noblesse étrangement frappante.

« Mon Dieu ! s'exclama Matt. Il est très vieux.

– C'est exact. Tu as voulu assommer l'un des anciens de la tribu.

– De la tribu ? Ils sont nombreux ?

– Plus que tu ne peux l'imaginer.

– Mais ils ne peuvent pas appartenir à la même espèce que ceux que nous avons rencontrés précédemment. Ils ont en gros la même allure, mais les autres étaient de véritables brutes. Ceux-là ont l'air plus humains.

– J'ignore lesquels sont les plus humains, mais tu as raison : ils sont totalement différents.

– Van est mort, dit brusquement Matt. Il a été tué dans l'éboulement.

– C'est bien ce que j'avais pensé. Nous ne pouvions rien faire pour lui. Maintenant, reste assis et repose-toi. Tu as eu suffisamment d'émotions pour l'instant, et une autre surprise t'attend. Mais ce sera pour plus tard. »

Susan conduisit Matt le long du sentier, en direction du « village », comme elle disait. Elle parlait sans arrêt, ravie bien sûr que Matt s'en soit sorti indemne, mais aussi de pouvoir partager avec lui la découverte de l'univers inconcevable où ils venaient de débarquer.

« Tu vas voir, dit-elle, je les ai baptisés, à commencer par les trois qui nous ont sauvés : Genèse, Exode et Lévitique. Comme tu peux le constater, mon inspiration était plutôt biblique. Ce sont toujours mes livres préférés. Tu reconnaîtras facilement Lévitique : il est relativement maigre et il a une cicatrice sur la joue – je me demande d'ailleurs d'où elle provient. En fait, on arrive assez vite à les distinguer les uns des autres. »

Matt la regarda d'un air amusé.

« Tu te prends pour Ève ? dit-il. C'est toi qui nommes les diverses créatures ?

– Il y a peut-être un peu de ça.

– C'est une manière d'exercer ton autorité. Tu as toujours aimé ça. »

Susan sourit.

« Mais moi, ce n'est pas mon truc, ajouta Matt. Et j'aimerais bien comprendre un certain nombre de choses – de quelle manière nous avons atterri ici, par exemple – avant que tu me débites la liste des noms dont tu les as affublés. »

Piquée au vif, Susan s'empressa de le mettre au courant. Elle avait repris connaissance pendant qu'ils redescendaient de la montagne et elle raconta à Matt ce dont elle se souvenait. La première chose qu'elle avait ressentie, c'était l'étreinte puissante, les énormes biceps des bras qui la portaient. Lorsqu'elle avait ouvert les yeux, elle avait distingué le cou blanchâtre et le menton imberbe de la créature. Elle avait ensuite entrevu sa bouche aux dents jaunies. Elle avait d'abord éprouvé une intense frayeur, croyant qu'il s'agissait des monstres qui avaient tué Rudy. Mais curieusement, au fur et à mesure que les heures s'écoulaient – elle feignait d'être toujours inconsciente –, elle s'aperçut que ces êtres dégageaient une aura vaguement rassurante : elle n'aurait su dire si cela tenait à la douceur de leur maintien, à la façon dont ils la portaient – un peu comme une enfant – ou au fait d'avoir aperçu Matt véhiculé de la même manière à ses côtés.

Au crépuscule, ils atteignirent le village, dans la vallée. Ils étendirent Susan près du foyer et elle continua de feindre l'inconscience afin de les épier, mais on aurait dit qu'ils avaient deviné sa ruse car ils lui apportèrent de la nourriture, qu'ils déposèrent à sa portée. Elle mangea et s'endormit. Lorsqu'elle se réveilla, le lendemain matin, elle se retrouva sous la tonnelle, étendue aux côtés de Matt et entourée d'une foule de créatures – mâles, femelles et enfants. Sa frayeur se dissipa, cédant peu à peu la place à l'émerveillement, et sa curiosité scientifique finit par reprendre le dessus.

« Tu te rends compte ! s'exclama-t-elle. Nous avons la chance de pouvoir étudier une espèce inconnue en vivant au milieu d'elle ! Finies les théories, les hypothèses, les spéculations... Nous allons en revenir à la stricte observation des faits, comme les anthropologues de l'époque héroïque – sauf qu'ici il s'agit d'anthropologie préhistorique. »

Matt était sidéré de voir avec quelle rapidité Susan s'était adaptée à la situation : on aurait dit qu'elle était chez elle. Elle prenait toutes les données en compte, les passait au crible et essayait de les interpréter, comme s'il s'agissait d'un fantastique terrain d'étude ethnologique. Comme les hommes surmontent vite l'adversité et les situations les plus inattendues ! songea-t-il. Était-ce cela, le secret de leur lent triomphe ?

Pour sa part, il était encore sous le choc. Au fond de lui-même, il avait dû réaliser que le danger s'était estompé, et la zone la plus enfouie de son cerveau – celle qui émettait certains fluides en réponse aux agressions – commençait à s'apaiser. Mais tous ses sens restaient tendus, en état d'alerte, et, lorsqu'ils croisaient un hominien sur le sentier, il ne pouvait s'empêcher de sursauter.

Il y avait autre chose encore, qui n'avait rien à voir avec la peur. Au début, il refusait d'y prêter attention, mais maintenant il en avait la certitude. Son regard rencontrait fréquemment celui des hominiens, mais ceux-ci n'avaient pas en permanence les yeux fixés sur lui. Pourtant, lorsque l'un d'eux s'approchait, il se sentait la tête lourde et avait la curieuse impression que quelque chose s'introduisait, s'insinuait dans son cerveau. Et, dès que la créature s'éloignait, cette sensation cessait, comme lorsque le soleil réapparaît derrière l'écran des nuages.

Le village était édifié autour d'une rivière. Il n'avait en lui-même rien de très remarquable : c'était un simple ramassis d'abris rudimentaires, dispersés à flanc de colline et qui se multipliaient dans le fond de la vallée, au fur et à mesure que le terrain s'aplanissait.

Ce qui retint immédiatement le regard de Matt, ce furent les hominiens eux-mêmes, qui allaient et venaient en tous sens pour vaquer à leurs besognes quotidiennes, transportant des bûches et des paniers, mangeant accroupis sur leurs talons ou surveillant des foyers d'où s'élevaient nonchalamment des arabesques de fumée. Sans parler des enfants – car il y en avait, bien sûr, comment aurait-il pu en aller autrement ? –, qui ressemblaient à des copies miniatures de leur aînés, à ceci près qu'en raison de la petitesse de leurs visages leurs arcades sourcilières paraissaient encore plus démesurées.

Tout ce monde allait nu. Aucun d'entre eux n'était vêtu de peaux de bêtes, contrairement à ceux qu'ils avaient rencontrés auparavant – du reste, il n'y avait pas le moindre animal en vue –, et on aurait vainement cherché la présence d'une massue ou d'une arme quelconque. Les femmes étaient légèrement plus petites que les hommes et Matt fut frappé par la démesure de leurs formes – la largeur de leurs hanches, la rondeur de leurs fesses, la lourdeur de leurs poitrines. Par comparaison, les pénis masculins, qui pendouillaient librement, ne semblaient pas d'une taille particulièrement impressionnante et disparaissaient à moitié dans la broussaille de la toison génitale.

« Je sais ce que tu te demandes, dit Susan. Mais je ne peux pas te renseigner : je n'ai pas encore eu l'occasion de les voir copuler.

– Il n'y a visiblement pas une très grande division entre les sexes, en tout cas pour ce qui concerne les tâches domestiques. Les uns et les autres se chargent indifféremment d'entretenir les foyers et de broyer le grain dans les mortiers – ce qui semble constituer leurs deux principales activités.

– Oui, ils cultivent des céréales. Mais ils ne tuent pas les animaux et ne mangent pas de viande. Le feu est destiné à l'essartage, et non à la cuisson. Nos théories sur ce plan étaient probablement erronées, puisque ici l'agriculture a précédé la chasse. Incroyable, n'est-ce pas ? »

Matt songeait en fait à autre chose.

« Susan… Nous sommes ici depuis un bon moment et personne ne fait attention à nous.

– Mais ils ont parfaitement conscience de notre présence. Lorsque ça leur arrive, on sent fort bien qu'ils lisent dans nos pensées, pour le formuler ainsi. Ils savent donc qu'ils n'ont rien à redouter de nous. Cela dit, il est exact que leur curiosité n'est pas extrêmement développée. Hier, lorsque je suis arrivée ici pour la première fois, mon apparition a provoqué un certain remue-ménage, surtout parmi les enfants. Mais maintenant, je fais déjà partie des meubles. »

Matt pénétra à l'intérieur d'une hutte en forme de cône, construite autour d'un arbre : le tronc constituait le pilier central et les plus basses branches avaient été recourbées, puis plantées dans le sol. Des branchages étaient empilés par-dessus, formant une sorte de tipi. Tout autour, d'autres bouts de bois étaient fichés dans la terre pour éloigner les prédateurs, évoquant vaguement les enclos d'épines des kraals masaïs du Kenya. Il n'y avait pas grand-chose à l'intérieur : quelques outres d'eau, une demi-douzaine d'outils rudimentaires, plusieurs récipients en bois remplis de graines.

Susan assumait toujours à merveille son rôle de guide.

« Je ne suis pas encore arrivée à comprendre leur système d'organisation sociale, à supposer qu'ils en aient un. Ils n'ont pas l'air d'être regroupés en familles, car tant les adultes que les enfants passent indifféremment d'une hutte à l'autre. Les femmes paraissent plus en retrait, mais je ne suis pas ici depuis assez longtemps pour en avoir la certitude. »

Matt ne parvenait toujours pas à faire le lien entre ces hominiens et la tribu de monstres sanguinaires qui avaient tué Rudy. Ces derniers étaient visiblement cruels – non seulement parce qu'ils portaient des armes, mais à cause de leur attitude générale, cette manière de tendre le cou et de pointer la tête en avant, sans parler de l'éclat féroce de leurs yeux, enfoncés sous la protubérance osseuse. Les membres de ce nouveau groupe, au contraire, paraissaient doux et pacifiques. Ils donnaient une impression de quiétude, de franchise, accroupis sur leurs talons et mâchant des fruits et des baies comme si ces contingences terrestres ne les concernaient pas réellement.

« Je vais te dire ce qui me sidère, dit Matt. Ce n'est bien sûr qu'une première impression, mais tout ce que j'ai vu jusqu'ici tend à me laisser penser qu'ils sont nettement plus primitifs que je ne l'avais supposé – ou plus exactement que je ne l'aurais supposé s'il m'était arrivé d'imaginer un seul instant l'existence d'un pareil phénomène.

– Oui.

– Comparés à ceux que nous avons rencontrés dans les montagnes, ils paraissent vraiment arriérés. Il me déplaît de devoir l'admettre, mais les autres étaient beaucoup mieux organisés. Ils avaient un chef, ils agissaient ensemble de manière coordonnée, concertée. Ils avaient des armes. Et souviens-toi de leur grotte : ils tannaient des peaux, nom d'un chien !

– Que veux-tu dire au juste ? demanda Susan.

– Qu'en dépit de leur ressemblance physique ils sont tellement dissemblables… qu'on dirait deux espèces différentes.

– Tu exagères. Ils sont strictement identiques, l'écart qui les sépare est infime. Et tu prétends qu'il ne s'agirait pas de la même espèce ?

– Je sais que cela paraît incroyable, dit Matt. Ce que je veux dire, c'est qu'ils se *comportent* comme deux espèces distinctes.

– Il n'y a pas six heures que tu as repris connaissance et tu te poses déjà en spécialiste…

– Calme-toi. De toute façon, tu n'as jamais été une farouche adepte des variations locales.

– Que signifie cette insinuation ? fulmina-t-elle.

– Que tu optes toujours pour la théorie la plus simple : l'expulsion par la force, l'élimination d'un groupe par un autre. Mais il y a peut-être une autre explication.

– Laquelle, par exemple ?
– Je n'en sais rien.
– Tu vas bientôt me dire que ces deux groupes ont évolué séparément parce que le premier vit dans une vallée et l'autre dans les montagnes. Ce qui serait pousser un peu loin la théorie de la diversité du développement régional. »

Ils restèrent un moment silencieux, puis Susan reprit :

« D'ailleurs, tu oublies une chose.
– Quoi donc ?
– L'énigme de Khodzant.
– Très bien, madame la fine mouche. Et que signifie-t-elle ?
– Je l'ignore. Mais je suis convaincue qu'elle constitue la clef de toute cette affaire et qu'elle est liée d'une manière ou d'une autre à la guerre. Et j'ai bien l'intention de résoudre ce mystère.
– Eh bien, bonne chance ! »

Le sentier se rétrécissait et ne fut bientôt plus qu'un étroit raidillon. Susan semblait connaître le chemin et passa la première. Ils laissèrent le village derrière eux et s'enfoncèrent dans la forêt. Ils entendaient le chant des oiseaux, le bourdonnement des insectes et les multiples bruits que faisaient en s'enfuyant des myriades d'animaux minuscules.

« Où allons-nous ? demanda Matt.
– Je t'ai promis une surprise, tu te rappelles ? »

Susan sauta par-dessus un torrent et poursuivit sa marche à longues et gracieuses enjambées. Son abondante chevelure noire était en harmonie parfaite avec la luxuriance de la végétation. Matt ressentait toujours une légère douleur du côté droit, mais elle commençait à s'estomper. Ils marchèrent durant plus d'une heure. Susan finit par se retourner et lui lança en souriant :

« Nous sommes presque arrivés. Tu te sens bien ?

– On ne peut mieux », répondit Matt en feignant une grimace de douleur.

Ils escaladèrent une pente et atteignirent un à-pic d'où ils pouvaient contempler la plus grande partie de la vallée qui s'étendait à leurs pieds. Au loin, des parois abruptes se dressaient vers les sommets montagneux.

« Bon sang ! s'exclama Matt. Nous sommes dans un cratère ! Je parie que ce volcan est toujours en activité, ce qui explique que le climat soit aussi tempéré. »

Susan glissa son bras sous le sien.

« Tu sais, dit-elle, tu es resté vingt-quatre heures inconscient et j'ai eu largement le temps de me faire du souci. Que cela ne te monte pas à la tête, mais il n'est pas impossible que tu sois rentré en grâce et que tu puisses de nouveau occuper une petite place dans mes pensées.

– Le fait de te retrouver seule au beau milieu de plusieurs centaines d'hommes des cavernes n'y est peut-être pas étranger… »

Susan éclata de rire et se remit en route. Ils perçurent bientôt devant eux, derrière l'écran des arbres, le rugissement d'une cascade. Dix minutes plus tard, ils débouchèrent au pied d'une chute d'eau qui jaillissait de la paroi rocheuse, une trentaine de mètres plus haut. Matt perçut une odeur de soufre et comprit qu'il s'agissait en fait d'un immense geyser. Voilà l'explication de ce climat, songea-t-il : des sources géothermiques dégageant des vapeurs calorifères, qui rencontrent le courant d'air chaud émanant de la vallée.

Un peu plus bas, au pied de la cascade, l'eau avait creusé un vaste bassin dans la roche. Matt remarqua que des marches de pierre permettaient d'y accéder. À travers le rugissement de l'eau, il entendit soudain un nouveau son, intermittent et presque noyé par le vacarme, mais de temps à autre parfaitement distinct. Aussi incroyable que cela puisse paraître, on aurait dit que quelqu'un était en train de chanter ou de fredonner un air, mais la voix était si évanescente que Matt commençait à se demander s'il n'avait pas la berlue.

Susan mit ses mains en porte-voix et lui cria quelque chose à l'oreille, avant de lui montrer le pied de la cascade. Une silhouette indéniablement humaine et vaguement familière se profilait en bas et émergea du rideau de vapeur, avant d'escalader les marches. Matt dut attendre qu'il ait atteint le sommet pour en avoir la certitude, mais l'homme qui s'avançait vers eux d'un air solennel, drapé dans une toge tel un dieu de l'antiquité grecque, tout en arborant une immense barbe qui évoquait plutôt quelque prophète de l'Ancien Testament, cet homme était bel et bien Kellicut.

Eagleton était d'un tempérament vaguement obsessionnel. Lorsqu'il s'intéressait à un sujet quelconque, il s'y immergeait totalement et était incapable d'en détacher ses pensées des heures durant. Ses ruminations partaient toujours d'un point central et s'étendaient peu à peu en dessinant des cercles de plus en plus larges, tel un chien cherchant à retrouver le chemin de sa maison.

C'était la raison pour laquelle son bureau s'était lentement rempli d'ossements et d'outils primitifs au cours des deux dernières semaines. Sur l'un des murs, il avait placé les portraits des plus grandes autorités en matière de paléontologie et d'autres domaines apparentés, allant de la géologie à la psychologie expérimentale. On apercevait même certains membres de la nouvelle école archéologique, des illuminés qui disparaissaient pendant des mois et vivaient nus dans la nature, essayant de reproduire le mode de vie de leurs lointains ancêtres. Il avait également tenu à y faire figurer ceux qui s'étaient fourvoyés en combattant l'inéluctable avancée de la science, les conservateurs les plus obstinés et les défenseurs des causes perdues d'avance.

Sur la droite, regardant devant lui d'un air sceptique à travers ses petites lunettes rondes, figurait le portrait de l'Allemand Rudolf Virchow, le fondateur de la pathologie moderne, qui avait ruiné sa réputation en combattant l'« absurde » théorie de l'évolution. Il était suivi du doucereux Alfred Russel Wallace, l'autodidacte au regard larmoyant dont les théories préfiguraient celles de Darwin. Venaient ensuite l'avenant et chevelu Thomas Huxley, qui fixait l'objectif d'un air résolu, Paul Broca, le grand chercheur français, et même Edward Simpson, le célèbre faussaire, assis sur une chaise en bois au milieu des outils de son petit commerce, un marteau à la main et de fausses pointes de silex à ses pieds, assurément destinées à de trop crédules collectionneurs victoriens. Trônant au-dessus d'eux et les dominant de toute sa stature – tant physique qu'intellectuelle, aux yeux d'Eagleton, qui le plaçait au sommet de son panthéon personnel – se trouvait Ernst Haeckel, le naturaliste allemand, dont le regard expressif, la longue chevelure blonde et l'aura de destinée tragique évoquaient vaguement le général George Custer. Il avait embrassé la cause évolutionniste avec une passion morbide, transformant le principe de la survie des mieux adaptés en un dogme susceptible d'étayer la *Naturphilosophie*, cette doctrine romantique et mystique qui devait déboucher sur l'eugénisme et les théories raciales du nazisme. Eagleton était irrésistiblement attiré par cet homme, que ce portrait représentait chaussé de grandes bottes et coiffé d'un chapeau à large bord, un bock de bière à la main.

Sur une table, à côté du bureau d'Eagleton, était exposé un étrange assortiment de moulages, de mandibules, de fragments de crâne numérotés à l'encre noire, ainsi que toute une collection d'outils préhistoriques : haches, polyèdres, bifaces (triangulaires ou lancéolés), racloirs, poinçons, grattoirs, éclats et débris divers. Lorsqu'il était perdu dans ses pensées, il les ramassait un à un et les manipulait dans tous les sens, comme un casse-tête chinois, avant de les redisposer dans un ordre différent.

Sur le mur opposé, soigneusement tendue et fixée sur un panneau de liège, mais amputée de son morceau manquant, se trouvait une reproduction de l'énigme de Khodzant – la devinette favorite (et toujours non résolue) des futurs diplômés en archéologie. Personne en dehors d'Eagleton – du moins, aucun être actuellement vivant – ne savait qu'un lien l'unissait aux néandertaliens. Eagleton l'avait découvert grâce à Zhamtsarano, cet érudit mongol qui suscitait en lui la sympathie et le respect qu'un explorateur éprouverait pour l'un de ses prédécesseurs ayant défriché les mêmes terrains vierges quelques décennies plus tôt, avant de disparaître. Les pictogrammes avaient été découverts dans les archives de Zhamtsarano, à l'Institut d'études orientales de l'Académie des sciences. Le Mongol en avait laissé un croquis – à l'exception bien sûr de la portion manquante –, accompagné d'un commentaire griffonné en cyrillique. Pour la énième fois, Eagleton relut le bout de papier où figurait la traduction de ce texte laconique :

« Chaque tribu possède son mythe fondateur. Il s'agit toujours d'un mythe d'origine, ou de survie, qui la définit en tant que telle et la distingue à jamais des autres. Pénétrer au cœur de ce mythe, c'est comprendre la naissance de cette tribu, l'aube de son histoire, l'instant même de sa création. »

L'Olympe, Gaia et Ouranos, les Titans, Caïn et Abel, le Déluge et l'Arche de Noé, Mahomet sur sa montagne, Krishna, la tribu perdue d'Israël – toutes ces légendes intégraient cette vérité centrale, comme Eagleton s'en était aperçu. Il avait la certitude que Zhamtsarano avait résolu l'énigme du pictogramme, mais qu'il s'était bien gardé de le révéler à quiconque – ce qui correspondait fort bien au caractère d'un homme estimant que le voyage avait en soi autant d'importance que le but à atteindre. Eagleton avait passé des heures à contempler cette reproduction, en essayant d'en déchiffrer le sens. Parfois même, absorbé par une autre tâche, il s'interrompait et faisait brusquement pivoter son fauteuil roulant pour la regarder, comme s'il pouvait surprendre son secret à l'improviste.

Le temps ne jouait pas en faveur d'Eagleton. Il devait impérativement prendre certaines décisions, mais ne disposait d'aucune information fiable. L'appareil de transmission de Van restait obstinément muet. Il y avait de fortes chances pour que l'expédition ait connu des ennuis. Devait-il leur envoyer Kane et son commando de choc ? Si les parachutistes débarquaient trop tôt et foutaient la pagaille, selon leur bonne habitude, cela risquait de faire échouer toute l'opération. Mais s'ils arrivaient trop tard ? Le seul problème serait alors de tenir la chose secrète : comment empêcher l'information de filtrer – à supposer qu'il y ait encore quoi que ce soit à découvrir lorsqu'ils débarqueraient là-bas ?

Sans parler des Russes... Il avait été passablement contrarié lorsque l'ultime message de Van lui avait appris qu'ils étaient déjà sur les lieux. Avec sa sournoiserie habituelle, Van avait insinué qu'Eagleton était sans doute déjà informé de leur expédition. Ce qui était exact, évidemment : disons qu'il s'en doutait vaguement et qu'il n'avait pas jugé utile de mettre Van au courant. Mais jamais il n'aurait pensé que Moscou réagirait aussi vite. Et il n'avait pas la moindre idée de ce que les scientifiques russes cherchaient exactement. Ils étaient finalement revenus sur leur première décision et avaient dû se dire qu'il était un peu absurde de refiler tous leurs renseignements et de laisser le champ libre aux Américains, *glasnost* ou pas. Après tout, pourquoi ne pas profiter de l'avantage pour percer les lignes ennemies ? Les vieux réflexes de la guerre froide avaient la vie dure.

Eagleton alluma une nouvelle cigarette et ouvrit le dossier de l'opération Achille. De ce côté-là non plus, les derniers rapports n'étaient guère encourageants. Le sujet avait perdu dix kilos au cours des trois dernières semaines. Il refusait à présent de coopérer avec les chercheurs, il avait fallu l'enchaîner aux chevilles et aux poignets et il émettait des sons étranges.

Il feuilleta les comptes rendus des diverses expériences qui avaient été faites, simples résumés des volumineux rapports envoyés au fil des mois dans le Maryland, où ils avaient été dépouillés, analysés, étudiés à la loupe depuis qu'on avait découvert les étonnants pouvoirs de la créature. Il ne s'agissait pas à proprement parler de télépathie – celle-ci consistant à lire dans les pensées d'autrui –, mais cela s'en rapprochait : les scientifiques désignaient cette faculté sous le terme de « vision à distance » (VD) et ils étaient absolument convaincus que la créature la possédait, quelles que soient les variantes mineures qu'elle pouvait par ailleurs présenter.

Eagleton tomba sur la transcription du premier entretien qu'il avait eu avec le chercheur qui lui avait expliqué ce phénomène. Il la relut :

> « Ce pouvoir lui permet-il de lire dans les pensées ?
> – Non, cela n'a rien à voir avec ça. Tout d'abord, la pensée est inséparable du langage – du moins chez les humains – et se localise principalement dans le cortex cérébral. Le sujet ne présente pas un cortex très développé – en tout cas, pas de la même façon que le nôtre. Non, son pouvoir est essentiellement visuel.
> – Ce qui signifie qu'il s'exerce par le truchement des yeux ?

– Oui, les yeux de quelqu'un d'autre.
– Voit-il alors cet individu ?
– Non, il perçoit uniquement ce que voit cette personne – il investit en fait les centres optiques où s'imprime l'information visuelle. Il ne peut donc pas apercevoir la personne en question, sauf s'il arrive à cette dernière de se dévisager dans un miroir.
– Peut-il se projeter ainsi à son gré ? Voir tout ce qu'il désire ?
– Si vous me demandez par là s'il peut se déplacer dans l'espace et, disons, grimper jusqu'au sommet d'un arbre pour contempler le coucher du soleil, la réponse est non. Comme je vous l'ai dit, il s'agit d'une forme limitée de télépathie, qui fonctionne uniquement lorsqu'elle dispose d'un canal de transmission – le cerveau d'un autre individu, dans lequel elle se glisse, mais qui reste le récepteur principal et le seul fournisseur de données.
– Il peut donc réellement voir à travers les yeux d'autrui ? »

Ils avaient découvert la chose incidemment, grâce au circuit vidéo, à l'époque où la créature avait encore un certain appétit. Ils avaient remarqué que, bien avant l'arrivée de sa nourriture, elle manifestait une étrange excitation, comme si elle avait deviné qu'on s'apprêtait à lui servir son repas. À force de scruter les écrans, un observateur particulièrement attentif s'était aperçu que cela advenait au moment précis où le gardien franchissait la porte qui menait aux cuisines, séparées par sept pièces de la cellule du sous-sol. Ils modifièrent à plusieurs reprises les heures des repas, mais cela n'eut aucune incidence : la créature réagissait toujours à cet instant précis.

Ils diversifièrent la nature des tests, pour y ajouter d'autres activités : des bains, des distractions, l'utilisation de divers jouets. Bizarrement, la créature semblait avoir conscience de ce qui se passait dans d'autres pièces, mais uniquement si quelqu'un s'y trouvait.

Ils mirent alors au point des tests extrêmement sophistiqués. Quelqu'un, à un étage supérieur, regardait l'une des trois formes exposées – un triangle, un cercle, un carré – et, au sous-sol, la créature saisissait immanquablement l'objet correspondant. Ils modifièrent l'ensemble des variables : les objets, la distance, la durée, l'éclairage. Ils coupèrent même le circuit vidéo. Mais la créature réagissait toujours correctement, avec une marge d'erreur tellement infime – 0,306 % – qu'elle était statistiquement insignifiante.

Ils élargirent leur champ d'observation. La créature parvenait à exercer simultanément sa VD sur trois individus différents, y compris s'ils se trouvaient à des kilomètres les uns des autres. Lorsqu'on lui donnait un carnet de croquis, elle arrivait même à reproduire grossièrement les contours du paysage que les autres regardaient, à condition que les points de repère soient suffisamment nets. Mais sa faculté s'exerçait uniquement à travers le regard d'autrui.

Tous ceux qui avaient passé un certain temps en compagnie de la créature – scientifiques ou simples gardiens – éprouvaient une sorte de trouble, d'étourdissement, parfois même de migraine, lorsqu'elle s'insinuait ainsi dans le canal de leurs organes visuels. L'un des gardiens, notamment – un Américain d'origine irlandaise, du nom de Scanlon –, avait visiblement les faveurs de la créature, qui passait une grande partie de son temps à « regarder » ce que Scanlon voyait. Sur la suggestion d'Eagleton, et avec l'accord des scientifiques, on brancha un électrocardiographe et d'autres appareils enregistreurs sur la créature, afin de mesurer l'intensité de ses réactions physiques. Puis, sans avoir été informé de cette expérience, Scanlon fut emmené en voiture sur une route de montagne, à cent vingts kilomètres à l'heure. Les aiguilles des appareils tressautèrent dans tous les sens et les mesures recueillies dépassèrent toutes les prévisions.

Quel dommage, se dit Eagleton, qu'en dehors de ce talent la créature se montre aussi peu communicative ! L'information ne circulait que dans un sens. Elle était incapable de fournir la moindre lumière sur son unique pouvoir, tel un fou de génie parvenant à résoudre des problèmes de multiplication à dix décimales. Dire qu'une créature aussi fruste, un animal, ou presque, possédait un don pareil… Enfin, peut-être en saurait-on un peu plus après avoir pratiqué l'autopsie, qui risquait d'avoir lieu plus tôt que prévu, étant donné la manière dont sa santé se détériorait.

L'enjeu de toute cette opération était d'une telle importance qu'on ne pouvait pas se permettre la moindre erreur. Dieu seul savait ce que pouvait impliquer la possession d'un tel pouvoir. Avec les récentes avancées de la génétique, un transfert de ce don sur l'être humain était plus qu'envisageable – il était quasiment à portée de main. Et ses éventuelles retombées étaient absolument terrifiantes, ne serait-ce que sur le plan militaire. Une armée dotée d'un tel pouvoir serait tout simplement invincible. Et il n'était pas difficile d'imaginer ses applications potentielles en matière d'espionnage. Ou ses avantages lors des rencontres internationales, des conférences économiques, des négociations sur les quotas commerciaux avec les Japonais ou la Communauté européenne… Pas étonnant que les Russes remontrent le bout de leur nez.

Eagleton referma le dossier et appuya sur le bouton situé sous son bureau. Sa secrétaire arriva – encore une nouvelle, la troisième depuis le brusque départ de Sarah –, précédée d'une aura de parfum dont il n'aurait su dire la marque : son odorat était le plus atrophié de ses sens. Lorsqu'il lui tendit le dossier, elle le regarda et lui demanda :

« Désirez-vous autre chose, monsieur ? »

Il répondit d'un ton tranchant, comme quelqu'un qui a encore beaucoup de travail devant lui et n'a donc pas de temps à perdre en futilités :

« Non, rien d'autre. »

Elle quitta la pièce et referma la porte derrière elle. Eagleton saisit une mandibule et la fit sauter dans le creux de sa main. Puis il releva les yeux et regarda une fois de plus l'énigme de Khodzant. À l'extérieur, derrière l'écran des stores, l'obscurité tombait.

15

« Je ne vous parlerai pas de Rousseau – pas plus que de Locke ou de Schopenhauer. Je suis à tout jamais guéri de cette bande de philistins ignorants que sont les philosophes. Ils appartiennent à une partie de mon passé sur laquelle j'ai tiré un trait définitif. »

Kellicut était assis au pied d'un arbre – l'endroit rêvé pour une discussion sur la théorie du bon sauvage. Il paraissait en proie à une fébrilité tout à fait inattendue chez lui et qui étonna Matt, succédant à la noblesse étrange, quasi mystique, qu'il avait manifestée au début. Susan, qui s'était assise par terre, ne quittait pas des yeux leur ancien mentor, mais elle ne semblait pas avoir remarqué ce changement.

Matt s'adossa à un tronc d'arbre. Frappée par la vue d'un groupe d'hominiens qui cueillaient des baies non loin de là, Susan avait tenté d'amener la conversation sur les philosophes dont ils avaient si souvent disséqué la pensée, dans les bars de Cambridge, au cours d'interminables soirées. C'était une façon comme une autre de rompre la glace, mais Matt avait eu le sentiment qu'en procédant ainsi Susan avait inconsciemment adopté l'attitude de l'étudiante respectueuse et admirative qu'elle était jadis.

Dès qu'il l'avait aperçu, Matt avait remarqué à quel point Kellicut avait changé. Son long séjour dans la vallée avait émacié sa silhouette, développé ses muscles, bruni et tanné sa peau. Son âge lui donnait un air d'autorité plus frappant que jadis, ce que soulignait encore une ample barbe poivre et sel. Son visage était décharné et une lueur fanatique brillait dans son regard : on aurait dit un ange vengeur de l'Ancien Testament. Il ne portait pas une toge, finalement, mais une sorte de pagne confectionné à partir des lambeaux d'un vieux pantalon.

Curieusement, Kellicut n'avait pas manifesté la moindre surprise en apercevant Matt. Il est vrai que Susan avait déjà dû l'informer de sa présence. Néanmoins, après tant d'années de séparation et vu les circonstances on ne peut plus étranges de leurs retrouvailles, Matt s'était attendu à un accueil un peu plus chaleureux. Après tout, il débarquait de l'autre bout de la planète, en réponse à l'appel pressant de son ancien maître, et pensait que celui-ci lui en serait au moins reconnaissant – alors qu'il s'était montré distant, pour ne pas dire froid, lorsqu'ils s'étaient retrouvés quelques instants plus tôt.

Matt avait senti renaître en lui la vieille complicité d'autrefois et, criant pour couvrir le rugissement de la cascade, il lui avait lancé : « Tu nous as demandé de venir : eh bien, nous voilà ! » Puis il s'était avancé pour l'embrasser affectueusement. Kellicut n'avait pas bougé d'un pouce et s'était contenté de hausser un sourcil avant de répondre, d'une voix presque inaudible : « Effectivement, vous voilà… » Matt avait dissimulé sa déception mais, en agissant ainsi, il se rendait compte qu'il rejouait un rôle qu'il avait trop souvent tenu en présence de cet homme.

« Nous pensions que tu étais en danger.

– C'était ce que je voulais faire croire aux gens de l'Institut.

– Pourquoi ?

– Parce que je me méfie d'eux. Comme de n'importe qui, d'ailleurs. Je ne suis même pas certain de pouvoir vous faire confiance, à tous les deux. Il vous faudra faire preuve d'un peu de patience. »

Kellicut resta ensuite silencieux durant un long moment. Il n'avait pas l'air particulièrement tendu, au contraire, son esprit semblait apaisé, vacant – comme si quelque chose l'avait atteint dans le tréfonds de son être, avant de le retourner comme un gant.

Mais au bout de plusieurs heures, sur les insistances de Susan, il ne put s'empêcher de libérer le flot de paroles qu'il avait si longtemps contenu. Il parlait calmement, sans faire le moindre geste – et en s'adressant uniquement à elle.

« La philosophie n'est qu'un ramassis de mensonges débités par des bonimenteurs. Ce n'est pas à la pensée que je m'en prends, mais au langage lui-même, qui est par essence limité. Les mots ne peuvent pas saisir, capturer la pensée, ils sont même loin de pouvoir l'effleurer, et c'est pour cela qu'ils ne sont que mensonges. Le langage n'est pas un don, c'est un fardeau. On s'en aperçoit lorsqu'on parvient à communiquer de manière authentique, par un autre truchement. »

Kellicut revint en arrière et leur raconta ses longues recherches à travers les montagnes, sa découverte de la crevasse qui conduisait à la vallée et ses premières rencontres avec les hominiens.

« J'ai tout de suite compris qu'ils possédaient un pouvoir inconnu, extraordinaire. Je les avais déjà observés de loin et, sans pouvoir me l'expliquer, j'avais la certitude qu'ils avaient eux aussi conscience de ma présence, qu'ils m'observaient de leur côté – ou plus exactement qu'ils observaient *ma propre observation.*

« Je suis redescendu au camp, j'ai enterré mon journal et je suis revenu ici. Ils s'étaient tous rassemblés dans une clairière, comme s'ils avaient été prévenus de mon arrivée. Ce qui était évidemment le cas, mais je n'avais aucun moyen de le savoir à l'époque. Je n'éprouvais pas la moindre frayeur – d'ailleurs, pourquoi aurais-je eu peur ? Je commençais à les connaître un peu. Ils n'étaient pas violents, et mes intentions étaient pures. J'allais à leur rencontre en les considérant comme des êtres apparentés à moi, sur un plan supérieur.

« J'émergeai des buissons et me mêlai à eux. Ils ne manifestèrent pas la moindre surprise. Ils me reniflèrent et m'examinèrent avec curiosité, mais leur attitude n'avait rien d'hostile. J'essayai de distinguer leur chef, mais ils n'en avaient pas – en dehors de quelques anciens, comme je l'ai découvert par la suite, qui jouissent d'une sorte de respect, de considération générale. Au contraire, ils sont strictement égaux entre eux, de l'enfant le plus chétif à l'adulte le plus résistant. Ils ne se saluent pas et n'ont pas de geste équivalant à notre poignée de main, car ils n'ont nullement besoin de prouver le caractère amical de leurs intentions : celles-ci sont *toujours* pacifiques. Pour quelle raison auraient-ils des soupçons, dans un monde où les armes n'existent pas ?

« Ils savaient que j'avais faim et ils m'ont nourri – littéralement, en m'entourant et en portant la nourriture à mes lèvres. Et c'est à ce moment-là que j'ai perçu pour la première fois leur pouvoir. Lorsque je regardais la nourriture, ils m'en redonnaient. Et lorsque je détournais les yeux, même fugacement, ils s'interrompaient. Pourtant, nos regards ne se croisaient pas.

– Comment s'y prennent-ils ? » demanda Matt.

Kellicut se tourna vers lui et lui répondit, un peu sèchement :

« Tu ne l'as pas ressenti ?

– Je n'en suis pas certain.

– Lorsque cela se produit, on s'en rend immédiatement compte. On le sent à l'intérieur de soi, comme si l'on était un vase qui se remplit d'eau, ou qu'une brume vous envahissait le cerveau – je ne trouve pas de meilleure métaphore.

« Lorsqu'un seul d'entre eux intervient de la sorte, la sensation est généralement passagère. Mais quand ils s'y mettent à plusieurs, elle devient d'une intensité formidable. Le brouillard s'épaissit de plus en plus et, quand il se dissipe enfin, on a l'impression d'être lavé, purifié à l'intérieur de soi. Cela rappelle un peu les effets du LSD : on ressent la même impression de dissolution, d'immersion dans un courant puissant, infini. Cela n'a rien de terrifiant, au contraire, c'est plutôt... comment dire... stimulant, réconfortant. Comme si l'on faisait partie d'une entité plus vaste, après avoir brisé les chaînes de la solitude, au sens le plus fort du terme. »

Ils restèrent un moment silencieux, puis Kellicut reprit la parole :

« Ils vivent dans un état de béatitude intégrale. Songez un peu : ils sont végétariens, pacifiques, ils ne tuent pas les animaux, pas plus qu'ils ne se battent entre eux. Leur éthique est strictement communautaire. Ils n'ont aucune notion du moi, l'individualisme leur est inconnu. Comment pourrait-il en aller autrement, dès lors que l'esprit peut quitter le corps, qu'il ne prend tout son sens et n'existe littéralement qu'à travers le groupe ? La seule chose qui compte, c'est la tribu.

– Que se passe-t-il lorsque l'un d'entre eux meurt ? » demanda Susan.

Kellicut fut pris de court par sa question, mais ce n'était pas faute d'y avoir réfléchi. Il marqua une pause avant de répondre, d'une voix douce :

« C'est une autre affaire.

– Mais comment ce pouvoir psychique fonctionne-t-il au juste ? demanda Matt.

– Voilà une question bien terre à terre.
– On ne se refait pas, rétorqua Matt.
– Sa fonction n'est pas véritablement utilitaire. Il existe, un point c'est tout, dit Kellicut, que ces explications avaient l'air d'ennuyer.
– Mais est-ce qu'ils lisent dans les esprits, ou sont-ils simplement capables de voir ce que les autres voient ?
– Simplement ?
– Tu as fort bien compris ma question.
– Oui, mais étant moi-même incapable de pratiquer leur art, je ne vois pas comment je pourrais y répondre. Je ne l'ai expérimenté que dans un sens, en tant que récepteur – du moins pour l'instant.
– Que veux-tu dire ? demanda Matt. As-tu l'intention d'acquérir leur pouvoir ?
– Je n'irais pas jusque-là. Mais on peut toujours rêver.
– Ce n'est pas sans évoquer la perception extrasensorielle, dit Susan. À vrai dire, y a-t-il une grande différence entre le fait de lire dans l'esprit de quelqu'un et celui de voir ce qu'il voit – *a fortiori* lorsque le phénomène se produit entre les membres de deux espèces différentes ? Si nous pensions de la même façon qu'eux, ils pourraient sans doute déchiffrer nos pensées. Comme ce n'est pas le cas, ils perçoivent simplement ce que nous voyons.
– Je pense que tu as raison, dit Kellicut.
– Crois-tu que leur échec sur le plan du langage provienne uniquement du fait qu'ils n'en ont pas besoin ?
– Leur échec ?
– Bon, je retire le terme. Penses-tu donc qu'ils n'ont pas développé de langage parce qu'ils n'en avaient pas besoin ?
– Exactement. À quoi bon apprendre à ramper quand on sait marcher ?
– Dans ce cas, les paléontologues évolutionnistes, partisans de la thèse linguistique, ont peut-être raison :

la grande coupure a dû se faire parce que nous avons acquis le langage. Au commencement était le verbe…

– À une nuance près, mais elle est de taille : leur théorie présuppose qu'à partir de là l'*Homo sapiens* a connu un développement supérieur, que l'acquisition du langage a été pour lui un avantage plutôt qu'une entrave. Alors que nous pouvons constater ici que c'est l'inverse qui est vrai.

– L'inverse ?

– Tu ne comprends donc pas ? (Kellicut avait à nouveau l'air de s'ennuyer.) Ici, la communication a lieu sous sa forme la plus pure. L'individu est immergé dans le groupe. Le monde est achevé, parfait, il est donc inutile d'aller chercher plus loin. À quoi bon lutter pour le progrès, alors que le moindre changement ne pourrait qu'être de l'ordre de la régression ?

– Tout cela ne me semble pas très darwinien, dit Matt.

– Darwin n'a rien à voir là-dedans. Sa théorie concernant la survie des mieux adaptés était un brillant concept, mais dénué de toute dimension éthique ou morale. C'est l'histoire de l'univers vue comme une gigantesque et maléfique course d'obstacles, indéfiniment recommencée. L'histoire postérieure à la Genèse…

– Et ce que nous voyons ici remonterait plus haut ? demanda Matt.

– Évidemment. Si tu n'arrives pas à comprendre ça, je n'y peux rien. Ne vois-tu pas que tu es entouré de créatures confiantes, naïves, innocentes ? Tu as découvert l'Éden, le grand jardin du paradis, antérieur à la transgression d'Adam et Ève. Tout ici correspond au grand dessein de la nature, qui se répète à l'infini.

– L'Éden ? répéta Matt.

– Oui, l'Éden. Dans tous les sens du terme.

– Vraiment ? Cela signifie-t-il que nous devions nous attendre à rencontrer Dieu en personne ?

– Mais bien sûr. Cela m'est déjà arrivé. Et ce n'est pas tout.

– Que veux-tu dire ?

– Satan rôde également dans les parages. Et il est sur le point de se changer en serpent.

– Qui est Satan ?

– Ce n'est pas à moi de le dire. Je me trompe peut-être. »

Matt se demanda soudain – non sans réaliser que le soupçon l'effleurait déjà depuis un certain temps – si Kellicut n'était pas devenu fou. Il regarda Susan, qui semblait sous le charme. Pourquoi ne s'en apercevait-elle pas ?

Kellicut s'était replié dans un silence offusqué. Matt repensa à ce qui s'était passé dans la grotte, quelques jours plus tôt. Il se souvint brusquement de l'insistance avec laquelle Van leur avait demandé de fermer les yeux, lorsqu'ils s'étaient cachés dans cette faille. Mais oui, bien sûr – Van connaissait leur pouvoir ; il savait que les créatures pouvaient voir à travers les yeux d'autrui. *Il le savait depuis le début.* Cette découverte éveilla en lui une brusque colère.

« Avais-tu la moindre idée de ce phénomène avant d'arriver ici ? demanda-t-il à Kellicut.

– Absolument pas. »

Matt le crut.

« Et ces néandertaliens meurtriers que nous avons rencontrés, comment s'insèrent-ils dans le décor ?

– Je l'ignore. Je ne les ai personnellement jamais rencontrés, bien que je sache qu'ils lancent de temps en temps des raids jusqu'ici. Susan m'a raconté ce que vous avez vécu là-haut. Je suis désolé pour Sharafidin : il m'avait été d'un grand secours. Je suis également au courant de la mort de votre compagnon. L'essentiel de ce que je sais s'appuie sur des conjectures. Je suis en train d'élaborer une théorie à ce sujet, mais il serait prématuré d'en parler. »

Matt et Susan se gardèrent d'insister. Kellicut n'était pas du genre à se laisser fléchir, une fois qu'il avait pris une décision.

« Ce que j'aimerais comprendre, dit Matt, c'est la raison de leur violence. Ils ont tué Rudy sans l'ombre d'une hésitation.

– La réponse me paraît évidente, dit Kellicut.

– Et quelle est-elle ?

– Ils nous haïssent.

– Pourquoi donc ?

– Parce que nous les avons vaincus, et quasiment exterminés. Quasiment, mais pas totalement. Le pire des sorts que l'on puisse réserver à son ennemi, c'est de le laisser *à moitié* mort sur le terrain. »

Le soir même, Susan procéda à une expérience. Juste avant le crépuscule, elle s'éclipsa et partit se promener seule, en contournant le village. Elle marchait lentement, en frôlant les branches qui s'étendaient au-dessus du sentier. Ce n'était pas par peur qu'elle se déplaçait sans bruit : elle s'était déjà habituée à la vallée et au rythme de sa vie paisible, surtout en fin de journée. Si elle avançait ainsi en catimini, c'était pour éviter de se faire remarquer.

Elle entendit un bruissement dans les fourrés, vraisemblablement produit par un petit animal qui s'enfuyait à son approche et qui s'immobilisa soudain, mais lorsqu'elle passa près de lui, elle l'entendit à nouveau décamper à vive allure. Elle parvint à un embranchement, s'arrêta pour s'orienter et prit le sentier qui partait sur la gauche, où la forêt était plus épaisse. Elle se dirigeait vers un bosquet de bouleaux situé non loin d'un cours d'eau, où elle savait que Lévitique avait l'habitude de se rendre.

Pendant un bref instant, elle repensa au monde extérieur, à cette course perpétuelle qu'avait été sa vie, à ce qu'elle avait toujours considéré comme étant la réalité – alors qu'elle baignait à présent dans une sorte d'éternité, d'apesanteur. Pouvait-on passer sans heurt de l'un à l'autre de ces univers ? Elle réalisa brusquement combien tout ce qu'elle avait laissé derrière elle lui manquait. Mais en même temps, sur un autre plan, elle se sentait prête à y renoncer. N'y avait-il décidément aucun centre en elle ?

Au détour d'une courbe, elle déboucha sur le cours d'eau et aperçut Lévitique sur la rive opposée. Il se désaltérait avec avidité, les bras repliés contre ses flancs, dans la même position qu'un chat. Des vaguelettes partaient en cercles concentriques autour de son menton. Sa tête surmontée d'une épaisse tignasse noire était relevée et, sous ses sourcils proéminents, ses yeux étaient fixés sur Susan. Sa cicatrice brillait en travers de sa joue. Susan s'assit en face de lui, sur la berge opposée. Un mètre à peine les séparait.

Il redressa la tête et dévisagea la jeune femme, qui attendit. Dans cette position, les muscles de ses épaules étaient fléchis et paraissaient énormes. Il a la puissance et la souplesse d'une panthère, songea-t-elle. Elle regarda ses arcades sourcilières, qui tranchaient tant sur le reste de ses traits : impossible d'ignorer cette excroissance osseuse à la fois dure et pâle, cette énorme bosse qui lui déformait le front. Si l'on ajoutait à cela son menton fuyant et son crâne aplati, son visage paraissait distordu, étiré vers l'avant, comme le reflet difforme d'un embryon enfermé dans un bocal. Cette évocation la fit involontairement sursauter, comme cela arrive parfois juste avant qu'on ne sombre dans le sommeil. Quelque chose au fond de nous nous pousse-t-il à mépriser une autre espèce pour l'unique raison qu'elle nous ressemble et que les différences de détail nous apparaissent comme autant d'insupportables déformations ? se demanda-t-elle. Est-ce parce que nous redoutons nos propres déviations ? Et pourtant, ses yeux étaient splendides – clairs, humains. Susan remarqua que ses pupilles étaient de couleur noisette et que le blanc était strié d'infimes vaisseaux sanguins. Elle eut brusquement envie de tendre la main et de lui toucher le front, en se demandant si son contact s'avérerait mou ou résistant. La répulsion et l'attirance étaient décidément intimement liées…

Elle apercevait dans l'eau sombre le reflet du visage de Lévitique, sous l'angle même où il lui était apparu la première fois, lorsqu'il la portait dans ses bras en descendant de la montagne. Il s'arrêta de boire et la fixa à son tour. Susan retint son souffle et commença à éprouver la sensation qui avait motivé sa visite. Cela surgissait quelque part à la périphérie de son esprit, comme une ombre qui s'étend, puis gagnait en puissance et en densité à une allure surprenante. Elle resta assise, sans faire un geste, et laissa le flux s'insinuer en elle. Il s'intensifia et se répandit jusqu'à ce qu'une onde chaude, semblable à de la cire fondue, s'infiltre dans son crâne et l'emplisse, jusqu'au sommet de sa moelle épinière. Susan était pétrifiée. Son esprit s'élevait, s'envolait, dépassait la cime des arbres et se perdait dans les nuages ; puis il se mit à flotter, comme une plume, avant de redescendre lentement et de s'immobiliser. Ils gardèrent un instant les yeux fermés, unis et confondus dans un même regard. Puis Lévitique se leva, fit demi-tour et se dirigea vers les fourrés, sans se retourner.

Susan resta assise un long moment au même endroit, savourant les dernières lueurs du jour. Elle réalisa brusquement que la nuit était tombée. Elle se releva, défit nonchalamment les boutons de son chemisier et se débarrassa de son pantalon, puis de son slip, avant de se glisser lentement dans l'eau noire.

Resnick n'aimait pas pénétrer lui-même dans la cellule, tant à cause de l'odeur que de l'angoisse grandissante qui l'envahissait à chacun de ses passages. Mais à présent l'odeur était véritablement insoutenable. Il était difficile de savoir d'où elle provenait. Il avait d'abord pensé qu'elle était due à la constipation et aux flatulences provoquées par un régime inapproprié, puis qu'elle émanait des glandes sudoripares, avant de se rabattre sur l'eczéma. Ils avaient tout essayé pour y remédier, y compris de savonner et de doucher la créature à grande eau, à l'époque où elle l'acceptait : mais rien n'y avait fait, et ils y avaient finalement renoncé. Quand l'odeur remontait dans les étages supérieurs, ils faisaient brûler de l'encens. Et lorsque les gardiens s'introduisaient dans la cellule, ils se protégeaient le bas du visage avec des masques de gaze imprégnés de produits désodorisants.

Resnick avait une autre raison d'appréhender la créature, mais il ne l'avait avouée à personne : il souffrait atrocement de ces brusques maux de tête. Il valait mieux garder cela pour soi. Qui sait... Peut-être était-ce son propre cerveau qui lui jouait des tours, à la suite d'un quelconque problème psychosomatique.

Lorsqu'il était étudiant, des décennies plus tôt, il avait été le plus fidèle assistant de Van Steeds. À l'époque, Van était en train de se frayer un chemin triomphal au sein du département de psychologie de l'université de Chicago. Harry Harlow lui-même, depuis sa chaire voisine du Wisconsin, avait été contraint de remarquer la présence de ce brillant diplômé et, à un degré moindre, de son jeune assistant. Van était behaviouriste en ce temps-là, avant de se lancer dans ces obscures recherches en psycholinguistique. Il était débrouillard et toujours à l'affût des dernières découvertes, dévorant des quantités phénoménales d'articles publiés dans des revues dont nul n'avait jamais entendu parler. L'espace d'une seconde,

Resnick revit brusquement Van, assis dans la cafétéria du sous-sol et lui expliquant avec une once de condescendance la toute dernière théorie relative à la fixation de l'ADN.

À l'époque déjà, Van était un peu bizarre. Un jour, en pénétrant dans le labo, Resnick l'avait trouvé, assis devant une petite table blanche et disposant des cerveaux de rats sur des plaques de verre.

Après avoir été opérés et soumis à divers tests de perception, les rats avaient été « sacrifiés », pour reprendre le pudique jargon scientifique. Leurs cadavres flasques et blanchâtres, à la queue rose et au crâne défoncé, s'entassaient à ses pieds sur un vieux journal, à côté d'une peau de banane. Van finissait de mâcher le fruit en question, tout en découpant les cerveaux avec le regard morose d'un commis boucher débitant des tranches de jambon.

Délaissant les rats, Van et Resnick étaient passés aux macaques. Les interventions étaient nettement plus complexes et leur prenaient des heures. Lorsqu'il se retrouvait dans le bloc opératoire miniature – même le masque d'anesthésie avait la taille d'un jouet –, Resnick se comportait comme s'ils étaient d'authentiques médecins pratiquant une opération de neurochirurgie sur un accidenté de la route, et tendait d'un air solennel les instruments stérilisés à Van. À dire la vérité, ces opérations étaient *très* avancées pour l'époque : Van s'intéressait à des zones du cerveau encore largement inconnues, à ceci près que son but n'était nullement de soigner le tissu cérébral – il tentait au contraire de le détruire. Sa méthode était rudimentaire : il provoquait des lésions à l'aide d'une aiguille reliée à un flacon de liquide nitrogène, puis il amputait la région du septum. Lorsqu'il reprenait connaissance, le singe réagissait automatiquement et sombrait dans de violents accès de rage à la moindre stimulation, de sorte qu'il suffisait de longer la rangée de cages où étaient enfermés les animaux – tous équipés d'une fiche métallique qui leur pendait du crâne – pour qu'ils se mettent aussitôt à trépigner comme des possédés. Lorsque Van procédait à l'ablation des amygdales, le singe redevenait calme et étalait ses excréments sur les murs de sa cage, comme un enfant faisant de la peinture avec ses doigts dans une garderie. Lorsqu'il amputait certaines parties de l'hypothalamus, notamment le mystérieux repli du troisième ventricule où l'on pense pouvoir situer le centre des fonctions émotives, le singe restait assis, totalement apathique, privé de réactions et vidé de toute personnalité. Un jour, Van avait placé une électrode dans la zone commandant les fonctions érogènes, en la reliant à un appareil qui excitait le singe en permanence. Il l'avait laissé seul jusqu'à ce qu'il meure d'épuisement. « Soixante et une heures, avait-il commenté après avoir regardé les cadrans. Il existe de pires façons de quitter ce triste monde. »

C'était Van qui avait obtenu ce poste pour Resnick, et ce dernier lui en était reconnaissant. Néanmoins, il ne pensait pas que cela donnait à Van le droit de débarquer ici à l'improviste, comme cela lui arrivait fréquemment, peu après que la créature eut été capturée. Van était irrité par les maigres résultats qu'avaient donnés les tests et il faisait preuve d'une certaine brutalité lorsqu'il branchait les fils de l'électrocardiographe et des autres appareils qui provoquaient le courroux du « sujet ». Resnick était soulagé que Van n'ait plus remis les pieds ici depuis des mois.

En tendant le bras pour saisir sa tasse de café, Resnick surprit un vague mouvement sur l'écran supérieur gauche. C'était sans doute Allen ou Grady qui s'approchait des barreaux. Il reconnut finalement Allen : au-dessus du masque de gaze, sa moustache en guidon de vélo apparaissait nettement sur l'écran noir et blanc.

Allen portait des lunettes noires – identiques à celles dont Van se servait –, et c'était une erreur car cela semblait contrarier la créature. Il apportait les trois courroies supplémentaires, épaisses de cinq bons centimètres. Grady apparut à son tour et la créature se mit à pousser son affreux gémissement. Les clefs cliquetèrent lorsqu'ils ouvrirent la porte de la cellule. Resnick regarda sa tasse et se dit qu'il en boirait bien une autre. Il quitta la pièce, ce qui n'était pas précisément autorisé – le règlement exigeait une présence constante –, mais après tout, deux des gardiens étaient en bas. Le troisième était en train de préparer l'appareil servant à gaver la créature et les rejoindrait d'une minute à l'autre. Le spectacle n'avait rien de très ragoûtant, il fallait bien le reconnaître, même sur un écran vidéo.

Resnick se rendit aux cuisines et prit son temps pour préparer du café, en chantonnant tout haut. Lorsqu'il revint dans la salle de contrôle, le gavage était terminé. Il crut apercevoir des giclées de nourriture sur les murs de la cellule, mais peut-être était-ce un simple effet de son imagination. Les gardiens parlaient entre eux. « L'enfoiré m'a pissé dessus », disait Grady. Allen éclata de rire. Resnick vit la porte de la cellule se refermer et l'entendit claquer lourdement, mettant un terme au gémissement lancinant. Une forme confuse oscilla lentement sur l'écran.

Brusquement, comme les fois précédentes, Resnick sentit une intense douleur lui traverser le crâne : elle prenait naissance à l'arrière de ses lobes temporaux et se propageait vers l'avant, en se répandant comme une coulée de lave. C'était – et de très loin – bien pire que toutes les migraines qu'il avait pu connaître. Il saisit le flacon d'aspirine géant, en sortit quatre cachets et les avala avec son café.

Il se demandait parfois ce que Van avait bien pu trafiquer, au cours de ses visites dans la cellule du sous-sol. C'était apparemment depuis cette période que la créature était devenue aussi difficile à contrôler.

16

Matt et Zyeux-Bleus dessinaient de grands cercles dans la fosse, chacun cherchant à prendre l'avantage sur son adversaire. Zyeux-Bleus – qui avait hérité du surnom de Sinatra parce qu'il aimait fredonner certains sons – n'était pas un excellent lutteur, mais il avait du cran.

À dire vrai, les hominiens n'étaient pas très doués pour la lutte, en dépit de leur force colossale. Il s'agissait d'un art martial, et des notions telles que la domination, la victoire ou la défaite ne correspondaient strictement à rien dans leur univers mental. Ils n'étaient pas insensibles à la vue d'une chute spectaculaire, mais il était difficile de savoir si cela les amusait ou non, puisqu'ils ne riaient pas : cela semblait plutôt les exciter. Les sentiments qu'ils éprouvaient demeuraient un mystère, aux yeux de Matt et de Susan. Tout ce qui reposait sur la ruse, l'astuce, la dissimulation – les jeux où il fallait subtiliser certains objets, par exemple – suscitait en eux une totale incompréhension. Mais certaines de leurs activités étaient visiblement ludiques. Les enfants se pourchassaient souvent entre eux en poussant des glapissements stridents, même si cela ne se terminait jamais par des bagarres ou des affrontements. Susan avait essayé de leur apprendre à jouer à chat, sans le moindre succès – car le principe même du jeu, résumé par la formule : « C'est toi qui l'as », était hors de leur sphère de compréhension.

La notion de séparation, de frontière, leur était tout aussi étrangère. En réfléchissant à la question, Matt s'était demandé si l'idée même d'une délimitation arbitraire de l'espace n'était pas liée à l'égocentrisme. Puisque leurs pouvoirs psychiques leur permettaient d'étendre leur perception du monde bien au-delà de l'horizon, et de revenir en une fraction de seconde à leur point de départ, comment auraient-ils pu concevoir la notion de limite ? Mais il ne devait pas tarder à découvrir que dans un domaine essentiel, celui de la mort, les délimitations étaient strictement établies.

Sur un plan plus pratique, Matt s'aperçut qu'il ne servirait à rien de tracer les contours d'un enclos destiné à la lutte. Mais il découvrit dans le centre du village un espace suffisamment vaste, où le sol s'était affaissé – il le surnomma « la fosse » –, et qui lui permit d'apprendre aux hominiens les rudiments de ce sport. Les concurrents restaient généralement à l'intérieur, mais il leur arrivait parfois de se rouler par terre au beau milieu d'un combat et, lorsqu'une telle envie les prenait, rien ne pouvait les en détourner.

Matt aimait ce contact physique. Il se souvenait de la décharge émotive qu'il avait ressentie le jour où il avait saisi la main de Tristemine. Mais il ne pouvait pas dire que la promesse latente de ce premier échange eût été confirmée. Cela faisait maintenant des jours qu'ils vivaient dans la vallée, mais ni lui ni Susan n'avaient réussi à amorcer l'ombre d'un dialogue avec les hominiens.

Ceux-ci, de leur côté, semblaient se désintéresser de la présence des deux humains. Matt et Susan n'avaient certes pas l'impression d'être tenus pour indésirables : ils se sentaient au contraire victimes d'une indifférence qui finissait par les rendre invisibles. « Ça ne me dérange pas, dit un soir Matt à Susan, sur le ton de la plaisanterie. J'ai vécu en Angleterre ; j'ai l'habitude d'être rejeté. » Mais ce sentiment de solitude, d'isolement, commençait à être pesant. Ils n'avaient aucun interlocuteur en dehors d'eux-mêmes – et, à un degré moindre, de Kellicut, qui s'absentait souvent et préférait vivre dans une grotte, près de la cascade, afin de poursuivre ce qu'il appelait son « instruction spirituelle ». Lorsqu'il était en leur compagnie, sa présence suscitait des tensions. Matt trouvait que Kellicut se comportait comme s'il avait été amputé d'une bonne partie de son cerveau. Susan était au contraire convaincue qu'il avait atteint un niveau de pensée supérieur. Mais surtout, il n'accordait son attention et son approbation qu'à Susan et paraissait nourrir une hostilité grandissante à l'égard de Matt.

« Tu l'admires toujours autant, n'est-ce pas ? lança un jour Matt à Susan.

– Bien sûr », se contenta-t-elle de répondre.

Pour l'instant, Matt et Zyeux-Bleus tournaient en dessinant des cercles dans la poussière, comme les deux pointes d'un compas. Matt se mit à sautiller sur place, en prélude aux feintes et aux esquives qui s'étaient auparavant révélées efficaces. Maladroitement, Zyeux-Bleus fit un pas de côté et écarta les bras, comme un danseur désemparé cherchant à retrouver la cadence. Matt se fendit à droite en visant la jambe gauche de son adversaire. Zyeux-Bleus s'affola et vacilla sur la droite, perdant l'équilibre et manquant s'étaler par terre, alors que Matt ne l'avait même pas touché. Mais il se redressa et les deux lutteurs reprirent leur ronde silencieuse.

Zyeux-Bleus était jeune. Au début, Matt avait eu de la peine à donner un âge aux hominiens. L'excroissance osseuse de leur front ridait profondément leur visage et, à moins qu'ils n'arborent certains signes évidents de vieillesse – des cheveux blancs, ou des seins flasques et pendants –, la plupart des mâles et des femelles conservaient longtemps la même allure une fois qu'ils avaient atteint l'âge adulte. Mais peu à peu Matt parvint à repérer certains indices. La force physique et la vivacité de la démarche étaient du nombre et, en fonction de ces deux critères, Zyeux-Bleus devait selon lui avoir une vingtaine d'années. En regardant les énormes biceps et la poitrine bombée de son adversaire, Matt songea que celui-ci aurait aisément pu le réduire en bouillie, si l'envie lui en avait pris.

Soudain, Zyeux-Bleus baissa la tête et fonça sur la jambe droite de Matt. Celui-ci se détourna pour l'éviter, perdant vaguement l'équilibre et s'exposant du même coup du côté gauche. Zyeux-Bleus pivota et se précipita, lui empoigna la jambe et le hissa sur son dos, avant de le soulever à bout de bras au-dessus de sa tête avec autant d'aisance que s'il avait porté une simple branche. Puis il le projeta trois bons mètres plus loin. Matt atterrit sur le sol avec un bruit sourd. Il était tellement surpris qu'il lui fallut un certain temps pour réaliser qu'il était retombé du côté où il avait été blessé. Zyeux-Bleus s'était assis au bord de la fosse et ne paraissait visiblement pas se ressentir de son effort. Susan, qui avait suivi la scène à quelques mètres, fut prise d'un tel fou rire qu'elle fut obligée de s'asseoir. Un peu plus loin, les jambes repliées dans la position du lotus, Kellicut contemplait l'horizon.

Plus tard dans la soirée, alors qu'ils étaient assis ensemble autour du feu, Susan fut prise d'un nouveau fou rire lorsqu'ils évoquèrent l'incident.

« Si tu avais vu la tête que tu faisais ! dit-elle, avant d'ajouter, sur un ton plus sérieux : Mais je suppose que tu as saisi toute la portée de l'événement ? Cela prouve au moins que nous pouvons leur enseigner quelque chose.

– Non ! »

La voix de Kellicut s'était élevée dans la nuit. Ils avaient oublié sa présence.

« C'est nous qui avons tout à apprendre d'eux », précisa-t-il.

Kellicut était encore sous le choc de la victoire qu'il avait remportée, l'après-midi même, et dont il s'était abstenu de leur parler. Alors qu'il méditait, non loin de la fosse, une fraction de seconde avant que Zyeux-Bleus n'attaque, l'image des jambes de Matt avait surgi du néant et s'était imprimée dans son esprit, aussi nette que la photo du mont Rushmore qui le fascinait tant dans sa visionneuse d'enfant.

Deux jours plus tard, par un chaud après-midi, Matt et Susan firent l'amour.

Il avait plu durant la matinée et leurs vêtements étaient trempés. Ils décidèrent de les enlever dès que la pluie aurait cessé et de les étaler sur un rocher pour les faire sécher au soleil. Matt se déshabilla le premier, en tournant le dos à Susan. Tout en ôtant son pantalon, la jeune femme observait les fossettes et les courbes musculeuses du corps de son compagnon.

« Je ne sais pas ce que tu en penses, dit-elle, mais pour ma part je commence à me trouver un peu ridicule avec ces vêtements, alors que tout le monde se balade à poil autour de nous.

– Je t'avouerai m'être fait la même réflexion.

– C'est un comportement quasiment antisocial, comme de s'habiller pour assister à une réunion de nudistes.

– Je suis sûr qu'ils en discutent entre eux – enfin, qu'ils échangent des pensées à notre propos. »

Matt se retourna. À travers le slip mouillé de Susan, il distinguait parfaitement le triangle noir de sa toison pubienne.

« Eh bien, quant à moi je suis prête à faire le plongeon, dit-elle. Au moins pour cet après-midi. »

Elle ôta son slip, en évitant délibérément de regarder le pénis de Matt. Comme celui-ci la contemplait, elle ressentit une contraction involontaire dans le creux du bas-ventre.

« Je dois admettre que tu es superbe », lui dit Matt, d'un air sincèrement admiratif.

Susan ne fut pas sans éprouver une certaine fierté. L'art subtil de l'effeuillage avait toujours été sa spécialité.

Ils rejoignirent un pré voisin. Susan retint un sourire ironique en songeant au tableau qu'ils devaient former : Adam et Ève arpentant le jardin d'Éden avant la chute, comme sur une vieille gravure biblique. Parvenus au milieu du pré, ils s'assirent : l'herbe jaune les entourait de toutes parts et leur faisait un nid protecteur. Susan s'allongea et Matt s'étendit à côté d'elle, les mains derrière la nuque. Au bout d'un moment, Susan se redressa, en appui sur son coude, et promena lentement ses doigts sur la poitrine et le ventre de son compagnon. Elle sentit une onde de chaleur et une brusque humidité entre ses cuisses : elle tourna la tête et vit que Matt entrait en érection. Elle lui sourit, se jucha sur lui et étendit les jambes, en l'embrassant avec fougue.

Plus tard cette nuit-là, de retour sous la tonnelle, ils firent l'amour une nouvelle fois. Ils restèrent ensuite étendus dans les bras l'un de l'autre. De la pointe de son doigt, Matt caressait le menton de Susan.

« À quoi penses-tu ? lui demanda-t-elle.

– Tu as une très belle mandibule. Tu ferais un fossile parfait. »

Ils se turent un moment.

« Tu sais, Matt, je ne l'ai jamais avoué à personne et je m'étais juré de ne pas te le dire si nous devions nous retrouver un jour – à quoi bon te donner une telle satisfaction ? –, mais il m'a fallu beaucoup de temps pour tirer un trait sur notre histoire et cesser de penser à toi. »

Matt acquiesça en silence.

« Je ne sais pas pourquoi je te raconte tout ça. Mais il est sans doute préférable que tu le saches, même si je n'en perçois pas très bien la raison. Après notre rupture, je suis allée en Pologne pendant quelque temps – c'était en 1981, à l'époque de Solidarité – et j'ai rencontré tous ces gens qui cherchaient à se réapproprier leur passé. Ils avaient la conviction qu'il leur fallait remplir " les pages blanches de l'Histoire ", comme ils disaient, avant de pouvoir aller de l'avant. Le soulèvement de Varsovie, les charniers de Katyn, les purges, les procès, les massacres ouvriers – tout cela devait ressortir au grand jour. C'était chez eux une obsession.

« Cet après-midi, lorsque nous avons fait l'amour, j'ai eu plus ou moins la même impression. Mon passé a ses pages blanches, lui aussi, et j'ai pensé qu'il valait mieux que je t'en parle si je voulais, si nous voulions, envisager quoi que ce soit ensemble. Et qu'il fallait que tu me parles toi aussi de ce qui s'était passé entre Anne et toi. »

Anne… Pourquoi avait-il fricoté avec elle ? À quel obscur motif avait-il obéi ? Matt s'était posé la question des centaines de fois, revivant la soirée où tout avait basculé, sur la plage, devant la maison qu'ils avaient louée tous les trois, l'été où il s'était fiancé avec Susan. Anne et lui étaient seuls ce soir-là, il faisait chaud, il l'avait rejointe avec deux verres de gin-tonic et ils s'étaient assis côte à côte sur une couverture. Lorsqu'il s'était penché pour l'embrasser, elle s'était d'abord écartée, un court instant, avant de se tourner vers lui en poussant un soupir, l'air presque triste, et il avait brusquement compris qu'elle le désirait – sans doute depuis déjà un certain temps. Mais pourquoi avait-il succombé ? La question l'avait souvent effleuré mais il ne s'était jamais donné la peine de la creuser : il redoutait trop ce qu'il risquait ainsi de découvrir, à son propre sujet.

« Tu me demandes en fait pourquoi j'ai agi de la sorte, répondit-il enfin. Sincèrement, je suis incapable de te le dire, et ce n'est pas faute de m'être posé la question, je puis te l'assurer. Tout ce que je sais, c'est qu'après ça je n'étais pas très fier de moi.

– Matt... Il y a une chose que je ne t'ai jamais avouée. »

Matt prit une profonde inspiration et Susan poursuivit :

« Ce n'est pas très facile à dire, je ne ferai donc pas de grandes phrases. À la même époque, ou du moins pendant une partie de cette période, j'ai eu moi aussi une liaison avec quelqu'un. Elle avait commencé l'été précédent, pendant ton absence. Cet homme comptait beaucoup pour moi et je n'arrivais pas à rompre avec lui. J'ai essayé, lorsque nous avons projeté de nous marier, mais j'en étais incapable. »

Elle marqua une pause, puis reprit :

« Eh bien voilà, ce n'était pas si difficile que ça, finalement. (Maintenant qu'elle était lancée, elle ne pouvait plus s'arrêter.) Et donc, chaque fois que tu t'éclipsais, à l'époque de ta liaison avec Anne, j'allais le retrouver de mon côté. Et lorsque nous avons eu ces scènes épouvantables, où je t'ai accusé d'avoir un comportement pathologique en matière d'infidélité, j'étais incapable de te l'avouer. Je me disais que je ne voulais pas te faire de la peine, mais la vérité c'est que j'avais peur – peur de perdre... de perdre le droit de me plaindre. Mais après notre rupture – et cela n'a fait qu'aggraver les choses –, j'ai réalisé que j'étais fautive moi aussi, et que tu ne le saurais jamais. Je l'ai profondément regretté par la suite, et je le regrette encore aujourd'hui. »

Elle l'étreignit violemment.

« Matt... Quoi qu'il advienne à l'avenir, il faut que nous puissions avoir confiance l'un en l'autre. Il n'y a rien de pire que le mensonge et la trahison. »

Matt ne savait pas trop quoi répondre. Il la serra doucement contre lui, un long moment. Dans le flux d'émotions qui l'agitait, il était incapable de discerner la nature exacte de ses sentiments. Il eut envie de demander à Susan qui était l'individu en question, mais comprit brusquement que c'était inutile : il connaissait déjà la réponse. Une seule personne pouvait avoir tenu ce rôle : Kellicut, évidemment…

Eagleton manipulait la hache de pierre, taillée en forme de demi-lune et d'une teinte rose, légèrement saumon. Elle avait été sculptée un million deux cent mille ans plus tôt : une main inconnue, déjà plus humaine qu'animale, en avait dégagé le tranchant par une série d'entailles, chacune aussi parfaite qu'une empreinte de doigt. L'objet était de toute beauté. Il l'avait emprunté à un musée, par l'entremise d'un conservateur peu soucieux d'approfondir les vagues explications qu'il lui avait données concernant l'usage qu'il comptait en faire. La vérité, c'est qu'il espérait s'en servir à la manière d'un pendule ou d'une baguette de sourcier. En bon détective, Eagleton savait qu'on ne remonte jamais assez loin dans le temps pour résoudre un mystère.

Il attendait Dan Wilkinson, le neurologue rattaché au service des renseignements du ministère de la Défense, qui s'était spécialisé dans l'étude des phénomènes parapsychologiques. En 1985, Wilkinson avait pratiqué une série d'expériences sur la vision à distance, qui étaient demeurées célèbres dans le cercle étroitement surveillé des initiés s'intéressant à un tel sujet. Dans une salle de conférences décorée de vitraux, au troisième étage d'un bâtiment on ne peut plus officiel de Washington, il avait présenté à un groupe de scientifiques les performances d'un médium. Entre autres expériences, il avait indiqué à cet homme les degrés de latitude et de longitude d'un lieu bien précis, en lui demandant de dessiner ce qu'il voyait à distance à cet endroit. Sur un carnet de croquis, l'homme avait lentement dessiné une maison à colonnades, pratiquement identique à celle qui figurait sur une photographie enfermée dans une mallette de cuir noir. C'était la datcha de Mikhaïl Gorbatchev.

Le scepticisme persista au cours de la décennie suivante, même si le Ministère s'assurait à plein temps les services de trois médiums spécialistes de la vision à distance. On les avait installés à Fort Meade, dans le Maryland, où ils entraient périodiquement en transe, au fond d'une pièce obscure, pour essayer de localiser les otages américains du Liban, les déplacements de Saddam Hussein ou les positions des sous-marins soviétiques. En 1994, le Congrès avait transféré le programme à la CIA, qui avait suggéré une diminution des crédits. Et en novembre 1995, un article du *Washington Post* avait révélé l'affaire au grand jour. Pour l'instant, Wilkinson était au chômage.

Eagleton le laissa mariner quelque temps dans la salle d'attente avant de l'introduire dans son bureau. Il se méfiait de Wilkinson, non seulement parce qu'il avait su grimper les échelons d'un puissant service de renseignements, mais parce que tout comme lui c'était un bureaucrate-né, un bâtisseur d'empire – et qu'ils visaient tous deux le même but : la direction du département scientifique et technologique de la CIA. Un rival est une chose, un rival *intelligent* en est une autre… Mais Eagleton avait besoin de ses compétences neurologiques et l'avait donc mis – partiellement – dans la confidence.

Il appuya sur l'interphone et demanda à la réceptionniste d'introduire son rival. Wilkinson arriva, chargé de deux paquets qui ressemblaient à des cartons à chapeau et qu'il déposa sur le bureau d'Eagleton, avant d'appuyer sur le bouton qui coupait l'émission du désinfectant.

« Mieux vaut se passer de votre exterminateur de cafards, Eagleton. Dieu sait l'effet qu'il pourrait avoir sur ce vénérable trophée. »

Eagleton commençait à regretter d'avoir envoyé le crâne néandertalien à Wilkinson et de l'avoir autorisé à prendre connaissance de certains comptes rendus de l'opération Achille. Dieu merci, sa localisation exacte était toujours secrète.

« Je suppose que vous m'apportez le moulage, dit-il. Que donne-t-il ?

– Le moulage endocrânien, précisa Wilkinson. Voyez vous-même. »

Il souleva le couvercle de l'une des boîtes avec autant de cérémonie qu'un maître d'hôtel présentant la spécialité du chef. Eagleton découvrit la reproduction parfaite d'un cerveau, dont la couleur évoquait vaguement celle des Malabar mais qui était fabriqué en pâte de silicones. Au premier coup d'œil, on aurait dit un cerveau humain mais, après une observation plus approfondie, certaines différences apparaissaient : il s'étirait davantage vers l'arrière et s'élargissait au niveau des lobes occipitaux, alors que les lobes frontaux étaient d'une taille plus réduite.

« Incroyable, n'est-ce pas ? dit Wilkinson. Nous n'avons jamais fait une réplique aussi parfaite. Les sillons internes de la paroi crânienne étaient remarquablement nets, ce qui nous a permis d'en faire une excellente copie. On distingue fort bien la spécificité des régions neurales.

– Je l'avais remarqué, dit sèchement Eagleton. Mais que nous apprend-il ?

– Tout d'abord, son volume est énorme : une capacité légèrement supérieure à 1 650 millilitres, alors que la moyenne d'un cerveau humain actuel se situe entre 1 200 et 1 500 millilitres. Il présente également une dominance cérébrale – ce qui signifie, en d'autres termes, que l'individu était droitier. Au fait, il s'agit bien d'un homme, n'est-ce pas ?

– Je n'en ai pas la moindre idée. »

Wilkinson s'empara d'un crayon et le promena le long du cerveau.

« Vous remarquez bien sûr la taille des lobes occipitaux – on pouvait du reste s'y attendre, vu la proéminence de l'ossature crânienne à cet endroit. (Il ouvrit l'autre boîte, qui contenait le crâne envoyé par Eagleton.) Vous voyez cette crête, près de l'os occipital ? C'est l'éminence juxta-mastoïde, où se rattachent les muscles du maxillaire inférieur. C'est cela qui donne à sa mâchoire la puissance d'un étau. On peut imaginer qu'il se servait de ses dents comme d'une troisième main. Ce que confirment les empreintes des incisives, qui sont extrêmement larges.

– Il me semble que vous omettez l'essentiel…

– J'y arrive, répondit Wilkinson d'un air contrarié. Voilà, c'est ici, ajouta-t-il en tapotant du bout de son crayon la partie latérale du cerveau. Observez bien cette région : la zone de Broca, la zone de Wernicke notamment. Ne constatez-vous rien d'étrange ? »

Eagleton ne répondit pas et attendit la suite.

« C'est à cet endroit que se situe le centre du langage, chez les humains. Or, ici, il est absent – virtuellement inexistant. »

Wilkinson marqua une pause, puis promena son crayon à la surface du cerveau.

« Maintenant, observez bien ceci. C'est le cortex. Chez l'être humain, une grande partie – plus de la moitié – du cortex reçoit les informations visuelles. Mais ici, la proportion atteint 90 %. C'est cette zone qui permet la vision à distance.

– Comment cela fonctionne-t-il ?

– Impossible de le savoir tant que nous ne disposerons pas du cerveau lui-même. Mais je hasarderais une hypothèse : d'une manière ou d'une autre, cette créature est capable de s'introduire dans le champ de réception visuelle de ses semblables. Elle parvient à déchiffrer les impulsions neurales, probablement par le double canal parvi- et magni-cellulaire. À mon avis, elle ne peut le faire qu'en remontant directement à la source principale du cortex – le thalamus lui-même. »

Le thalamus... songea Eagleton. Dérivé du grec ancien – où il signifiait antichambre, ou chambre nuptiale –, le mot désignait le centre de sécrétion le plus enfoui du cerveau, une petite boule située juste au-dessus de la tige cervicale.

« Si mon hypothèse est exacte, reprit Wilkinson, cela implique évidemment un certain nombre de retombées.

– Par exemple ?

– Pour commencer, cette faculté n'est peut-être pas uniquement limitée à la vue. Dans le cadre de l'opération Achille, nous l'avons vue s'exercer, peu ou prou, entre des membres d'espèces différentes. Mais il n'est pas impossible que son pouvoir soit beaucoup plus étendu au sein d'une même espèce. Sur un certain plan, elle se rapproche peut-être de la télépathie – d'un véritable transfert de pensée. Comme les humains formulent l'essentiel de leur pensée par le biais du langage, il n'est guère étonnant qu'un néandertalien n'y comprenne pas grand-chose. Mais entre eux, il en va peut-être tout autrement.

– Peut-on enrayer ce processus ? En gardant les yeux fermés, par exemple ?

– En théorie, cela devrait faire une différence. Si le champ de réception ne fonctionne pas, ou ne présente qu'un écran ténébreux, comment pourrait-on s'y introduire ? Mais, dans la pratique, les choses se passent-elles réellement ainsi ? Il est impossible de le dire.

– Si un être humain s'approchait d'un néandertalien, celui-ci aurait-il automatiquement conscience de sa présence ?

– Là encore, impossible de le savoir. Si je devais formuler une hypothèse, je répondrais sans doute par la négative. Cette faculté n'est probablement pas d'ordre passif – contrairement à l'audition, par exemple, qui fonctionne en permanence, même pendant le sommeil. Il me semble que cela entraînerait une surcharge exorbitante des stimuli et qu'on deviendrait rapidement marteau rien qu'à tenter de démêler l'écheveau des messages reçus. Il me paraît plus vraisemblable que ce regard intérieur soit consciemment dirigé, comme il en va d'ailleurs pour la vue ordinaire. Il ne s'agit pas d'un système d'alarme. Il faut en quelque sorte le brancher pour s'en servir.

– Si votre hypothèse concernant le thalamus est exacte, quelles en sont les répercussions ? »

Wilkinson haussa les épaules. Il s'engageait à présent sur le terrain de la pure spéculation.

« Nous ne savons pas grand-chose sur le thalamus. Mais sa position laisse à penser qu'il est à la fois d'une extrême importance et d'une grande fragilité. Les gens qui croient à la perception extrasensorielle s'y intéressent particulièrement : il est possible que cet organe soit le centre d'une capacité que l'homme n'exploite plus, ou qu'il n'a pas encore développée. Ceux qui envisagent l'existence d'une matrice physiologique ou génétique de l'ego, de la conscience de soi, cherchent également de ce côté. Enfin, il y a bien sûr un troisième facteur.

– Lequel ?

– C'est que le thalamus est inextricablement lié à l'ensemble du réseau sensoriel – et tout particulièrement à la douleur. Vous n'avez jamais eu la migraine après avoir fait travailler vos yeux trop longtemps ? »

Matt se faisait du souci parce que Susan et lui maigrissaient à vue d'œil. Il savait que malgré un régime à base de noix, de légumes et de baies, cette perte de poids finirait par se stabiliser, mais il craignait que leur organisme ne s'affaiblisse entre-temps. Les hominiens ne semblaient pas souffrir de nombreuses maladies, mais Dieu sait quels anticorps ils avaient pu développer, coupés du reste du monde.

Un matin, de bonne heure, il fouilla dans son sac à dos tandis que Susan dormait encore. Il tomba sur une quantité de bricoles qui pourraient un jour s'avérer utiles – un couteau suisse, la trousse de secours, les fusées éclairantes de Van – et dénicha enfin ce qu'il cherchait : un rouleau de fil de fer particulièrement fin. Il arracha l'un des crochets métalliques du sac à dos et l'examina : il ferait parfaitement l'affaire. Il prit le couteau suisse, déplia une lime, posa le crochet sur un rocher et le rogna pour lui donner la forme d'un hameçon. Il perça un petit trou sur l'autre bord, découpa quelques poils d'une brosse à cheveux, déchira un morceau de tissu jaune et fixa ce bouchon improvisé juste au-dessus de l'hameçon. Puis il passa le fil de fer dans le trou et l'y fixa. Il alla ensuite couper un arbrisseau, l'élagua totalement et se mit en route.

Il remonta le cours de la rivière jusqu'à un bassin dont l'eau était sombre et profonde. Une brise légère ridait sa surface. Encore une journée paradisiaque, se dit Matt en contemplant le bassin depuis un petit talus rocheux. Il ne restait plus qu'à savoir si les poissons du paradis mordraient eux aussi à l'hameçon... Il lança sa ligne au milieu du bassin et la ramena doucement à lui, en agitant de temps en temps le bouchon d'une infime torsion du bras – geste qu'il avait eu l'occasion de perfectionner au cours d'innombrables matinées estivales au bord des lacs de la Nouvelle-Angleterre.

Son attente fut de courte durée. Au troisième lancer, il aperçut un bouillonnement à la surface de l'eau, suivi d'un éclair argenté – et le bouchon s'enfonça. La traction était forte, insistante. Matt laissa le poisson se débattre un moment, puis il releva sa ligne d'un coup sec et la ramena vers lui. Lorsque le poisson émergea, sa queue frappa violemment la surface de l'eau. Il s'agissait d'une truite, qui devait bien peser sept livres. Elle continua de gigoter dans l'herbe jusqu'à ce que Matt l'ait assommée à l'aide d'un gros caillou. Un filet de sang s'écoula de ses lèvres béantes, mais sa queue continua de battre le sol, ce qui obligea Matt à la frapper une seconde fois.

Sur le chemin du retour, il se félicita intérieurement de son ingéniosité. Comment allait-il présenter la truite à Susan ? Enveloppée dans des feuilles ? Et en faisant une petite courbette, comme le maître d'hôtel du *Four Seasons* ? Lorsqu'il atteignit le village, il n'aperçut personne, pas même quelques enfants, ce qui était un peu étrange. Il se dirigea vers le foyer, déposa le poisson sur un rocher voisin et regagna la tonnelle pour se débarrasser de son matériel. Susan n'était pas là. Il reprit la direction du village et entendit soudain la jeune femme l'appeler. Il poussa un cri pour lui répondre, réalisant brusquement combien le bruit des voix paraissait inhabituel et même vaguement incongru au sein de cette vallée. Susan avait l'air contrariée.

« Matt, qu'est-ce que tu as fabriqué ?

– Que veux-tu dire ?

– Tout le monde est en émoi. Et Kellicut est fou de rage.

– Mais pour quelle raison, bon sang ? »

Lorsqu'ils atteignirent le village, encore désert quelques instants plus tôt, Matt s'aperçut qu'une foule s'était rassemblée. Ils ont dû se cacher lorsque je suis arrivé tout à l'heure, se dit-il. Les hominiens paraissaient interloqués et Matt remarqua avec un serrement de cœur qu'ils s'étaient regroupés autour du rocher où il avait abandonné son poisson. Lorsqu'il s'approcha, escorté de Susan, la foule s'écarta pour le laisser passer et les enfants le dévisagèrent avec un regard chargé d'appréhension.

Kellicut se trouvait au milieu, en compagnie des anciens, gesticulant des bras et proférant toutes sortes de sons. Lorsqu'il aperçut Matt, son visage s'assombrit.

« Viens ici », lui ordonna-t-il.

Matt s'avança. Il avait d'ores et déjà compris qu'il venait de commettre un épouvantable sacrilège.

« Ne dis rien, lui intima Kellicut. Non pas qu'ils nous comprennent, mais ils saisissent toujours une partie de ce que nous disons – j'ignore d'ailleurs comment. Prends un air repentant, même si tu n'éprouves rien de tel. »

Matt était sincèrement désolé, aussi n'eut-il guère à se forcer. Il baissa le front et aperçut du coin de l'œil le visage de Susan : elle paraissait honteuse.

« Tu es incroyable, poursuivit Kellicut. À peine as-tu mis les pieds ici que tu fiches la pagaille. Ces gens n'ont pas la moindre notion du meurtre. L'idée d'ôter délibérément la vie à un être ne les effleure même pas. Le concept n'existe tout simplement pas. Mais pour le *manger* ! Je n'imagine même pas comment ils réagiraient s'ils savaient ce que tu avais en tête.

– Je suis navré, dit Matt. Je n'y avais pas pensé.

– Je m'en rends bien compte...

– Que dois-je faire ?

– Eh bien, pour commencer, mets-toi à genoux et garde les yeux baissés. »

Matt s'exécuta.

« Maintenant, regarde-moi. »

Kellicut posa la paume de sa main sur la tête de Matt et leva les yeux en fixant silencieusement le ciel pendant un bon moment.

« À présent, relève-toi, dit-il enfin.

– À quoi rime tout ceci ?

– Je les ai vus parfois procéder de la sorte, lorsqu'ils doivent apparemment échanger quelque chose d'important. Peut-être croiront-ils que nous nous comportons de la même manière. Je manifeste publiquement le courroux que ton acte m'inspire. »

Pendant une fraction de seconde, Matt crut déceler dans le regard de Kellicut un éclat de son ironie d'autrefois.

« Et maintenant ? demanda-t-il, comme s'il était redevenu l'étudiant de jadis, attendant les instructions de son omnipotent et infaillible professeur.

– Tu vas te diriger vers ce poisson et lui ôter délicatement les yeux, avant de l'envelopper avec soin dans des feuilles de vigne. Puis tu te rendras à l'endroit que je t'indiquerai, tu grimperas à un arbre et tu le déposeras là.

– Je suppose que tu plaisantes ?

– Je n'ai jamais été aussi sérieux. Cela s'appelle le culte des morts. Tu te souviens sans doute d'avoir lu un certain nombre de livres à ce sujet ? Eh bien, c'est toi qui vas officier aujourd'hui.

– Que dois-je faire des yeux ? J'espère que tu ne vas pas me forcer à les avaler...

– Ce n'est pas drôle. »

Tandis que Kellicut se dirigeait vers le rocher où gisait toujours le poisson, la foule commença à se disperser. Son regard rencontra celui de Matt et, pour la première fois depuis leur arrivée, il lui adressa un grand sourire.

17

Il était temps d'élaborer un plan. Au début, Matt et Susan avaient espéré que Kellicut travaillerait avec eux et ils avaient rêvé d'une recherche menée en commun, bénéficiant de leurs trois approches et aboutissant à une étude sur l'homme de Néandertal qui allait provoquer la stupéfaction du monde entier. Mais il était désormais évident que les choses ne se passeraient pas ainsi. Kellicut avait changé : il était perdu pour la science. Il était tellement fasciné par le mysticisme et la pureté des hominiens, et tellement hanté par l'idée d'acquérir lui-même leur étrange pouvoir, qu'il n'avait plus la moindre objectivité. Son but n'était plus d'observer, d'étudier, de comprendre leur communauté, mais d'en devenir l'un des membres. Son aide pouvait encore s'avérer utile, essentielle même – ne serait-ce que sur le plan de la communication –, mais il était résolument hostile à l'idée que l'on publie un jour le moindre article sur la question. Il prétendait parfois que les hommes étaient incapables de comprendre de telles créatures. Il allait même jusqu'à déclarer, sur le ton emphatique d'un bonimenteur des rues, que le moindre contact avec le monde extérieur les réduirait à néant.

Matt et Susan s'inquiétaient également à ce sujet, mais ils redoutaient surtout les renégats qui avaient massacré Sharafidin, Rudy et Van. Ils se sentaient pressés par le temps : comment empêcher une attaque des prédateurs de la montagne – surtout si ceux-ci apprenaient qu'il y avait des humains dans la vallée ? Van avait disparu sous l'éboulement : peut-être les renégats croiraient-ils qu'ils avaient subi le même sort. Mais s'ils fouillaient dans les décombres et ne découvraient pas leurs corps ? Le facteur temps était donc vital : il fallait qu'ils réunissent au plus vite le maximum d'informations, puis qu'ils décampent d'ici tant que c'était encore possible.

Leurs recherches s'avéraient toutefois malaisées. L'absence de langage ne leur facilitait pas la tâche et bien souvent ils n'arrivaient même pas à déchiffrer les expressions qui se peignaient sur le visage des hominiens. Ils avaient tenté de communiquer avec eux à l'aide de signes rudimentaires, mais cela s'était révélé inefficace. Les hominiens émettaient bien des sons, mais ce n'étaient pas des mots : ils exprimaient des réactions primaires et n'avaient aucun sens intrinsèque. Kellicut, qui en savait visiblement plus long qu'il ne voulait bien le dire, ne faisait rien pour leur venir en aide et affichait un mépris ostensible à l'endroit du langage. La véritable communication, Matt et Susan ne l'ignoraient pas, avait lieu par le truchement de ce mystérieux pouvoir, dans une sphère dont ils étaient exclus.

Ils parvinrent néanmoins à collecter un certain nombre de données. Tous les soirs, Matt enregistrait ses observations sur son magnétophone. Susan noircissait des cahiers entiers. Elle avait perdu son appareil photo au cours de l'éboulement, mais elle avait déjà rempli tout un carnet de croquis représentant la vie quotidienne des néandertaliens. Ils travaillaient tous deux fébrilement, se sentant harcelés par le temps. Ils rassemblèrent des objets qu'ils comptaient rapporter – des outils en pierre taillée, pour l'essentiel, ainsi que quelques récipients rudimentaires. Ils avaient dressé la liste des divers domaines qu'ils devaient étudier avant leur départ : pratiques religieuses, structures sociales, rites funéraires, division des tâches. Ils avaient parfois le sentiment que toutes ces questions excédaient largement les maigres réponses qu'ils parvenaient à recueillir. Susan, en particulier, était très dépitée de ne pas arriver à comprendre les femmes. Celles-ci allaient toujours en petits groupes, mais se dispersaient dès qu'elle faisait mine de s'approcher. Un jour, elle en avait aperçu une qui cueillait des feuilles, avant de regagner une hutte où reposait un enfant malade : elle l'avait suivie, mais la femme n'avait pas voulu qu'elle l'observe.

Ils décidèrent de se contenter des objets qu'ils pouvaient rapidement réunir. Ils pourraient toujours décider de revenir un jour. S'ils voulaient éviter les renégats, il fallait toutefois qu'ils découvrent la crevasse qui avait permis à Kellicut d'accéder à la vallée. Une fois de l'autre côté, ils se débrouilleraient bien pour redescendre par leurs propres moyens.

Mais Kellicut se montrait étrangement distant. Ils avaient parfois l'impression qu'il les considérait comme des étrangers, des émissaires du monde hostile qui s'étendait au-delà de la vallée. Il parlait sans aménité des responsables de l'Institut et refusait obstinément de répondre aux questions concernant leurs motivations exactes ou les raisons qui avaient pu pousser ces gens à les lancer sur sa piste.

Depuis des jours, Matt harcelait vainement Kellicut pour savoir où se trouvait cette fameuse faille. Mais un beau matin, pour une raison inconnue, Kellicut changea brusquement d'attitude. Assis en tailleur sur le sol et évoquant plus que jamais un vieux sage indien, il dessina dans la poussière une carte rudimentaire. La vallée était plus ou moins circulaire. Il représenta grossièrement le cours des rivières ainsi que quelques sommets, à titre de repères, avant de marquer d'une croix l'emplacement du village. La crevasse était située à l'autre bout de la vallée. En dessinant le chemin qui y conduisait, il traça à un endroit une ellipse hachurée.

« C'est ici que se trouve le cimetière, dit-il. À votre place, je ferais un détour pour l'éviter.

– Pourquoi ? » demanda Matt.

Kellicut lui lança un regard perçant et lui fit remarquer que le respect des morts était une chose importante dans toutes les cultures. Il ne s'était lui-même rendu là-bas qu'à deux reprises : lorsqu'il avait pénétré dans la vallée pour la première fois et qu'il avait rapporté ce crâne, pour le confier ensuite à Sharafidin – ce qu'il regrettait aujourd'hui –, et le jour où il était revenu pour de bon. Les hominiens eux-mêmes n'y mettaient jamais les pieds, en dehors de ceux qui étaient chargés de l'entretien des tombes : leurs visages et leurs torses étaient recouverts de craie blanche ; on les considérait comme des parias et ils vivaient en permanence dans cette enceinte interdite.

« La mort est l'événement central, le principe redouté autour duquel s'articule et s'organise leur existence, poursuivit Kellicut. Le langage ne peut pas en capter le sens, il faut pour cela recourir aux symboles. »

Le fait d'avoir dessiné cette carte avait ouvert une brèche dans sa réserve habituelle. Il se rassit en tailleur à l'ombre d'un arbre et poursuivit son exposé, en retrouvant l'intonation autoritaire et tranchante du pédagogue qu'il était autrefois.

« Lorsque l'éthique est communautaire et que l'individu n'existe pas – du moins dans le sens que nous donnons à ce terme –, la tribu constitue l'unique réalité et supplante tout le reste. Et la mort, qui la frappe en l'amputant d'un de ses membres, est la seule vraie menace. Comme c'est l'ensemble de la tribu qui est alors affectée, le culte des morts apparaît. Une caste spéciale d'intouchables est constituée : ils vivent à l'écart, enveloppent les défunts et les emmènent dans une aire réservée, où nul ne se rend jamais. Et les yeux des cadavres sont arrachés.

– Les yeux… arrachés ! s'exclama Susan.

– Oui. Je n'ai pas encore exactement compris la raison de cette pratique.

– Mais tu as bien une idée sur la question ? intervint Matt.

– Disons plutôt : une intuition. Pour comprendre leur conception de la vie, il faut soi-même se projeter sur un plan d'existence totalement différent. Acquérir une dimension supplémentaire, en quelque sorte. S'imaginer qu'on est au centre d'un monde – son propre univers intérieur – dont les autres constituent la périphérie. C'est un peu comme dans le système solaire : on est à la fois le soleil et les planètes. On voit aussi bien à travers les autres qu'à travers soi. Je ne prétends pas comprendre la manière dont cela se passe effectivement. J'ignore comment toutes ces informations sont perçues, enregistrées et surtout déchiffrées. Mais ce phénomène est une réalité. Et puis, un jour, quelque chose survient : un membre de la tribu meurt, l'une des planètes du système se désintègre et chacun le ressent personnellement, non seulement en raison d'une sorte d'altruisme, mais parce que c'est bel et bien une part de lui-même qui vient de disparaître. Cela ressemble peut-être à ce que l'on doit éprouver après avoir été amputé d'une jambe ou d'un bras. En tout cas, c'est un événement intolérable et il faut impérativement réagir, y opposer quelque chose. On tente donc de retenir, de préserver les organes qui sont la conscience même de la tribu, le fondement de l'existence communautaire : on arrache les yeux du défunt.

– Qu'en font-ils ensuite ? demanda Susan.

– Ils les donnent au chaman. »

Susan savait à qui il faisait allusion : un hominien passablement âgé, qui portait un collier de coquilles et qui l'effrayait un peu.

« Quel usage en fait-il ?

– Ah !... Ce sera le sujet d'une autre discussion. »

Kellicut se replia dans son silence, comme une porte qui se referme lentement. Matt se leva.

« Nous ferions mieux d'y aller », dit-il.

Un peu plus loin, trois silhouettes venaient d'apparaître : il s'agissait de Zyeux-Bleus, de Lévitique et d'un autre hominien que Susan avait surnommé Dent-Longue, à cause de la taille d'une de ses incisives.

« Ils vous accompagneront jusqu'à ce qu'ils voient où vous vous rendez », leur prédit Kellicut.

Le groupe se mit en route. Matt et Susan marchaient en tête et les trois hominiens les suivaient à quelques mètres, de leur démarche sautillante.

Le soleil était pratiquement au zénith lorsqu'ils firent halte pour se reposer. Leur escorte les rejoignit et ils partagèrent les baies qu'ils avaient emportées. Matt sortit sa gourde et la passa à Susan, qui but une gorgée et la tendit ensuite à Lévitique. Celui-ci saisit la gourde à deux mains, la porta à ses lèvres et l'inclina, comme Susan l'avait fait. L'eau froide ruissela sur sa bouche et le long de son menton, ce qui parut le laisser pantois. Matt éclata de rire, mais Susan s'approcha de l'hominien et posa sa main sur son bras. Il n'eut aucun geste de recul : au contraire, il tendit la main et toucha à son tour le bras de Susan, que ce contact chatouilla légèrement.

Ils se remirent en route. Au bout d'une demi-heure, ils arrivèrent au pied d'une pente et commencèrent à grimper. À mi-chemin de leur ascension, Susan réalisa brusquement qu'ils n'entendaient plus le chant des oiseaux. Elle se retourna et constata que les trois hominiens avaient cessé de les suivre et n'étaient plus en vue. Un peu plus haut, ils aperçurent des arbres dont l'écorce avait été arrachée, laissant le bois apparent : ils servaient sans doute à délimiter la zone interdite. Susan regarda Matt, qui fronçait légèrement les sourcils.

« Ce n'est peut-être pas une très bonne idée, dit-elle. Tu ne crois pas que nous devrions suivre l'avis de Kellicut ?

– Nous sommes assez grands pour nous forger notre propre opinion, répondit Matt. Kellicut n'a pas la science infuse. »

Au sommet de la pente, le sol s'aplanissait et formait une sorte de plateau. Susan avait la nette impression qu'on les observait et, en regardant autour d'elle, elle éprouva une sensation étrange, comme si sa tête était devenue lourde. Ils s'engagèrent sur le plateau et ne tardèrent pas à rencontrer leur premier cadavre. Il était juché dans un arbre, enveloppé de feuilles de vigne. Des feuilles desséchées s'étaient détachées par endroits et laissaient apparaître l'os blanchâtre d'une hanche.

Ils poursuivirent leur route et les cadavres se multiplièrent, emmaillotés et disposés dans les branches comme de macabres nids. Leur enveloppe était souvent détériorée et des fragments de squelette s'en étaient détachés, gisant un peu plus bas dans les fourches des arbres. Par endroits, les ossements jonchaient le sol comme un tapis de feuilles mortes, parsemés çà et là de crânes grimaçants. Une vague odeur de pourriture planait dans l'atmosphère. Susan remarqua que la plupart de ces restes étaient déjà très anciens. Le cimetière était immense et il leur fallut bien une demiheure pour le traverser. Ils marchaient comme des rôdeurs, se sentant aussi vulnérables que si la foudre avait été sur le point de s'abattre sur eux pour les punir de leur sacrilège. Alentour, tout était d'une immobilité mortelle. Ils n'aperçurent pas les gardiens du cimetière, mais Susan était convaincue que ceux-ci les épiaient.

Parvenus à l'autre extrémité, ils se retrouvèrent presque aussitôt au pied de la paroi qui se dressait à pic et fermait la vallée. Ils cherchèrent un peu au hasard et finirent par découvrir une faille dans la muraille rocheuse. Matt s'y glissa le premier, suivi par Susan. Ils marchèrent un moment, pour s'assurer que la crevasse débouchait bien sur l'autre versant de la montagne. Lorsqu'ils en eurent la certitude, ils surent qu'ils disposaient ainsi d'une issue leur permettant de rejoindre le monde extérieur. Susan en ressentit un soulagement dont l'intensité l'étonna elle-même. Ils revinrent alors sur leurs pas pour regagner la vallée.

Ils n'avaient pas fait cent mètres que Susan tira Matt par la manche et lui montra un point de la paroi rocheuse, où se profilait l'entrée béante d'une caverne. Sans pouvoir se l'expliquer, elle eut aussitôt la conviction que la grotte rejoignait le réseau de galeries où Matt et elle avaient failli trouver la mort à peine deux semaines plus tôt.

Ils rebroussèrent chemin et traversèrent une nouvelle fois le cimetière.

« Kellicut avait raison, dit Susan. Nous n'aurions pas dû venir ici. »

« Matt, lui dit Susan le lendemain, d'un air passablement satisfait, je ne crois pas m'en être trop mal sortie, finalement. Mes théories tiennent la route. Alors que les tiennes sont quasiment réduites à néant.

– Tu pousses un peu. »

Ils étaient allongés dans un pré. Susan avait cueilli un brin de paille et chatouillait le menton de Matt.

« Si je ne m'abuse, tu soutenais une thèse selon laquelle l'homme de Néandertal avait un pharynx atrophié et ne pouvait pas émettre certains sons. En particulier le *g*, si j'ai bonne mémoire.

– Tu as entendu beaucoup de *g* depuis que nous sommes ici ? répliqua Matt.

– Pas des masses, en effet, mais vu qu'ils ne parlent pas, ça ne change pas grand-chose à mon constat, tu ne crois pas ?

– Détail mineur, tout juste digne d'une note en bas de page… D'ailleurs, je n'ai jamais réellement soutenu cette théorie. C'était une simple hypothèse de travail.

– Je vois. »

Ce fut au tour de Matt de se montrer ironique :

« Mais si je me souviens bien, tu prétendais pour ta part que l'ossature allongée de leurs hanches laissait à penser que la grossesse des néandertaliennes devait durer onze mois. (Le visage de Susan s'empourpra légèrement.) Et les conséquences d'un tel phénomène étaient évidemment incommensurables : l'extrême longueur de la période fœtale impliquait notamment un développement physiologique très élaboré. Je n'ai rien aperçu de particulièrement élaboré autour de nous. Ni d'ailleurs beaucoup de femmes arborant un ventre monstrueusement proéminent.

– Ce n'était qu'une vague hypothèse. Et je l'ai abandonnée assez vite. Du reste, les femmes n'ont pas l'air très nombreuses par ici. Comment l'expliques-tu ?

– Par les rapts, dit Matt. Les barbares de la montagne doivent descendre de temps en temps pour les enlever.

– Je m'étais fait la même réflexion. »

Ils restèrent un moment silencieux, puis Susan rouvrit les hostilités :

« Et les enterrements ? dit-elle.

– Eh bien ?

– Tu as toujours nié qu'ils puissent avoir des rites funéraires. Tu prétendais que la découverte d'un squelette complet était la simple conséquence d'un heureux hasard géologique.

– Pas toujours. Tu te souviens peut-être que j'ai accepté l'idée de l'enterrement des corps en position fœtale. J'ai même admis que dans certains cas les néandertaliens aient pu garnir leurs tombes d'outils en pierre et de divers objets. Mais, contrairement à toi, j'ai toujours refusé de prendre des vessies pour des lanternes.

– Tu veux parler des fleurs de Shanidar, c'est ça ? »

Susan faisait allusion à un site, en Irak, où des grains de pollen déposés en sédiments autour des os avaient conduit certains chercheurs à penser que le cadavre avait été orné de guirlandes de fleurs.

« Oui, et j'estime toujours que cette interprétation n'est qu'une foutaise romantique. Les grains de pollen se sont retrouvés là par hasard, à la suite d'un glissement du sol ou de l'activité d'un animal fouisseur. Même chose à Teshik-Tash. Tu dis que les cornes de bouquetins sibériens plantées dans le sol autour de ce cadavre d'enfant étaient destinées à le ramener à la vie :

je crois quant à moi qu'on les a placées là pour éviter qu'il ne soit la proie des charognards.

– Quel prosaïsme... Tu refuses tout simplement d'admettre l'importance des pratiques rituelles.

– Susan... Je reconnais n'avoir jamais imaginé que l'on puisse envelopper ses morts dans des feuilles pour aller ensuite les accrocher dans les arbres, comme des cocons. Mais pour l'instant nous n'avons pas assisté au moindre enterrement et nous ignorons encore s'ils ont ou non des pratiques rituelles.

– Je me pose parfois des questions à ton sujet. Tu ne vois jamais le côté grandiose, épique, des choses : les grandes batailles, la lutte pour la survie, l'élimination d'une espèce par une autre. Tout ce qui t'intéresse, c'est le sexe.

– Excellente déduction.

– Si ta théorie est exacte, si les deux espèces se sont génétiquement mélangées au point que l'une d'entre elles ait fini par disparaître, nous devrions éprouver du désir à leur égard, toi et moi. Tu ne crois pas ?

– Pas forcément. L'évolution a sans doute creusé un fossé aujourd'hui infranchissable.

– Mais nous devrions au moins ressentir une certaine attraction. Est-ce ton cas ?

– Et toi ? demanda Matt.

– Je t'ai posé la question en premier.

– Que suis-je censé répondre ? Que je t'ai posé la question en deuxième ?

– Il ne s'agit pas d'un détail anodin. Si je te réponds par l'affirmative, cela pourrait signifier que tu as raison.

– Susan, dis-moi simplement la vérité. Qu'éprouves-tu réellement ?

– C'est difficile à dire. Sous un certain angle, l'idée d'une telle union me répugne. Mais à d'autres moments il me semble, oui, que je pourrais l'envisager.

– Si tu peux l'envisager, c'est qu'elle est possible. Et dès lors, plus rien ne s'oppose à la reproduction, les néandertaliens appartenant *de facto* à la même espèce que nous. Si l'on admet du moins le concept biologique de la notion d'espèce.

– Tu veux dire qu'il suffit que deux membres d'espèces différentes s'accouplent pour que ces deux espèces n'en fassent plus qu'une ?

– Exactement. Et s'ils ne le peuvent pas, si nous sommes incapables, toi et moi, d'envisager une chose pareille, alors James Shreeve a raison lorsqu'il estime que le visage des néandertaliens – leurs yeux notamment – les exclut de notre sphère d'attraction sexuelle. Auquel cas, nous appartiendrions réellement à des espèces différentes.

– Eh bien, voilà un champ de recherche passablement excitant… »

Ils avaient remarqué que les hominiens ne manifestaient guère de pudeur sur le plan sexuel. Les mâles et les femelles s'accouplaient lorsque l'envie leur en venait, et la monogamie était visiblement un concept inconnu. Certains formaient des couples réguliers, d'autres non. La plupart du temps, c'étaient les mâles qui prenaient l'initiative, mais l'inverse arrivait aussi.

Un soir, des dizaines d'adultes quittèrent le village et s'enfoncèrent dans les bois. Matt et Susan se joignirent à eux. On sentait qu'une sorte d'excitation avait gagné le groupe, qui avançait à vive allure et semblait déborder d'un surcroît d'énergie. Au-dessus d'eux, le disque énorme de la lune, couleur de magnolia, diffusait une telle lumière que leurs ombres se projetaient sur le sol.

Au bout d'un quart d'heure, ils atteignirent un grand tertre rocheux, qu'ils n'avaient pas encore aperçu jusque-là. L'un de ses versants présentait une ouverture triangulaire, assez large pour leur permettre de passer en file indienne. Lorsqu'ils entrèrent, la chaleur et la fumée les suffoquèrent aussitôt. Ils se trouvaient dans une vaste caverne, au plafond relativement bas. Un foyer était allumé, entretenu par quatre hominiens qui ruisselaient de sueur. Les flammes s'élevaient et disparaissaient dans la voûte, par une cheminée naturelle qui débouchait à l'extérieur. Une lueur rougeâtre illuminait les parois irrégulières de la grotte et la chaleur était si étouffante que Susan se crut sur le point de défaillir.

Ils s'assirent l'un à côté de l'autre. À travers la fumée, ils distinguaient les silhouettes de ceux qui étaient assis autour du foyer et Susan remarqua pour la première fois que Kellicut était parmi eux, ainsi que Lévitique et d'autres hominiens. Les préposés au foyer rajoutèrent du bois sur le feu : un instant étouffées, les flammes ne tardèrent pas à s'élever de plus belle. Ils entendirent bientôt une mélodie sourde, syncopée, qui montait du fond de la grotte. Quatre hominiens – deux mâles et deux femelles – émergèrent de la pénombre, en frappant sur des tubes qui ressemblaient à des tiges de bambou. Les échos de cette percussion rythmique se répercutaient sur les parois et résonnaient dans toute la caverne. Susan en ressentit les vibrations jusqu'au tréfonds de son être. Elle remarqua que les préposés au foyer jetaient dans les flammes de longues tiges vertes : il s'en éleva aussitôt une intense fumée, à l'odeur âcre mais plutôt agréable, qui se répandit dans la grotte comme un épais brouillard.

Susan et Matt ruisselaient de sueur. Ils se dévêtirent l'un et l'autre, tandis que le battement s'intensifiait. Dans une petite aire poussiéreuse, au centre de la grotte, une femelle se leva soudain et se mit à danser, tournoyant follement sur elle-même. Le bruit s'amplifia, tandis que les membres de l'assistance frappaient en cadence sur leurs cuisses. La danseuse virevolta et s'immobilisa finalement devant un mâle : elle le prit par la main, l'aidant à se lever. Susan s'aperçut que son pénis était en érection, dressé comme un petit poteau au-dessus de ses parties génitales. La danseuse le tira vers l'entrée et ils disparurent ensemble à l'extérieur. Les claquements de mains continuèrent et le bruit des percussions s'amplifia à nouveau. Les préposés jetèrent de nouvelles herbes sur le foyer. Susan inspira profondément. La fumée déchirait ses poumons et le sang brûlait dans ses veines. Elle se sentait légère, étourdie par les vapeurs du narcotique et la fumée qui lui piquait les yeux.

Une autre danseuse se leva, choisit un partenaire et quitta la grotte avec lui. À travers la fumée, Kellicut observait Susan. Celle-ci se leva brusquement. Le son des percussions, le claquement cadencé des mains, joints à tous ces regards maintenant fixés sur elle, lui firent perdre la tête et la plongèrent dans une sorte de transe. Les yeux vitreux, elle se mit à tournoyer comme une possédée, en se laissant porter par ces bruits syncopés qui finissaient par former une mélodie confuse, étrange, mystérieuse. Le corps ruisselant de sueur, elle sentait la chaleur l'envelopper comme un châle, tandis que la mélopée sonore lui faisait curieusement l'effet d'une caresse glaciale. Une intense excitation l'envahit, remontant depuis l'intérieur de ses cuisses jusqu'à la pointe de ses seins. Dans la brume, elle distingua vaguement Kellicut, qui s'était levé et se dirigeait vers elle. À ses côtés, elle aperçut Matt qui marchait également dans sa direction, l'air courroucé. Elle s'immobilisa soudain, juste devant Matt, et ils quittèrent la grotte ensemble, débouchant dans la nuit.

Tout était calme à l'extérieur ; pourtant, le vacarme et l'agitation qui régnaient dans la grotte résonnaient encore dans leurs têtes. Ils firent l'amour comme des possédés. Après quoi, leurs corps se séparèrent et ils restèrent étendus côte à côte, trop épuisés pour esquisser un geste – fût-ce une simple caresse. Plusieurs minutes s'écoulèrent avant qu'ils n'émergent de cette léthargie.

« Nom de Dieu ! » lança finalement Matt.

Ils restèrent encore un moment silencieux. Matt rompit à nouveau le silence :

« Je suis heureux que tu m'aies choisi, dit-il. J'ai bien cru le contraire, à un moment donné.

– Je ne savais plus ce que je faisais. Je ne pensais même plus.

– Susan…

– Oui ?

– Dis-moi : as-tu vraiment eu envie de le choisir ?

– Ce n'est pas ce qui s'est passé, n'est-ce pas ?

– Et les autres ? T'est-il venu à l'idée de faire l'amour avec l'un d'entre eux ? »

Elle se pencha vers lui et l'embrassa.

« Grand fou… Tu as déjà oublié ce que nous venons de faire, tous les deux ? »

Matt se lia d'amitié avec un jeune hominien qu'ils avaient surnommé Lancelot. Celui-ci avait des jambes plus longues et une taille plus élancée que la plupart de ses congénères et il plaisait à Matt parce qu'il paraissait à la fois remarquablement intelligent et ouvert à la nouveauté. Lorsque Matt observait ses yeux bruns, il avait la certitude de capter un regard aussi vif qu'éveillé.

Lancelot était curieux et aimait particulièrement fouiller dans leurs affaires. Il s'emparait d'un objet, un couteau par exemple, et l'examinait sur toutes les coutures. Lorsqu'ils partaient pour de longues randonnées, Matt finissait généralement par se perdre, mais Lancelot retrouvait toujours le chemin du retour. S'ils devaient escalader une paroi rocheuse, il l'étudiait longuement avant d'en commencer l'ascension, repérant de son regard perçant les saillies et les prises possibles.

Un jour, alors qu'ils marchaient le long d'un sentier, Lancelot poussa Matt vers un arbre et l'obligea à y grimper, avant de le rejoindre. Ils avaient à peine quitté le sol qu'un gros phacochère arriva à toute allure, ses défenses dressées. Matt ignorait si Lancelot l'avait entendu arriver ou s'il avait détecté sa présence grâce à son mystérieux pouvoir. Un autre jour, Matt faisait la sieste et, en se réveillant, il avait aperçu Lancelot qui lui caressait le front du bout des doigts et le dévisageait d'un air intrigué.

Au cours de leurs excursions, il arrivait à Lancelot de partir seul à l'aventure pendant de longues heures, généralement dans la même direction. Dans ces cas-là, Matt poursuivait sa route de son côté mais, de temps en temps, il percevait un léger picotement au fond de ses yeux et une soudaine lourdeur dans son lobe frontal : il savait alors que Lancelot était en train de lire en lui.

Il était extrêmement frustrant que la communication reste pour l'essentiel unilatérale. Au bout de plusieurs semaines d'étude et d'enquête, Matt avait l'impression de se retrouver dans une impasse. Dostoïevski n'avait pas tort de prétendre que l'homme, en raison de son animalité, finit par s'accommoder de tout. Il vivait le rêve de tous les paléontologues, puisqu'il était en mesure d'observer *in situ* et grandeur nature la vie de l'homme préhistorique, et pourtant il n'aurait pas pu dire qu'il avait véritablement percé le mystère de ces êtres. Mais, en dépit de cela, il s'était adapté à un monde dont il aurait été incapable ne serait-ce que de concevoir l'existence deux mois auparavant, au point que sa vie quotidienne dans la vallée lui paraissait déjà presque banale, routinière.

Ne sachant plus trop quoi faire, il décida un beau jour de tenter d'apprendre à parler à Lancelot. Il fouilla dans ses souvenirs pour se rappeler ce qu'il avait lu jadis concernant les expériences tentées dans ce sens auprès des chimpanzés. Ici, bien sûr, le problème serait différent, puisqu'il n'allait pas seulement essayer de transmettre un concept – comme, par exemple, le concept d'« arbritude » inhérent à tout arbre –, ce qui était la méthode de l'enseignement par associations, transposée sur un plan abstrait. Il faudrait aussi essayer d'amener Lancelot à prononcer tel mot et à l'utiliser à bon escient, puis à l'associer à d'autres mots afin de créer un nouveau sens – à faire, en bref, le saut quantique du langage.

Pour la première leçon, il fit asseoir Lancelot en face de lui, ramassa une grosse pierre, saisit la main de l'hominien, l'ouvrit et posa la pierre dans sa paume en répétant à plusieurs reprises le mot « pierre ». N'obtenant aucune réaction, il laissa tomber le *p* pour simplifier la prononciation, reprit le caillou et le reposa dans la main de Lancelot en répétant quatre ou cinq fois « ierre », « ierre », tandis que l'hominien le dévisageait d'un air ahuri. Des jours durant, Matt essaya de lui faire comprendre ce qu'il attendait de lui, sans le moindre succès. De temps en temps, Lancelot répétait le son, mais sans paraître faire le lien avec l'objet désigné. Matt renouvela l'expérience avec d'autres mots : « feuille », « eau », « ciel » ; il tenta de s'exprimer par gestes, mimant le fait de manger ou de dormir ; il essaya de lui apprendre à dire « Matt », « moi » et même « toi » en montrant Lancelot du doigt, mais ce dernier geste n'avait visiblement aucun sens pour l'hominien – pas plus que les pronoms, dans un monde qui ne distinguait pas l'individu du groupe. Un jour, il sortit son magnétophone et enregistra un certain nombre de mots pour les repasser en lui montrant les objets qu'ils désignaient, mais Lancelot était beaucoup trop fasciné par l'appareil lui-même pour se concentrer sur l'exercice demandé.

« Je n'aboutis à rien, avoua-t-il un après-midi à Susan.

– Ce n'est guère étonnant. Le langage est sans doute la plus complexe des activités humaines.

– Mais ils sont si proches de nous, par ailleurs ! On se dit que la capacité doit résider quelque part en eux, ne serait-ce qu'à l'état embryonnaire, et ne demande qu'à être réveillée.

– Lorsqu'une capacité n'est pas utilisée, elle ne se développe pas. Comme chez ces bébés qui naissent avec la cataracte et qui deviennent irréversiblement aveugles au bout de six mois si on ne les soigne pas. D'autre part, le cerveau des hominiens est déjà spécialisé : il est programmé pour enregistrer toutes les données qui leur parviennent à travers le canal visuel de leurs semblables.

– Pourtant, ils émettent des sons de temps en temps. »

Susan lui suggéra d'employer la méthode inverse, c'est-à-dire d'apprendre lui-même tout ce qu'il pouvait de leur propre « vocabulaire » : peut-être cela l'aiderait-il ensuite à rompre la glace. Matt suivit son conseil et commença par les observer lorsqu'ils étaient en groupes, en se concentrant sur les plus jeunes, surtout quand ils jouaient – car c'était apparemment à cette occasion qu'ils produisaient le plus grand nombre de sons. Il les enregistra au magnétophone et, au bout d'un certain temps, parvint à rattacher certains sons à des réactions particulières. Il en repéra notamment un – une sorte de grognement guttural – qui exprimait la surprise. Puis il eut la chance d'enregistrer des cris de panique, un jour où un groupe d'enfants qui jouaient sur une berge s'éparpilla à la vue d'un prédateur – un petit félin, semblable à un léopard des neiges – qui se dirigeait vers eux. Lorsque Matt écouta la cassette, il entendit une série de gémissements aigus, qui ressemblaient à des lamentations.

Il s'exerça à imiter ce son, seul dans les bois, et le soir même il déclara à Susan, en plaisantant à moitié, qu'elle pouvait s'apprêter à vivre un instant historique. Il l'entraîna à la périphérie du village et émit un gémissement qui se répercuta entre les arbres. Avant que Susan ait pu réaliser ce qui se passait, elle aperçut Matt qui se roulait par terre, les mains serrées contre ses tempes.

« Matt ! Mais que se passe-t-il, bon sang ? »

Il se releva, l'air vaguement penaud.

« En poussant ce cri, j'ai dû déclencher une sorte d'alerte. Chacun a voulu savoir ce qui se passait et ils se sont tous mis à lire mes pensées en même temps. »

Lancelot n'avait pas appris à parler, mais il se montra plus brillant dans un autre domaine. Un soir où Matt et Susan arbitraient un tournoi de lutte, il se trouvait dans la fosse avec un de ses congénères, qui l'expédia au sol. Il se releva immédiatement et marcha sur son adversaire, qui se retourna en lui donnant un violent coup de coude dans le menton. Lancelot chancela et recula d'un pas, avant de se précipiter tête baissée sur son rival : il le heurta de plein fouet et l'envoya sans ménagement rouler par terre. Comme il se retournait d'un air triomphant, Matt aperçut distinctement son visage, qui était empourpré de colère. Il sauta dans la fosse pour mettre un terme au combat.

L'événement les avait surpris, Susan et lui, et mis vaguement mal à l'aise. Ils en rediscutèrent un peu plus tard.

« Tu sais ce que j'ai pensé en voyant ça ? dit Susan. Qu'il y avait de la rage, de la violence dans son regard. Et que ces émotions leur sont généralement étrangères.

– Que cela nous plaise ou non, la colère et l'agressivité sont des caractéristiques humaines, répondit Matt. Peut-être certains d'entre eux sont-ils en train de suivre la même pente que les renégats de la montagne. Et cette pente mène directement à nous. »

Pendant toute cette période, Kellicut poursuivait ses propres recherches et passait de plus en plus de temps en compagnie du chaman. Celui-ci vivait dans une hutte distincte, la seule du village qui fût munie d'une porte – d'ailleurs fermée en permanence. Un petit talus l'entourait, rempli d'objets divers, dents, touffes de cheveux, qui devaient tenir lieu de talismans et qui dégageaient une odeur infecte.

Matt et Susan avaient surnommé le chaman Œil-Sombre, ce qui correspondait aussi bien à son aspect physique qu'à sa fonction, puisque c'était lui qui guidait la tribu dans le monde intérieur des esprits et qui portait sur ses frêles épaules le poids des âmes des disparus. Il avait un torse squelettique et ses omoplates saillaient dans son dos comme des ailes de chauve-souris. Sa chevelure hirsute retombait comme un rideau sur son visage décharné, s'écartant parfois sur son œil borgne, fiévreux, halluciné, qui fixait perpétuellement le lointain – comme s'il voyait des esprits dans les arbres ou dans d'invisibles nids et ne distinguait plus le monde des vivants.

Œil-Sombre partait souvent seul et s'installait des jours durant sur un piton rocheux, communiant avec les esprits du lieu et jeûnant au point que lorsqu'il réapparaissait il était plus maigre qu'un clou. La tribu paraissait excitée à chacun de ses retours : les hominiens lui apportaient de la nourriture et diverses offrandes, mais semblaient également le redouter et éviter son approche. Il organisait des cérémonies pour communier avec les âmes des défunts, qui s'accompagnaient de cris, de mélopées, du martèlement des percussions et de scènes de possession. Susan avait remarqué que durant ces séances il semblait entrer en transe et fermait alors son œil valide – ce qui devait le couper du monde extérieur, tout en empêchant les autres membres de la tribu de lire dans son esprit, à supposer qu'ils en aient eu l'envie.

18

Un matin, de bonne heure, alors qu'un ciel incroyablement bleu s'étendait au-dessus de la vallée comme un grand globe lumineux, une soudaine agitation s'empara du village. Matt, qui se baignait dans un torrent, entendit des grognements excités et même des sortes de hurlements. Susan était en train de cueillir des framboises pour le petit déjeuner : elle sursauta et se redressa si brusquement qu'elle s'égratigna. Après s'être extirpée du buisson, elle se mit à courir en direction du village, qu'elle atteignit en même temps que Matt.

Une troupe d'hominiens s'agitaient et trépignaient dans la poussière, entourés d'une ribambelle d'enfants qui les regardaient avec gravité. Matt crut tout d'abord qu'il s'agissait d'une rixe et réalisa brusquement, non sans étonnement, qu'il s'était tellement accoutumé au calme et à la léthargie du village que la simple idée d'une bagarre avait en soi quelque chose de choquant. Puis il distingua le visage de Tristemine, qui dominait la foule, et, comme l'hominien se retournait vers lui, il s'aperçut que ses traits étaient déformés par l'angoisse.

« Que se passe-t-il ? demanda Susan, elle aussi déroutée par la scène.

– Je l'ignore, mais nous ferions bien de le découvrir. »

Comme ils s'avançaient de concert, la foule s'écarta pour les laisser passer. Ils aperçurent alors une civière faite de branches et de feuillages, où gisait un hominien qu'ils n'avaient encore jamais vu, un adolescent à la chevelure noire. Lorsqu'on déposa cette litière improvisée dans la poussière, son corps roula sur le côté et demeura inerte.

L'adolescent était grièvement blessé. Une horrible plaie traversait son front proéminent : la peau arrachée pendait sur le côté et l'os était à nu, d'une blancheur livide, comme si une excroissance avait poussé à cet endroit, avant de transpercer et de déchirer la chair. Des filets de sang noir avaient séché le long de son visage, jusque derrière sa nuque, et imprégnaient ses cheveux. Son corps était décoré d'une étrange manière, comme s'il était couvert de peintures guerrières. Matt et Susan n'avaient encore jamais rien vu de tel. Ses joues portaient des traces d'ocre rouge et de charbon de bois formant à partir du nez une sorte de V renversé, et son torse puissant était orné de signes similaires, tout le long du sternum. Ses côtes se soulevaient au rythme de sa respiration.

Tristemine ne cessait de palper le corps de l'adolescent. Il soulevait son bras inerte avec un air de détresse, dans une attitude de pietà, et poussait d'étranges gémissements, la tête rejetée en arrière, les muscles de son cou tendus au maximum. Son comportement frappa Susan, ainsi que la manière dont il berçait ce corps, comme pour l'apaiser, en empêchant les autres de s'approcher.

« Matt, dit-elle. C'est son fils…

– Effectivement, lança Kellicut dans leur dos. Et vu l'état dans lequel il se trouve, il mourra d'ici peu si nous n'intervenons pas.

– Que pouvons-nous faire ?

– Pas grand-chose, probablement, mais nous nous en sortirons toujours un peu mieux qu'eux. La médecine n'est pas une science très développée, dans la région. »

Lorsque Tristemine l'entendit, il lâcha le bras de l'adolescent, se précipita vers Kellicut et plaqua sa main sur sa nuque en le tirant vers la civière, tandis que la foule reculait pour leur faire de la place. La pression de sa main était si forte que Kellicut fut obligé de s'agenouiller auprès du corps.

Il toucha la tempe de l'adolescent. Celui-ci ouvrit brièvement les yeux, regarda son père et poussa un grognement, avant de se tourner de l'autre côté. Du dos de la main, Kellicut lui toucha les joues, puis il palpa ses côtes et lui prit le pouls. Tristemine émit soudain un grognement, en regardant son fils avec intensité.

« Mon Dieu ! s'écria Matt. Il lit dans l'esprit de son fils. Il scrute sa douleur, il l'éprouve – littéralement.

– C'est exact, lança Kellicut par-dessus son épaule. Et cela doit être une expérience horrible. Nous n'avons pas la moindre idée de ce que cela représente. Malheureusement, je ne pense pas que cela puisse atténuer la souffrance de son fils. C'est simplement une manière de la partager avec lui – une forme d'altruisme. »

Kellicut assuma sur-le-champ son rôle de médecin.

« Il faut d'abord nettoyer tout ce sang. On ne distingue strictement rien, je ne sais même pas de quoi il souffre au juste. (Il se tourna brusquement.) Matt, file chercher ta trousse de secours. Nous allons le transporter dans la grande hutte, au bord de la rivière. Susan, rapporte tous les vêtements que tu pourras trouver et rejoins-nous là-bas. Il faut le couvrir, il est en état de choc. »

Il avait instinctivement retrouvé l'attitude du Kellicut d'autrefois, prenant les choses en main et aboyant ses ordres d'un air péremptoire avant même que les autres aient eu le temps d'analyser la situation.

« En route ! »

Il empoigna la civière et cinq hominiens se précipitèrent pour l'aider à la soulever. Ce mouvement secoua l'adolescent, qui poussa un affreux grognement de douleur – aussitôt imité par Tristemine. L'étrange procession traversa le village, dégageant des nuages de poussière : on aurait dit un énorme animal à dix pattes auquel Kellicut, qui marchait en tête, aurait servi de guide.

Au bord de la rivière, il ordonna d'un geste que l'on dépose la civière sous un massif de peupliers. Juste à côté se trouvait une hutte, dont le toit était formé par les branches entrelacées de deux arbres. Elle était ouverte sur les côtés et une brise légère y soufflait. Kellicut y dressa aussitôt son cabinet improvisé. À trois reprises, il envoya Matt remplir sa gourde dans la rivière, se servant de l'eau pour nettoyer délicatement les plaies avec l'un des chemisiers de Susan, jusqu'à ce que leurs contours soient nettement apparents. La poussière s'incrustait déjà sur les bords de la blessure qui barrait le front de l'adolescent.

« Que lui est-il arrivé, à ton avis ? demanda Susan.

– Difficile à dire… Mais il a probablement reçu un coup très violent sur la tête, répondit Kellicut tout en continuant de tamponner la plaie. Regarde comme la chair est tuméfiée, à cet endroit. Et là, l'os lui-même a été touché. (Il souleva un lambeau de peau, sur le bord de l'arcade sourcilière.) Voici l'excroissance frontale. Je ne sais pas si tu te rends compte, mais nous contemplons un os qu'aucun médecin au monde n'a jamais eu l'occasion d'étudier… »

Il enveloppa l'adolescent dans les rares vêtements que Susan avait pu rassembler, au nombre desquels figurait notamment un pantalon.

« Il ne rentrera jamais là-dedans, dit Kellicut. Nous nous contenterons de le recouvrir. (Il se tourna vers son patient.) Je suis loin d'être un as en médecine, mais je ne pense pas qu'une chute ait pu lui occasionner une blessure pareille. Et sa jambe ne serait pas dans un tel état s'il s'agissait d'un simple accident. Non, ajouta-t-il en bordant de son mieux le blessé, qui commençait à grelotter. À mon avis, il a reçu des coups de massue, sans doute au cours d'un combat.

– Mais contre qui ?

– Contre les ostrogoths que vous avez rencontrés.
– Comment le sais-tu ?
– Tu vois une autre explication ? (Kellicut marqua une pause, comme s'il se demandait jusqu'où il pouvait pousser ses révélations.) D'ailleurs, il était parti les rejoindre.
– Quoi ?
– C'est la vérité. Cela remonte à plusieurs semaines. Son père avait le cœur brisé, il ne parvenait pas à accepter cette décision. (Kellicut regarda Tristemine, qui était assis sur une souche et se balançait vaguement, les yeux rivés sur son fils.) C'est généralement une sorte de honte, de déchéance, que d'avoir un fils ou une fille qui part rejoindre les renégats. Mais notre bonhomme jouit d'une telle considération que son prestige n'en a guère été entamé, même si lui en a énormément souffert.
– C'est incroyable, dit Matt.
– Pourquoi donc ? Ils ont des sentiments d'une profondeur dont tu n'as pas idée.
– Ce n'est pas ce que je voulais dire. Je pensais au fait de s'enfuir pour aller rejoindre l'autre tribu, cette bande de… renégats, comme tu les appelles.
– D'une certaine façon, c'est grâce à ce gosse que vous avez été sauvés.
– Comment cela ?
– Les trois hominiens qui vous ont découverts étaient en fait partis à sa recherche. »
Susan regarda Kellicut.
« Tout cela me semble mériter quelques explications. J'ai l'impression que tu nous as caché un certain nombre de choses. »
Kellicut poussa un soupir.
« Admettons, dit-il. Mais chaque chose en son temps. Et la priorité, pour l'instant, c'est d'essayer de sauver ce gamin. »

Tristemine leva les yeux et fixa Kellicut, par-dessus le corps de son fils. Généralement, Matt avait du mal à déchiffrer l'expression de ces êtres mais, cette fois-ci, il n'eut pas le moindre doute : Tristemine avait un regard implorant. Courbé par les ans, il se dirigea vers Kellicut, lui saisit la main, déplia deux de ses doigts et les posa sur les paupières de son fils. Puis il tendit la main et posa lui-même deux doigts sur les yeux de Kellicut. Il conserva cette attitude un bon moment, tandis qu'une expression de détresse se peignait sur son visage. Il nous dit que son fils est en train de mourir, songea Matt, et il supplie Kellicut de le sauver.

Eagleton brancha l'interphone et aboya : « Schwartzbaum ! » Puis il appuya sur le bouton qui déclenchait au plafond l'émission du désinfectant. S'il y a quelqu'un qui risque de contaminer ce bureau, songea-t-il avec un soupçon d'ironie, c'est bien ce crétin de Schwartzbaum. Il était déjà regrettable qu'il se trouve mêlé – même de loin – à une telle opération.

Schwartzbaum était passé par le département d'anthropologie et de paléontologie de Harvard, où il avait été l'élève des meilleurs spécialistes. Il avait banalement débuté sa carrière comme simple « prospecteur » de pierres et d'ossements, avant que sa trajectoire et la nature même de ses recherches ne l'entraînent jusqu'aux plus extrêmes confins de la génétique évolutionniste. Tous les deux ans, il pondait un article sur la physiologie squelettique et l'ADN mitochondrial d'une obscurité et d'une illisibilité telles que sa réputation était devenue inébranlable. Eagleton avait tant eu besoin de ses expertises pour ce projet qu'il l'avait bombardé directeur adjoint de l'Institut, avec toutes les prérogatives que cela supposait : un salaire de cent cinquante mille dollars, un parking privé et un laissez-passer annuel pour tous les matches des Redskins.

Il avait maintenant besoin que Schwartzbaum l'aide à prendre une décision – ou, plus exactement, vienne discuter un moment avec lui. Eagleton l'utilisait fréquemment comme « caisse de résonance », si l'on peut dire. Parfois, la décision n'avait aucun lien direct avec le sujet de leur conversation. Mais il trouvait souvent utile d'explorer avec un collègue les affluents secondaires, tandis que sa formidable intelligence naviguait seule sur les hauts-fonds du fleuve principal. C'était justement le cas aujourd'hui.

Schwartzbaum entra d'un air distrait, tira une chaise et s'assit, trop près du bureau au goût d'Eagleton, qui se garda de lui en faire la remarque. Il se contenta de déplacer son fauteuil roulant d'avant en arrière, comme un coureur sur la ligne de départ. Puis il alluma une cigarette et rejeta la fumée en la dirigeant vers les mèches de cheveux blancs qui se dressaient en bataille sur les tempes de Schwartzbaum, lui donnant vaguement l'air d'un savant fou. Sa ruse fonctionna : Schwartzbaum repoussa précipitamment sa chaise en arrière, avec le regard inquiet d'un homme menacé par un nuage de gaz lacrymogène.

« Eh bien, lança Eagleton, avez-vous terminé ce rapport ?

– Quel rapport ?

– Celui sur la réunion à laquelle assistaient Mrs. Arnot et Mr. Mattison. »

L'irritation pointait dans la voix d'Eagleton, et il ne fit aucun effort pour la dissimuler.

« Ah !... Non, pas encore. Pour ne rien vous cacher, j'ai été très absorbé par la rédaction d'un article sur l'orifice nasal des crânes néandertaliens. J'en suis arrivé à la conclusion que...

– Vous étiez censé me remettre ce rapport hier matin. J'ai besoin de connaître votre sentiment concernant leurs divergences d'interprétation.

– Ma foi, vous connaissez le dicton : réunissez deux paléontologues dans la même pièce et vous aurez trois opinions différentes… Ces gens ne parviennent même pas à s'entendre sur l'orthographe exacte du domaine qui est le leur. Il y en a qui suivent l'exemple des Allemands et qui écrivent N-É-A-N-D-E-R-T-A-L, en supprimant le *h* muet, d'autres qui…

– J'avais espéré que notre conversation porterait sur des sujets un peu plus consistants que cette querelle philologique.

– Excusez-moi. De quoi souhaitiez-vous que nous parlions ?

– De la théorie de Mrs. Arnot sur le cannibalisme, par exemple.

– Hmm… le cannibalisme… »

Schwartzbaum se caressa la barbiche du bout des doigts. Son geste évoqua dans l'esprit d'Eagleton l'image d'une araignée gigotant sur le dos et agitant ses pattes.

« Je crains que cette théorie n'ait rien de bien nouveau, reprit Schwartzbaum. Elle constitue même l'obscur fondement des études néandertaliennes et son ombre remonte aux tout premiers travaux des chercheurs de fossiles.

– Expliquez-vous. »

Schwartzbaum se rejeta dans son siège, prit une profonde inspiration et fixa le mur qui était devant lui.

« Si je ne m'abuse, dit-il, la première allusion à cette théorie remonte aux années 1860 et figure dans les travaux d'Édouard Dupont, un géologue belge qui, au cours d'une fouille dans la grotte de… je crois qu'il s'agissait du Trou de la Naulette… découvrit une mâchoire inférieure d'une taille assez impressionnante. Elle était indéniablement humaine, mais avait aussi quelque chose de simiesque, car au-dessous des dents, au lieu d'être proéminent, le menton s'incurvait en arrière. »

Schwartzbaum se rendit brusquement compte qu'il était en train de palper son propre maxillaire. D'un geste nerveux, il retira sa main et la plaqua sur son genou.

« N'oubliez pas que la parution de *l'Origine des espèces* ne datait que de quelques années. L'évolution avait encore besoin de fondements solides pour s'imposer comme une théorie crédible, et ce fragment de mandibule était la première preuve anatomique tangible qui venait étayer la thèse de Darwin. Quoi qu'il en soit, un curieux phénomène se produisit. Cette rumeur concernant le cannibalisme commença à se répandre, et Dupont eut soin d'affirmer que les ossements qu'il avait découverts ne pouvaient *en aucun cas* être considérés comme les restes d'une coutume aussi barbare. Mais, lorsque ses travaux furent traduits en anglais, on se méprit complètement sur ses affirmations et on crut au contraire que tel était le cas – que les néandertaliens étaient bel et bien cannibales. La vérité, c'est que les gens *voulaient* le croire. Toujours est-il que l'erreur persista et se propagea. »

Schwartzbaum sauta quelques décennies pour en arriver à l'année 1899 et à un certain Dragutin Gorjanovic-Kramberger, fils d'un cordonnier croate qui avait toujours été méprisé par les milieux scientifiques parisiens et berlinois. Mais ce fut lui qui eut le dernier mot : il découvrit le site de Krapina, une véritable mine d'or abritant des centaines de fossiles néandertaliens. Il fut frappé par le fait que les squelettes étaient disséminés dans tous les coins et que de nombreux os avaient été brisés, certains même brûlés. De surcroît, il s'agissait dans une proportion étonnante de squelettes d'enfants. Gorjanovic considéra ces divers éléments comme la preuve irréfutable que ces restes étaient bien ceux d'anciens festins préhistoriques.

Eagleton regardait Schwartzbaum d'un air concentré mais ne l'écoutait en fait que d'une oreille. Le discours de son interlocuteur ne lui parvenait qu'à travers une sorte de brume et son esprit s'était déjà attaqué au problème qu'il avait à résoudre : il s'était engagé dans le fleuve principal, abandonnant le frêle esquif de son visiteur dans les méandres d'un affluent secondaire.

Schwartzbaum s'emballa brusquement, comme un acteur grisé par les feux de la rampe :

« Toutes ces théories et ces rumeurs macabres atteignirent leur apogée bien des années plus tard, en 1939, juste avant le début de la guerre. »

Il lui raconta l'histoire d'Alberto Blanc, un jeune Italien passionné de fossiles qui passait sa lune de miel à Monte Circeo, au sud de Rome. Des ouvriers avaient percé par hasard le plafond d'une grotte et y avaient erré un moment, dans les ténèbres. L'un d'eux découvrit un crâne et s'empressa de le rapporter à Alberto. Le problème était de savoir dans quel recoin exact de la grotte il l'avait déniché.

« Le débat suscité par cette question a soulevé des tempêtes dans bien des crânes, si je puis me permettre cette douteuse plaisanterie. Il dure encore de nos jours et nombre de tables rondes ont tourné court à cause de lui.

« Blanc prétendait que le crâne avait été trouvé au milieu d'un groupe de rochers disposés en cercle, qu'il désignait sous le terme de “ couronne de pierres ”, pour en accentuer l'aspect dramatique. Le fait que la tempe droite était brisée signifiait évidemment qu'il s'agissait d'un meurtre. Quant au trou situé à la base du crâne, il avait été pratiqué – selon Blanc – pour permettre l'extraction du cerveau. Son hypothèse était que, après avoir vaincu un ennemi – en se glissant derrière lui pour lui porter un coup mortel –, l'homme de Néandertal décapitait son cadavre, mangeait sa cervelle et utilisait ensuite le crâne lui-même comme un calice sacré lors de ses rituels, le brandissant pieusement au-dessus de la " couronne de pierres ", comme un prêtre élevant de nos jours le vase de la communion au-dessus de l'autel. Passionnant, n'est-ce pas ? »

Eagleton grommela quelques mots indistincts et Schwartzbaum poursuivit son exposé, sans se laisser démonter :

« Mais de nos jours la plupart des paléontologues rejettent cette théorie, parce qu'elle comporte trop de données invérifiables. Peut-être ce cercle n'était-il pas vraiment un cercle. Peut-être le crâne avait-il tout simplement été rongé par un animal. Et peut-être Blanc n'était-il qu'un Italien romantique, à l'imagination débordante. Son histoire serait parfaite pour la presse à sensation, mais elle n'a plus la moindre chance de trouver des adeptes dans les couloirs de Harvard.

– Et Mrs. Arnot ? »

La question prit Schwartzbaum de court. Il aimait les situations stables, alors que Susan Arnot était plutôt du genre à tout renverser sur son passage.

« Ses travaux sont généralement irréprochables, dit-il, et elle est très estimée dans sa branche. Mais elle n'a évidemment rien publié concernant sa récente... contribution à la théorie de Blanc.

– Qu'en pensez-vous ?

– Moi ?

– Oui, vous. »

Schwartzbaum se montra brusquement très prudent, comme un expert convoqué à la barre du tribunal et à qui l'on demanderait de prendre position sur une preuve déterminante.

« Je ne me suis officiellement engagé ni d'un côté ni de l'autre, dit-il. Et mon opinion est encore loin d'être définitive. Mais, dans le cadre de cette conversation privée, je dirais que cette théorie anthropophagique me paraît sujette à caution.

– Vous disiez tout à l'heure que les gens *voulaient* croire au cannibalisme de l'homme de Néandertal. Qu'entendiez-vous par là ?

– Il faut bien se représenter que de nos jours la théorie de l'évolution est devenue une évidence, un lieu commun. Rétrospectivement, elle semble tomber sous le sens. Comme l'a excellemment dit Thomas Huxley : " Comment ai-je pu être suffisamment bête pour ne pas y avoir pensé plus tôt…" Nous avons oublié à quel point cette théorie était révolutionnaire en son temps, combien elle allait à l'encontre de l'idée que l'on se faisait jusqu'alors de l'humanité. Pour dire vite, elle supposait que l'homme n'était plus cet être différent des autres animaux, que Dieu avait créé à son image, doué de raison et doté d'une étincelle divine. L'homme cessait d'être une créature à part, il était détrôné de son piédestal. Il n'était plus qu'un animal, légèrement et même sacrément plus malin que les autres – raison pour laquelle il se retrouvait au sommet de l'échelle –, mais cela ne changeait rien à son animalité initiale. Il avait étendu son règne en se servant de son intelligence, qui s'était essentiellement développée par le fait du hasard – parce qu'il possédait deux jambes, un pouce opposable et des cordes vocales. Reconnaissons-le : l'image d'une créature émergeant lentement de la tourbe originelle n'a pas la grandeur, la majesté, de l'arc que forment le doigt de Dieu et la main tendue de l'homme sur la voûte de la chapelle Sixtine.

« Nous avons donc déchu, de notre statut de dieux inférieurs, à celui de primates supérieurs. Et pour aggraver les choses, tous ces fossiles se sont mis à surgir, remplissant peu à peu les cases vides et prouvant de manière encore plus patente nos lointaines origines simiesques. Certes, l'homme de Piltdown était un faux, mais, même si l'on en faisait abstraction, les " chaînons manquants " étaient suffisamment nombreux : et le plus important de tous était l'homme de Néandertal. Si nous voulions remonter sur notre piédestal, il fallait donc impérativement le présenter comme un être différent de nous – comme une créature bestiale. La meilleure solution n'était-elle pas de l'accuser d'avoir commis le plus hideux des crimes, d'avoir violé le plus sacré des tabous, symbolisant à lui seul tout ce qui nous différencie et nous place au-dessus de cette infinie cohorte de créatures hagardes et sauvages – d'avoir, en bref, pratiqué l'anthropophagie ? »

Schwartzbaum s'était tellement laissé emporter par son éloquence qu'il ne voyait pratiquement plus la silhouette de l'homme assis en face de lui, de l'autre côté du bureau, dans la pénombre grandissante. Il eut l'air ébahi lorsque Eagleton l'interrompit :

« Félicitations. Vous avez répondu à toutes les questions que je me posais – hormis la plus importante.

– C'est-à-dire ?

– Pourquoi se seraient-ils livrés au cannibalisme ?

– La réponse est simple, dit Schwartzbaum en tripotant à nouveau sa barbiche. Depuis la nuit des temps, le motif a toujours été le même : pour s'approprier l'intelligence de leurs victimes. »

Eagleton le congédia abruptement.

Le fils de Tristemine était allongé sur un petit monticule de terre battue à l'intérieur de la grande hutte, au bord de la rivière. Ses paupières étaient closes et son visage était livide, mais il respirait encore. Susan contemplait ses traits. L'arrière de son crâne était bombé, évoquant vaguement un chignon – particularité physique propre aux hominiens et qui servait en quelque sorte de contrepoids à la protubérance de leur front –, et, comme il était étendu sur le dos, cela rabattait son visage en avant, au point que son menton reposait presque sur sa poitrine. Cette position lui donnait l'air grave et déjà serein d'un mort, et faisait penser aux gisants qui ornent les sarcophages de pierre dans les cathédrales médiévales d'Europe. Ses longs cils tremblotaient. Il n'est pas laid du tout, songea brusquement Susan ; certes, il n'a rien d'angélique, mais il y a de la noblesse en lui, une certaine distinction, qui n'est pas sans évoquer celle d'un jeune prince. Il n'avait sûrement guère plus de quinze ou seize ans. Susan commençait à ne plus ressentir la répulsion inconsciente que lui inspirait au début le visage des hominiens.

Elle observa les peintures qui ornaient le visage de l'adolescent – des bigarrures sauvages et violentes, destinées à inspirer la terreur. C'était une pratique universelle : toutes les peuplades primitives de la terre avaient recours à ces ornements rituels, tant pour la chasse que pour la guerre, et parfois même pour les funérailles des plus valeureux combattants. Susan toucha du doigt un trait de peinture rouge : quelques écailles desséchées restèrent collées à son index et elle les renifla. C'était sans doute de l'hématite, de l'oxyde, qui donnait à la peinture cette teinte d'ocre rouge. Les hommes préhistoriques l'utilisaient lors des enterrements – c'était à leurs yeux le symbole du sang – et elle en avait aperçu récemment sur le visage des sauvages qui avaient tué Rudy et les avaient pourchassés dans la grotte.

Tristemine était assis à côté de son fils. Il paraissait calme mais se balançait doucement d'avant en arrière, comme si son corps était agité par le souffle d'une brise invisible. À la manière dont il se tenait, replié sur lui-même et coupé du monde extérieur, on aurait pu croire qu'il priait. D'un coup de coude, Kellicut écarta Susan et revint examiner l'adolescent, cette fois-ci plus attentivement ; il souleva son bras, tapota sa cage thoracique et vérifia son pouls. Son attitude était passablement arrogante mais Susan le connaissait suffisamment pour savoir qu'elle dissimulait en fait une profonde nervosité : il essayait de se souvenir des cours de médecine qu'il avait suivis durant un bref semestre, quelque trente ans plus tôt.

« Que comptes-tu faire ? lui demanda-t-elle.

– Tu verras bien, répondit-il sèchement. Du moins si tu me fiches la paix. Tu ferais mieux de te rendre utile, au lieu de rester dans mes pattes. »

Susan ravala la repartie qui lui brûlait les lèvres. Kellicut les envoya, Matt et elle, chercher une quantité d'objets dans un but qui n'avait pour l'instant rien d'évident. Matt revint avec une gourde et la trousse de secours. Susan rapporta quant à elle un petit flacon de vodka qu'elle avait mis de côté. Elle passa également sa veste à Kellicut. Comme Matt, elle retrouvait les réflexes d'autrefois et obéissait à son ancien mentor sans poser la moindre question.

En suivant les consignes de Kellicut, Matt et Susan creusèrent une fosse peu profonde, l'emplirent de branches et de brindilles et allèrent chercher quelques braises brûlantes dans le foyer communal. Le feu prit rapidement, dégageant une étroite colonne de fumée. Au-delà, sous l'effet des ondes de chaleur, les arbres donnaient l'impression de vaciller.

« Faites bouillir de l'eau dans la gourde, leur lança Kellicut. Dix minutes, pas une de plus. Je la viderai ensuite là-dedans, ajouta-t-il en brandissant le flacon de vodka, parce que j'aurai encore besoin de la gourde par la suite. »

Il versa la vodka sur les blessures de l'adolescent et les nettoya avec un morceau de tissu, en commençant par le front et en terminant par l'avant-bras. Il restait un peu d'alcool au fond du flacon. Kellicut le porta à ses lèvres, l'avala d'un trait et mit la bouteille de côté.

« Une dernière chose, lança-t-il à Susan sans se retourner, toujours penché au-dessus du blessé. Va chercher le chaman. Nous allons avoir besoin de lui. Tu sais où se trouve sa hutte. Et ne te donne pas la peine de frapper, il saura parfaitement que tu es là. »

Susan connaissait effectivement le repaire d'Œil-Sombre, d'où émanait une odeur fétide et dont la porte restait fermée en permanence. Elle n'aimait guère cet endroit et attendit un moment devant la hutte, mais il n'y avait pas le moindre signe de vie à l'intérieur. Elle se décida finalement à s'approcher et poussa précautionneusement la porte, faite de gros rondins retenus par des lianes. Elle s'entrouvrit sur une pièce plongée dans les ténèbres, où régnait une telle puanteur que Susan eut un haut-le-cœur. Elle s'immobilisa dans l'encadrement, en respirant par la bouche, tandis que son regard s'accoutumait peu à peu à l'obscurité. Des formes émergèrent lentement. Dans un coin se trouvait une étagère rudimentaire, taillée dans une épaisse branche, où étaient disposés des récipients fabriqués à partir de carapaces de tortues : ils étaient remplis d'un liquide épais où surnageaient de petits objets ronds, de la taille d'une balle de ping-pong. Susan se rapprocha. La puanteur était si forte qu'il lui semblait presque qu'elle pénétrait à travers ses pores. Elle se pencha pour regarder le contenu des récipients : des filaments attachés aux balles flottaient dans le liquide. Avec un sursaut de dégoût, elle réalisa brusquement de quoi il s'agissait : c'étaient des yeux… et il y en avait des centaines !

Sa tête se mit à tourner. Une étrange sensation envahit son cerveau, une sorte de brouillard qui s'étendait comme de la buée sur le miroir d'une salle de bains. Elle fit deux pas en arrière pour sortir de la pièce et tomba quasiment dans les bras d'Œil-Sombre. Il tenait à la main un long bâton, semblable à une houlette de berger, dont la crosse était sculptée en forme de tête de loup, et il était si bien planté sur ses jambes que Susan faillit basculer et perdre l'équilibre. Le chaman ne fit pas un geste pour lui venir en aide et émit quelques sons gutturaux qui n'avaient rien d'amical. Le blanc d'un de ses yeux était irisé de taches, comme une étoile qui vient d'exploser : il devait souffrir d'un glaucome à un stade très avancé, et était sans doute totalement aveugle de ce côté-là. L'autre œil montrait également des atteintes du mal. Susan se demanda s'il voyait uniquement à travers le regard des autres. Mais, dans ce cas, pourquoi tournait-il la tête dans sa direction ?

Œil-Sombre la saisit brusquement par la main et l'entraîna à l'extérieur.

19

Eagleton n'avait toujours pas pris de décision et le temps commençait à presser. Il alluma une cigarette, aspira une longue bouffée et regarda Schwartzbaum, de l'autre côté du bureau. Ce type est plus bavard qu'un perroquet, songea-t-il, mais c'est une mine de renseignements. Eagleton aimait le silence, et ce fut presque avec regret qu'il reprit la conversation :

« Que pensez-vous de la théorie de Mrs. Arnot, concernant cette guerre entre l'*Homo sapiens* et l'homme de Néandertal ? »

Schwartzbaum haussa les sourcils et étendit les jambes.

« La théorie de Mrs. Arnot, je m'empresse de le dire, n'a rien de très original. Dès les années 20, un anthropologue de l'université de Heidelberg, un certain Hermann Klaatsch, estimait qu'il était impossible que l'*Homo sapiens* soit le descendant de ces brutes néandertaliennes. Il élabora donc une théorie selon laquelle il y aurait eu jadis une lutte pour la survie entre les deux espèces, à l'issue de laquelle les néandertaliens auraient été totalement anéantis. Il l'appela la bataille de Krapina.

– Cette théorie est-elle crédible ?

– À vrai dire, plus personne ne la prend au sérieux – non sans de bonnes raisons. Pour commencer, les néandertaliens étaient disséminés à travers toute l'Europe. Il est difficile d'imaginer qu'ils aient pu se rassembler et être exterminés jusqu'au dernier au cours d'un seul affrontement.

– Le sort des armées en présence se décide toujours au cours d'une bataille décisive. Songez à Gettysburg, à Waterloo, à Azincourt. La plupart des guerres débouchent sur une confrontation cruciale, où se joue leur issue.

– Et qui voit la défaite de l'un des camps, poursuivit Schwartzbaum. Mais les vaincus ne sont jamais réduits à néant. Une partie d'entre eux se retirent et vont panser leurs plaies ailleurs. L'armée qui a perdu n'est pas totalement exterminée.

– Je vois ce que vous voulez dire, fit Eagleton avec un petit sourire en coin. (Il marqua une pause, écrasa sa cigarette et reprit :) Vous partagez donc l'opinion de Mr. Mattison : les gènes des deux espèces se seraient mélangés ?

– De ce côté-là aussi, de nombreuses questions restent en suspens, répondit Schwartzbaum. Le grand problème des études néandertaliennes consiste en fait à résoudre une seule et même énigme : les fossiles les plus récents présentent des traits néandertaliens nettement plus accusés que les plus anciens. L'arcade sourcilière est plus proéminente, le crâne plus aplati, les membres sont plus courts. Il semble donc que l'espèce ait évolué en *s'éloignant* de l'*Homo sapiens*, plutôt qu'en s'en rapprochant – ce qui ne cadre guère avec notre vision des choses. Comment expliquer cette contradiction ?

– Quelle est votre opinion à ce sujet ?

– Comme vous devez vous en douter, les théories abondent. L'une d'elles suppose qu'il aurait existé plusieurs communautés néandertaliennes, séparées les unes des autres par des sommets infranchissables à l'époque glaciaire, et qu'elles auraient évolué de manière autonome, dans des directions différentes. L'isolement est un facteur déterminant dans le processus de l'évolution, parce qu'il interdit évidemment les croisements.

– En quoi cela s'applique-t-il aux néandertaliens ?

– Les fossiles néandertaliens les plus " humains " datent de la première période de réchauffement et on en a retrouvé un peu partout. Les néandertaliens " classiques " apparaissent plus tard, au cours de la dernière glaciation. Ils sont localisés dans des aires relativement limitées et leur morphologie est adaptée à un climat polaire. Leurs membres sont plus robustes, leurs crânes plus allongés, l'orifice nasal est plus large – peut-être pour permettre le réchauffement de l'air. Plus intéressant encore, leurs cerveaux sont plus volumineux – pour quelle raison, nous l'ignorons. Si l'on excepte ce dernier point, c'est un exemple parfait d'adaptation à un environnement hostile qui s'est effectuée par le biais de la sélection naturelle – ainsi, peut-être, qu'en raison d'une dérive génétique.

– Parlez-moi un peu de cette dérive génétique.

– C'est un concept passablement subtil. Pour l'essentiel, il s'agit d'une application de la statistique à la génétique. Au sein de petits groupes de population, des événements qui sont le fait du seul hasard peuvent avoir d'énormes répercussions. S'il s'agit d'une mutation génétique, celle-ci peut se reproduire et s'étendre assez rapidement. Ces faits accidentels ont plus de conséquences que s'ils survenaient au sein d'un groupe plus important, et les changements qu'ils induisent peuvent entraîner des conséquences dramatiques. Prenons à titre d'exemple le cas d'un groupe restreint d'individus dont les jambes se seraient extraordinairement développées. Ces gènes prolifèrent à tel point qu'ils supplantent rapidement les gènes " normaux " et cette élongation excessive finit par devenir la norme. Grâce à ce développement de leurs membres inférieurs, les individus qui composent ce groupe se déplacent beaucoup plus rapidement, et cela entraîne une nouvelle série de mutations : soit sur le plan alimentaire, puisqu'ils se mettent à chasser d'autres espèces animales, soit sur celui de l'habitat, puisqu'ils peuvent aisément distancer les prédateurs qu'ils redoutaient précédemment. Et ces changements se poursuivent en permanence et s'engendrent les uns les autres, selon un processus dont le résultat est un véritable saut quantique. Mais cela n'a rien à voir avec le fait que leur transformation physique serait plus avantageuse, plus performante en soi : l'origine en est cette dérive génétique, purement accidentelle au départ.

– Je vois. Que se passerait-il si ce saut quantique engendrait une faculté d'ordre abstrait – disons, une perception télépathique, ou quelque chose de ce genre ? D'abord, cela est-il possible ?

– Vous voulez dire : la faculté d'échanger des images par le seul biais du cerveau ? Oui, c'est envisageable – au moins théoriquement.

– Le cortex des néandertaliens étant particulièrement volumineux, cela leur aurait-il permis de développer une telle faculté, physiologiquement parlant ?

– Là encore, en théorie, la réponse est oui. Mais il y a tout de même un problème. Nous savons qu'une grande partie du cortex est déjà affectée à une fonction bien précise : je veux parler du langage.

– Et s'ils n'avaient pas développé de langage ? On imagine mal que leur cerveau, plus volumineux que le nôtre, soit pour ainsi dire resté vacant, inutilisé ?

– Mais il n'y a aucune raison pour qu'ils n'aient pas développé de langage. C'est un moyen de communication préférable, ne serait-ce que parce qu'il laisse des traces. On peut le noter. Les paroles survivent même parfois à celui qui les a prononcées. Nous n'avons jamais rencontré Shakespeare, vous et moi, et pourtant nous l'avons entendu parler, si j'ose m'exprimer ainsi.

– Mais quelque chose a pu les empêcher de développer le langage.

– Je ne vois vraiment pas de quoi il pourrait s'agir. Un seul facteur, selon moi, aurait pu provoquer un tel résultat.

– Lequel ?

– L'altitude. »

Eagleton fit pivoter son fauteuil d'un quart de tour.

« Expliquez-moi ça, dit-il.

– Les alpinistes sont fréquemment victimes d'une sorte de confusion, de brouillage cérébral. L'observation n'est pas nouvelle, mais des travaux récents tendent à rattacher ce phénomène au langage. Un neurologue de Brown, Philip Lieberman, a notamment étudié les conséquences cognitives du manque d'oxygène. Sa conclusion est que cette raréfaction altère la région du cerveau qui commande l'enchaînement des gestes – ce qui inclut évidemment les mouvements de la langue, des lèvres et du larynx. Le foyer principal est privé d'oxygène et, à l'autre bout de la chaîne, la syntaxe du langage parlé, déréglée, ne parvient plus à fonctionner. D'où ce brouillage mental dont je parlais.

– À très long terme, dit lentement Eagleton, une espèce vivant dans un tel environnement pourrait donc renoncer au langage et développer à l'inverse une faculté comme la télépathie ?

– En théorie, mais en théorie seulement, ce n'est effectivement pas impossible.

– Et que se passerait-il si cette faculté s'avérait vitale pour un groupe contraint de se cacher et vivant sous l'emprise d'une terreur constante ? Et qu'elle permette à chacun de ses membres de disposer d'une sorte de système d'alarme, bénéficiant à toute la tribu ?

– Eh bien, cela renforcerait à la fois sa valeur et la probabilité de son développement. Dans ce cas, à la dérive génétique initiale viendrait s'ajouter la sélection darwinienne, laquelle tendrait à accentuer le processus – à le solidifier, pour ainsi dire. Mais pourquoi me posez-vous toutes ces questions ?

– Sans but précis. Cette petite discussion est purement théorique. Vous m'avez parlé tout à l'heure de plusieurs groupes de néandertaliens. Comment un tel phénomène a-t-il pu se produire ?

– Tout ceci, je vous le rappelle, reste de l'ordre de l'hypothèse. Mais un événement a sans doute eu lieu, qui a provoqué l'éclatement de l'espèce initiale et sa dispersion en plusieurs sous-groupes. Cela s'est vraisemblablement produit au cours de l'ère glaciaire. Nous savons que ceux qui sont restés en Europe – les néandertaliens " classiques " – ont fini par disparaître. Leur branche a dépéri, puis s'est éteinte. Ceux qui s'étaient établis ailleurs ont peut-être fini par nous ressembler – on donne à ce phénomène le nom de " sapiénisation " –, à moins qu'ils n'aient survécu un certain temps dans leur retraite, coupés du reste du monde, tout en développant des traits particuliers, à la suite d'une dérive génétique. Leur piste se perd dans cette région du monde que l'on désigne sous les termes d'Asie occidentale.

– L'Asie occidentale ? Qu'entendez-vous par là ?

– C'est une appellation un peu bizarre, dont les gens qui travaillent sur les néandertaliens se servent encore de nos jours. Elle couvre en fait une aire gigantesque, qui va de la mer Noire jusqu'à l'Ouzbékistan et au Tadjikistan, après avoir traversé une partie de la Russie, et qui reste pour l'essentiel inexplorée. »

Une fois de plus, Eagleton congédia Schwartzbaum sans un mot de remerciement. Il n'avait plus besoin de lui. Il avait finalement pris la décision qui s'imposait.

Puisque Van n'avait pas donné signe de vie depuis plus de trois semaines, il était temps que Kane prenne la relève.

Susan et Œil-Sombre rejoignirent la berge. La main décharnée du chaman était toujours crispée sur le poignet de la jeune femme, comme la serre d'un faucon refermée sur sa proie. Susan avait l'impression qu'une étrange vibration émanait de lui, comme s'il avait dégagé une sorte de courant psychique. Elle n'aurait pas su dire si c'était elle qui le guidait ou l'inverse.

Tristemine était venu à leur rencontre et repartit avec eux, les précédant de quelques pas, la tête penchée en avant. En pénétrant sous la hutte, ils virent Matt en compagnie de trois ou quatre hominiens. Kellicut s'affairait dans un coin, son matériel éparpillé autour de lui : la gourde, un couteau, la trousse de secours dont le couvercle était ouvert. Lorsqu'il les aperçut, il déposa soigneusement ses outils sur un lambeau de tissu et se leva.

« Vous voilà enfin, dit-il. Les choses ne se présentent pas très bien. Et le temps presse.

– Que comptes-tu faire ?

– En plus de ces blessures au front et au genou, il a aussi une plaie sur le côté. Je n'en suis pas absolument certain, mais je pense qu'il a été blessé voilà déjà plusieurs jours et qu'il a marché tant bien que mal pour regagner la vallée. Il a donc perdu beaucoup de sang et il va falloir lui faire une transfusion.

– Comment vas-tu t'y prendre ?

– Avec les moyens du bord. Si nous parvenons à lui infuser suffisamment de sang, nous aurons déjà de la chance. Et s'il survit à l'opération, avec tous les microbes qu'il y a par ici, il pourra remercier le ciel. Mais c'est notre seul espoir de le sauver.

– Qui sera le donneur ? »

Kellicut se tourna vers Tristemine, qui se balançait toujours lentement dans son coin.

« Et lui, quel rôle joue-t-il ? demanda Susan en désignant Œil-Sombre du menton. (Le chaman n'avait toujours pas lâché son poignet et elle ne se décidait pas à se dégager, comme s'il s'était agi d'une sangsue qu'il fallait détacher avec soin.)

– J'espère que nous parviendrons plus ou moins à lui faire entrevoir ce que nous comptons faire et qu'il acceptera de l'expliquer aux autres. Il est le seul ici qui puisse le comprendre. Sa présence s'avérera utile si les choses tournent mal », ajouta Kellicut en se remettant à l'ouvrage.

Susan rejoignit Matt près du foyer et regarda Kellicut, qui s'était approché d'Œil-Sombre et de Tristemine et qui gesticulait en émettant d'étranges sons. À un moment donné, il se pencha et souleva les paupières du blessé. Peu après, il saisit le couteau et s'entailla l'avant-bras, en leur montrant le sang qui s'écoulait. Susan doutait qu'il parvienne à leur faire comprendre son plan. Pendant ce temps, l'eau bouillait dans la gourde. Matt et elle s'en servirent pour stériliser un long tube en plastique qui provenait de la trousse de secours, ainsi que quelques morceaux d'étoffe. Ils transportèrent ensuite ce matériel au chevet du blessé.

Kellicut avait réussi à convaincre Tristemine de s'étendre sur une litière de branchages, aux côtés de son fils. Il saisit une seringue hypodermique, la désinfecta avec de l'eau bouillante et poussa le piston jusqu'au fond. À l'aide d'un couteau, il pratiqua un petit trou dans la partie supérieure de la seringue et l'élargit précautionneusement, jusqu'à ce qu'il soit à peu près rond. Il y inséra ensuite l'une des extrémités du tube en plastique et brandit un instant l'objet, examinant son œuvre, puis il tendit l'autre bout du tube à Susan. « Occupe-toi également de ça », lança-t-il en lui passant la gourde. Il s'agenouilla auprès de Tristemine, frotta l'intérieur de son bras avec un tissu imbibé d'alcool et planta l'aiguille dans une veine, avant de tirer lentement le piston. La seringue s'emplit d'un sang rouge et foncé. En contemplant la scène, Susan eut l'impression qu'un nouveau lien, qu'une sorte de fraternité s'était instaurée entre les hominiens et eux.

« Ah, ah ! » s'exclama Kellicut tandis que le piston arrivait au niveau de l'orifice qu'il avait pratiqué. Le sang de Tristemine s'engagea dans le tube, aussi docilement qu'un cours d'eau détourné par un barrage de fortune. « Ça marche ! » lança-t-il avec un tel enthousiasme que Susan réalisa qu'il était loin d'en avoir eu la certitude.

« Place l'autre bout du tube dans la gourde et assure-toi qu'il reste bien en place, lui recommanda-t-il. Il n'y a plus qu'à attendre. »

Susan vit le tube s'assombrir au fur et à mesure que le sang s'écoulait à l'intérieur. Elle inséra l'extrémité dans le goulot de la gourde, en la maintenant fermement de l'autre main.

Ils attendirent en silence, tandis que la gourde se remplissait. L'écoulement était régulier, mais cela n'en prit pas moins un certain temps. Brusquement, Susan poussa un petit cri en voyant le sang déborder du goulot. Kellicut se précipita et lui arracha la gourde des mains. Il ôta ensuite l'aiguille du bras de Tristemine et prit dans la trousse un sparadrap qu'il appliqua à l'emplacement de la piqûre. « Et voilà ! s'écria-t-il. Remis à neuf... » Tristemine se redressa, en appui sur son coude, et regarda le sparadrap d'un air soupçonneux. Puis il se rallongea lentement, en fermant les yeux.

Kellicut fit signe à Susan et à Matt de s'approcher du blessé.

« La suite de l'opération va être plus délicate, dit-il à Susan. Soulève la gourde aussi haut que possible et surtout maintiens-la bien en place. »

Il enleva le tube, fixa à son extrémité un bout de plastique en guise d'entonnoir et tendit le tout à Matt, en lui faisant signe de lever lui aussi son bras le plus haut possible.

« Lorsque je te le dirai, verse le sang là-dedans. Et attention : si la moindre bulle d'air passe dans le tube, nous sommes fichus. »

Il reprit la seringue, repoussa le piston jusqu'au fond, planta l'aiguille dans le bras de l'adolescent et tira le piston de quelques centimètres, vérifiant qu'il ne dépasse pas le niveau de l'orifice. Cela s'avéra efficace : le sang se mit à descendre lentement dans le tube, comme sur un baromètre de plongée.

« J'aurais dû me faire médecin de brousse, dit Kellicut avec une fierté évidente. Ça vous donne l'impression d'être une sorte de dieu. »

Une fois la transfusion terminée, ils bandèrent le genou et le front de l'adolescent, le couvrirent avec les vêtements disparates qu'ils avaient sous la main et le laissèrent dormir aux côtés de son père.

Autour de la hutte, les autres hominiens contemplaient la scène d'un air déconcerté et regardaient fréquemment Œil-Sombre, comme s'ils attendaient ses directives.

Le soir même, assis près du foyer, Kellicut avait l'air si satisfait de lui que Susan décida de saisir l'occasion.

« Parle-nous un peu des autres, lui dit-elle. Comment les appelles-tu, déjà ?

– Les renégats.

– C'est ça.

– Mes informations sont plutôt limitées. J'ai appris leur existence peu après mon arrivée. Je ne les ai jamais rencontrés, cela va de soi – sinon, je ne serais probablement plus là pour vous en parler. Mais j'ai réussi à rassembler suffisamment de renseignements à leur sujet pour être en mesure d'échafauder quelques hypothèses. Comme vous pouvez l'imaginer, ils sont très redoutés.

– D'où viennent-ils ? demanda Matt.

– D'ici même. De cette vallée. Il n'est pas exclu qu'il y ait d'autres tribus disséminées à travers ces montagnes, et Dieu sait à quoi elles peuvent ressembler. Mais les renégats sont originaires de cette vallée. Leur nombre s'est accru au fil du temps – saura-t-on jamais quand le processus a commencé ? Voilà des générations sans doute, si ce n'est des centaines d'années.

– Mais comment cela s'est-il passé ?

– Ce sont des exclus, des proscrits, des parias. Je ne vois rien de très mystérieux là-dedans.

– Peut-être pourrais-tu avoir l'indulgence d'éclairer notre lanterne ?

– Au sein d'une population, il naît périodiquement des êtres qui ne ressemblent pas aux autres. Des asociaux ou, pis encore, des criminels. Leur différence est d'ordre pathologique et son origine est probablement génétique. Ils ne s'intègrent pas, ne respectent pas les règles, violent les tabous. C'est un phénomène universel. Ce sont en quelque sorte des inadaptés de naissance. Les Sioux les appelaient “ les contraires ”, parce qu'ils faisaient tout à l'envers, allant jusqu'à chevaucher leur monture dans le mauvais sens. Toutes les sociétés, toutes les tribus humaines produisent de tels individus. Dans l'optique de la biologie évolutionniste, on peut même dire que le groupe en a besoin pour se reproduire : c'est une manière pour lui d'expérimenter, de tester de nouveaux modèles, si vous voulez. Cela s'avère particulièrement dans le cas de tribus socialement très soudées, comme l'est celle-ci à cause de ce pouvoir psychique particulier. Le fait de pouvoir échanger et partager leurs perceptions fait de leur groupe une seule et unique entité, de sorte que le moindre comportement asocial – ou tant soit peu original – est aussitôt perçu comme une menace pour l'ensemble de la collectivité.

D'un commun accord, la tribu décide donc d'expulser le rebelle, à moins que celui-ci ne choisisse lui-même le chemin de l'exil. Qui peut savoir comment le processus se déroule ? Le groupe se purge lui-même, se débarrasse de l'élément perturbateur, l'expulse – et puis on n'en parle plus. Sauf qu'il y a bien sûr une ombre au tableau.

– Que veux-tu dire ? demanda Matt.

– Le rebelle est chassé, mais il ne disparaît pas pour autant, intervint Susan.

– Exactement. Il quitte le jardin d'Éden et part vivre à l'écart dans la nature sauvage, où il apprend à survivre. Plus tard, un autre le rejoint. Et au fil du temps leur nombre s'accroît. Ce n'est au début qu'une bande de proscrits misérables, mais elle finit par s'agrandir, se développer, s'organiser. Elle ne tarde pas à former une véritable colonie de parias. Et si des femmes les rejoignent à leur tour, ils peuvent se reproduire et constituent dès lors une tribu rivale.

– Combien sont-ils au juste ? demanda Susan.

– Je n'en ai pas la moindre idée. Mais leur nombre importe peu. Ce qui compte, c'est l'esprit, la force qui les anime – leur nature même, en quelque sorte.

– Ce sont des brutes ! s'exclama Susan en revoyant brusquement l'image du sang de Rudy répandu sur la neige.

– Susan ! s'écria Kellicut en la regardant d'un air désapprobateur. Tu te trompes sur toute la ligne. Comment peux-tu dire une telle bêtise ? Tu es allée dans leur grotte, tu as pu voir comment ils vivent, tout ce qu'ils ont réalisé.

– Ce qu'ils ont *réalisé* ?

– Mais enfin, réfléchis un peu ! Pour commencer, ils chassent. Ce qui signifie qu'ils doivent coopérer, travailler ensemble, élaborer des plans d'attaque. Il faut bien six ou sept hommes pour abattre un animal de grande taille, et ils doivent donc se répartir les tâches :

il y en a un qui creuse les fosses des pièges, un autre qui élague les branches, etc. Ils doivent préparer les choses à l'avance, prévoir l'avenir en quelque sorte. Ils mangent de la viande, ce qui signifie que leur ration de protéines est plus élevée – et les rend plus forts. Ils cuisent le gibier, d'une part pour qu'il ait meilleur goût, de l'autre pour le conserver. Ils se vêtent de peaux de bêtes, ils décorent les parois de leurs grottes. Les tâches sont réparties : les hommes vont chasser et les femmes restent à la maison pour entretenir le foyer et s'occuper des enfants. Ils commencent à s'organiser en cellules familiales. Ils ont déjà une hiérarchie sociale.

– Et ils tuent, ajouta brutalement Susan.

– Oui, ils tuent. Malheureusement, le meurtre semble faire partie du schéma. Peut-être s'agit-il d'une étape nécessaire, sur le chemin qui mène à la civilisation. Car c'est bien de cela que nous sommes en train de parler : de civilisation. Inutile de te leurrer. Ils en sont déjà à un stade supérieur d'évolution, quel que soit le critère envisagé. Rappelle-toi ce que tu as appris à Harvard : quels sont les premiers signes, les premiers indices de la vie communautaire ? L'art pariétal, les pratiques religieuses, la structure villageoise, la hiérarchie sociale. Tous ces facteurs sont présents chez nos montagnards, mais singulièrement absents ici, chez nos mangeurs de lotus. Tu ne vois donc pas que les renégats ont effectué un fabuleux bond en avant, identique à celui que l'*Homo sapiens* a accompli voilà des millénaires ? C'est le principe même de l'évolution, en pleine action. Et plus rien ne les arrêtera. Il s'agit d'une de ces brusques avancées, d'un de ces pas de géant comme il en advient peut-être une fois tous les cent mille ans. Et nous sommes là pour y assister, nous sommes présents à la naissance, à l'aube même du processus.

– Puisque ce sont des tueurs et qu'ils ont une science du combat plus développée, pourquoi n'attaquent-ils pas ceux de la vallée ? demanda Matt. Ils pourraient aisément les réduire à néant. »

Kellicut le dévisagea.

« Je ne le sais pas au juste. Tout d'abord, il y a le cimetière, qui sépare les deux groupes et qui est une zone interdite : on n'a pas le droit de le traverser. Mais je reconnais que l'explication n'est guère convaincante. Peut-être règne-t-il entre eux, implicitement, une sorte de trêve. Après tout, les renégats ont besoin de nos amis, ici, pour se multiplier. Nous sommes dans la tribu mère. À moins que ce ne soit une simple question de temps, et que l'assaut ne soit à terme inévitable. Darwin aurait sûrement des idées intéressantes sur la question.

– Nous sommes loin du jardin d'Éden, dit Matt. Si la vallée n'est épargnée que pour fournir un surcroît de population à ceux d'en haut, ce paradis est bien artificiel. Et la ténèbre est tapie en son centre. »

Kellicut se tut un moment et reprit avec une certaine gravité :

« Il y a indéniablement des signes préoccupants. Je crois qu'il leur arrive déjà de venir enlever certains de nos amis, de temps à autre. Ils sont sans pitié, comme vous avez pu le constater, et sont dirigés par une sorte de tyran, reconnaissable à son cri terrifiant – un son aigu, que l'on pourrait plus ou moins transcrire par " kee-wak ". C'est lui le plus fort de la bande et il a instauré je ne sais quel culte païen.

– Sans pitié est un euphémisme, dit Matt. La paroi près de l'autel est tapissée de crânes humains. »

À cet instant, les hominiens qui étaient paisiblement accroupis à côté d'eux, assis sur leurs talons, se dressèrent brusquement, en rejetant la tête en arrière et en poussant des hurlements stridents. Leurs mouvements étaient tellement désordonnés que les trois humains mirent un certain temps à comprendre qu'ils étaient en train de manifester leur douleur. La même pensée les traversa aussitôt.

Ils rejoignirent en courant la hutte dressée au bord de la rivière. Une foule d'hominiens s'y étaient rassemblés et déambulaient avec une expression de désarroi, prouvant à elle seule qu'un drame avait eu lieu. Kellicut se fraya un passage et se précipita au chevet de l'adolescent. Il ôta les vêtements qui le recouvraient : ses paupières étaient closes mais sa cage thoracique se soulevait normalement. Il prit son pouls, qui battait faiblement, mais régulièrement. Son état n'avait pas empiré.

« Regarde derrière toi ! » s'écria Matt.

Kellicut se retourna et aperçut Tristemine, qui était toujours étendu sur sa litière de branchages, les traits livides, le corps rigide et les paupières closes. Kellicut marcha jusqu'à lui et souleva la grosse main de l'hominien, dont le pouce était couvert de cals à la suite d'une longue vie de cueillette. Elle était déjà raide et ses doigts à moitié repliés faisaient penser à des serres.

« Mon Dieu ! dit Kellicut. Savez-vous ce qui s'est passé ? Il s'est sacrifié : il a donné son sang tout à l'heure pour sauver son fils et il en a déduit que c'était à lui de mourir. Et il a suffi que cette idée l'effleure pour que cela advienne pour de bon. »

À cet instant, la foule s'écarta et Œil-Sombre apparut, la chevelure hirsute, dardant de côté son œil jaunâtre et scintillant. Chacun se tut et recula tandis qu'il saisissait un fourreau en bois que les trois humains n'avaient jamais vu précédemment : il en retira un long poignard en silex, à la pointe acérée. Il se pencha, glissa son bras sous la nuque de Tristemine, inséra rapidement la pointe de l'arme dans une orbite de l'hominien, près de l'arête nasale, et, d'un geste aussi vif que précis, détacha l'œil et l'arracha de sa cavité. Il procéda de même de l'autre côté. Puis, sous le regard incrédule des trois humains, il brandit vers le ciel les deux globes luisants, blanchâtres et sanguinolents en poussant un cri lancinant qui leur glaça le sang.

Quand l'un d'entre eux mourait, chacun mourait un peu. Il suffisait qu'une paire d'yeux se referme à jamais sur la nuit pour que la tribu, dont les membres formaient une seule entité, en soit diminuée – comme une tapisserie se détériore dès que l'un de ses fils se défait.

Les funérailles de Tristemine eurent lieu sur-le-champ, après qu'Œil-Sombre eut glissé les deux globes oculaires dans une bourse suspendue à son cou. Un immense bûcher fut édifié au centre du village et les hominiens jetèrent dans les flammes tout le bois qui leur tombait sous la main – non seulement des bûches et des branchages, mais aussi leurs litières et les poutres rudimentaires qui soutenaient leurs huttes. Dans leur douleur, ils n'épargnèrent quasiment rien et les flammes s'élevèrent à plus de trente mètres dans le ciel, léchant le feuillage des bosquets voisins.

Tout le village – hommes, femmes et enfants – se rassembla et Susan réalisa pour la première fois qu'ils étaient extrêmement nombreux : plusieurs milliers, à tout le moins. Il y avait des hominiens qu'elle n'avait jamais vus auparavant – des mâles aussi bien que des femelles, qui devaient mener une existence érémitique aux confins de la vallée et qui s'étaient déplacés, répondant à l'appel muet du groupe. Toute mort était un événement dramatique, mais celle de Tristemine revêtait une solennité particulière, car il était l'un des anciens les plus respectés de la tribu.

Son corps nu avait été placé sur un catafalque d'un mètre de haut, fait de rondins attachés par des sarments de vigne et parsemé de pavots, installé à une trentaine de mètres du bûcher. Derrière l'édifice funèbre, six adolescents étaient assis en tailleur : ils frappaient avec des bâtons des rondins de bois creux posés sur leurs genoux, selon un rythme syncopé et lancinant. D'autres dansaient autour d'eux en se contorsionnant, les bras levés en l'air et les jambes légèrement redressées. Le feu était alimenté par des enfants. La scène se prolongea ainsi un certain temps, jusqu'à ce qu'Œil-Sombre refasse son apparition : cette fois-ci, son œil valide était bandé et il portait une coquille. Les enfants disposèrent sur le sol des braises et des bûches enflammées, de manière à former une sorte de sentier menant jusqu'au bûcher : le chaman s'y engagea, sans manifester la moindre douleur. Lorsqu'il eut atteint le foyer, il déposa la coquille dans les flammes.

On jeta de grandes feuilles dans le feu et les hominiens passèrent en dansant le long du bûcher, inhalant la fumée. Matt et Susan allèrent aussi la respirer et, au bout de quelques secondes, un étrange vertige les envahit, suivi d'une sorte de léthargie. Le décor autour d'eux vacilla, tout se mit à trembler. Un halo entourait les silhouettes des danseurs et on ne distinguait plus grand-chose. Œil-Sombre retira la coquille du feu et se dirigea vers le catafalque. Il versa sur le corps de Tristemine un filet d'huile chaude, qui donna à sa peau une teinte luisante. Le martèlement des percussions s'accéléra et les danseurs se mirent à tourner de plus en plus vite. Certains perdaient connaissance et s'écroulaient au sol, tandis que les autres continuaient de se déhancher, en piétinant leurs corps. Matt et Susan s'étaient joints à la danse : ils étaient un peu intimidés au début, mais ne tardèrent pas à se laisser entraîner, envoûtés par le rythme trépidant et les effluves de fumée.

La cérémonie se prolongea jusque tard dans la soirée. Finalement, de grandes feuilles de vigne furent étalées sur le sol, comme une couverture : on y déposa le corps de Tristemine – maintenant raide et moins malaisé à transporter – avant de l'envelopper. Grâce à l'huile dont il avait été enduit, les feuilles adhéraient à sa peau. Pour les maintenir, on enroula le corps de lianes jusqu'à ce qu'il soit entièrement recouvert, comme une momie, de ces bandelettes végétales. Le rythme des percussions s'accéléra encore – Matt n'aurait jamais cru que cela soit possible – et le vacarme devint assourdissant. À un moment donné, les danseurs s'arrêtèrent et dans la nuit émergèrent six silhouettes dont le corps et le visage étaient enduits de blanc : les gardiens du cimetière. Ils entourèrent le catafalque, le soulevèrent sans effort et l'emportèrent à une telle vitesse qu'on aurait pu croire que le corps de Tristemine avait simplement disparu, recouvert par les ténèbres grandissantes.

Plus tard cette nuit-là, étendu sous la tonnelle à côté de Susan, qui dormait déjà, Matt entendit dans le lointain un bruit étrange, en provenance de la montagne. Il ne pouvait s'agir d'un simple coup de tonnerre, car il avait été trop bref. Tandis que son écho assourdi se répercutait dans la vallée, Matt tendit l'oreille, brusquement inquiet : on aurait dit la détonation d'un revolver.

Kellicut suivait Œil-Sombre sur le sentier rocailleux. Le chaman marchait vite pour son âge, d'autant qu'il était borgne. Ses pieds nus évitaient sans encombre les cailloux et les ornières, car il connaissait le chemin par cœur. Devant eux, se profilant sur l'écran des nuages, Kellicut apercevait déjà leur destination : un piton rocheux dont la forme évoquait étrangement celle d'un poing refermé.

Les funérailles avaient eu lieu cinq jours plus tôt et au village la vie avait repris son cours habituel, comme si rien ne s'était passé. Le fils de Tristemine allait maintenant beaucoup mieux : il parvenait déjà à s'asseoir et à se nourrir un peu. Susan l'avait baptisé Genou-Blessé. Kellicut n'appréciait guère cette manie de donner des surnoms aux hominiens et lui en avait fait la remarque, mais cela ne l'avait pas empêchée de continuer. Elle s'était prise d'affection pour l'adolescent.

Œil-Sombre avait passé beaucoup de temps au chevet du blessé. Kellicut s'était demandé si le chaman voulait s'assurer que le jeune hominien n'avait pas été souillé par son séjour dans les grottes, qu'il était encore suffisamment pur pour reprendre sa place au sein du village – ou s'il n'était pas tout simplement curieux d'en savoir un peu plus au sujet de ces puissants renégats. Kellicut avait parfois l'impression que ce vieillard ratatiné portait à lui seul, sur ses frêles épaules, l'avenir de toute la tribu.

Fort heureusement, Œil-Sombre semblait faire confiance aux humains. Kellicut savait que, s'il voulait un jour pénétrer le mystère de cette communion télépathique et exercer à son tour ce pouvoir, il aurait besoin de l'enseignement et des conseils du chaman. Il lui arrivait déjà de « recevoir » certaines images. Mais il lui fallait encore apprendre à maîtriser le processus, de manière à pouvoir le diriger à sa guise et choisir l'individu dont il voulait pénétrer le regard. Sinon, il resterait confronté à un chaos, à un défilé ininterrompu d'images sur lesquelles il n'aurait pas la moindre prise. Le chaman, de son côté, semblait considérer Kellicut comme une sorte de confrère, voué comme lui à l'exploration du monde spirituel.

Arrivé au sommet de l'éminence, le chaman s'arrêta et fit signe à Kellicut de venir à ses côtés. Celui-ci comprit qu'il voulait lui montrer le paysage, au-delà du surplomb rocheux où ils se trouvaient. Il se plia à cette exigence et contempla le décor verdoyant des forêts entrecoupées de prés, les parois du ravin qui rejoignaient au loin les sommets enneigés des montagnes. Kellicut sentit soudain une présence s'insinuer dans son esprit, comme un torrent d'eau s'engouffrant dans une pièce, et comprit alors pourquoi le vieil hominien lui avait demandé de se poster là : il était réellement en train de devenir aveugle et voulait contempler une fois encore, à travers son regard, la splendeur du paysage.

La grotte qui se trouvait au sommet du piton rocheux dégageait comme à l'ordinaire une odeur prégnante et musquée. Il y avait à l'intérieur de gros rochers où ils pouvaient s'asseoir, ainsi que des ossements entassés dans un coin : Kellicut ne s'était jamais donné la peine de vérifier s'ils étaient d'origine humaine ou animale. Le chaman fouilla dans sa sacoche et en sortit un tas de feuilles mêlées à de la boue, de la taille de son poing. Il les déplia : elles contenaient une braise encore rougeoyante. Il ramassa dans un coin une longue pipe, la bourra de copeaux bruns et l'alluma. Il inspira une longue bouffée et passa ensuite la pipe à Kellicut, qui l'imita. Des visions surgirent aussitôt dans son esprit – un défilé de formes, de couleurs, de mouvements, accentués encore par l'étroitesse de la grotte. Il s'adossa à la paroi rocheuse et se laissa gagner par cette parade sauvage. Le chaman se mit à psalmodier une suite de sons rauques, aussi envoûtants et apaisants qu'un chant grégorien. Kellicut ferma les yeux et la vision se précisa dans son esprit : à travers un voile blanchâtre, il aperçut le contour flou des rochers, puis une saillie rocheuse sur la paroi de la grotte. Il rouvrit les yeux et regarda le vieil hominien, dont le seul œil valide fixait un point, juste derrière la tête de Kellicut. Celui-ci se retourna et reconnut la saillie rocheuse qu'il venait de voir mentalement, projetée à l'intérieur de son esprit.

Ce soir-là, Kellicut aperçut Matt et Susan au bord de la rivière et vint s'asseoir à côté d'eux. Susan savait immanquablement s'il venait de « communier » avec le chaman, comme elle disait, parce qu'il était toujours dans un état second et un peu comateux après de telles séances – comme quelqu'un qui vient de subir une série d'électrochocs... Cette fois-ci, il était encore plus calme que d'habitude et elle comprit qu'il avait une révélation à leur faire.

« Préparez-vous à avoir un choc, leur dit-il. Je tiens la nouvelle du fils de Tristemine – qui, entre parenthèses, ne s'était pas enfui pour rejoindre les renégats, mais a été capturé par eux, au détour d'un sentier, sur ce versant de la montagne. Il se trouvait dans leur grotte lorsque vous y êtes vous-mêmes passés. Apparemment, vous avez provoqué une belle pagaille.

– Continue, dit Matt.

– Eh bien, il semble que votre compagnon ait été capturé et qu'il soit toujours retenu là-haut.

– Nom de Dieu ! Van...

– Oui, mais il y a pis. Il m'a fallu un certain temps pour discerner l'image, mais j'y suis finalement arrivé. Les renégats ont mis la main sur le " bâton qui crache le feu ". Félicitations... Vous avez introduit la technologie meurtrière du XXe siècle au beau milieu de l'âge de pierre. »

20

Au cours de son enfance, Van avait passé un été au bord du lac Michigan. Il marchait des heures durant sur la plage, le long des falaises, à la recherche des trous infimes, de ces minuscules trappes que les fourmilions creusaient dans le sable et au fond desquelles ils restaient tapis, guettant leur proie. Après avoir capturé une fourmi, Van s'amusait à la faire tomber dans l'un de ces trous et la regardait se débattre pour essayer d'en remonter, glissant et trébuchant dans le sable jusqu'à ce qu'elle retombe épuisée au fond du trou où une petite paire de pinces finissait immanquablement par jaillir pour s'emparer d'elle.

Au fond de sa fosse, Van subissait à présent le même sort que ces fourmis. S'il parvenait à se hisser tant bien que mal le long de la paroi, c'était pour perdre pied et retomber aussitôt. La pente était moins raide d'un côté et il en atteignait presque le sommet, mais dès qu'il arrivait au bord, ses gardiens n'avaient qu'un geste à faire pour le repousser et le précipiter à nouveau au fond de son trou. Un jour, il avait même eu droit à des coups de massue. En plus, ils avaient l'avantage de savoir ce qu'il faisait sans se donner la peine de le surveiller. Toute tentative d'évasion était donc vouée à l'échec, et il n'avait pas tardé à y renoncer.

Il était dans un sale état – affaibli, fourbu, amaigri. Il était rare qu'il dorme longtemps d'affilée et son sommeil était peuplé de cauchemars ; mais, lorsqu'il se réveillait, il les trouvait bien cléments, comparés à l'atroce réalité qu'il était contraint de subir. Son corps était couvert de plaies, d'escarres, de contusions. Il regrettait souvent de ne pas avoir succombé sous cet éboulement. Quand il avait repris connaissance, au fond de cette fosse, son corps était perclus de douleurs, il souffrait de constants maux de tête et son crâne l'élançait en permanence, comme s'il avait subi la torture de ces fers que l'on plaçait au Moyen Âge autour des tempes des victimes et que l'on resserrait, jusqu'à ce que la cervelle finisse par leur gicler des orbites. Il en était venu à prier pour que cela cesse.

Il connaissait l'origine de cette douleur : elle émanait de ce chef sanguinaire qui avait tué Rudy et de tous ses acolytes. Le pouvoir des hominiens ne se résumait pas à la seule vision à distance, Van le savait depuis l'opération Achille, à cause des migraines qu'il avait eues là-bas. Mais à l'époque il n'avait eu affaire qu'à une seule créature, tandis qu'aujourd'hui son esprit subissait des dizaines d'assauts simultanés, notamment ceux du plus puissant de la bande – ce chef tyrannique dont la simple apparition provoquait les gémissements craintifs et les couinements apeurés de ses sujets. Les gens de l'Institut auraient dû se douter que le pouvoir des hominiens pouvait brouiller l'ensemble des processus mentaux et s'attaquer aux replis les plus secrets du cerveau humain.

Il se demandait parfois si la pression qui s'exerçait à l'intérieur de son crâne n'allait pas le rendre fou. La tension ne se relâchait que lorsque les créatures dormaient : Van supposait que c'était alors la nuit, mais il ne pouvait en avoir la certitude. Et, quand leur chef était dans les parages, son pouvoir était si puissant qu'il lui vrillait le cerveau comme un laser. Il perdait parfois connaissance et lorsqu'il émergeait, un peu plus tard, comme au sortir d'une crise d'épilepsie, la douleur était moins forte : une clarté cristalline, aussi fraîche qu'un torrent de montagne, baignait son cerveau enfiévré. Mais ce répit était de courte durée et ne faisait que rendre la douleur plus insupportable lorsqu'elle revenait.

Il y avait une corniche le long de la paroi, à l'autre bout de la fosse. Van pouvait l'atteindre et s'y hisser à la force des poignets, pour observer ce qui se passait dans la grotte. Mais il le faisait rarement, car il n'y avait rien de bien réjouissant – ni de très rassurant – à contempler la vie de ces sauvages en train de dépecer leurs proies, de tanner leurs peaux de bêtes, de faire cuire leur viande ou de forniquer, quand l'envie leur en venait. À la lueur des feux, à travers la fumée, avec leurs épaisses tignasses emmêlées et hirsutes, leurs corps luisants de sueur et leur odeur infecte, on aurait dit des animaux.

Van se trouvait justement sur cette corniche lorsqu'il avait assisté au sacrifice. Il savait déjà qu'il n'était pas le premier prisonnier de la fosse, car il avait découvert quelques lignes gravées sur un rocher. Malheureusement, elles étaient en caractères cyrilliques et il n'avait pas pu les déchiffrer. Selon toute vraisemblance, elles avaient été tracées récemment, d'une écriture hâtive. Il y avait également, dans un coin de la fosse, des restes d'excréments, mêlés à des relents d'urine, et des débris d'ossements. Van supposait qu'il s'agissait de reliefs de nourriture, puisqu'on lui jetait régulièrement de semblables rebuts, où pendaient des lambeaux de chair et de cartilage. De temps en temps, on lui descendait également une coupe taillée dans un crâne et remplie d'eau croupie.

Toutefois, Van n'aurait jamais pensé qu'il y eût un autre prisonnier encore en vie dans la grotte jusqu'à ce jour affreux où il entendit des roulements de tambour, qui résonnaient et se répercutaient le long des galeries. Il grimpa sur la corniche et vit que les créatures se rassemblaient pour s'installer en demi-cercle devant l'immense idole à tête d'ours. Le chef ne tarda pas à arriver, coiffé d'une pelisse d'ours noir qui lui ceignait le front et lui retombait dans le dos. Son torse nu était couvert de motifs rouges et noirs et des anneaux de plumes entouraient ses poignets. Les créatures reculèrent pour lui faire de la place. Au moment où il s'asseyait sur un trépied en bois sculpté, juste au pied de l'idole, Van aperçut un objet sombre en travers de sa poitrine : c'était son propre revolver, encore dans son étui, que le chef avait suspendu autour de son cou. Les roulements de tambour s'intensifièrent et à l'autre bout de la caverne un homme apparut soudain, poussant de grands cris et se débattant comme un beau diable au milieu des créatures qui l'obligeaient à avancer. Il était en tout et pour tout vêtu d'un pantalon militaire et vociférait en russe, tandis qu'on le tirait vers un énorme billot fiché dans le sol. Quelques secondes avant qu'on ne le force à s'accroupir, il aperçut Van, qui se trouvait à une trentaine de mètres, en équilibre sur la corniche. L'homme avait cessé de crier et, durant un bref instant, leurs regards se croisèrent : Van eut l'impression de lire une supplique muette dans les yeux terrifiés du malheureux – comme s'il lui avait demandé de le venger.

Puis le chef, imité par les autres créatures, regarda le Russe droit dans les yeux : l'homme s'écroula aussitôt en se contorsionnant sur le sol, les mains pressées comme un étau autour de ses tempes. Van crut un instant qu'il avait succombé, mais on le remit bientôt à genoux, en l'obligeant à poser le front contre le billot. On lui maintint ensuite la tête en l'attachant avec une épaisse lanière de cuir, exposant sa nuque et la ligne de ses vertèbres cervicales. Des coupes vides furent installées de part et d'autre du billot. Le chef se leva et agita les bras, comme s'il dirigeait un invisible orchestre : les roulements de tambour reprirent et une créature s'avança, portant d'une main un gros caillou et de l'autre un long et fin silex en forme de burin. Lorsqu'il se pencha vers le Russe et posa la pointe du silex à la base de son crâne, Van poussa un cri. Tous les regards se tournèrent vers lui et une douleur insoutenable envahit son cerveau. Mais, pour une obscure raison, il continua néanmoins de contempler la scène. Le Russe n'émit pas le moindre son lorsque le caillou s'abattit et que le silex pénétra dans sa nuque : sa tête retomba simplement en avant. Van vit que l'on extrayait ensuite la masse grisâtre du cerveau, qui se déversait dans les coupes. Lorsque les créatures se mirent à le manger, il se laissa glisser de la corniche et retomba au fond de la fosse, la face contre terre. Il y resta étendu sans bouger, écoutant le lourd martèlement des tambours, qui se prolongea des heures durant.

Plus tard, en se basant sur la durée de sa propre détention, il parvint à déduire que le sacrifice avait eu lieu un soir de pleine lune. Mais cela restait fort hypothétique, puisqu'il ignorait combien de temps au juste il était resté inconscient, après l'éboulement. Son esprit était si affaibli, il avait été à ce point ébranlé qu'il n'était plus certain de pouvoir estimer l'exact déroulement des jours. Telles étaient les conséquences de la souffrance et de la peur.

Resnick éprouvait moins de réticence à s'engager dans le couloir du sous-sol, et même à stationner devant la cellule, depuis que l'état du prisonnier s'était à ce point dégradé. Il savait qu'il n'aurait pas dû le qualifier de « prisonnier », d'autant qu'il était lui-même ici à des fins scientifiques. Mais il était bien obligé d'admettre l'évidence : la créature le terrifiait et il était heureux qu'elle soit enfermée derrière des barreaux. Et même ainsi, le fait de se trouver en sa présence n'avait rien de bien rassurant : aussi laissait-il généralement les autres se charger des expériences qui nécessitaient un contact direct. Qui sait quels pouvoirs elle possédait au juste – sans parler des conséquences d'une telle « intrusion » sur le cerveau. Le nerf optique passe si près du centre de la douleur… Resnick le savait mais, selon toute vraisemblance, Grady et les autres l'ignoraient. Ils n'avaient pas d'états d'âme particuliers, parce qu'ils n'étaient pas contaminés par le savoir et l'imagination, contrairement à lui. Ce pourquoi il avait ressenti un certain soulagement lorsque l'état de la créature avait décliné, au point qu'elle n'avait désormais plus rien de menaçant.

Depuis quelques jours, elle ne bougeait pratiquement plus et restait recroquevillée sur son matelas, passant l'essentiel de son temps à dormir. Il n'était plus nécessaire de l'enchaîner : par contre, elle était constamment sous perfusion. Le flacon sur son support était placé près du lit et, à l'autre bout du tube, l'aiguille était plantée à la pliure du bras. Parfois, lorsque la créature remuait, l'aiguille se détachait et celui qui se trouvait alors dans la salle de contrôle appuyait sur un bouton qui déclenchait une sonnerie au sous-sol : Allen ou Grady ouvrait la cellule en maugréant et allait la remettre en place. Il n'était évidemment plus question de songer à entreprendre la moindre expérience, aussi Resnick n'avait-il pas grand-chose à faire. Il avait l'impression d'être ramené des années en arrière, à l'époque où Van mettait au point ses expériences dans le labo et où il se contentait de rester assis dans un coin, à boire du café et à faire des mots croisés. Le compte à rebours avait commencé et, lorsque tout serait fini, les spécialistes débarqueraient pour l'autopsie. Peut-être en sauraient-ils un peu plus après avoir débité son cerveau en milliers de lamelles, aussi fines que du papier à cigarettes... Pour l'instant, ils n'avaient pas grand-chose à se mettre sous la dent, en dehors de ces interminables colonnes de chiffres, de quelques vagues hypothèses et de deux ou trois déductions, sans doute prématurées.

Scanlon, l'Irlandais, s'était tellement attaché à la créature qu'il avait fallu le muter. Un jour, il était venu leur rendre visite. Resnick était dans la salle de contrôle et, lorsque Scanlon s'était approché des barreaux, il avait pu observer sa réaction : la créature avait soulevé la tête, puis tendu péniblement le bras, la paume ouverte et les doigts écartés. Mais Scanlon était trop loin pour l'atteindre. En repartant, il avait passé la tête dans la salle de contrôle et crié à Resnick d'aller se faire foutre. Drôle de type... Beaucoup trop sensible – et inapte au travail scientifique.

Dès qu'ils avaient appris que Van était encore en vie, Matt avait compris qu'il fallait le secourir. Pourtant, il ne se sentait pas la moindre dette à son égard : c'était à cause de Van, plus que de quiconque, qu'ils s'étaient trouvés impliqués dans cette affaire – et pas une seule fois il n'avait joué franc jeu avec eux. Mais l'idée d'abandonner un être humain à la merci de ces créatures repoussantes était tout simplement insupportable. L'image du crâne sanguinolent de Sharafidin hantait encore ses souvenirs.

De surcroît, ils avaient un autre objectif : le pistolet. Si jamais ils parvenaient à remettre la main dessus et à dénicher le stock de munitions de Van, il pourrait s'avérer fort utile lorsqu'ils repartiraient d'ici. D'ailleurs, Kellicut n'avait pas tort : s'ils abandonnaient cette arme là-haut, cela risquait d'avoir des conséquences dramatiques et de remettre en cause tout l'équilibre naturel.

Mais comment pouvaient-ils s'aventurer dans la montagne sans tomber eux-mêmes entre les mains de ces sauvages ? Matt avait beau tourner le problème dans tous les sens, il n'entrevoyait pas l'ombre d'une solution. Tout ce qu'il envisageait, c'était de rejoindre le réseau de galeries en passant par la grotte qui débouchait au fond de la vallée et de partir à l'aveuglette à la recherche de Van : on ne pouvait pas dire que ce plan fût d'une sophistication extrême...

Susan n'était pas convaincue qu'il faille tenter l'aventure. Elle hésitait à se lancer dans une entreprise aussi clairement vouée à l'échec et dont les conséquences pouvaient se révéler dramatiques.

« Nous emmènerons Genou-Blessé : il nous servira de guide, proposa Matt alors qu'ils étaient étendus l'un à côté de l'autre sous la tonnelle.

– C'est une armée qu'il te faudrait. Sinon, tu seras capturé en moins de cinq minutes.

– Pourquoi parles-tu au singulier ?

– Matt, je ne suis pas certaine de partager ton opinion. En admettant que nous ayons raison de tenter l'aventure, comment pourrions-nous réussir ? Et sur qui pouvons-nous compter, ici ?

– Il faudra leur apprendre à se battre.

– Ce qui signifie leur apprendre à faire du mal, peut-être même à tuer.

– Je sais.

– Cela remettrait tout en cause, les changerait à tout jamais. Et cette vallée ne serait plus le jardin d'Éden.

– Susan… Le jardin d'Éden est fichu, de toute façon. Tu as entendu ce que nous a dit Kellicut : les renégats viennent déjà y faire des razzias. L'assaut final n'est qu'une affaire de temps. Et je crois que certains d'entre eux veulent réagir. Les choses ont changé depuis la mort de Tristemine. S'ils acceptent de se battre, ils ont peut-être une chance de survivre.

– Et à ton avis, comment Kellicut réagira-t-il si nous les encourageons dans ce sens ? Depuis notre première année de fac, il nous a toujours répété que les chercheurs en sciences humaines doivent se contenter d'un rôle d'observateurs et se garder d'intervenir au sein du groupe qu'ils étudient.

– Tu mets le credo professionnel de Kellicut au-dessus des principes humanitaires fondamentaux. Nous ne pouvons pas abandonner Van à un sort pareil.

– Je le sais bien, j'ai la même réaction que toi, mais Kellicut nous a également appris qu'un scientifique ne doit jamais raisonner en fonction d'un seul individu.

– Susan… oublie la science, pour une fois. Pense à la religion, par exemple : si elle nous enseigne un principe, c'est bien que l'existence est sacrée – n'importe quelle existence, sous quelque latitude que ce soit. »

Susan ne répondit pas et Matt crut qu'elle s'entêtait dans sa position. Il explosa :

« Kellicut !… Je m'interroge parfois à son sujet. Pourquoi veut-il à tout prix maîtriser leur pouvoir ?

– C'est son côté mystique.

– Arrête tes conneries ! C'est de la volonté de puissance, un point c'est tout. Et tu t'en rendrais compte si tu n'étais pas sous sa coupe. Es-tu toujours son étudiante ? Ou encore son amante ? »

Susan fut tellement interloquée par cette brusque saillie qu'elle demeura sans voix.

Susan marchait dans la forêt, écumant de colère. N'est-ce pas caricatural ? se disait-elle. Je croyais que nous étions en train de discuter sur un plan scientifique, ou moral, mais la seule chose qui le tracassait, c'était de savoir si je couchais encore avec Kellicut. Toujours cette stupide rivalité masculine...

Elle suivit le sentier jusqu'à la cascade, où elle resta un long moment, écoutant le rugissement de l'eau. Elle finit par baisser les yeux vers le bassin et sursauta en constatant que Kellicut s'y trouvait, assis au milieu des rochers en compagnie d'un groupe d'hominiens. Elle le regarda fixement : il était assis au-dessus des autres et se balançait lentement, ouvrant et fermant tour à tour les yeux. Les hominiens paraissaient si confiants... Elle comprit brusquement pourquoi il était à ce point attiré par cet endroit, où le rugissement de l'eau couvrait tout autre bruit. Le professeur se mettait à l'écoute de ses étudiants.

Leur réunion avait quelque chose d'éminemment intime, d'illicite, presque. Susan fit demi-tour et regagna le village. Sa colère contre Matt s'était dissipée. Pour la première fois depuis de longues années, elle repensa à la petite église aux bardeaux blancs de son enfance, érigée au sommet d'une colline, dans l'Oregon.

Le soir, dans la tonnelle, elle se tourna vers Matt.

« Tu avais raison, lui dit-elle. Non pas en m'accusant d'être encore son amante, mais en disant que je n'étais pas en accord avec moi-même. Nous devons évidemment tenter de sauver Van. »

Ils s'enlacèrent et s'embrassèrent longuement. Elle défit un bouton de la chemise de Matt et caressa lentement sa poitrine. Il se tourna vers elle et Susan l'agrippa par la nuque. La main de Matt descendit le long de son dos et s'insinua dans le slip de la jeune femme, empoignant ses fesses douces et fraîches. Lorsqu'elle roula sur lui et l'embrassa à nouveau, il sentit le désir monter en lui – et pourtant il avait conscience d'une résistance, d'une présence étrangère et narquoise au fond de lui. Il parvint à repousser ce sentiment pendant qu'ils faisaient l'amour, sans toutefois parvenir à le chasser complètement. L'impression ne l'abandonna pas lorsqu'ils eurent terminé et que Susan reposa dans ses bras, les cheveux en désordre, sa respiration retrouvant peu à peu son rythme naturel. Tout à coup la présence étrangère disparut, aussi subrepticement qu'un fantôme.

Matt se leva, s'habilla et s'engagea dans le sentier qui menait au village. Non loin de là, il aperçut Kellicut, qui était adossé contre un arbre. Durant une fraction de seconde – était-ce dû au fait qu'il paraissait gêné d'être ainsi découvert, tout en gardant son expression légèrement narquoise ? –, Matt eut l'absurde conviction que c'était Kellicut qui s'était insinué dans son esprit, quelques instants auparavant.

Ils attendaient, postés en embuscade autour d'une clairière, dans la partie la plus épaisse de la forêt. D'un côté se trouvaient Dent-Longue et Zyeux-Bleus, de l'autre Lancelot et Genou-Blessé, tandis que Matt s'était placé un peu plus loin, aux côtés d'un adolescent qu'ils avaient surnommé Grand-Gars. Susan, Lévitique et quelques autres hominiens progressaient à grand bruit dans leur direction, essayant de rabattre à travers bois l'animal qu'ils avaient levé pour le faire tomber dans leur piège.

Matt et Susan avaient longuement réfléchi à la composition de leur troupe de chasseurs. Ils avaient d'abord retenu Lancelot, se souvenant de la colère qui avait brillé dans son regard, quelques jours plus tôt, au cours de ce combat. Genou-Blessé avait déjà été en contact avec les renégats et manifestait depuis lors certains signes d'agressivité. D'autres hominiens, surtout parmi les plus jeunes, semblaient suivre une pente identique depuis que Tristemine était mort et que les autres anciens, affaiblis, perdaient peu à peu leur emprise.

Ils étaient tous équipés de lances et de massues. Matt avait passé des heures à chercher des branches d'arbustes d'une longueur et d'un poids appropriés, puis à les tailler et à en durcir la pointe dans les flammes. Il n'avait pas été très évident d'apprendre aux hominiens à se servir des lances, car au début ils ne comprenaient pas le but de l'exercice. Matt avait fabriqué un bonhomme de paille qui tenait lieu de cible et, de temps en temps, les hominiens se prêtaient au jeu : il leur arrivait même de mettre dans le mille. Rien n'indiquait toutefois qu'ils aient compris que la cible était la métaphore, le substitut provisoire d'un animal vivant.

Au début, les exercices de combat s'avérèrent encore plus malaisés. Les pacifiques hominiens avaient beaucoup de peine à assimiler le concept d'équipes, de deux groupes opposés l'un à l'autre pour un motif indiscernable. Susan eut alors une illumination. Elle s'enfonça dans les fourrés, rapporta quelques poignées de terre humide, puis alla chercher dans une hutte une décoction d'ocre rouge. Elle mélangea le tout et en enduisit alors les membres de l'un des groupes. Au début, Matt était plutôt réticent – il avait l'impression, disait-il, de retomber en enfance et de jouer aux cow-boys et aux Indiens –, mais il constata vite l'extraordinaire effet que produisaient ces peintures de guerre. C'était comme si le concept qu'ils cherchaient à transmettre aux hominiens était brusquement devenu clair, éveillant en eux l'ancestral instinct du combat. Matt et Susan se dirent ensuite qu'ils avaient dû associer l'ocre avec les redoutés et détestables renégats. En réalité, les deux tribus étaient déjà dans un état d'hostilité latente et la notion abstraite d'ennemi ne demandait qu'à être concrètement formulée.

Pour l'instant, la rumeur s'amplifiait à mesure que les rabatteurs se rapprochaient. Matt perçut soudain un son différent – le bruissement d'un animal qui s'enfuyait, agitant et piétinant dans sa course les feuilles et les buissons. Matt regarda Grand-Gars et se rendit compte que l'hominien tendait lui aussi l'oreille. Mais qu'éprouvait-il au juste ? Ressentait-il le même picotement à la racine des cheveux, la même montée d'adrénaline dans les veines ? Faisait-il le vide dans son esprit pour concentrer toute son énergie sur la tuerie prochaine ?

À deux reprises déjà, Matt avait essayé de leur inculquer le principe de l'embuscade et cela s'était soldé par un échec : la seule lance projetée vers l'animal avait été la sienne. La première fois, il s'agissait d'une marmotte et son arme était passée nettement au-dessus de sa tête. La fois suivante, l'animal était un cerf : il avait détourné la lance avec ses bois, avant de la rejeter contre un arbre. Dans les deux cas, les hominiens n'avaient pas fait un geste. Matt ne voyait pas pourquoi il en irait autrement cette fois-ci, mais il fallait poursuivre l'exercice, car ils avaient besoin de peaux de bêtes.

Un bouquetin émergea soudain dans la clairière et s'immobilisa aussitôt, flairant autour de lui comme s'il pressentait le danger. Matt distinguait son mufle noir et la ligne gracieuse de ses cornes, recourbées en arrière. Il s'accroupit, en appui sur l'une de ses jambes, et se concentra en essayant de transmettre mentalement aux hominiens des images de lances et de sang, comme il l'avait fait sans succès la fois précédente. Puis il se redressa lentement, surpris de disposer d'autant de temps. Il leva son bras droit, le tendit en arrière et projeta l'arme de toutes ses forces vers la gorge de l'animal. À l'instant où sa lance partit, il sut qu'il avait visé juste : l'arme alla se planter dans le poitrail brun du bouquetin. Celui-ci fit un bond en arrière, interloqué, et s'ébroua violemment. La lame n'était pas enfoncée très profondément : elle vacilla et retomba à terre. Mais l'animal était sérieusement touché. Il ne pouvait plus repartir et s'effondra sur ses pattes de devant. Après avoir désespérément tenté de se redresser, il finit par s'écrouler et tomba sur le flanc. Matt ne put retenir un frisson : le vieil orgueil du chasseur remontait en lui, du fond des âges. Lorsqu'il s'avança dans la clairière, les autres le suivirent, se tenant toutefois légèrement en retrait.

« Oh ! oh ! lança Susan en arrivant à son tour, encore essoufflée. Toi Tarzan… »

Un filet de sang s'écoulait de la gueule du bouquetin, dont le regard ne tarda pas à devenir vitreux : il expira bientôt devant eux. Les hominiens contemplaient fixement la scène. Le corps de l'animal était dans une étrange position, comme si quelque chose le soulevait et le maintenait légèrement au-dessus du sol. Matt se pencha et, non sans peine, retourna le cadavre : il aperçut alors une seconde lance, qui avait pénétré de trente bons centimètres dans la cage thoracique et ouvert une plaie d'où le sang ruisselait. Étonné, il releva les yeux. Un seul des hominiens n'avait plus de lance : Lancelot, qui le regardait en bombant le torse, un vague sourire aux lèvres. Susan et Matt se dévisagèrent.

« Il l'a fait… », murmura la jeune femme.

Les autres hominiens attendaient autour d'eux, ne sachant visiblement quelle attitude adopter. Deux d'entre eux lâchèrent leur lance et se mirent à pousser ce gémissement suraigu qui évoquait un cri de détresse. Ils firent brusquement demi-tour et disparurent dans la forêt, pour ne plus revenir. Mais Lancelot contemplait la carcasse de l'animal avec une visible fierté.

Matt et Susan décidèrent de passer la nuit à cet endroit. Les hominiens allèrent ramasser du bois et l'allumèrent avec une braise qu'ils avaient emportée. Matt sortit son canif et commença à découper l'une des cuisses, en pratiquant l'incision très bas, de manière à épargner le maximum de peau. Avec une lame aussi petite, il n'était guère aisé de taillader la chair : il dut la débiter en lamelles et ses mains ne tardèrent pas à se couvrir de sang. Lorsqu'il atteignit la jointure du fémur et de la hanche, il ne parvint pas à la trancher avec son canif et dut la briser en se servant d'une pierre acérée ; puis, maintenant sur son genou le membre de l'animal, il le tira d'un coup sec et réussit enfin à séparer l'articulation. Comme il se relevait et s'approchait du feu, les bras couverts de sang, en portant à deux mains le jarret mutilé, les hominiens se reculèrent d'un air horrifié. Ils l'observèrent attentivement déposer l'os en travers de deux bûches enflammées. Il y eut un brusque grésillement, auquel succédèrent bientôt les effluves de la viande qui grillait.

Matt la découpa ensuite en morceaux. Il en tendit un à Susan, qui se mit à manger, puis se tourna vers les hominiens. Deux d'entre eux refusèrent d'y toucher mais les autres s'en emparèrent et les examinèrent à la lueur du foyer. Dent-Longue renifla son morceau, puis le goûta du bout de la langue. Les autres l'observèrent tandis qu'il en prélevait entre ses dents un infime fragment : il le recracha, le saisit entre le pouce et l'index et le contempla à la lueur des flammes comme s'il s'agissait d'une pierre précieuse. Puis il regarda Matt, qui s'empressa d'avaler une nouvelle bouchée afin de l'encourager. L'hominien fourra le bout de viande entre ses dents et mordilla dedans. Quelques instants plus tard, il mit le reste du morceau dans sa bouche et le mâcha prudemment. Susan poussa un soupir, réalisant tout à coup qu'elle avait retenu son souffle. À l'exception de deux d'entre eux, les hominiens se mirent à manger.

Plus tard, durant la nuit, allongée aux côtés de Matt qui dormait déjà, Susan contemplait les étoiles lorsqu'elle entendit des pas s'enfoncer dans le bois, bientôt suivis d'un bruit de vomissement. S'agissait-il d'un seul ou de plusieurs hominiens ? Était-il si naturel au fond d'avaler de la chair animale, de mâcher et de déglutir cette viande, de sentir le sang ruisseler au fond de sa gorge ? Elle savait que les hominiens venaient de franchir le Rubicon et que, quoi qu'il advienne par la suite, la vie ne serait plus jamais la même dans la vallée.

Le lendemain matin, Matt dépeça le bouquetin. Il l'étendit sur le dos ; après avoir demandé à Susan et à Dent-Longue de maintenir les pattes de l'animal en l'air, il se servit de son canif pour inciser la toison blanche de son ventre. Puis il saisit un gros caillou, effilé d'un côté et arrondi de l'autre – ce qui lui permettait de l'avoir bien en main. Il l'utilisa comme un couperet, au fur et à mesure qu'il décollait la peau et la séparait des viscères. Il découpa ensuite des quartiers de viande et trancha à l'aide de cailloux aiguisés les ligaments qui retenaient les muscles aux os. Il s'interrompait fréquemment pour affûter ses outils en les frappant contre une autre pierre, détachant de petits éclats sur les bords. À un moment donné, un détail attira son attention : sur la ligne d'un os apparaissaient des entailles minuscules, provoquées par les coups qu'il avait portés. Il avait vu des centaines d'ossements portant ce genre de traces et avait toujours été étonné d'en découvrir sur des sites remontant au début de l'âge de pierre.

Ils se préparèrent ensuite à quitter leur campement. Aujourd'hui, Matt avait décidé qu'ils apprendraient à poser des collets, ainsi peut-être qu'à creuser une fosse garnie d'épieux acérés. Ils avaient tout au plus besoin d'une douzaine de peaux de bêtes, de manière qu'un petit groupe d'hominiens puisse pénétrer dans la grotte des renégats sans se faire immédiatement repérer. Avant de lever le camp, Lévitique et Grand-Gars se servirent de la peau du bouquetin pour envelopper les plus gros quartiers de viande et la suspendirent ensuite à une branche, qu'ils hissèrent sur leurs épaules. Au moment où ils s'apprêtaient à quitter la clairière, Lancelot revint sur ses pas et s'agenouilla à côté de la dépouille du bouquetin. Il ramassa le caillou qui avait servi de couperet et en assena un grand coup sur le crâne de l'animal. Il répéta son geste à plusieurs reprises. Matt et Susan le regardaient, un peu mal à l'aise, jusqu'à ce qu'ils finissent par comprendre son but : ils le virent détacher la superbe paire de cornes et la jeter en travers de ses épaules. Il tenait à rapporter son trophée.

Susan savait toujours à quels moments Lévitique cherchait à lire en elle. Cela se produisit souvent, au cours de leur partie de chasse, surtout lorsqu'ils se trouvaient séparés, l'un allant en tête de leur troupe et l'autre fermant la marche. La jeune femme finit même par guetter l'irruption de cette sensation désormais familière, de cette présence qui s'insinuait en elle, comme pour lui faire un petit signe et s'assurer que tout allait bien. Elle n'aurait pas pu affirmer qu'il s'agissait chaque fois de Lévitique, mais elle identifiait parfaitement le phénomène : elle n'avait nullement l'impression que l'on cherchait à violer l'intimité de son être, mais au contraire qu'on se souciait d'elle, qu'on s'inquiétait à son sujet.

Elle se demandait si les hominiens pouvaient identifier les membres de la tribu qui s'introduisaient ainsi dans leur champ de perception. De toute évidence, leur pouvoir était beaucoup plus complexe que Matt et elle ne l'avaient supposé au début. Peut-être la communication pouvait-elle s'instaurer dans les deux sens et ne se limitait-elle pas à voir à travers les yeux d'autrui, se rapprochant ainsi de la perception extrasensorielle. Elle se réduisait peut-être à de simples images télépathiques lorsque le contact avait lieu entre les membres de deux espèces différentes.

Ce qui expliquerait bien des choses – et notamment le fait que les hominiens n'aient jamais développé de langage. À première vue, celui-ci semblait constituer un moyen de communication supérieur, parce qu'il pouvait transmettre des concepts abstraits et être écrit, entraînant ainsi l'accroissement constant des connaissances. Mais si les hominiens ne se contentaient pas d'échanger de simples images, s'ils pouvaient en fait ressentir, partager leurs idées et leurs émotions, le langage devenait pour eux parfaitement inutile, puisque la communication qui s'établissait entre eux était dès lors complète. Le langage – la parole – n'était que l'ombre infime d'un discours si parfait, à ce point accompli qu'il permettait réellement de se mettre à la place d'autrui. Auquel cas, ce n'était pas son habileté, mais son *inaptitude* à communiquer qui avait finalement placé l'*Homo sapiens* au sommet de l'échelle naturelle.

Susan se targuait d'être une empiriste mais elle n'hésitait pas, le cas échéant, à poser comme postulats des faits non encore établis. Aussi n'écartait-elle pas l'hypothèse qu'au tout début de leur histoire, dans un passé immémorial, les hommes aient possédé une faculté identique et qu'ils l'aient finalement perdue ou abandonnée. Peut-être en portons-nous encore la trace à l'état de vestige, ce qui expliquerait que tant de gens cherchent à prouver l'existence de la perception extrasensorielle. Et pourquoi ne pas aller plus loin : le fait de se trouver en contact avec elle était peut-être susceptible de la ranimer, de la réactiver, de la même manière qu'un enfant apprend à parler en fonction de la langue qui est employée autour de lui. À moins, bien sûr, qu'une trop grande partie de notre cerveau ne soit d'ores et déjà mobilisée au seul service du langage.

Elle retrouva Lévitique dans un pré, sous un soleil torride, sans savoir si c'était ou non le fait du hasard. Elle s'approcha et se planta à un mètre de lui, plongeant son regard dans celui de l'hominien. Elle posa les mains sur ses épaules nues, l'obligeant gentiment à faire volte-face et à lui tourner le dos. Puis elle ferma les yeux, essayant de se projeter mentalement dans son esprit. Mais rien ne se produisit. La brise se leva et Susan se rapprocha, se plaquant contre le dos de l'hominien en humant l'odeur prégnante de sueur qui émanait de sa nuque et de ses cheveux. Elle se pencha de côté et regarda par-dessus son épaule l'étendue d'herbe agitée par le vent et les arbres qui se dressaient à l'autre bout du pré. Elle ferma à nouveau les yeux et se concentra, mais ni le pré ni les arbres ne lui apparurent. Puis elle sentit que Lévitique cherchait à lire en elle et s'écarta de lui. « Non, dit-elle à voix haute, tout en sachant qu'il ne pouvait pas la comprendre. Non, c'est *moi* qui voudrais lire en toi… » Mais la sensation familière se prolongea.

Leur retour au village ne provoqua aucun esclandre particulier, alors qu'ils revenaient avec des armes, des peaux de bêtes et des silex affûtés. Se rappelant ce qui s'était passé lorsqu'il avait eu le malheur de pêcher un poisson, Matt fut d'abord surpris d'une telle indifférence. Mais il réalisa peu après que les villageois avaient bien sûr eu connaissance, à distance, de leurs moindres faits et gestes.

Kellicut, quant à lui, ne l'entendait pas de cette oreille. Il les attendait près du foyer central, écumant de rage.

« Vous ne comprenez donc rien ! s'écria-t-il. Vous n'avez décidément rien appris au cours de toutes ces années ! »

Matt s'avança vers lui.

« Je sais ce que tu vas nous dire, rétorqua-t-il. Mais nous savons très bien ce que nous faisons.

– Mieux vaut entendre ça que d'être sourd ! Leur apprendre à chasser !... Vous êtes censés vous comporter ici en simples observateurs, fourre-toi cela dans le crâne ! C'est le principe de base de toute enquête ethnologique. On observe, un point c'est tout. On n'intervient pas. On ne touche à rien, on ne modifie rien, on n'enseigne rien à personne. C'est clair, oui ou non ?

– La situation est différente ici.

– En quoi est-elle différente ?

– La vie d'un homme est en jeu.

– La vie d'un homme ! Tu ne sais même pas qui est réellement ce type.

– Raison de plus pour aller le sauver. Nous en apprendrons peut-être un peu plus.

– Et que vaut la vie d'un homme, comparée à tout ceci ? (D'un geste large, Kellicut désignait le village, la forêt, l'ensemble de la vallée.) Une espèce entière, qui existait bien avant que nous n'apparaissions. Nos propres ancêtres, nom de Dieu !

– Peut-être pourrons-nous à la fois sauver Van et les protéger.

– Tu veux dire : les protéger des renégats ?

– Oui.

– C'est bien ce que je disais : tu ne comprends rien. Tu n'as rien à voir là-dedans, tu n'es pas censé intervenir dans cette affaire, tu n'es même pas censé te trouver là. Tu débarques dans une société primitive et tu te comportes comme un de ces putains de voyageurs temporels. Tu mêles ton grain de sel et tu fous tout en l'air !

– Tu as fait la même chose, Jerry. (Susan avait prononcé d'une voix douce le prénom de son professeur.)

Pour être logique avec toi-même, tu n'aurais pas dû sauver Genou-Blessé en lui faisant cette transfusion. »

Kellicut bouillonnait de colère.

« Ça n'avait rien à voir. Il s'agissait d'un acte isolé, qui ne remettait pas en cause l'avenir de l'espèce.

– Et qui te donnait l'impression d'être Dieu, pas vrai ? » intervint Matt.

Il farfouilla dans sa poche et en extirpa le petit fragment de crâne monté en pendentif que Kellicut lui avait offert, près de vingt ans plus tôt. Il le lui brandit sous le nez.

« Tu t'es toujours pris pour Dieu, poursuivit-il. Que ce soit en donnant tes cours, en emmenant tes étudiants sur tes chantiers et en leur distribuant tes colifichets – ou en couchant avec Susan. »

Ils ne surent jamais ce que Kellicut s'apprêtait à répondre car, au même instant, Œil-Sombre émergea des ténèbres et se dirigea vers eux. Il prit les mains de Matt et de Susan et les serra fortement dans les siennes. Il était difficile de savoir s'il entendait ainsi les bénir ou leur lancer un anathème.

21

Avant de se lancer à l'assaut de la grotte, Matt et Susan vérifièrent une dernière fois que tout était au point. Ils ne risquaient d'ailleurs pas d'oublier grand-chose, attendu la modestie de leur équipement. Ce dont ils avaient besoin, à dire vrai, c'était de se préparer psychologiquement et le fait de passer en revue les grandes lignes de leur plan les y aida, en leur donnant l'illusion qu'ils disposaient d'une véritable stratégie pour aller délivrer Van et regagner ensuite la vallée sains et saufs.

À partir de lambeaux de vêtements, ils avaient fabriqué des bandeaux, dont ils avaient humidifié le nœud pour qu'il reste bien serré, et les avaient accrochés autour de leur cou afin de pouvoir les relever rapidement et s'en couvrir les yeux. C'était Susan qui avait eu cette idée, en se souvenant qu'à un moment donné, dans la grotte, Van leur avait ordonné de fermer les yeux. Elle s'était dit que cela les prémunirait peut-être contre le pouvoir de leurs adversaires, ou en détournerait temporairement la menace, si jamais ils étaient acculés au fond d'une crevasse ou d'une cavité étroite. Théoriquement, cela tenait debout ; dans la pratique, il était évidemment impossible de savoir si cela s'avérerait efficace.

Ils avaient décidé d'emmener trois des hominiens qui avaient participé à la chasse – à commencer par Genou-Blessé, qui pourrait leur servir de guide dans le labyrinthe des galeries. Matt et Susan espéraient qu'il comprendrait ce qu'ils attendaient de lui une fois arrivés là-bas, car ils seraient évidemment incapables de le lui expliquer ou de l'appeler à leur secours si les choses tournaient mal. La présence de Lancelot, qui avait de plus en plus l'étoffe d'un chef tribal, allait évidemment de soi. Il avait rapporté les cornes du bouquetin au village et les avait plantées dans le sol, à l'entrée de sa hutte. Ce trophée avait visiblement rehaussé son prestige, surtout auprès des jeunes mâles. Susan avait enfin retenu Lévitique, en assurant que son intelligence pourrait leur être utile. « Il sera notre Ulysse », avait-elle ajouté.

Ils avaient déguisé leurs acolytes avec les peaux de bêtes qui provenaient de leur chasse. Il leur avait fallu beaucoup de temps, d'une part pour fabriquer ces vêtements, d'autre part pour convaincre les hominiens de les revêtir. Matt s'était servi des boyaux pour attacher les différents morceaux, les passant dans les trous que Susan avait pratiqués à l'aide d'un caillou acéré. Le haut du vêtement s'enfilait par la tête et formait une sorte de poncho, retenu autour de la taille par un autre boyau ; le bas ressemblait vaguement à un pantalon. D'après leurs souvenirs, c'était ainsi que les renégats s'habillaient. Les costumes étaient un peu lâches et ne tenaient pas très bien en place, mais cela n'avait aucune importance : ils étaient avant tout destinés à servir de camouflage.

Au début, les trois hominiens refusèrent d'enfiler ces peaux, qui étaient encore constellées de sang et dégageaient un fort remugle animal. L'idée de devoir porter ça n'avait effectivement rien de bien enthousiasmant. Matt et Susan leur montrèrent comment s'y prendre, mais sans grand résultat. Finalement, Matt s'empara de la peau du bouquetin et procéda comme s'il était à la chasse : il l'étala sur un buisson et se posta en embuscade, avant d'y projeter sa lance. Puis il apporta cérémonieusement la peau à Lancelot et la disposa autour de ses épaules, avec autant de solennité qu'un courtisan nouant la robe de son roi. Lancelot la revêtit avec gravité et les deux autres l'imitèrent aussitôt, se déhanchant tant bien que mal pour enfiler leur costume, avant de se dévisager les uns les autres d'un air intrigué.

On leur fournit également des armes. Lancelot eut droit à la lance à laquelle il devait ses titres de chasseur. Susan avait fabriqué des massues à l'intention de Lévitique et de Genou-Blessé, en choisissant de lourdes branches qu'elle avait d'abord dégrossies, avant d'en arrondir l'extrémité et d'élaguer l'emplacement de la poignée avec une hache de pierre. Elle avait passé des heures à cet ouvrage, entourée d'un groupe d'hominiens qui l'observaient en silence, étudiant le moindre de ses gestes.

Matt fourra dans son sac à dos un rouleau de corde et quelques outils de pierre rudimentaires. La lampe leur aurait été d'un grand secours, mais elle était restée dans la grotte et ils allaient devoir se contenter des torches qu'ils avaient confectionnées avec des branches et de la paille. Matt était resté éveillé, à se ronger les sangs, une bonne partie de la nuit qui précéda leur départ. Il y avait tant de facteurs inconnus... Qu'allait-il se passer si le pouvoir des renégats s'avérait plus complexe qu'ils ne le croyaient – s'il fonctionnait comme un radar et leur permettait de détecter la présence de tout nouvel intrus au moment où il arrivait ? Ou s'ils les repéraient et les attiraient dans les profondeurs de leur antre, utilisant leur faculté pour se transmettre leurs positions et bloquer toutes les issues ?

À la sortie du village, Matt et Susan se retournèrent et jetèrent un coup d'œil derrière eux. Leurs compagnons paraissaient empruntés, revêtus de leurs peaux de bêtes, et leur petite troupe aurait eu l'air comique en d'autres circonstances. Quelques villageois les regardèrent partir. Un peu plus loin, ils aperçurent Œil-Sombre au pied d'un arbre, aussi immobile que s'il était lui-même enraciné dans le sol. Susan lui adressa un signe de la main, tout en sachant qu'il ne lui répondrait pas et ne comprendrait même pas la signification de son geste.

Lorsqu'ils arrivèrent aux abords du cimetière, les hominiens refusèrent de s'y engager. Susan tenta de leur faire comprendre qu'ils voulaient simplement le traverser, mais ils se montrèrent inflexibles et ne bougèrent pas d'un pouce. Susan leva les yeux. Trois vautours tournoyaient dans le ciel et d'autres étaient postés un peu plus loin, dans les branches décharnées des arbres : des petites touffes de poils pendaient de part et d'autre de leurs becs, comme des favoris. Soudain, Susan remarqua en sursautant les silhouettes fantomatiques de deux gardiens, accroupis à une centaine de mètres : leurs corps étaient entièrement recouverts d'une épaisse couche de craie, au point que le blanc de leurs yeux ne tranchait même plus sur le reste de leur visage. Il régnait un silence lugubre, à peine troublé par le lointain bourdonnement des insectes. À l'exception des charognards qui planaient mollement dans le ciel, au-dessus de leurs têtes, rien ne bougeait dans ce périmètre voué à la mort, aussi clairement délimité que s'il avait été entouré par le Styx.

« Inutile d'insister, dit Matt. Ils n'y mettront pas les pieds.

– Nous pouvons le traverser seuls, en espérant qu'ils nous rejoindront de l'autre côté. À moins que nous ne contournions le cimetière avec eux : mais le trajet est beaucoup plus long.

– Il vaut mieux faire le tour », dit Matt.

Il prit la main de Susan et ils se mirent en route, en longeant le cimetière sur la droite. Les hominiens évitaient soigneusement de s'en approcher et y lançaient fréquemment des regards inquiets, comme si le sol menaçait à tout moment de s'ouvrir sous leurs pas et de les engloutir. Matt s'en voulait de ne pas avoir prévu la réaction des hominiens, d'autant qu'il connaissait déjà les lieux. Ce détour allait leur faire perdre des heures et les épuiser avant même qu'ils n'aient atteint l'entrée de la grotte.

Ils firent halte à trois reprises pour se reposer. Les hominiens ne semblaient guère se ressentir de leurs efforts. En observant leurs jambes courtaudes, mais robustes comme des piliers, leurs torses élancés, leurs énormes épaules, leurs mains massives et leurs fronts proéminents, où venaient se rattacher leurs puissants muscles faciaux, Matt fut une fois de plus frappé par leur supériorité physique. Ils sont taillés pour le combat, songea-t-il ; et si, bien des siècles plus tôt, les néandertaliens avaient été animés par le même instinct sanguinaire que l'humanité, ils nous auraient sûrement rayés de la carte. Tout ce qui leur avait manqué, c'était une once de péché originel. Il regarda Genou-Blessé, dont la blessure était pratiquement guérie : une affreuse balafre lui traversait le front, dessinant un sillon rouge de l'arcade sourcilière à la racine des cheveux. Était-ce la marque de Caïn ? Matt se secoua : ce n'était vraiment pas le moment de jouer au philosophe du dimanche.

L'entrée de la grotte se profilait verticalement dans la falaise, où elle formait une gigantesque brèche de six mètres de haut. Ils ne l'aperçurent qu'au dernier moment, car ils étaient arrivés sur le côté, en longeant la paroi rocheuse. Matt l'atteignit le premier ; Susan fermait la marche derrière les trois hominiens, au cas où ceux-ci auraient manifesté des signes de panique. Si cela s'était produit, elle ne voyait d'ailleurs pas très bien comment elle aurait pu les retenir, mais elle se disait qu'il était préférable de les surveiller. Elle avait parfaitement conscience de l'inquiétude qui les avait gagnés. Lévitique, notamment, n'arrêtait pas de lire en elle, en manifestant une nervosité tout à fait inhabituelle.

Matt se risqua prudemment dans l'ouverture de la grotte, où l'obscurité était totale. Il regarda le sol à ses pieds et aperçut de nombreux éclats de rochers, éparpillés devant l'entrée. C'était plutôt bon signe, car ces débris auraient sûrement été rejetés sur le côté si le passage avait été très fréquenté. Sans doute s'agissait-il d'un accès secondaire, occasionnellement emprunté par les renégats lorsqu'ils se hasardaient dans la vallée pour capturer une femelle ou un esclave. Matt sentit la peur renaître au fond de lui : il avait horreur de l'obscurité et l'idée de devoir s'enfoncer dans les entrailles de la terre réveillait sa claustrophobie ancestrale, passablement ravivée par la terreur qu'il avait éprouvée lors de leur évasion, quelques semaines plus tôt. Il prit une profonde inspiration et s'engagea à l'intérieur.

Ses compagnons le suivirent l'un après l'autre, un peu comme s'ils étaient à l'exercice. C'est un bon début, songea Matt en fouillant du regard les ténèbres qui s'étendaient devant lui. Ils restèrent un moment dans l'entrée de la grotte, laissant leurs regards s'accoutumer à l'obscurité. Dans la pénombre, Matt observa Genou-Blessé : son visage ne trahissait pas la moindre expression – du moins Matt était-il incapable d'en déchiffrer une –, mais il semblait maître de lui. L'instinct qui nous pousse à fuir le danger est probablement universel, se dit-il – auquel cas Genou-Blessé était d'une nonchalance ou d'une décontraction remarquables... Mais il songea ensuite que les hominiens devaient utiliser leur faculté pour scruter le tunnel qui s'ouvrait devant eux – un peu comme un enfant qui veut s'aventurer sur un lac gelé de Nouvelle-Angleterre et qui éprouve l'épaisseur de la glace en jetant des pierres devant lui. Mais comment allaient-ils réagir si jamais un danger se présentait ?

Lorsque leurs pupilles se furent un peu dilatées, Matt et Susan constatèrent avec soulagement que l'obscurité n'était pas aussi totale qu'ils l'avaient initialement cru. Au bout d'une centaine de mètres, la grotte obliquait sur la gauche et ils distinguaient à présent des reflets vacillants sur la paroi opposée, émanant sans doute des torches qui étaient disposées derrière la courbe. Le tunnel était gigantesque, comme s'il avait été creusé par un mammouth qui aurait éventré la falaise avant de s'enfoncer dans les profondeurs de la montagne. Ils laissèrent Genou-Blessé marcher en tête, espérant que l'hominien assumerait instinctivement son rôle de guide.

« Jusqu'ici tout se passe bien, chuchota Matt.

– Oui, jusqu'ici », répondit Susan d'une voix blanche.

Lorsqu'ils atteignirent la courbe du tunnel, Genou-Blessé s'y engagea sans l'ombre d'une hésitation. Elle débouchait sur une vaste caverne éclairée par des torches et bordée de petits monticules – du carbonate de chaux, qui s'était déposé là au fil des millénaires – dont la forme rappelait vaguement celle des glaçons. Au milieu, l'espace était dégagé et surplombé par une voûte qui se rétrécissait progressivement vers le haut, comme une tente de cirque.

Une grande agitation régnait au-dessus de leurs têtes, dans les hauteurs des rochers. Une armée de chauves-souris nichées dans les crevasses battaient frénétiquement des ailes ; certaines plongeaient vers les intrus et remontaient à toute allure, comme une escadrille de bombardiers. Matt et Susan ne tardèrent pas à grelotter et à voir leur haleine se condenser devant eux. Ils avaient quitté la chaleur inhabituelle du cratère volcanique, où la vallée était protégée par les courants géothermiques, et ils se retrouvaient brusquement exposés à la froideur glaciale qui règne d'ordinaire à une telle altitude. Ils allumèrent les torches dont ils s'étaient munis à l'aide de celles qui se trouvaient dans la caverne.

Après l'avoir traversée, ils arrivèrent devant une paroi où débouchaient trois galeries. Le labyrinthe débutait véritablement là, et tout ce qu'ils pouvaient espérer, c'était que Genou-Blessé retrouve son chemin et les conduise jusque dans l'antre du Minotaure. L'hominien s'engagea dans la galerie médiane, qui ne tarda pas à se rétrécir, puis à grimper en pente raide – ce qui était logique, puisque le sanctuaire qu'ils voulaient atteindre était situé beaucoup plus haut dans la montagne. Mais la déclivité de la pente entravait leur progression. Des éboulis rocheux jonchaient le sol par endroits : ils avaient l'impression d'escalader un toboggan recouvert de charbon. La voûte de la galerie s'abaissait de plus en plus et ils étaient contraints de marcher pliés en deux. C'était principalement Matt qui en souffrait : il sentit la claustrophobie l'envahir et dut faire appel à toute sa volonté pour poursuivre sa route.

Le passage s'élargit enfin et ils purent de nouveau redresser la tête. Leurs torches brûlaient faiblement, car l'oxygène se raréfiait.

Au bout d'un quart d'heure, les hominiens s'immobilisèrent brusquement. Ils regardèrent devant eux d'un air hésitant, avant de se tourner vers les deux humains. Matt n'eut aucun mal à déchiffrer la peur qui se lisait sur leurs visages. De toute évidence, quelque chose se rapprochait. Mais ils eurent beau tendre l'oreille, ils ne perçurent que le lointain sifflement du vent.

« Nous venons de passer devant une petite crevasse, chuchota Matt. Nous ferions mieux de rebrousser chemin et de nous y cacher.

– Et nos amis ?

– Mieux vaut nous séparer. Si nous restons groupés, les renégats percevront plus facilement notre présence. De surcroît, leur déguisement les protégera.

– D'accord. »

Revenant sur leurs pas, ils aperçurent la minuscule faille. Un peu plus loin, la paroi formait un large renfoncement : ils y laissèrent les trois hominiens, en espérant qu'ils se fondraient suffisamment dans le décor pour ne pas éveiller les soupçons. Matt et Susan mirent leurs bandeaux en place et attendirent, tassés l'un contre l'autre dans la crevasse. Ils ne tardèrent pas à entendre le son bien reconnaissable des créatures qui se rapprochaient, de leur démarche à la fois traînante et sautillante.

Sous son bandeau, Susan ferma les yeux et essaya de faire le vide dans son esprit. Matt l'enlaça et la serra contre lui, tandis que le bruit se rapprochait. Les créatures ne furent bientôt plus qu'à quelques dizaines de centimètres, devant la crevasse où ils étaient cachés. Susan percevait le sifflement de leur respiration et le frottement de leurs pas sur le sol de la galerie. Elle agrippa violemment le bras de Matt. Finalement, le bruit s'éloigna tandis que les créatures les dépassaient et poursuivaient leur route en se dirigeant vers les trois hominiens. Susan ôta son bandeau. Leur odeur imprégnait encore ses narines. Ils étaient si près tout à l'heure qu'elle aurait pu les toucher, rien qu'en tendant le bras. Une irruption familière envahit brusquement son cerveau : Lévitique entrait en contact avec elle et Susan perçut à quel point il était lui aussi terrorisé. Elle garda les yeux grands ouverts et le laissa lire en elle, s'immobilisant dans les bras de Matt pendant d'interminables secondes, jusqu'à ce qu'elle se détende enfin et murmure : « Tout va bien. Ils sont sains et saufs. » Matt la dévisagea d'un air intrigué.

Une fois réunie, la petite troupe reprit sa progression dans la galerie, toujours sous la conduite de Genou-Blessé. Ils grimpèrent pendant une bonne demi-heure. Ils apercevaient de temps à autre des tunnels étroits menant à de petites salles où brûlaient des foyers et où des peaux de bêtes étaient étalées sur le sol, en guise de matelas ; mais, fort heureusement, ils ne rencontrèrent pas d'autres créatures. Puis le souffle léger de la brise céda la place à l'horrible vacarme qu'ils avaient entendu quelques semaines auparavant, semblable au bourdonnement frénétique de centaines d'abeilles dans une ruche.

Genou-Blessé s'arrêta un instant et resta figé sur place en se concentrant. Puis il s'accroupit et se faufila dans un tunnel si étroit qu'on ne pouvait y avancer qu'en rampant. Pour Matt, ce fut un véritable calvaire. Le tunnel remontait en s'incurvant vers le haut, comme une cheminée, de sorte qu'ils étaient contraints de l'escalader en s'aidant des pieds et des mains. Ils finirent par en émerger et débouchèrent sur une corniche rocheuse qui surplombait l'immense caverne centrale. La ruche était à leurs pieds.

De toutes parts, dans l'espace dégagé de la grotte comme dans ses plus infimes recoins, les créatures allaient et venaient en se livrant à une débauche d'activités qui les laissa pantois. Il y en avait qui faisaient la cuisine, d'autres qui tannaient des peaux, débitaient de la viande ou taillaient des outils, d'autres encore qui mangeaient, se chamaillaient, dormaient ou forniquaient… C'était une véritable colonie primitive, parfaitement autosuffisante, avec ses mâles, ses femelles et ses enfants. Matt aperçut une bande de gamins qui se pourchassaient autour d'un feu, en poussant des cris stridents. Dans un coin, une femme était accroupie devant une peau tannée qu'elle tendait à bout de bras, tout en la maintenant serrée entre ses puissantes mâchoires. Apparemment, elle était en train de fabriquer des outres destinées au transport de l'eau. Non loin d'elle, une autre tapait sur une pierre qu'elle réduisait en morceaux. Susan avait raison, se dit Matt : les femmes étaient plus nombreuses ici que dans la vallée. Elles avaient sûrement été capturées lors de ces fameux raids.

Dans cet espace clos, le vacarme était infernal. La fumée qui montait d'une douzaine de foyers leur piquait les yeux et il régnait une chaleur aussi étouffante que dans un gigantesque hammam. En observant les créatures aux tignasses hirsutes qui s'agitaient à leurs pieds, une centaine de mètres plus bas, Matt avait l'impression d'assister à la naissance de la civilisation, à l'instant précis où nos lointains ancêtres avaient abandonné leur état de singes errants pour se tourner vers les splendeurs et les contraintes de l'industrie et de la vie communautaires. Mais, d'un autre côté, la colonie avait toujours un pied dans la sauvagerie. Au milieu de l'immense caverne se dressait l'idole maléfique de ce dieu à tête d'ours, juste à côté de la paroi incrustée de crânes humains.

Un nouveau trophée était venu s'ajouter à cet horrible autel depuis leur premier passage – le crâne d'un homme d'origine caucasienne. Matt se força à l'examiner, ayant tout d'abord pensé qu'il s'agissait de Van. Mais, même à une telle distance, il se rendit compte que ce n'était pas le cas : la morphologie différait trop et le nez était nettement plus long.

« Nous ne disposons pas de beaucoup de temps, murmura-t-il à Susan. Il faut dénicher Van avant qu'ils ne nous repèrent. »

Susan ne lui répondit pas, apparemment hypnotisée par le spectacle qui se déroulait à leurs pieds. Matt suivit son regard et aperçut soudain la silhouette qui avait capté son attention. Comment avait-elle pu lui échapper ? Kee-Wak se trouvait au milieu de la foule, qu'il dominait d'une bonne tête : lorsqu'il se déplaçait, les créatures s'écartaient pour le laisser passer, en baissant la tête et en se courbant devant lui comme des chiens battus, dans une attitude d'évidente soumission. Il n'y avait pas le moindre doute : c'était un être d'exception, un monarque-né. Tout autour de ses pectoraux, son torse était orné de motifs rouges et noirs, semblables à des empreintes digitales. Sa chevelure pendait en longues tresses entrelacées de perles et ses lèvres étaient enduites d'une teinture rouge qui évoquait irrésistiblement le sang. Quand il marchait, sa tête oscillait lentement de gauche à droite, de ce curieux mouvement reptilien qui était resté gravé dans la mémoire de Matt depuis que Rudy s'était avancé à sa rencontre, dans la neige.

« Regarde, chuchota Susan. Il a le pistolet de Van autour du cou ! »

En effet, l'arme pendait dans son étui en travers de sa poitrine.

Kee-Wak leva soudain les yeux et se mit à scruter les hauteurs de la caverne. Matt et Susan se hâtèrent de remettre leurs bandeaux et se plaquèrent au sol, le plus loin possible du bord de la corniche.

Susan sentit l'esprit de Lévitique s'insinuer en elle et comprit quelques instants plus tard que le danger était passé. Elle ôta son bandeau et se pencha de nouveau par-dessus la corniche : Kee-Wak avait quitté la caverne. Elle observa encore quelques instants l'activité trépidante qui régnait en bas, mais sa décision fut rapidement prise.

« Matt, il faut que je retourne dans la grotte sacrée. Je veux revoir l'énigme de Khodzant.

– Tu es folle !

– Il le faut. Tu ne comprends pas ? Cette fresque doit avoir un sens. Je ne saurais pas te dire exactement pourquoi, mais je suis convaincue qu'elle nous livrera l'indice, la pièce du puzzle qui nous manque.

– Susan… Nous n'avons pas le temps. Tu n'y arriveras jamais. »

Une demi-douzaine d'autres objections lui vinrent à l'esprit et il s'apprêtait à les formuler lorsque Genou-Blessé s'accroupit brusquement derrière lui, posa ses mains sur ses tempes et l'obligea à tourner la tête pour lui désigner un point précis, à l'autre extrémité de la caverne. Il y avait là une sorte de fosse et Matt aperçut soudain Van, dont la tête émergeait et disparaissait tour à tour. Il faisait les cent pas et tournait en rond comme un animal en cage. Même d'aussi loin, Matt eut conscience qu'il y avait quelque chose de bizarre, d'automatique dans ses mouvements et il se demanda si Van jouissait encore de toute sa raison.

Il étudia la situation. Deux créatures armées de massues étaient accroupies à côté de la fosse : ce devaient être des gardes, car le trou n'avait pas l'air très profond et Van aurait certainement pu s'en échapper, au prix d'un petit effort. Sur la gauche, le long de la paroi, se trouvait une longue saillie rocheuse, qui correspondait peut-être à la paroi extérieure d'une galerie : Matt pourrait s'y abriter le cas échéant, s'il parvenait à l'atteindre. Il disposait d'une corde à nœuds de deux mètres de long, qu'il lancerait à Van pour l'aider à sortir de la fosse. Mais, s'il voulait que son projet ait la moindre chance d'aboutir, il fallait neutraliser les gardes, les éloigner en faisant diversion d'une manière ou d'une autre. Sinon, il était peu probable que sa présence échappe à leurs pouvoirs paranormaux. Il avait déjà de la chance d'être arrivé jusqu'ici sain et sauf.

Matt recula lentement le long de la corniche et réalisa brusquement, avec un serrement de cœur, que Susan n'était plus à ses côtés. Il en fut tellement bouleversé qu'il remarqua à peine que Lévitique avait lui aussi disparu.

Ayant erré un moment dans la neige avant de rejoindre les premiers contreforts de la montagne, les cinq créatures chargées de peaux de bêtes aperçurent un amas de rochers et furent aussitôt attirées par l'éclat du métal. Elles s'approchèrent avec circonspection, comme s'il s'agissait d'un piège, s'arrêtant tous les deux ou trois pas en projetant leur vision intérieure dans toutes les directions. Mais elles ne détectèrent aucun signe de vie.

Lentement, prudemment, un membre de leur groupe toucha du doigt l'un des rochers. Rien ne se produisit. Il rejeta la pierre sur le côté et en saisit une autre, puis une autre, jusqu'à ce que la pile s'écroule, révélant au grand jour le Nomad de Van. Les hominiens contemplèrent cette boîte noire aux parois métalliques qui brillait au soleil. Ils n'avaient jamais rien vu d'aussi étrange.

Ils se méfiaient, cependant, car ils connaissaient le principe des appâts. Voilà déjà fort longtemps, les chasseurs de la tribu avaient découvert la méthode consistant à attirer un animal dans un piège. L'un des hominiens se pencha pour flairer l'appareil, puis recula vivement en arrière, comme s'il avait reçu une gifle. L'objet dégageait l'odeur acide de l'ennemi.

Une autre créature brandit une massue au-dessus de sa tête, lui fit dessiner un demi-cercle et l'abattit sur le flanc de l'ordinateur, qui bascula de son piédestal et dégringola le long de la paroi rocheuse. Un autre alla le ramasser avec circonspection et se hâta de le transporter quelques mètres plus loin, au bord d'un précipice. Il se pencha et y lança l'appareil, qui tomba longuement dans le vide avant d'aller s'écraser avec un bruit sourd au fond du ravin.

Dans la grotte sacrée, Susan était plantée devant les pictogrammes, tremblante de frayeur. Mais le plus étrange, c'était l'autre sensation qui l'avait envahie, dont elle n'avait pas eu conscience immédiatement et qui contrebalançait sa peur – une sorte d'illumination, née du seul pouvoir des couleurs et des formes qui se profilaient devant elle, sur la paroi de la grotte.

Elle avait eu l'occasion d'admirer de nombreuses peintures rupestres au cours de sa carrière, des représentations animales pour l'essentiel – antilopes, sangliers, bœufs musqués... –, d'une exécution souvent magnifique. Elle avait fait partie d'une poignée d'universitaires admis dans le sanctuaire menacé d'Altamira, au nord de l'Espagne, et elle avait même fait un croquis de la salle des bisons, qualifiée par certains de « chapelle Sixtine » de l'art magdalénien. Elle avait été profondément remuée par ces peintures, mais l'émotion esthétique était depuis toujours la pierre de touche des scientifiques, qui cherchaient à comprendre ce qui avait bien pu pousser les hommes du paléolithique à mélanger des pigments naturels à de la graisse animale pour donner forme à leurs visions, en traçant telle corne finement recourbée, tel puissant poitrail, telle échine galbée. La fascination tenait au fait qu'on avait fugacement le sentiment de communiquer avec l'âme de ces hommes morts voilà plus de vingt-cinq mille ans. Ici, il en allait différemment. La fresque était impressionnante en soi. Susan s'émerveillait en songeant à la main inconnue qui avait su tracer au charbon de bois le contour des personnages avec une telle maîtrise, utilisant les anfractuosités de la roche pour leur donner du relief et parvenant à susciter cette impression de grâce, de légèreté, à partir de matériaux aussi massifs qu'inertes. C'était indubitablement l'œuvre d'un très grand créateur, d'un autre Michel-Ange de la préhistoire. Mais quel était le sujet qui avait inspiré un pareil génie ?

Susan savait qu'elle disposait de peu de temps. Elle tripota nerveusement son bandeau pour s'assurer qu'il était bien en place, autour de son cou. Devait-elle le mettre ? Si l'une des créatures se mettait à lire en elle, s'en rendrait-elle compte ? Mais ne serait-il pas déjà trop tard ? Saurait-on alors où la trouver ? Elle recula de quelques pas pour avoir une vision d'ensemble des pictogrammes, qui constituaient de toute évidence une sorte de récit. Les personnages représentés sur les panneaux séparés étaient plongés dans des actions diverses, dont certaines étaient visiblement liées à la guerre, mais les panneaux n'étaient pas disposés dans un ordre linéaire. Il allait falloir qu'elle reconstitue mentalement leur enchaînement – et elle n'avait évidemment pas le temps d'en faire un croquis.

Elle aurait bien aimé avoir un souvenir plus précis de ce qu'elle avait appris au sujet de l'énigme de Khodzant, lorsqu'elle était encore étudiante. En fait, c'était Kellicut en personne qui y avait consacré l'un de ses cours – qu'elle avait d'ailleurs trouvé assez humoristique à l'époque, sans se douter qu'elle risquerait un jour sa vie pour tenter de résoudre le mystère de cette « impasse archéologique », comme Kellicut l'avait alors qualifiée. Elle étudia attentivement la fresque sous tous les angles, de haut en bas, de droite à gauche et inversement. Il y avait deux groupes de guerriers – ce point paraissait acquis –, mais aussi d'étranges images où l'on voyait des yeux isolés qui semblaient flotter dans les arbres – le symbole des morts, probablement. Susan se rapprocha et examina de près l'un des panneaux. Les guerriers du premier groupe avaient des arcades sourcilières proéminentes : il s'agissait évidemment des néandertaliens. Leurs adversaires étaient moins trapus, leur crâne était plus étroit et leur menton plus saillant : c'étaient les *Homo sapiens*. La guerre qu'ils se livraient s'étendait apparemment sur une longue période, car il n'y avait pas une seule, mais deux ou trois batailles successives. Puis on assistait à un rassemblement, ou aux préparatifs d'une sorte de conseil – destiné peut-être à rétablir la paix ? –, et les deux clans marchaient à la rencontre l'un de l'autre, après avoir déposé leurs armes. Mais ensuite, il arrivait quelque chose à l'un des groupes, celui des néandertaliens.

Susan ne pouvait pas savoir qu'à cet instant précis, dans une autre partie de la grotte, Kee-Wak sentait un nuage se former à l'intérieur de son crâne. Durant un bref instant, la fresque apparut sur l'écran de sa vision intérieure. Il s'interrompit et redressa la tête, mais l'image s'était déjà dissipée.

Susan sentit une vague de terreur l'envahir et remit instinctivement le bandeau sur ses yeux, tout en poursuivant intérieurement ses réflexions. Quels étaient les panneaux inconnus que nul n'avait jamais vus en dehors de cette grotte ? Il y avait des représentations de la lune à certains endroits de la fresque : peut-être la chronologie correspondait-elle à ses différentes phases ? Elle essaya de revoir mentalement la reproduction de l'énigme de Khodzant que Kellicut leur avait montrée, voilà des années, lors de ce fameux cours. Était-ce la portion inférieure droite qui manquait ? Elle décida de prendre le risque et se dirigea vers cette partie de la fresque. Puis elle releva son bandeau et regarda. Elle était absolument certaine de n'avoir jamais vu le panneau qui se trouvait devant elle : il représentait une créature isolée, le visage dressé vers le ciel, environnée de rochers ou de météores qui tombaient autour d'elle – l'artiste avait même tracé des petits traits pour suggérer leur chute. La créature avait la bouche ouverte et ses traits étaient déformés par la rage, comme si elle venait d'assister à un acte diabolique ou de comprendre l'une des plus cruelles lois de la nature. L'artiste avait traduit son émotion à la perfection. Fascinée, Susan contempla l'image un bon moment.

Dès que la vision réapparut, Kee-Wak comprit ce qui se passait. Cette fois, aucun doute n'était permis. Il envoya aussitôt quatre gardes dans la grotte sacrée.

22

Resnick savait que la créature était sur le point de mourir. Ce n'était d'ailleurs pas très difficile à deviner : sa respiration était irrégulière, les perfusions ne l'avaient pas ranimée et elle ne bougeait pratiquement plus. Ils lui avaient branché un électrocardiographe et un électroencéphalographe, après avoir dégagé au rasoir sur ses tempes et sa poitrine de petits cercles ronds, semblables à des lunes, pour y fixer les électrodes. L'une des caméras cadrait maintenant le minuscule écran vert, installé dans un coin de la cellule, où défilait en permanence le tracé des mesures. Il ne s'agissait pas, comme chez les humains, d'une ligne interrompue à intervalles réguliers par une pointe verticale, mais d'une suite de pics et de plateaux qui rappelait à Resnick le contour des gratte-ciel d'une grande métropole. Ils avaient dû baisser au minimum la sonnerie d'alarme, car le rythme cardiaque inhabituel de la créature la déclenchait à tout bout de champ.

Ils ne se donnaient même plus la peine de verrouiller la porte de la cellule : Resnick en éprouvait un intense soulagement, comme si c'était lui qui avait été enfermé, tous ces mois durant. Ils avaient également nettoyé les lieux de fond en comble, ce qui rendait l'odeur plus supportable, bien qu'elle fût toujours perceptible lorsqu'on s'approchait du lit. Resnick lui-même s'y risquait à présent, bombant le torse avec un aplomb tout professionnel en faisant croire aux autres qu'il s'était toujours comporté de la sorte, y compris du temps où la créature n'aurait eu qu'un geste à faire pour le réduire en bouillie, en l'envoyant valdinguer contre un mur. Il avait résolu de se montrer fataliste devant la perspective de ce prochain décès. Certes, ils n'allaient plus pouvoir poursuivre leurs expériences et ne seraient peut-être jamais en mesure d'aboutir à un résultat tangible, à partir des colonnes de chiffres et des maigres données qu'ils avaient accumulées. Mais peut-être était-ce préférable : la créature n'était pas destinée à vivre au milieu des humains – il s'agissait après tout d'un être primitif – et l'autopsie leur révélerait sans doute une bonne partie des choses qu'ils avaient vainement cherché à comprendre.

Grady pénétra dans la cellule et se dirigea vers lui. Resnick se sentit vaguement soulagé : la créature était totalement inerte et ne risquait visiblement plus de reprendre connaissance, mais pouvait-on avoir la moindre certitude, s'agissant d'un être aussi étrange...

« Il est arrivé ? demanda Resnick.

– Il sera là d'une minute à l'autre. »

C'était Resnick qui avait eu l'idée de faire venir Scanlon et il se félicitait de cette initiative. Il avait d'ailleurs essentiellement obéi à un motif d'ordre sentimental. C'était Scanlon qui, le premier, avait percé les défenses de la créature et il avait été plus proche d'elle que n'importe qui d'autre : il était donc logique qu'il soit présent au moment du décès. C'était un peu comme si l'on avait fait venir un prêtre ou un proche parent du défunt. Après tout, songea Resnick, c'est justement ce genre d'attentions qui nous différencie des animaux.

Il entendit claquer une portière de voiture, puis la porte d'entrée. Des pas résonnèrent à l'étage et Scanlon ne tarda pas à apparaître. Il avait l'air bouleversé.

« Ne vous inquiétez pas, lui dit Resnick de son intonation la plus professionnelle. Nous disposons encore d'un peu de temps. »

Scanlon ne lui prêta pas la moindre attention et se dirigea directement vers la créature, dont il souleva la main velue.

« Nom de Dieu ! Regardez ça ! » lança Grady en désignant le petit écran.

Resnick y jeta un coup d'œil et s'aperçut aussitôt que le contour des gratte-ciel s'était modifié. La ligne se déplaçait plus vite et les pics étaient plus larges. Il regarda la créature et n'en crut pas ses yeux : elle avait ouvert les paupières et fixait Scanlon droit dans les yeux, relevant même la tête de quelques centimètres. Resnick recula instinctivement pour se rapprocher de la porte. Curieusement, le regard de la créature n'avait rien d'amical : c'était même plutôt l'inverse.

Puis sa tête retomba, comme si l'on avait tranché l'invisible fil qui la retenait, et la sonnerie d'alarme de l'appareil se mit à retentir. Les lignes sur l'écran partirent dans tous les sens, montant et descendant comme si elles n'obéissaient plus à la moindre logique, mais leur rythme se ralentit presque aussitôt. Scanlon s'effondra, étalé en travers du sol. Resnick trouvait sa manifestation émotive quelque peu exagérée et s'apprêtait à lui en faire la remarque lorsqu'il s'aperçut que l'Irlandais se roulait par terre, les mains plaquées contre les tempes, comme s'il était à l'agonie.

Resnick regarda la créature. Elle était morte et la ligne de gratte-ciel avait disparu de l'écran.

Susan se rendait compte que les choses étaient en train de mal tourner, sans trop savoir d'où lui venait cette conviction. Un sentiment plus fort que le seul instinct l'avait envahie et elle avait aussitôt eu la certitude que sa présence dans la grotte sacrée avait été détectée. Mais un dilemme se posait à elle : devait-elle mettre son bandeau pour échapper au pouvoir télépathique des renégats ou tenter de s'enfuir ? Et comment pourrait-elle sortir d'ici si elle n'y voyait rien ?

Tout en s'interrogeant de la sorte, elle remarqua un vague mouvement et entrevit l'éclat d'une peau de bête entre deux stalagmites, à l'autre bout de la grotte. La panique commença à l'envahir, mais elle sentit presque aussitôt une vague apaisante dans son esprit et comprit qu'elle n'avait rien à redouter. La silhouette qui émergea de la pénombre était celle de Lévitique. Susan eut envie de se précipiter pour aller se jeter dans ses bras, mais son soulagement fut de courte durée : en voyant le trouble qui s'était emparé de l'hominien, elle fut persuadée que celui-ci avait également perçu l'imminence du danger.

Lévitique la conduisit jusqu'à l'entrée d'un passage latéral, plongé dans les ténèbres. Susan se guidait à tâtons le long de la paroi rocheuse. Lévitique lui tenait l'autre main et ouvrait le chemin : les doigts de l'hominien avaient beau être courts, leur étreinte était aussi puissante que si un aigle avait refermé ses serres autour de son poignet. Ils avançaient le long d'une galerie qui montait en pente douce : il devait s'agir d'une voie secondaire et peu empruntée. De temps en temps, l'hominien s'arrêtait : Susan ne pouvait pas le voir, mais elle savait qu'il explorait mentalement le chemin, projetant son radar psychique devant lui afin de détecter un éventuel danger.

Au bout de cinq minutes, Susan perçut des bruits de pas venant dans leur direction. Elle voulut faire demi-tour et prendre la fuite, mais Lévitique lui serrait si violemment la main qu'elle ne parvint pas à se dégager. Elle essaya pourtant, mais la poigne était si puissante qu'elle craignit de se rompre un os. Elle s'adossa à la paroi et attendit. Elle entendait les pas se rapprocher mais ne distinguait rien. Elle percevait la silhouette massive de Lévitique devant elle et se demanda s'il avait l'intention de tendre une embuscade à leurs adversaires. Elle ferma les yeux et retint son souffle. Les autres n'étaient plus qu'à quelques mètres.

« Susan ! Juste ciel !

– Oh ! Matt ! »

Dans l'obscurité, elle sentit ses bras l'enlacer et reconnut son odeur familière. Lévitique lui serrait toujours la main. Lancelot et Genou-Blessé étaient là, eux aussi.

« Pourquoi diable t'es-tu éclipsée de la sorte ?

– Il fallait absolument que je retourne examiner la fresque, pour découvrir le morceau final, la pièce manquante du puzzle. »

Ce n'était guère le moment de s'étendre sur l'énigme de Khodzant.

« Écoute, lui dit Matt d'une voix pressante. Il s'est passé quelque chose. Les créatures s'agitent dans tous les sens et semblent prises de panique.

– Je crois savoir ce qui est arrivé. Kee-Wak a dû percevoir ma présence dans la grotte.

– Non, il y a sûrement autre chose. Ça ne ressemble pas à une alerte. On dirait qu'ils viennent d'apprendre une terrible nouvelle, tous en même temps. Leur attitude me rappelle la réaction des hominiens au moment de la mort de Tristemine. J'ai l'impression que l'une des créatures vient de mourir, dans cette grotte ou ailleurs.

– Que faisons-nous à présent ?

– Nous poursuivons notre mission, dit Matt d'une voix ferme. Mais restons groupés – et, pour l'amour du ciel, ne te lance plus seule à l'aventure, comme tout à l'heure ! »

Sur ces paroles, la petite troupe reprit son ascension en suivant Genou-Blessé, qui semblait savoir très précisément où il allait.

Avant même que le brouhaha ne commence, Van avait compris qu'il était en train de perdre pied. Le fait d'en avoir conscience indiquait peut-être qu'il n'avait pas encore totalement perdu la raison. Il se fit la réflexion à voix haute – qu'est-ce que cela changeait, du reste : ces salopards ne pouvaient pas le comprendre. Mais les gens qui sombrent dans la folie s'en rendent compte, sur un certain plan, même si cette lucidité leur est inutile et s'avère incapable de les protéger. D'ailleurs, dans la situation où il était, quelle protection aurait-il pu escompter, alors qu'il croupissait au fond de cette fosse, impuissant, exténué, pris au piège comme une vulgaire fourmi…

Van repensa à ses années d'études et aux expériences qu'il avait faites sur ces divers macaques. Il se souvenait de l'émoi qui le gagnait lorsqu'il longeait les cages où étaient enfermés les primates à moitié fous : ils se rejetaient en arrière en hurlant de terreur, se couvrant parfois la tête de leurs mains, ou se balançaient d'un air hagard en suçant frénétiquement leur pouce. Il se souvenait de l'un d'entre eux, en particulier, qui n'arrêtait pas de tourner en rond dans sa cage, toujours dans le même sens et à la même allure, relevant ses épaules en un geste immuable chaque fois qu'il atteignait un angle de la grille. En l'observant, Van savait que cela provenait de son dérèglement mental, que ces gestes rituels et ce déplacement sempiternel avaient pour fonction à la fois d'extérioriser sa folie et de la maintenir à distance. Le singe n'obéissait plus qu'à l'énergie obsessionnelle de sa démence : c'était l'unique réponse – rationnelle autant qu'irrationnelle – qu'il était en mesure de lui opposer. Van sentait à présent qu'il était en train de suivre la même pente.

Il avait peur de dormir. Chaque fois que cela lui arrivait, il était victime d'un étrange phénomène respiratoire : il s'enfonçait lentement dans le sommeil et, lorsqu'il était sur le point de sombrer dans l'inconscience, sa respiration s'arrêtait et il se redressait en suffoquant, cherchant désespérément de l'air. Au bout d'un certain temps, la panique avait fini par l'envahir avant même que le sommeil ne vienne et elle le maintenait en éveil, comme si une petite sonnette s'était automatiquement déclenchée à l'instant où ses yeux se fermaient. Il souffrait désormais de constantes migraines.

Cette espèce de colosse, peu importe son nom, règne ici comme un dieu. Lorsqu'il va s'installer sous la statue de l'Ours, il est lui-même l'Ours : tout aussi féroce, gigantesque, indomptable. Comme j'avais tort de me croire plus fort qu'eux… Ici, sur la montagne, tous les masques tombent et c'est la force pure, la vraie puissance qui triomphe. Les hommes sont faibles – ils ne sont rien. La maladie est une faiblesse, mais la faiblesse aussi est une maladie…

Le brouhaha commenca. Van comprit sur-le-champ qu'il avait quelque chose à voir avec la mort. C'est peut-être la pleine lune, songea-t-il, l'heure du sacrifice a sonné – et cette fois, ça va être mon tour… Lorsque sa ronde l'amenait vers le bord le plus éloigné de la fosse, il apercevait la paroi où son crâne irait bientôt prendre place. Il se félicitait d'être tombé de la corniche après la mort du Russe – sinon, il aurait assisté à la fin de la cérémonie. Comment cela se passait-il au juste ?

Il savait qu'il était sujet à des hallucinations. Elles avaient commencé, sur un mode mineur, pendant leur ascension de la montagne et avaient lentement gagné en intensité, avec tout ce qui était arrivé par la suite : la fuite dans la grotte, l'éboulement, la détention, le sacrifice. À présent, mêlées à la terreur dont il était la proie constante, ces hallucinations avaient fini par constituer pour lui l'unique réalité. Il ne discernait plus leur début ni leur fin, pas plus qu'il ne savait s'il était éveillé ou en proie à un long cauchemar. Mais cette fois le phénomène était différent : il entendait des voix. Il perçut à nouveau un chuchotement pressant, insistant : « Van… » Comment les créatures connaissaient-elles son nom ? Sans doute était-ce encore son esprit qui lui jouait des tours : il n'avait jamais eu de pire ennemi.

« Inutile d'insister, murmura Matt. Il ne nous entend pas. À moins qu'il ne soit devenu complètement barjo.

– Alors ? demanda Susan. Que faisons-nous ? »

Elle risqua un coup d'œil dans la caverne, en se penchant à l'angle du passage, mais regretta aussitôt son geste. Les créatures étaient encore plus terrifiantes vues du niveau du sol, surtout depuis qu'elles s'étaient mises à s'agiter et à courir dans tous les sens. La ruche était prise de folie, comme si quelqu'un l'avait renversée et détruite à coups de fourche. Cela ne peut pas être lié à notre présence, se dit Susan, sinon ils nous auraient localisés et nous serions déjà entre leurs mains depuis un bon moment. Les peaux tannées qui pendaient le long des parois rocheuses étaient aussi épaisses que des tapisseries médiévales. En retenant un frisson, Susan songea que les renégats devaient être de redoutables chasseurs, en raison de leur pouvoir télépathique. Il était probablement impossible de leur échapper une fois qu'ils avaient repéré leur proie et s'étaient insinués dans son champ de perception. Mais pour l'instant, malgré leur nombre – il y en avait plusieurs centaines, rien que dans la grotte –, ils étaient tellement absorbés par l'événement qui les agitait qu'ils ne semblaient pas avoir remarqué leur présence.

« Peut-être pouvons-nous profiter de cette confusion », dit-elle.

Matt se mit à quatre pattes et jeta un coup d'œil de l'autre côté de la paroi rocheuse. Il y avait un petit renfoncement, une sorte d'antichambre à l'orée du passage, invisible depuis la caverne principale. Il regarda du côté des gardes de Van. L'un d'eux avait disparu et l'autre paraissait tout aussi désorienté que le reste de ses congénères. Il tenait toujours sa massue à la main, mais allait et venait au bord de la fosse d'un air absent, à trois ou quatre mètres d'eux.

Matt se redressa. « Allons-y », murmura-t-il. Il jeta un coup d'œil à la ronde et se risqua prudemment dans la caverne, le dos collé à la paroi rocheuse. Il la longea comme une ombre, jusqu'à ce qu'il ait atteint l'antichambre. Susan le suivit, ainsi que les trois hominiens, qui ne prirent même pas la peine de se cacher, comme si leur présence en ces lieux était on ne peut plus naturelle.

Il faisait plus sombre dans le renfoncement que dans la caverne elle-même. Susan et Matt étaient prêts à remettre leur bandeau à la moindre alerte. Le plus dangereux restait à faire. Matt risqua un œil hors de l'antichambre et aperçut le garde, qui leur tournait le dos. Il poussa Lévitique et Lancelot en direction de la fosse, puis s'accroupit en appui sur une jambe, comme il l'avait fait lorsqu'ils étaient à l'affût, au cours de la partie de chasse ; il tenta de se concentrer, les yeux rivés sur la nuque du garde, et d'émettre des images de lances, de massues, de sang, afin de transmettre aux hominiens son message muet : *À l'attaque, à l'attaque...* Comme ils se rapprochaient, le garde se retourna et une expression de surprise se peignit sur son visage lorsque les deux massues s'abattirent, l'une dans le creux de son épaule, l'autre en travers de son crâne. Il s'effondra aussitôt. Lancelot l'attrapa par une jambe et le fit basculer dans la fosse.

Matt bondit hors de sa cachette et se précipita vers la fosse. Il s'accroupit aussitôt et se faufila entre les jambes de ses compagnons : il n'était pas parfaitement dissimulé, mais il allait bien falloir s'en contenter. Il se pencha et regarda à l'intérieur de la fosse : Van fit un bond en arrière et le contempla d'un air hébété, la bouche ouverte. Il avait le visage maculé de terre et de crasse, et ses vêtements étaient en loques. Matt se hâta de dérouler la corde et la fixa à un rocher, avant de la lui lancer.

« Faites vite ! dit-il, aussi fort qu'il pouvait se le permettre. Attrapez cette corde, mon vieux, et dépêchez-vous de sortir de là ! »

Van le regarda, sans avoir l'air de comprendre.

« La corde, bon Dieu ! Servez-vous de la corde ! »

Sans que Matt ait eu le temps de la voir venir, il aperçut Susan à ses côtés. Il sauta alors dans la fosse, attrapa Van par les épaules et le conduisit au pied de la corde, avant de le soulever en lui faisant la courte échelle. Comme un automate, Van grimpa d'un mètre ou deux, jusqu'à ce qu'il soit arrivé à la portée de Susan, qui lui tendait la main. Matt banda ses muscles et le hissa un peu plus haut. Lentement, plus par réflexe que par un effort de volonté, Van réussit à poser un genou sur le bord : Susan le tira en avant et il se retrouva brusquement hors de la fosse, à plat ventre sur le sol. C'était au tour de Matt de remonter.

« Pour l'amour du ciel, dépêche-toi ! » lui chuchota Susan en lançant des regards alarmés autour d'elle.

Jusqu'ici, aucune créature ne les avait encore repérés. Matt se hissa le long de la corde, s'aidant des nœuds pour gagner du temps. Il posa ses deux mains sur le bord de la fosse et Susan l'agrippa par le col pour l'aider à sortir. Lorsqu'il se fut relevé, ils durent lutter contre l'instinct qui les poussait à s'enfuir en courant et regagnèrent lentement le passage, en soutenant Van de chaque côté. Ils devaient quasiment le porter. À leur suite, les trois hominiens opéraient une retraite si précipitée que Matt craignit qu'ils n'attirent l'attention sur eux.

Lorsqu'ils eurent regagné l'abri du passage, ils s'arrêtèrent et jetèrent un coup d'œil derrière eux. La confusion la plus totale régnait toujours dans la caverne. Matt aperçut quatre créatures qui émergeaient en courant de la grotte sacrée. Genou-Blessé s'était déjà mis en route, s'engouffrant dans la galerie comme un cerf aux abois. Les autres lui emboîtèrent le pas.

Leur retraite aurait dû s'opérer rapidement : Genou-Blessé était là pour les guider, les galeries étaient en pente descendante et la panique qu'ils ressentaient était un moteur amplement suffisant. Mais Van entravait considérablement leur progression : il ne demandait qu'à fuir, lui aussi, et éprouvait autant de terreur qu'eux, mais il n'était pas en état de courir. Ses jambes fonctionnaient encore, mais ne le portaient plus : elles se cabraient dans le vide, comme les roues d'un véhicule patinant dans la boue. Deux des hominiens étaient obligés de le soutenir de part et d'autre pour lui permettre d'avancer. Susan se retourna pour le regarder.

Les émotions de Van n'avaient jamais été faciles à déchiffrer, mais son visage était à présent totalement atone, dénué d'expression. Il lui est arrivé quelque chose, songea-t-elle – il paraît vidé, éteint.

Ils atteignirent une vaste galerie, qui leur parut familière. Ils reconnurent bientôt le grand passage central, éclairé par des torches placées dans des niches, qu'ils avaient emprunté quelques semaines plus tôt. Peu après, alors qu'ils espéraient pouvoir ralentir un peu l'allure, les hominiens hâtèrent brusquement le pas, comme s'ils avaient passé la vitesse supérieure. Matt en comprit la raison avec un frisson d'angoisse.

« Nous sommes poursuivis, dit-il à Susan, le souffle court. Ils viennent de s'apercevoir que les renégats sont à nos trousses et savent où nous nous trouvons. »

Il songea aux quatre créatures qu'il avait vues surgir de la grotte sacrée : il s'agissait vraisemblablement de leurs poursuivants. Au même moment, Genou-Blessé obliqua dans une petite galerie qui se scindait au bout d'une centaine de mètres en deux tunnels d'apparence identique. Ils s'arrêtèrent un instant et s'engagèrent finalement dans le couloir de gauche, à l'exception de Lévitique, qui s'immobilisa et resta planté devant l'intersection : il avait apparemment une idée derrière la tête.

« Qu'est-ce qu'il fabrique ? gémit Susan.

– Je l'ignore, répondit Matt, mais nous ne pouvons pas nous permettre de l'attendre. Il faut continuer. »

Ils repartirent. Genou-Blessé dut prendre la place de Lévitique aux côtés de Van, qu'il traînait en compagnie de Lancelot comme un sac de farine. Susan marchait en tête et se sentit soudain un surcroît d'énergie dans les jambes. Elle se dit qu'elle devait inconsciemment puiser dans ses ultimes réserves d'adrénaline, mais réalisa brusquement que le phénomène s'accompagnait d'une autre sensation – ce flux intérieur, désormais familier, dont elle comprit aussitôt l'origine : c'était

Lévitique, qui avait choisi de servir d'appât et de se sacrifier afin de les sauver. Tout en fuyant, il lui semblait qu'un formidable courant d'air souterrain la poussait en avant, tandis qu'un torrent bouillonnant d'énergie, émanant de son cerveau, se diffusait dans tout son corps, irradiant ses muscles et ses os. Elle n'avait plus l'impression de courir dans un tunnel, mais de voler au-dessus d'un champ : ses pieds touchaient à peine le sol et elle se sentait aussi légère qu'un grain de pollen emporté par le vent.

Brusquement, la sensation prit fin et Susan sentit un immense vide se creuser en elle. En même temps, elle aperçut un grand pan de lumière devant eux et s'y dirigea en titubant, avant d'émerger enfin à l'air libre. La lueur du soleil les aveugla un instant. Debout à l'entrée de la grotte, Matt regardait la vallée en respirant à pleins poumons. Van avait l'air hagard. Genou-Blessé et Lancelot semblaient bouleversés.

« Où est Lévitique ? demanda Matt.

– Il est mort », répondit Susan, surprise elle-même par le ton monocorde de sa voix.

Elle se sentait vidée, exsangue.

« C'est le sort qui nous attend tous, dit Van en ouvrant la bouche pour la première fois. Nous n'avons pas l'ombre d'une chance. »

Susan se tourna vivement vers lui et lui lança un regard qui le réduisit au silence.

La lumière déclinait. Il était déjà tard et le soleil commençait à disparaître derrière la crête des montagnes. La température était plus fraîche que lorsqu'ils s'étaient engagés dans la grotte et il régnait un calme mortel. Leurs poursuivants étaient toujours à leurs trousses et n'allaient plus tarder à émerger du tunnel.

Cette fois, les hominiens n'avaient pas le choix et furent contraints de traverser la zone interdite du cimetière. Au moment où ils franchirent son invisible ligne de démarcation, leur terreur devint discernable, rien qu'à la manière dont ils avançaient, d'un pas inquiet et hésitant. Les vautours dessinaient toujours des cercles au-dessus de leurs têtes. Ils n'aperçurent pas les gardiens, mais leur absence n'était guère plus rassurante que leur apparition, le matin même. Malgré la fraîcheur qui régnait en cette fin de journée, les hominiens transpiraient abondamment et évitaient de regarder les ossements disséminés sur le sol et les cadavres emmaillotés dans les branches des arbres. Van avait un regard hébété et il était difficile de savoir ce qu'il percevait au juste du décor environnant.

Lorsqu'ils eurent traversé la moitié du cimetière, Matt se retourna et aperçut les créatures qui émergeaient de la grotte en brandissant leurs armes. Même à une telle distance, leur rage était sensible – ce qui était plutôt bon signe, car cela indiquait que leurs poursuivants n'oseraient pas enfreindre le tabou et traverser le territoire sacré. À un moment donné, au milieu des arbres décharnés, Matt crut percevoir le souffle régulier d'une respiration, mais il n'aurait pas su dire si elle émanait de l'un des gardiens ou d'un quelconque animal.

Lorsqu'ils arrivèrent, au crépuscule, un calme inhabituel régnait dans le village. Au premier abord, on aurait pu le croire abandonné, mais Matt et Susan comprirent bientôt que la plupart des hominiens s'étaient retirés dans leurs huttes. Personne ne vint les accueillir, et Kellicut était hors de vue. Van se comportait bizarrement : lorsqu'il parlait, ses propos étaient la plupart du temps incohérents. On lui aménagea une litière dans un abri et il sombra rapidement dans un sommeil de plomb.

Lorsque l'obscurité s'étendit, Lancelot et Genou-Blessé furent victimes d'un malaise, dans leur tonnelle. Ils perdirent connaissance et restèrent d'abord inertes, avant de se mettre à délirer sous l'effet de la fièvre. Matt se dit qu'il devait s'agir d'une réaction consécutive à la transgression qu'avait été pour eux la traversée du cimetière, mais il n'en avait pas la certitude. D'autres membres de la tribu paraissaient également en proie à une sorte de torpeur.

Plus tard cette nuit-là, étendus dans les bras l'un de l'autre, Matt et Susan évoquèrent la mort de Lévitique. Susan était inconsolable.

« Je suis désolé de ce drame, dit Matt. Je sais fort bien ce que tu éprouvais pour lui. Il a eu un comportement héroïque – et cela nous oblige à reconsidérer le caractère soi-disant primitif de ces hominiens.

– Ce genre d'héroïsme les situe à un niveau plus élevé, sur l'échelle de l'évolution, que le fait de tuer des animaux ou de tanner des peaux.

– Peut-être. À moins que l'altruisme ne soit un sentiment plus ancestral que nous ne le supposons généralement. Tu te souviens des travaux sur ces loups chasseurs de caribous ? Le chef de la harde parvenait d'une certaine manière à communiquer avec la plus affaiblie de leurs proies et à lui adresser un message, afin que le caribou cesse de fuir et accepte son sort, en se sacrifiant pour épargner ses congénères.

– Oui, mais cela n'enlève rien à la grandeur du sacrifice individuel, à cet héroïsme qui rejaillit en fait sur l'ensemble de l'espèce. Peut-être en gardons-nous la trace au fond de nous, même sans ce pouvoir télépathique. »

Ils entendirent soudain des roulements de tambour, dans les hauteurs de la montagne, ce qui ne s'était encore jamais produit auparavant. Ils les écoutèrent en silence, imaginant les féroces créatures en train de marteler leurs peaux tendues à grands coups d'ossements. Les sons vibraient et se répercutaient à travers la montagne, ce qui signifiait que les tambours se trouvaient à l'intérieur des galeries. Puis, à l'autre bout de la vallée, montant des entrailles de la terre, ils distinguèrent un autre grondement, et le sol se mit à bouger. Ils comprirent aussitôt qu'il s'agissait d'un tremblement de terre.

Eagleton savait qu'il devait partir. C'était l'une de ces très rares occasions où sa présence sur le terrain était impérativement requise : il était grand temps qu'il prenne les choses en main. L'enjeu était tout bonnement trop important et la situation suffisamment préoccupante – entre le silence de Van, le Nomad qui avait brusquement cessé d'émettre et, pour couronner le tout, cette fichue créature qui était morte dans sa cellule après avoir tué ce… comment s'appelait-il, déjà ? Scanlon… Il avait mis des jours à s'en remettre. Qui aurait soupçonné qu'elle eût un tel pouvoir ? Il ne s'agissait plus seulement de vision à distance, comme on l'avait cru au premier coup d'œil, songea-t-il en se décernant un bon point pour cette repartie hautement spirituelle.

Le rapport d'autopsie était sur son bureau. La créature possédait quarante-six chromosomes, comme les humains. 98 % de son ADN étaient identiques au nôtre. Certes, songea-t-il, c'était également le cas des chimpanzés : ce sont les 2 % restants qui font la différence. Le rapport était accompagné d'une note griffonnée par le responsable du labo : « *J'abandonne. Jamais vu ça. De* QUOI *s'agit-il au juste ?* »

Eagleton avait donc décidé de se rendre en personne au camp de base que Kane avait établi, au pied de la montagne. Le seul problème, c'est qu'il n'avait pas quitté le campus depuis des années. En fait, comme son appartement était relié à l'Institut par un passage souterrain et un ascenseur privé, il n'avait même pas mis le nez à l'extérieur du bâtiment. Il avait donc fallu prendre toute une série de mesures pour que le voyage s'avère le moins éprouvant possible, psychologiquement parlant. Il s'était fait livrer une caravane aux vitres teintées, munie d'un élévateur hydraulique pour son fauteuil roulant, un avion privé dont les sièges avaient été ôtés, remplacés par des fixations destinées à maintenir son fauteuil en place – sans parler des diverses autorisations diplomatiques nécessaires pour que l'appareil puisse atterrir ici ou là et refaire le plein d'essence. Eagleton ne s'était encore jamais rendu au Tadjikistan et il devait reconnaître que l'endroit ne lui disait rien qui vaille – trop d'étrangers, trop d'insectes, trop de microbes…

TROISIÈME PARTIE

LA BATAILLE

23

Les secousses se poursuivirent toute la nuit et une bonne partie de la matinée, mais cessèrent enfin aux alentours de midi. Un vent violent soufflait dans la vallée, soulevant les feuilles des arbres et les agitant en tous sens, comme si une tornade s'annonçait. Matt et Susan traversèrent le village pour évaluer l'étendue des dégâts. Quelques huttes s'étaient effondrées, les branches qui leur servaient de poutres s'étant brisées, des monceaux de caillasses et de débris jonchaient les sentiers. Mais, pour l'essentiel, le village n'avait pas trop souffert. Peu d'hominiens se hasardaient à l'extérieur : ils aperçurent seulement quelques enfants qui allaient chercher de l'eau à la rivière ou couraient d'une hutte à l'autre.

Un tremblement de terre était un phénomène passablement impressionnant dans la solitude des montagnes, suggérant irrésistiblement une sorte de lutte atavique, ancestrale, entre les hauts sommets et le ciel étoilé : les arbres s'agitaient, les rochers vacillaient et l'on ressentait un intense vertige, comme s'il n'y avait brusquement plus rien entre la terre et soi, que le sol pouvait s'ouvrir à tout instant et vous engloutir dans ses entrailles, au fond d'un gouffre béant. Matt se dit qu'il n'était guère étonnant, au bout du compte, que les hommes aient inventé des dieux.

Ils allèrent rendre visite à Lancelot et à Genou-Blessé, au chevet desquels se trouvaient quelques hominiens venus leur apporter de l'eau, des noix, des pommes. Leur état s'était amélioré depuis la veille et leur fièvre était retombée, mais ils étaient toujours allongés et avaient visiblement été très secoués. Susan se demandait ce qui avait bien pu provoquer leur malaise : était-ce le fait d'avoir attaqué le garde de Van, d'avoir abandonné Lévitique à une mort affreuse, d'avoir traversé le cimetière – ou tout cela mélangé ? Elle observa les hominiens pour voir s'ils les regardaient d'un œil différent, Matt et elle, si leur attitude ne trahissait pas une sorte de reproche, voire de rancune, à leur endroit, mais elle ne décela rien de tel.

La réaction de Kellicut risquait d'être moins bienveillante. Il n'était pas au village, aussi partirent-ils à sa recherche, le long du sentier qui menait à la cascade et au geyser sulfureux. Ils descendirent les marches humides jusqu'au bord du bassin et se retrouvèrent sur une grande dalle de pierre qui s'enfonçait profondément sous la paroi rocheuse. Kellicut trônait au milieu, assis en tailleur.

« Il faut que nous parlions, lui dit Susan.

– C'est un peu tard. »

Elle le rejoignit et s'assit près de lui, tandis que Matt prenait place à côté d'elle. Un silence embarrassé s'installa. Matt songea qu'ils n'avaient plus grand-chose à se dire. Susan prit finalement la parole :

« Nous avons réussi à sauver Van.

– Et maintenant ?

– Je ne sais pas. »

Kellicut poussa un profond soupir.

« C'est bien le problème, dit-il. Tu ne sais pas… »

Il se tourna vers elle : plus que de la colère, une profonde tristesse se lisait sur son visage. Il avait brusquement l'air vieux.

« Nous n'avions pas vraiment le choix, dit Susan. Nous ne pouvions pas l'abandonner là-bas.

– J'imagine que non, puisque vous considériez les choses sous cet angle. Je regrette simplement que vous ayez mis les pieds ici.

– Ne dis pas ça.

– Pourquoi ? C'est la vérité.

– Tu cherches à nous faire de la peine ?

– Non, bien que cela me soit indifférent. J'expose simplement une évidence : si vous n'étiez pas venus ici, ce désastre aurait été évité, vous n'auriez pas tout saccagé.

– Tu parles toujours comme s'il y avait une sorte de plan, de grand dessein caché derrière tout ça », dit Matt.

Kellicut le regarda pour la première fois.

« Tu n'as rien compris, depuis le début.

– Compris quoi ?

– L'ensemble du processus, et l'extraordinaire privilège que constitue le fait d'être présents, d'assister à cet événement historique – comme si l'on était brusquement reportés cinquante mille ans en arrière.

– Je crois que nous avons compris ça, dit Susan.

– Non, parce que, si tel avait été le cas, vous ne seriez pas intervenus. C'était la règle d'or : ne pas s'impliquer, ne pas prendre parti. Mais vous vous êtes rangés du côté des hominiens. La tentation était grande, je vous le concède : ce sont des êtres merveilleux, pacifiques, profondément innocents, beaucoup plus nobles que les bons sauvages de Rousseau – mais ils n'étaient pas destinés à l'emporter. Si la nature l'avait voulu, elle les aurait dotés des armes nécessaires.

– Comment peux-tu en avoir la certitude ? demanda Matt. Tu te crois génial au point de pouvoir déchiffrer les intentions de la nature ?

– Je ne *déchiffre* rien. Je me contente de regarder. Si tu ouvrais un peu les yeux et observais ce qui se passe autour de toi, tu comprendrais que la nature a déjà fait son choix et qu'elle s'est rangée, comme toujours, du côté des plus forts.

– Les plus forts n'ont peut-être pas toujours le droit de l'emporter, objecta Susan.

– Le droit n'a rien à voir là-dedans. Ils sont forts parce que telle est leur *fonction.* Si les renégats viennent enlever l'un après l'autre les habitants de la vallée, c'est parce qu'ils sont programmés pour agir ainsi. S'ils les attaquaient et les éliminaient tous d'un seul coup, ce serait exactement pareil. Tout se déroule selon le plan de la nature. Tu ne le comprends donc pas ? Vous avez débarqué dans cet univers à un moment crucial : ce monde caché était resté immuable, en suspens, pendant des millénaires – et brusquement, en une fraction de seconde, il était sur le point de basculer. Une espèce entière s'apprêtait à franchir une étape décisive, à abandonner son ancien " moi " comme une peau usée, pour passer à un stade de développement infiniment supérieur. Et vous aviez la chance de pouvoir en être les témoins – à condition de vous tenir cois et de respecter la règle de base, qui était de *ne vous mêler de rien.* Ce monde était en équilibre précaire, la moindre intervention pouvait s'avérer fatale. Alors évidemment, vous avez tout foutu en l'air. »

Ils se turent tous les trois, chacun remâchant sa colère. Puis, d'une voix calme, Matt demanda :

« Que va-t-il se passer à présent ? »

Kellicut haussa les épaules.

« Comment le saurais-je ? Si je devais faire un pronostic, je dirais que vous avez déclenché une guerre dont les retombées seront catastrophiques, y compris sur nous-mêmes. Vous êtes allés les provoquer dans leur repaire : ils vont donc vous attaquer à leur tour, ainsi que ceux avec qui vous vous êtes alliés. Vous allez évidemment vouloir défendre vos amis et la situation n'ira qu'en empirant.

– Et si nous faisions partie du schéma ? dit Matt. Si la nature, dans son grand dessein, se servait de nous pour rétablir l'équilibre ? »

Kellicut se leva, blême de rage.

« C'est l'hypothèse la plus prétentieuse, la plus arrogante, que j'aie jamais entendue ! (Il se mit à tourner autour de Matt, comme s'il s'apprêtait à le frapper ; puis il s'immobilisa devant lui, en le toisant.) Te rappelles-tu la première conversation que nous avons eue, ici même, lorsque vous m'avez retrouvé ? Je t'ai dit ce jour-là que vous aviez découvert le jardin d'Éden, en ajoutant qu'il fallait vous méfier du serpent. Tu m'as demandé qui était le serpent : eh bien, tu le sais à présent – et si tu veux voir son visage, je te suggère d'aller contempler ton reflet dans l'eau du lac, avant de repartir. »

Sur ces mots, Kellicut tourna les talons et marcha jusqu'au bord de la dalle rocheuse. Il se hissa ensuite à l'extérieur et disparut en direction de la cascade.

La déclaration de Kellicut avait fait réfléchir Susan, dans un sens d'ailleurs différent de celui qu'escomptait son ancien mentor. Elle cessa de regarder son reflet dans le lac, mais elle était troublée par l'accusation qu'il avait lancée – parce que, sous un certain angle, il avait évidemment raison. Ils étaient bel et bien des intrus et avaient perturbé l'équilibre de cet univers primitif, enclenchant un processus dont les répercussions étaient difficiles à prévoir, mais inéluctables – comme des rides auraient immanquablement agité la surface de ce lac, jusqu'à l'autre rive, si elle y avait lancé un galet. Mais comment auraient-ils pu agir autrement ? Pour respecter un principe scientifique abstrait, aurait-il fallu abandonner Van à une mort affreuse ? Et maintenant qu'ils étaient impliqués jusqu'au cou dans cette affaire, pouvaient-ils décemment se retirer et livrer les hominiens à la vengeance des renégats ?

Susan s'agenouilla au bord du lac, saisit une poignée de sable et la laissa couler entre ses doigts. C'est la morale qui nous différencie des bêtes sauvages, songea-t-elle – ainsi, bien sûr, que la certitude de nous savoir mortels. Moralité, mortalité – les deux piliers de la civilisation… Quand on songeait à tout ce qui en découlait : le langage, l'enseignement, les inventions, les découvertes scientifiques, médicales – Ptolémée, Galilée, Newton, Pasteur, Einstein… Susan pensa à la roue, la première grande trouvaille de l'humanité. Puis elle regarda le sable, en se disant qu'il était étrange d'en découvrir ici. Elle se souvint que c'étaient les Égyptiens qui avaient inventé le verre, à partir d'un improbable mélange de sable et de cendre. Elle pensa aux vitraux de Chartres. Si on prend une plaque de verre et qu'on passe sur l'une de ses faces une couche de peinture argentée, on obtient un miroir. Narcissisme… Et aujourd'hui nous explorons les profondeurs mêmes de l'être – à travers l'ADN, les gènes… Elle se souvint qu'elle avait un miroir de poche dans son sac à dos. Serpent ou pas, se dit-elle, l'arbre de la connaissance méritait tout de même le détour.

La hutte où ils avaient laissé Van était vide mais ils l'aperçurent non loin de là, sur la berge de la rivière. Il était en train de boire, la tête à moitié plongée dans l'eau, et, lorsqu'ils s'approchèrent, il se redressa en sursautant comme un animal aux abois, avant de baisser les yeux avec un regard de chien battu. Loin de leur manifester de la gratitude pour être venus le sauver, il semblait leur en vouloir, comme si c'était à cause d'eux qu'il avait été initialement capturé.

« Vous m'avez abandonné ce jour-là, pas vrai ? lança-t-il en évitant de les regarder en face.

– Abandonné ? Grand Dieu, non ! répondit Matt. Nous avons simplement eu de la chance d'arriver à nous sortir de là.

– Sur ce point, vous n'avez pas tort. Beaucoup plus de chance que moi, en tout cas.

– Nous vous croyions mort.

– Ah oui ? Dans ce cas, pourquoi avez-vous finalement décidé de venir à ma recherche ?

– Nous avons appris entre-temps que vous étiez toujours en vie.

– Tiens donc ! »

Susan tourna les talons, excédée par l'insolence de leur ancien compagnon. Matt emmena celui-ci faire un petit tour dans les bois. Van boitait et sa démarche claudicante rappelait étrangement celle des créatures. Tandis qu'ils longeaient le sentier, Matt réalisa brusquement qu'il ne leur avait pas posé la moindre question au sujet des hominiens, de Kellicut ou de la vallée. Il était totalement obsédé par sa propre détention.

Ils arrivèrent dans un bosquet où gisait un arbre abattu. Matt alla s'y asseoir et dévisagea son compagnon, avant de lui poser la question qui lui trottait dans la tête depuis un certain temps :

« Au cours de notre fuite dans les galeries, avant l'éboulement, nous nous sommes cachés à un moment donné dans une petite crevasse. Vous vous en souvenez ? (Van acquiesça.) Pourquoi nous avez-vous alors demandé de fermer les yeux ? »

Van se mit à ricaner.

« Il y a tant de choses que vous ignorez, dit-il. Vous n'avez pas l'ombre d'un indice, pas vrai ? Vous vous croyez malins, mais vous n'en savez pas plus long qu'au début. »

Matt s'abstint de réagir. Il avait besoin de quelques explications et se souciait fort peu de satisfaire sa propre vanité en humiliant ce pitoyable individu.

« Peut-être pourriez-vous éclairer ma lanterne ? lui dit-il.

– Pourquoi n'essayez-vous pas de trouver la solution tout seul ?

– J'y suis déjà arrivé, pour l'essentiel.

– Et alors ?

– Alors, il est évident que vous nous avez menti depuis le début et que vous nous avez manipulés de A à Z. Vous en saviez déjà long sur les néandertaliens et vous étiez parfaitement au courant de leur existence. Cette histoire de crâne n'était qu'une mise en scène, orchestrée par Eagleton et vous. Vous n'aviez nullement besoin d'une confirmation concernant leur éventuelle survie, puisque vous possédiez des preuves suffisantes. J'ai même la quasi-certitude que vous vous étiez déjà livrés à quelques expériences à leur sujet. »

Van s'abstint de réagir.

« Ce qui signifie que vous étiez déjà au courant de leurs pouvoirs télépathiques, poursuivit Matt. Sinon, pourquoi nous auriez-vous demandé de fermer les yeux lorsqu'ils nous poursuivaient ? Ce que je ne comprends pas, c'est pourquoi il vous en fallait d'autres, puisque vous en aviez déjà sous la main…

– C'est extrêmement simple, dit Van. Nous n'avions en tout et pour tout qu'*une* créature – et c'était insuffisant. L'affaire avait été baptisée " opération Achille ". Impossible de comprendre la VD si l'on ne dispose pas d'au moins deux spécimens : l'un pour émettre, l'autre pour recevoir. Sinon, c'est aussi inutile que de chercher à applaudir d'une seule main.

– La VD ?

– Vision à distance. C'est un terme scientifique que je vous conseille de retenir.

– J'ai vu le phénomène en action. Et je comprends fort bien que des types de votre espèce aient envie de mettre la main sur un truc pareil.

– Cela pourrait s'avérer utile – que dis-je, utile… Aucun pays ne pourrait plus jamais nous défier. Mais nous devons pour cela être sûrs qu'aucune autre puissance n'est sur le coup.

– Les Russes… ?

– Exactement.

– Et ils sont arrivés ici avant vous ?

– Je l'ignore. Ils n'étaient même pas censés monter leur propre expédition.

– Qui est derrière l'Institut ?

– À votre avis ? Le gouvernement, bien sûr. Pas exactement la CIA, disons plutôt une de ses filiales – bien que notre statut n'ait jamais été très clair.

– Pourquoi ?

– Réfléchissez un peu. Nous avons toujours travaillé dans des branches plus ou moins suspectes : perception extrasensorielle, télékinésie, communication non verbale, téléportation, apparitions d'extraterrestres ou d'OVNI… Ce dernier domaine a particulièrement retenu notre intérêt : c'est nous, pour l'essentiel, qui avons écrit le livre de l'affaire Roswell.

– Mais pourquoi ce nom : Institut de recherche sur la préhistoire ?

– Nous avons utilisé diverses appellations au fil du temps, dans le cadre de campus universitaires différents. Pendant longtemps, dans les années 70, nous étions l'Institut de recherche sur les phénomènes paranormaux. Lorsque cette affaire a commencé, elle s'est avérée suffisamment importante pour que nous refassions surface sous une nouvelle identité.

– Et Eagleton ?

– Un revenant… Un rescapé de la guerre froide. »

Matt hésitait à lui poser la question qui s'ébauchait dans son esprit.

« Je voudrais vous demander autre chose.

– Mais je vous en prie… répondit ironiquement Van.

– Si vous saviez déjà où se trouvaient ces créatures, pourquoi avez-vous expédié Kellicut par ici ?

– Le problème, justement, c'est que nous l'ignorions. La créature que nous avions capturée était tombée entre nos mains par hasard. Et la région est passablement vaste, au cas où vous ne l'auriez pas remarqué. Nous avions besoin de Kellicut pour arriver jusqu'à eux. Sa mission était en quelque sorte de reconnaître le terrain.

– Était-il au courant de cette histoire de CIA ? »

Van grimaça un sourire.

« Non, il est aussi stupide qu'il en a l'air. Il est exactement comme vous : il n'y a que la science qui l'intéresse. »

Matt poussa intérieurement un soupir de soulagement.

« Pourquoi vous a-t-il envoyé ce crâne ?

– Dans l'espoir de nous induire en erreur et de nous détourner de ce projet. Il avait joint une lettre affirmant que tous les néandertaliens étaient morts, que ce crâne était celui du tout dernier d'entre eux. Il savait que nous allions le dater. (Van eut un rire méprisant.) Mais il ignorait que nous en avions déjà capturé un.

– Ce n'était pas à nous qu'il avait adressé ce crâne ?

– Non.

– Il ne nous a donc jamais demandé de venir ?

– Non.

– Mais il nous a fait parvenir un message… Sharafidin l'avait glissé sous la porte de la chambre de Susan, à l'hôtel de Khodzant.

– Ce n'était pas Sharafidin. C'était moi.

– Mais c'était l'écriture de Kellicut…

– Non, il s'agissait d'un faux. Je l'avais rédigé moi-même.

– Pourquoi ? »

Van fit une nouvelle grimace.

« Pour vous appâter, vous obliger à continuer. Je vous croyais sur le point de renoncer. »

Matt se tut. Tout se mettait lentement en place. Tandis qu'il faisait redéfiler dans son esprit les événements qui s'étaient succédé au cours de leur ascension, Van émit un nouveau ricanement.

« Je sais à quoi vous pensez, dit-il.

– Ah oui ?

– Au Nomad…

– C'est exact.

– Vous croyez qu'il ne marche plus, mais vous vous trompez : il émet en permanence un signal indiquant sa localisation précise. »

Matt sentit un frisson lui parcourir l'échine.

« Un signal adressé à qui ? demanda-t-il.

– À qui voulez-vous qu'il soit destiné ? Eagleton, l'Institut, la Défense nationale, les Marines, tout le bordel…

– Ils sont donc peut-être déjà en route ? dit Matt, consterné.

– Évidemment. Je ne serais pas surpris de les voir débarquer ici d'un jour à l'autre. »

Matt poussa un juron.

« Ils vont tout détruire ! Rien ne les arrêtera, ils les traqueront jusqu'au dernier pour s'emparer de ce fichu pouvoir ! »

Il regarda Van dans les yeux. Il se souvenait d'avoir lu jadis un article de lui, au sujet de la communication non verbale chez les Kungs, une tribu de montagnards nomades. C'était un travail remarquable et scientifiquement très prometteur.

« Et vous ? lui lança-t-il. Quel rôle jouez-vous dans tout ça ? La science ne signifie donc rien à vos yeux ?

– Mais si, répondit Van d'une voix neutre. Au contraire : la science est tout pour moi, je lui ai consacré ma vie. Nous n'avons rien d'autre à opposer au chaos. Sans elle nous n'aurions ni pouvoir, ni refuge. »

Matt repartit vers le village, sans se soucier que Van le suive ou non. Mais il lui emboîta le pas et resta collé à ses talons, reprenant son attitude de chien battu.

« Je vais vous révéler autre chose, dit-il en montrant à Matt la lune qui commençait à se profiler dans le ciel. Dans peu de temps, ce sera la pleine lune, et c'était le moment qu'ils attendaient pour me livrer au sacrifice. Ils vont devoir descendre pour remettre la main sur moi – ou s'emparer d'une autre victime. »

Eagleton s'était installé sur le front, dans son petit quartier général – ainsi l'avait-il intérieurement baptisé –, comme la grenouille de la fable sur sa feuille de nénuphar. Il s'agissait d'un simple baraquement préfabriqué, mais qui avait été spécialement équipé à son intention. Le sol était en ciment, afin qu'il puisse aisément déplacer son fauteuil, mais il n'y avait pas de système désinfectant. À sa grande horreur, il avait découvert une araignée tapie dans un coin de sa toile deux heures après son arrivée.

Le voyage avait été éprouvant. Eagleton se sentait un peu ridicule, arrimé dans son fauteuil au centre de l'avion, livré aux regards des divers membres du personnel navigant qui allaient et venaient, s'asseyaient pour boire un verre ou papotaient entre eux – à son sujet, évidemment. Il n'avait pas fermé l'œil de tout le voyage, redoutant d'offrir un spectacle pitoyable, effondré en travers de son siège, la bouche ouverte, la bave aux lèvres, qui sait... Comme il s'y attendait, tous les regards s'étaient fixés sur lui lorsqu'on l'avait extirpé de l'avion. Il n'avait pas aperçu grand-chose du camp de base et les deux fenêtres de son baraquement étaient trop hautes pour lui permettre de contempler aisément le décor environnant. Bien que le camp ait été installé au pied de la montagne, il ressentait les effets de la différence d'altitude – il est vrai qu'il était particulièrement sensible à ce genre de changements.

Et il se retrouvait maintenant en face de Kane, ce qui n'avait rien de particulièrement agréable. Le colonel lui avait fait un résumé succinct des séances d'entraînement. Eagleton avait compris à demi-mot – Kane n'avait bien sûr rien affirmé de tel – que les hommes n'étaient pas exactement prêts à entrer en action, du moins dans le cadre d'une mission aussi délicate. Pour l'instant, Kane se taisait et regardait la malle d'Eagleton, qu'il avait fait fixer au mur et garnir de rayonnages, afin d'y ranger ses livres. Son regard s'était posé sur l'épais volume vert et passablement défraîchi de *l'Origine des espèces.*

« Vous l'avez lu ? »

Kane hocha négativement la tête.

« Dommage. C'est un ouvrage remarquable. Darwin a mis plus de vingt ans à l'écrire. Toutes ses idées étaient en place depuis le début – nous le savons grâce à son journal –, mais il en repoussait sans cesse la rédaction, en se lançant dans d'obscurs travaux sur les bernacles ou en s'arrangeant pour tomber malade au moindre courant d'air. Il tournait en rond dans son jardin et menait une existence de plus en plus recluse. Savez-vous ce qui le retenait, en fait, durant tout ce temps ? J'ai ma petite idée là-dessus… »

Kane hocha de nouveau la tête.

« Sa femme… reprit Eagleton. Sa prude, sa bigote de femme… Il était sur le point d'ébranler le monde avec la théorie la plus subversive de l'histoire, en affirmant que l'homme n'était pas la création de Dieu, qu'il n'avait nullement été modelé à son image – et il avait peur de sa femme ! (Eagleton éclata de rire.) Et j'ajouterai autre chose, que vous ignorez sans doute. (Kane avait l'air de s'ennuyer.) À aucun moment il n'utilise dans son livre le terme d'" évolution " – parce qu'il ne concevait pas l'œuvre de la nature comme un processus permanent, immuable, ascendant. Tous ces schémas, tous ces tableaux qui débutent par un primate inférieur aux épaules voûtées et s'achèvent sur un *Homo sapiens* bombant le torse et marchant fièrement vers son destin sont totalement erronés. Il n'y a pas d'“ animaux supérieurs ”. Nous sommes tous sur le même plan, dans ce grand marécage en constante ébullition. Certaines espèces se retrouvent au sommet pendant un millénaire, d'autres prennent ensuite le relais, mais elles sont toutes – l'humanité incluse – condamnées à lutter, à se battre, à s'adapter : et aucune n'est intrinsèquement supérieure aux autres. Il n'y a aucun plan, aucun “ grand dessein ” derrière tout ça. »

Eagleton se rendait bien compte que son discours était loin de passionner Kane et, à dire la vérité, il ne l'enthousiasmait pas lui-même outre mesure. Mais il suivait sa stratégie habituelle.

« Kane, dit-il soudain d'un air décidé, comme s'ils venaient de débattre longuement d'un tout autre sujet, cela fait cinq semaines aujourd'hui que nous n'avons plus de nouvelles. Je veux que vous partiez à l'assaut de cette montagne avec vos hommes demain matin, à la première lueur du jour. »

Les décisions qui plongeaient Eagleton dans un abîme d'anxiété et lui donnaient l'impression de devoir sauter à pieds joints dans le vide sans savoir au juste ce qui en résulterait produisaient sur Kane un effet exactement inverse.

« Bien, monsieur », lui répondit-il d'une voix calme, l'air parfaitement maître de lui.

L'attaque fut lancée de nuit. Matt et Susan se trouvaient dans leur tonnelle et étaient loin de s'y attendre. Le ciel était d'une clarté cristalline et les étoiles se détachaient sur sa voûte sombre et veloutée – sauf à l'ouest, où la lune quasiment pleine dominait le rebord de la vallée. Aucun vent ne soufflait. Les tambours avaient cessé de battre quelques heures plus tôt, mais Matt l'avait à peine remarqué. La plupart des hominiens étaient dans leurs huttes. Ils paraissaient résignés depuis que les roulements de tambour avaient débuté, quelques jours plus tôt, comme s'ils s'attendaient à une catastrophe imminente ; mais il était difficile de savoir si cette résignation relevait d'une sorte de pressentiment ou si elle était la conséquence du récent tremblement de terre.

Ils perçurent d'abord les cris – des hurlements aigus, vengeurs, sanguinaires, qui les firent tressaillir jusqu'au fond de leur être : ils n'avaient jamais rien entendu de tel. On réalisait immédiatement, à les entendre, qu'ils étaient poussés par des guerriers se ruant à l'attaque. Ils furent bientôt suivis par des gémissements de souffrance et de terreur, puis par la rumeur de l'affrontement, le heurt confus des corps et des massues.

Susan courait aux côtés de Matt. Ses cheveux ébouriffés lui cachaient la moitié du visage, mais Matt déchiffrait parfaitement dans son regard et sur ses traits tendus la terreur qui s'était emparée d'elle. Au bout de quelques instants, ils s'arrêtèrent sous un arbre, au sommet d'une petite colline, et se retournèrent pour contempler un peu plus bas, à la lueur des étoiles, la tonnelle qu'ils venaient de quitter : ils distinguèrent une mêlée confuse, des branches qui s'effondraient, des corps accroupis qui bondissaient comme des spectres en piétinant les débris. Ils attendirent d'avoir repris leur souffle et s'engagèrent ensuite sur un sentier détourné, qui rejoignait le village par l'arrière.

On aurait dit qu'un ouragan venait de s'abattre, ravageant tout sur son passage. Le sol était jonché de branches et de caillasses et les huttes brûlaient, dégageant des flammes gigantesques et des colonnes de fumée qui montaient dans le ciel nocturne. Derrière cet écran de braise et de brume, des silhouettes couraient dans tous les sens, en poussant des hurlements. Il n'était pas très difficile de les distinguer. Les assaillants étaient vêtus de peaux de bêtes, leurs torses et leurs visages étaient couverts de peintures aux couleurs criardes – bleues, rouges, noires. Ils étaient munis de torches et d'énormes massues, qu'ils brandissaient de temps à autre pour renverser les troncs qui soutenaient les huttes, avant d'y mettre le feu. Leurs victimes ensanglantées couraient dans toutes les directions, prises de panique et cherchant désespérément une issue afin d'échapper au carnage.

Au milieu de ce chaos, l'étui du pistolet toujours suspendu en travers de la poitrine, Kee-Wak dominait ses troupes de toute sa hauteur : son regard était noir sous ses lourdes arcades et son corps étincelait sous le feu des brasiers. Il leva un bras en signe de victoire, brandissant sa massue par la poignée et l'agitant vers le ciel étoilé en poussant un féroce hurlement de triomphe. À cet instant, Matt et Susan aperçurent une silhouette qui émergeait de l'ombre et marchait lentement vers lui, une lance à la main.

« Lancelot ! » murmura Susan en agrippant la main de Matt.

Comme la silhouette se rapprochait, Kee-Wak cessa brusquement de crier et se tourna lentement dans sa direction. Lancelot fit encore quelques pas. Le tumulte cessa sur-le-champ, tandis que les renégats s'immobilisaient pour contempler la scène. Kee-Wak se redressa de toute sa stature : les flammes donnaient une lueur écarlate à la pelisse d'ours qui lui ceignait le front et les plumes étaient hérissées autour de ses poignets. Il se tint immobile, après avoir baissé le bras et posé sa massue derrière lui, prêt à pivoter sur lui-même, comme il l'avait fait avant de tuer Rudy. Lancelot brandit sa lance et s'avança encore de plusieurs pas. Matt essaya de se représenter la trajectoire de l'arme et posa les yeux sur le poitrail du sauvage grimaçant. Le cœur, songea-t-il, vise le cœur ! Il s'imaginait Kee-Wak reculant d'un pas avec un regard de surprise, le poitrail transpercé et inondé de sang. Soudain, presque imperceptiblement, Kee-Wak se figea, à l'exception de sa tête qui se mit lentement à pivoter de ce curieux mouvement reptilien, d'abord sur la droite, puis sur la gauche, comme s'il cherchait quelque chose. Durant un bref instant, il parut hésiter.

Puis Lancelot projeta son arme, qui s'élança d'un trait. Elle dessina une courbe parfaite, gagnant progressivement de la vitesse, mais, une fraction de seconde avant qu'elle n'atteigne sa cible, Kee-Wak releva sa massue pour l'intercepter, avec une rapidité stupéfiante. La lance se brisa et retomba au sol avec un bruit sec. Kee-Wak retroussa les babines, montrant ses crocs jaunâtres, et se dirigea vers Lancelot, qui ne recula pas. Comme Kee-Wak brandissait sa massue, Lancelot leva le bras afin de parer le coup, mais, lorsque l'énorme masse heurta l'os, il y eut un affreux craquement. Le bras de Lancelot retomba, inerte, le long de son corps et la douleur l'obligea à mettre un genou à terre. Kee-Wak resta immobile un long moment devant lui, puis il brandit une nouvelle fois sa massue au-dessus de son adversaire et l'abattit à toute volée sur l'arrière de son crâne. Lancelot s'effondra, le visage au sol, tandis que le sang giclait et se répandait autour de sa tête, où il forma bientôt une flaque hideuse, circulaire, écarlate.

Matt sentit les ongles de Susan s'enfoncer dans sa paume. Il savait qu'il était imprudent de rester aussi près mais se disait qu'il valait mieux tenter d'opérer une retraite discrète. C'était sans doute l'excitation de l'assaut, puis le spectacle de l'affrontement entre Kee-Wak et Lancelot qui avaient jusqu'ici empêché les créatures de les repérer. Mais Kee-Wak, qui toisait d'un air triomphant le corps inanimé de sa victime, avait parfois un regard vaguement absent : on aurait dit qu'il percevait leur présence, sur un certain plan. Il levait alors la tête avec une expression qui donnait le frisson à Matt, comme s'il détectait d'invisibles ondes.

Matt se rendit compte que Susan luttait contre la panique qui était en train de l'envahir. Il essayait lui aussi de se maîtriser, redoutant un peu irrationnellement que leur terreur même n'attire l'attention sur eux, tel un drapeau rouge agité par le vent. Ils se retirèrent lentement sous le couvert des buissons, en fermant régulièrement les yeux et en prenant bien garde de ne pas remuer les branches.

Ils se retrouvèrent bientôt sur le sentier. L'obscurité était plus dense à présent, car la fumée qui montait des huttes embrasées dissimulait partiellement la lune. Ils ne voyaient guère au-delà de deux ou trois mètres et avançaient avec précaution. La rumeur du massacre et les cris s'estompèrent au fur et à mesure qu'ils progressaient le long du sentier, contournant le village pour le rejoindre à l'autre extrémité. De ce côté, tout paraissait désert. Susan trébucha soudain et regarda par terre : elle avait heurté un cadavre. Elle recula avec horreur et plongea son visage dans ses mains.

« Matt, je ne vais pas y arriver. Je ne tiendrai plus le coup très longtemps.

– Je sais, je suis dans le même état.

– Je n'ai jamais rien vu d'aussi affreux. Cette créature est le mal incarné.

– Et dire que Kellicut la considère comme supérieurement évoluée…

– Au fait, où est Kellicut ?

– Aucune idée.

– J'espère qu'il n'est pas tombé entre leurs mains. »

Par une sorte d'accord tacite, ils firent demi-tour et se dirigèrent à nouveau vers le village, progressant avec prudence au milieu des huttes détruites. Il n'y avait personne dans les parages et les cris qui résonnaient encore provenaient de plus loin. La fumée s'étendait au ras du sol, comme une brume âcre et dense. Ils s'arrêtèrent derrière une hutte pour reprendre leur souffle et se tapirent dans l'obscurité. Ils perçurent soudain un faible gémissement à l'intérieur de l'abri et se dirigèrent prudemment vers l'entrée.

Van était étendu sur le sol et se contorsionnait comme s'il était blessé, mais ils n'aperçurent aucune trace de sang à la lueur du clair de lune. Il serrait ses tempes entre ses mains et les dévisagea avec une expression étrange, à la fois éteinte et désespérée. Ils se précipitèrent vers lui, le saisirent chacun par un bras et l'aidèrent à se rasseoir. Son corps était inerte et il respirait avec difficulté.

« Que se passe-t-il ? lui demanda Matt. Pour l'amour du ciel, êtes-vous blessé ? »

Van hocha la tête, mais il était difficile de comprendre le sens de sa réponse. Il déglutit avec peine, comme s'il s'apprêtait à parler, et agrippa violemment le bras de Matt.

« Je vous avais bien dit qu'ils descendraient, murmura-t-il enfin. J'en aurais mis ma main au feu. Ils sont venus me chercher.

– Ne soyez pas stupide. Vous ignorez la raison de leur présence. S'ils en avaient après vous, ils sauraient où vous trouver.

– Ils le savent. »

Van eut une nouvelle grimace de douleur. Il se frotta les yeux et parvint à se mettre debout, en se passant les doigts dans les cheveux. Puis il se pencha et secoua son pantalon pour en faire tomber la poussière – un geste que Matt lui avait déjà vu faire lors de leur première rencontre sur le chantier de fouilles non loin de Djibouti.

« Eh bien, reprit Van avec un calme surprenant, il est temps d'y aller. Ils m'attendent déjà, de l'autre côté. »

Susan et Matt se dirigèrent vers le fond de la hutte et jetèrent un coup d'œil à travers la paroi de branchages. À l'extérieur, la clairière, encore déserte quelques instants plus tôt, était maintenant envahie par les créatures, qui s'étaient placées en demi-cercle juste devant l'entrée. Brusquement, les roulements de tambour reprirent, à quelques mètres d'eux : leur écho se répercutait jusqu'au fond de la vallée. Kee-Wak se trouvait en face de la hutte, sa massue dans une main, l'étui du pistolet dans l'autre. Il s'était juché sur un tronc d'arbre, ce qui le faisait paraître encore plus grand. Le regard fixé sur l'entrée, enveloppé par le halo rougeoyant des flammes, au milieu de ces fumées blêmes et du roulement lancinant des tambours, il semblait incarner à lui seul la puissance maléfique de la nature.

« Les choses ne se sont pas passées comme elles l'auraient dû, dit Van. (Il les regarda droit dans les yeux, à tour de rôle, puis il hocha la tête.) Vous vous souvenez du message que j'avais glissé sous votre porte, à l'hôtel ? Et de cette allusion aux " piètres représentants de notre espèce " ? À dire vrai, je pensais à moi en écrivant ça. Mais au fond, je me trompais. »

Sur ces mots, il redressa les épaules et franchit le seuil de la hutte.

24

À l'instant où elles aperçurent Van, les créatures s'immobilisèrent. Celles qui martelaient les tambours gardèrent la main en l'air et le roulement s'interrompit. La poussière et la fumée flottaient dans la brise nocturne et l'on n'entendait plus aucun bruit, hormis le crépitement lointain des flammes. Van s'avança dans le demi-cercle, comme un acteur au centre de la scène. Matt et Susan le suivaient des yeux, à travers les interstices de la hutte, mais ne le voyaient que de dos. Ils crurent déceler une expression de surprise sur le visage des créatures, en dépit des lourds traits d'ocre qui les défiguraient et leur donnaient l'allure de masques cruels, enfantins.

Van se planta devant Kee-Wak et le fixa droit dans les yeux d'un air arrogant, méprisant – à l'inverse de l'attitude implorante qu'avait eue Rudy. Puis il lui tourna le dos et se mit à arpenter la clairière, dont il fit le tour complet : distinguant brièvement ses traits, Matt et Susan virent ses yeux qui brillaient de colère. Ayant achevé son périple, il se retrouva de nouveau devant Kee-Wak : il rejeta alors la tête en arrière et lui cracha au visage. Le jet de salive atterrit sur la joue du colosse, avant de couler lentement sur son torse peinturluré.

Les créatures se mirent alors en branle, comme si la provocation de Van avait rompu un charme : elles l'encerclèrent et il disparut bientôt sous une montagne de massues et de bras. À un moment donné, sa tête émergea au-dessus de la mêlée, tirée par les cheveux. On le jeta au sol en lui plaquant les mains derrière le dos, avant de les glisser dans un collet en bois. Puis on plia ses jambes en arrière, jusqu'à ce que ses genoux craquent avec un bruit sec, lui arrachant un hurlement de douleur. On lui ligota ensuite les pieds contre les cuisses et il se retrouva sur le ventre, ficelé comme un poulet qu'on s'apprête à enfourner.

Mais sa bouche n'était pas bâillonnée et il ne se privait pas d'en faire usage. Il n'arrêtait pas d'aboyer des obscénités, sous l'effet conjoint de la panique et de la rage. Tordant le cou pour regarder Kee-Wak, il lui lançait : « Nous aurons ta peau, espèce d'enfoiré ! Et plus tôt que tu ne le crois ! »

Quatre créatures se penchèrent, le soulevèrent presque délicatement et l'étendirent à plat ventre sur le tronc d'arbre abattu, en s'arrangeant pour que sa tête dépasse d'un côté. Puis elles ôtèrent le collet et attachèrent ses bras de chaque côté du tronc, comme s'il l'étreignait. On apporta ensuite une pierre ronde et plate, de la taille d'une dalle, qu'on installa verticalement juste sous son menton. Le bord était aussi tranchant qu'une lame de guillotine : rien qu'en déglutissant, Van s'entailla la gorge et un mince filet de sang ruissela le long de son cou, avant d'aller se perdre dans la toison de sa poitrine.

Van se mit à réciter le *Notre Père.* La prière remontait en lui du néant, de sa plus lointaine enfance, et il ne se doutait même pas qu'il en connaissait encore les paroles. Puis il débita des bribes de poèmes, dans le plus complet désordre, mélangeant des fragments de comptines à des vers isolés de Yeats et de Shakespeare. D'une voix chevrotante, il entonna ensuite *La Bannière étoilée.*

Les créatures taillaient des piquets qu'elles disposaient ensuite le long du tronc pour le maintenir en place, car Van ne cessait de gigoter. Elles se donnèrent même la peine de le caler avec de la terre battue, tandis que Van beuglait : « Marchez, soldats du Christ… » La poussière qui montait du sol enveloppait son visage comme un halo, mais il n'en continuait pas moins de chanter. Lorsque les tambours se remirent à battre, il entonna l'*Hymne de la République* : « Mes yeux ont vu la gloire de la venue du Seigneur… »

Surgissant de l'ombre, une créature s'avança en charriant un nouveau disque de pierre, aussi lourd et tranchant que le précédent. Tandis que le roulement des tambours s'intensifiait, le bourreau s'avança jusqu'au centre de la clairière et s'immobilisa devant Van. Lentement, à grand-peine, il souleva le disque et le brandit à bout de bras au-dessus de sa tête, comme une paire d'haltères, en reculant imperceptiblement pour garder l'équilibre. Susan ferma les yeux, mais Matt avait l'obscur sentiment de devoir assister jusqu'au bout à cette horrible scène. Van chantait toujours : « Sa vérité est en marche… »

La pierre s'abattit avec une telle violence que ses contours s'estompèrent un instant. Son tranchant s'enfonça dans la nuque de Van et vint heurter la dalle qui était placée sous sa gorge. Elle demeura un instant en équilibre, avant de retomber lourdement sur le côté. Lorsque Susan rouvrit les yeux, le corps de Van, toujours ligoté sur le tronc, était décapité.

Les tambours se mirent à suivre un rythme étrange, irrégulier. Kee-Wak demeura parfaitement immobile tandis qu'on faisait rouler le tronc devant lui, jusqu'à ce que le cadavre de Van heurte la terre, sur le flanc. Le sang jaillissait de sa veine jugulaire et se répandait sur le sol comme le contenu d'une bouteille brisée. Le bourreau se pencha, saisit la tête de Van par les cheveux et la plaça dans une grande coupe d'argile, qu'il alla déposer aux pieds de Kee-Wak. Puis il se recula, tandis que le colosse poussait son long et sourd beuglement de victoire.

Matt avait été trop tétanisé par ce macabre spectacle pour songer à s'enfuir, mais il n'était plus question à présent de différer leur retraite. Il regarda derrière lui, vers le fond de la hutte, et constata avec un serrement de cœur qu'il n'y avait pas d'autre issue, en dehors de la porte que Van avait franchie pour se livrer aux créatures. Il allait être difficile de se faufiler dans cet enchevêtrement de branches : cela risquait de faire beaucoup trop de bruit et d'attirer l'attention des tueurs. Susan gardait les yeux baissés et tentait de se ressaisir. Elle avait entendu les échos de cette barbare exécution et était aussi bouleversée que si elle l'avait contemplée de ses propres yeux. Matt se demandait s'ils pouvaient prendre le risque de rester dans leur cachette, en espérant que l'affreuse orgie continuerait de mobiliser l'attention des créatures. Peut-être Van avait-il eu raison de croire qu'elles cherchaient avant tout à s'emparer de lui.

Mais à peine cette pensée l'avait-elle effleuré qu'il comprit à quel point elle était erronée. Kee-Wak commençait à s'agiter, comme quelqu'un qui s'apprête à reprendre ses investigations après en avoir été momentanément détourné : il avait redressé son front proéminent et lançait autour de lui des regards inquisiteurs. Soudain, comme un limier qui vient de flairer la piste, ses yeux se posèrent sur la hutte. Matt sentit ses jambes flageoler et son estomac se nouer. Un puissant flux d'énergie enveloppa peu à peu son cortex, s'insinuant déjà dans les profondeurs de son cerveau. Il se tourna vers Susan et comprit à son regard terrorisé qu'elle était victime du même phénomène.

À cet instant, aux côtés de Kee-Wak, le bourreau souleva la coupe qui contenait la tête de Van. Il s'empara du sanglant trophée et le brandit à bout de bras, en rejetant la coupe sur le sol. Puis il saisit un poignard en silex, aussi acéré qu'un stylet, dont il posa la pointe à la base du crâne. Il s'apprêtait à l'enfoncer lorsqu'une voix humaine, surgie du néant, se mit brusquement à chanter. On aurait dit l'écho des airs que Van avait entonnés avant de mourir... Dérouté, le bourreau baissa les yeux en regardant le visage inanimé et les lèvres sans vie de sa victime. Une fraction de seconde plus tard, un sifflement vrilla l'air et une longue flèche vint se planter dans la poitrine du bourreau. Le sang se mit aussitôt à gicler et le renégat tomba à genoux, en cherchant désespérément de l'air. L'étonnement se peignait toujours sur son visage lorsqu'il lâcha le silex et la tête de Van, avant de basculer en avant et de s'effondrer dans la poussière, si violemment qu'il s'empala sur la flèche : celle-ci le traversa de part en part et rejaillit dans son dos.

La mort du bourreau mit un terme à ce siège meurtrier. Au milieu d'une cohue générale, les créatures prirent la fuite dans toutes les directions, se bousculant et se piétinant les unes les autres en poussant des glapissements aigus, abandonnant sur place leurs torches, leurs tambours et leurs massues. Ce tumulte souleva un nuage de poussière qui envahit toute la clairière : lorsqu'il retomba, recouvrant les buissons, les huttes et le cadavre de Van d'une fine pellicule cendreuse, le silence était complet et toutes les créatures avaient disparu.

Matt et Susan se dirigèrent vers le seuil et se risquèrent lentement à l'extérieur. Ils regardèrent autour d'eux, mais ne distinguèrent rien. Puis, brusquement, de l'autre côté de la clairière, les buissons remuèrent comme si le vent les agitait : ils ne tardèrent pas à s'écarter et une silhouette en émergea, à la lueur du clair de lune – celle d'un homme qu'ils ne connaissaient pas. Il était vêtu d'un pantalon bleu, d'un K-way en lambeaux et d'une grosse paire de bottes. On distinguait en travers de sa poitrine la lanière d'un carquois rempli de flèches. Il tenait son arc à la main et leur faisait de grands signes – comme un homme qui, après avoir erré dans le désert et entrevu des centaines de mirages, viendrait enfin d'apercevoir l'oasis qu'il n'espérait plus.

Kane contemplait le décor environnant. Tout était désert et il régnait un froid glacial. La grisaille du ciel n'était pas seulement due à la présence de nuages, mais au vide qui paraissait s'étendre sur des kilomètres à la ronde. Il ne va pas tarder à neiger, songea-t-il.

Les hélicoptères les avaient conduits jusqu'au camp de Kellicut. Kane s'attendait à le trouver désert et ne s'était effectivement pas trompé. Le reste des hommes attendaient dans un pré, un peu plus bas, à une centaine de mètres des appareils. Il ne tenait pas à ce qu'ils débarquent sur-le-champ en piétinant tous les indices, selon leur bonne habitude.

Un observateur au regard exercé pouvait recueillir un certain nombre d'informations. Kane, par exemple, était d'ores et déjà convaincu que les trois autres scientifiques – Arnot, Mattison et ce type de l'Institut, Van – avaient séjourné ici. Il le savait à cause des empreintes de bottes, des vieilles boîtes de conserve et des divers déchets qui traînaient alentour. Sodder lui avait fait remarquer que la communication par satellite leur avait déjà appris qu'ils avaient passé au moins une nuit ici.

Kane se dirigea vers la cabane, baissa la tête et se faufila à l'intérieur. Tout était sens dessus dessous. Quel animal avait bien pu se livrer à un pillage aussi gratuit ? Il songea soudain à la créature enchaînée sur son lit, dans la cellule de Resnick.

Sodder le rejoignit et lui tendit le téléphone portable. Kane savait de qui il s'agissait.

« Ici Kane... Nous y sommes... Pas grand-chose, une petite cabane, une sorte de garde-manger installé dans un arbre... oui, des latrines, évidemment... Non, nous ne les avons pas encore fouillées... Eh bien, nous venons à peine d'arriver... Nous vous rappellerons lorsque l'inspection sera terminée... Roger. »

Il rendit le portable à Sodder, qui arborait une mine satisfaite.

« Vous ne lui avez pas parlé du trou, dit-il.

– Quel trou ?

– Celui qui a été creusé au milieu du camp et qui semble avoir été rebouché récemment. »

Kane se dirigea vers le petit monticule, dont la terre était fraîchement retournée. Ce fils de pute avait raison.

« Très bien, gros malin. Appelez les hommes et dites-leur de se mettre à creuser. »

L'homme tendit la main à Matt et à Susan. Il s'appelait Sergueï.

« Je suis désolé d'être arrivé trop tard, dit-il avec un regard grave. Votre ami était déjà mort. Du moins l'aurai-je vengé… Que dites-vous de ça ? poursuivit-il en brandissant son arc et ses flèches. Voilà qui me place largement en tête de la course aux armements, vous ne trouvez pas ? »

Sergueï avait environ trente-cinq ans et était plutôt bel homme, dans le genre slave. Il avait un visage franc et loyal. Il s'exprimait en anglais quasiment sans accent, et leur expliqua qu'il avait fait ses études en Angleterre. Il était le seul survivant de l'expédition russe, dont les autres membres avaient péri, et il était visiblement ravi de rencontrer enfin d'autres êtres humains.

« Nous devons rester ensemble, dit-il avec conviction. Par solidarité, vous comprenez ? Entre membres de la même espèce… »

Susan aperçut ses bras musclés, bien visibles à travers son K-way déchiré, et l'impression de force qui émanait de sa personne la rasséréna un peu. À en juger par son allure, il avait traversé de rudes épreuves mais en était sorti indemne. Il était sûrement très débrouillard.

Sergueï contint sa joie, par respect à l'égard de Van et de l'évidente détresse dans laquelle la destruction du village avait plongé Matt et Susan. Ils regardèrent le champ de bataille. La lune était suffisamment claire pour qu'ils puissent mesurer l'étendue des dégâts. De toutes parts, des corps jonchaient le sol. Les flammes des brasiers s'étaient éteintes, mais la plupart des huttes n'étaient plus qu'un monceau de cendres fumantes.

Au milieu de la clairière, le corps décapité de Van gisait dans une mare de sang. Ils ramassèrent sa tête, la déposèrent sur sa poitrine et le soulevèrent par les membres pour le transporter jusqu'à la rivière, en une macabre procession. Ils creusèrent une tombe avec des haches de pierre, près d'un genévrier. Susan aurait voulu qu'on enveloppe le cadavre dans une sorte de linceul, mais ils n'avaient pas suffisamment de vêtements et elle se contenta de recouvrir son visage avec un pan déchiré de sa chemise. Matt jeta quelques poignées de terre sur ce pauvre bout d'étoffe et Susan récita le vingt-troisième psaume – le seul qu'elle connaissait par cœur. Après quoi, ils rebouchèrent la tombe et revinrent sur leurs pas, pour rejoindre le centre du village.

Les hominiens s'étaient déjà mis à l'ouvrage et déblayaient le terrain, à la lueur du clair de lune. Une douzaine de cadavres, dont celui de Lancelot, étaient étendus côte à côte, près de la grande hutte où Tristemine avait trouvé la mort quelques semaines plus tôt. Genou-Blessé, Dent-Longue et Zyeux-Bleus avaient notamment survécu, mais il y avait de très nombreux blessés, et les femmes paraissaient encore plus rares qu'à l'accoutumée.

Les hominiens avaient visiblement été très affectés par les événements. Œil-Sombre allait et venait parmi eux, appuyé sur son bâton, et s'arrêtait de temps à autre pour poser la main sur l'épaule de l'un de ses congénères, la paume grande ouverte – un geste que Matt et Susan ne l'avaient jamais vu faire auparavant. Les enfants, d'ordinaire turbulents, avaient les yeux écarquillés et aidaient gravement leurs aînés à charrier les cailloux et les branches brisées.

Œil-Sombre saisit Susan par le bras et l'entraîna jusqu'au centre du village. Elle comprit aussitôt la raison de son trouble : le foyer était éteint. Les assaillants avaient jeté de la terre dans la fosse, étouffé les flammes et dispersé les tisons. La destruction du foyer central, entretenu avec soin pendant d'innombrables générations, visait sûrement à éradiquer l'âme même de la tribu, se dit Susan. Et tout ce qu'elle avait eu l'occasion d'apprendre jusqu'ici au sujet de Kee-Wak démontrait à l'envi qu'il était suffisamment mauvais pour avoir concocté un plan aussi diabolique. Lorsqu'elle eut rapporté la nouvelle à ses deux compagnons, Sergueï sourit et sortit de sa poche une boîte d'allumettes, qu'il brandit d'un air triomphant. « Gardez-les, lui dit-il. Il y a belle lurette que je suis à court de cigarettes. » Susan regagna le foyer. Lorsqu'elle gratta une allumette et mit le feu à une poignée d'herbes sèches, les hominiens reculèrent, à la fois surpris et vaguement inquiets. Œil-Sombre l'observait attentivement et Susan lui tendit la boîte. Le chaman s'en empara religieusement, comme s'il s'agissait d'une offrande divine, et la glissa dans sa sacoche.

Au bout de quelques minutes, le foyer se remit à flamber. Cette nuit-là, la plupart des hominiens dormirent en plein air, à même le sol, serrés les uns contre les autres. L'union de la tribu leur procurait sans doute un peu de réconfort, tout comme le fait qu'une partie d'entre eux avaient survécu à la violence de l'assaut. Au moment de s'endormir, Susan se demanda soudain où était passé Kellicut. Elle ne l'avait pas aperçu une seule fois de la nuit.

Le lendemain matin, Sergueï et Matt partirent en excursion, tandis que Susan se rendait au lac. Ils avaient décidé de se retirer pendant que les hominiens procédaient aux funérailles des victimes – rituel qui allait leur prendre l'essentiel de la journée. Même de loin, ils entendaient leurs lamentations. L'Américain interrogea Sergueï sur sa formation, ainsi que sur l'origine de l'expédition russe.

« Je travaille au musée Darwin de Moscou, lui dit-il. Nous avons recueilli des témoignages sur ces créatures extraordinaires depuis la nuit des temps – aussi loin en fait que remontent nos archives. L'un des plus spectaculaires date de 1925. Un régiment de cavalerie conduit par le général Mikhaïl Stepanovitch Topilski s'était lancé à la poursuite d'une bande de Russes blancs, dans la chaîne du Pamir. Les rebelles s'étaient réfugiés dans une grotte, où ils avaient été attaqués par ces êtres étranges. Ils avaient réussi à en abattre un et, lorsqu'ils durent se rendre, ils montrèrent sa dépouille à Topilski. Mais ses hommes ne parvinrent pas à l'extraire de la grotte et ils durent l'enterrer sous un tumulus. »

Durant trois décennies, pour des raisons politiques, il avait été impossible de monter la moindre expédition. Mais en 1958, l'Académie des sciences avait envoyé une équipe, dirigée par un botaniste du nom de K. V. Stanyukovitch. Ils étaient équipés de pièges, de télescopes, de tout un matériel de camouflage, de chiens spécialement dressés et avaient même emmené des chèvres et des moutons censés servir d'appâts. Mais ils étaient revenus bredouilles.

« Je comprends aujourd'hui pourquoi, dit Sergueï. Ces espèces de yétis détectaient le moindre de leurs déplacements avant même qu'ils n'aient réussi à s'approcher d'eux. »

L'expédition à laquelle il participait avait tout simplement été montée parce que les Russes avaient appris que Washington en préparait une. En tant qu'anthropologue et alpiniste confirmé, Sergueï en était le second. Ils s'étaient mis en route neuf semaines plus tôt, munis de fusils, de pièges, de filets et d'un imposant matériel, mais, lorsqu'ils avaient atteint le pont de branchages, en travers du ravin, ils avaient dû en abandonner la plus grande partie. Bizarrement, leur chef avait insisté pour qu'ils jettent tous ces objets dans le ravin, au lieu de les enterrer quelque part.

« Nous y avons repensé par la suite et nous en avons conclu qu'il redoutait sans doute qu'ils ne tombent aux mains des yétis. Il ne nous avait pas révélé grand-chose, nous ne savions même pas ce que nous étions censés chercher. Et nous ignorions évidemment que ces créatures possédaient un pouvoir spécial. Il y avait un zoologue parmi nous, le professeur Sakhanov : il avait l'air d'en savoir long à leur sujet, mais il gardait ses informations pour lui. »

Leur petite troupe fut ensuite prise dans une tempête de neige au cours de laquelle ils perdirent pratiquement tout le reste de leur matériel, y compris leurs fusils. Ils réussirent uniquement à sauver quelques vivres. Ils trouvèrent refuge dans une grotte où ils vécurent plusieurs semaines, ne sortant que pour aller chercher de quoi alimenter le foyer. Comme le bois devenait rare, ils étaient obligés de partir de plus en plus loin pour en trouver. Un jour, leur chef ne revint pas. Le zoologue, dont la panique était contagieuse, insista pour qu'ils ne s'aventurent plus seuls à l'extérieur. Le lendemain, les deux hommes qui étaient partis ensemble ne réapparurent pas davantage.

« Je me retrouvai donc seul avec Sakhanov, qui finit par me révéler la vérité. Il m'apprit qu'un survivant d'une précédente expédition avait fait état de l'étrange pouvoir de ces créatures, qui leur permettait de voir à travers les yeux d'autrui. Il ne fallait donc pas compter les prendre par surprise, me dit-il, alors qu'elles-mêmes nous repéreraient infailliblement, où que nous allions. Notre seule chance était de disposer au départ d'un armement supérieur ; mais, maintenant que nous avions perdu nos fusils, nous étions à leur merci. »

Sergueï avait insisté pour qu'ils quittent la grotte et redescendent dans la vallée. Mais ils avaient presque aussitôt rencontré une paroi si raide qu'il avait fallu l'escalader. Sakhanov avait perdu pied et fait une chute de plusieurs mètres, avant d'atterrir sur une corniche rocheuse d'où il ne pouvait plus ni descendre, ni remonter. Il avait supplié Sergueï de ne pas l'abandonner.

« J'avais une corde : je l'ai déroulée pour qu'il l'attache autour de sa taille et j'ai réussi à le hisser jusqu'à moi. Cela m'a pris un temps considérable et j'étais épuisé. De surcroît, je commençais à éprouver une étrange sensation à l'intérieur de mon crâne. J'en ai parlé à Sakhanov : il m'a dit que cela prouvait que les créatures étaient dans les parages. »

Ils avaient continué leur ascension mais, à la fin de la journée, ils n'avaient guère progressé. Ils s'étaient finalement arrêtés à la nuit tombante, en décidant que chacun dormirait à son tour pendant que l'autre ferait le guet. Lorsque son tour était arrivé, Sergueï avait immédiatement sombré dans le sommeil.

« Je fus réveillé en sursaut par le bruit d'une mêlée confuse. En ouvrant les yeux, j'aperçus mon compagnon aux prises avec trois ou quatre créatures. Il m'appelait à son secours, mais je ne pouvais strictement rien faire. Il hurlait encore lorsque les créatures l'emmenèrent : " Sergueï ! À l'aide ! " Mais j'étais impuissant et je m'empressai de fuir. »

Toute la nuit, Sergueï poursuivit son ascension. Il perdit pied sur une pente et se blessa à l'épaule. Au matin, il atteignit un sentier qui descendait en lacet, à flanc de montagne, et rejoignait une crevasse. Il s'y engagea et déboucha ainsi dans la vallée. Il ne tarda pas à apercevoir les hominiens et constata assez vite qu'ils étaient différents des créatures qui avaient tué ses compagnons. Mais il était encore sous le choc. Il se fabriqua un arc et des flèches pour capturer du gibier et vécut ainsi plusieurs semaines, en se cachant dans les bois environnants.

« L'autre jour, j'ai senti la terre trembler et j'ai entendu les tambours résonner dans la montagne. Puis j'ai vu les yétis débarquer avec leurs peaux de bêtes pour venir attaquer ceux d'ici. Ils mangent la cervelle de leurs victimes, vous savez – c'est du moins ce que m'a dit Sakhanov. »

Matt était passablement impressionné par Sergueï et par l'impassibilité avec laquelle il avait raconté son histoire. Il trouvait son aventure exemplaire, comme si elle résumait à elle seule toute l'endurance humaine. Peut-être était-ce à cause de cette persévérance immémoriale, de cet entêtement, de ce refus viscéral du renoncement – en dépit de toute raison –, que l'humanité avait réussi à survivre. L'évolution a dû porter son choix sur nous parce nous ne lui avons pas laissé la possibilité de nous éliminer : nous sommes toujours en train de faire des plans, de nous projeter dans l'avenir, de ruser avec le destin, de contourner ses obstacles…

« Pourriez-vous retrouver cette crevasse ? demanda Matt.

– Oui, dit Sergueï. Le plus étrange, c'est que j'y suis repassé hier et qu'elle était totalement bouchée. Les rochers du sommet se sont effondrés et l'ont entièrement obstruée. (Il marqua une pause.) J'ai pensé que c'était une conséquence du tremblement de terre. À moins que…

– Que quoi ?

– À moins que ce ne soit l'œuvre des yétis.

– Il n'y a donc plus moyen de sortir de la vallée ?

– Non. Sauf, bien sûr, en retraversant leur caverne. »

Kane ne s'était pas trompé, à propos de la neige. Elle s'était mise à tomber aussi brusquement qu'un rideau de théâtre à l'instant même où les hélicoptères décollaient. Entre les hélices qui vrombissaient et les giclées de flocons qui venaient s'écraser sur le pare-brise, on avait l'impression d'être plongé dans un gigantesque mixer brassant de la crème Chantilly. Kane avait remarqué que l'hélicoptère était fréquemment déporté et il commençait à se faire du souci.

Comme pour confirmer ses craintes, l'appareil pencha brusquement sur le côté et Kane se retrouva à moitié couché, coincé contre la vitre. Il sentait le vent glacial hurler à son oreille. L'hélicoptère avait l'air de patiner, comme s'il s'était posé sur une pente de glace, et le moteur tressautait en émettant des gémissements stridents.

« Jusqu'à quelle altitude peut monter cet engin ? » hurla-t-il.

Le pilote le regarda, souleva un de ses écouteurs et cria :

« Hein ?

– Jusqu'à quelle altitude peut-il monter ?

– Ça dépend… Chargé comme il l'est, et avec un vent pareil, je dirais jusqu'à quatre mille mètres. »

Kane regarda l'altimètre, qui indiquait quatre mille six cents mètres. Le pilote surprit son regard et fit une vague grimace.

« Je sais… se contenta-t-il de dire.

– Alors, que faisons-nous ? »

Le pilote releva l'écouteur et se cura l'oreille.

« Hein ? »

Kane répéta sa question en hurlant. Il sentait dans son dos le regard de ses hommes tourné vers le cockpit et braqué sur le tableau de bord, comme si tous ces compteurs, ces aiguilles et ces cadrans pouvaient leur apprendre quelque chose.

« À vous de voir, dit le pilote. Nous pouvons faire demi-tour et attendre que la tempête se calme, mais je peux aussi vous déposer ici.

– Où sommes-nous ? »

Le pilote haussa les épaules. Kane sentait sa patience s'émousser.

« Avons-nous atteint l'endroit où se trouvait l'émetteur ? demanda-t-il.

– Nous sommes juste au-dessus.

– Pouvez-vous contacter l'autre hélicoptère ? »

Le pilote fit deux ou trois tentatives :

« Allô ! X27, vous m'entendez ? »

Il reposa son micro.

« Je n'arrive pas à les joindre, ajouta-t-il inutilement.

– Que suggérez-vous ? »

Le pilote haussa une nouvelle fois les épaules. De rage, Kane sentit le sang battre à ses tempes, ce qui n'était pas une excellente chose au moment de prendre une telle décision. Dans ce genre de circonstances, on risquait toujours de commettre une erreur fatale, à cause d'un soudain accès de colère. Il trancha et comprit aussitôt qu'il avait fait le mauvais choix, mais il ne pouvait plus faire machine arrière sans perdre la face :

« Très bien. Déposez-nous.

– Ça ne sera pas facile. Il va d'abord falloir lâcher du lest. Mais de toute façon, vous allez être obligés de sauter. »

Kane acquiesça, un peu trop vigoureusement. L'appareil entama sa descente au milieu de cette purée de pois. Le pilote avait les yeux rivés sur ses cadrans et tenait fermement ses commandes.

L'hélicoptère était ballotté dans tous les sens et se cabrait comme un cheval.

« Ouvrez la portière ! cria le pilote en désignant du menton l'arrière de l'appareil. Dites-leur de balancer tout ce qui leur tombera sous la main ! »

Kane transmit la consigne à ses hommes. La portière coulissa dans un vacarme infernal : un vent glacial et des bourrasques de neige s'engouffrèrent aussitôt dans l'appareil. Leur paquetage disparut en silence à travers l'ouverture, aussitôt englouti par la tourmente blanche.

« Je vais descendre aussi bas que possible, mais je ne pourrai pas me poser ! » hurla le pilote.

Il paraissait un peu moins sûr de lui que tout à l'heure. Il se tourna vers la gauche et jeta un coup d'œil en bas, par-dessus son épaule. Cela inquiéta Kane : ne pouvait-il donc pas se servir de ses instruments pour évaluer leur position ? Il se pencha à son tour, mais n'aperçut sous lui qu'une immense étendue blanche. Il avait l'impression de se trouver à la proue d'un navire, guettant les récifs à la surface de l'eau. Cela lui était arrivé une fois, des années plus tôt. Où était-ce, déjà ?

Il aperçut brusquement les rochers – d'horribles crêtes acérées et noirâtres qui se dressaient dans la neige, juste au-dessous d'eux. Le pilote jura. L'hélicoptère pencha sur le côté. Kane vit l'hélice s'incliner et se mettre à tourner d'une manière bizarre. Puis il y eut un bruit affreux, un fracas de métal froissé, suivi d'un choc épouvantable qui se répercuta le long de sa colonne vertébrale, tandis que l'appareil heurtait de plein fouet les rochers avant de s'y écraser et d'y rebondir à plusieurs reprises, comme un animal mourant.

25

Avant de se rendre au lac, Susan avait rassemblé quelques objets : un peigne, son miroir de poche, du savon et un silex au tranchant effilé. Elle avait enfilé le dernier pantalon qui lui restait – un vieux blue-jean élimé – et une chemise en flanelle qui avait passablement rétréci. En longeant le sentier qui traversait une étendue de verdure où le soleil venait jouer, à l'ombre des sous-bois, elle songeait aux craintes que lui inspiraient les derniers événements, quel que soit l'angle considéré.

La veille au soir, Matt lui avait rapporté la conversation qu'il avait eue avec Van. Susan avait été stupéfaite d'apprendre que le message glissé sous sa porte à Khodzant était un faux. Mais le plus grave, c'était cet ordinateur qui émettait depuis des semaines un signal permettant de le localiser : elle n'avait pas eu besoin qu'on lui fasse un dessin pour comprendre la portée de cette révélation.

« Nous avons été manipulés, lui avait dit Matt. On nous a envoyés ici dans le cadre d'une opération beaucoup plus vaste. Et si nous ne parvenons pas à l'enrayer, la région sera bientôt à feu et à sang.

– La seule solution, avait répondu Susan, c'est de quitter la vallée et d'aller à la rencontre de ces types. Nous pourrons ainsi les aiguiller sur une fausse piste et éviter qu'ils ne débarquent ici.

– Nous n'avons pas beaucoup de temps devant nous. Quelques jours, tout au plus.

– J'ai encore besoin de passer une journée ici. Il faut que j'aille trouver Œil-Sombre. Ce n'est qu'une vague intuition, mais j'ai l'impression qu'il pourra m'aider à éclaircir certains points, concernant ce que j'ai vu dans la grotte. »

Elle faisait évidemment allusion à l'énigme de Khodzant, dont elle décrivit minutieusement à Matt les panneaux manquants. Elle en fit même un croquis de mémoire, insistant particulièrement sur le portrait du néandertalien solitaire et rageur qui figurait sur le dernier panneau. Elle avait la certitude que l'énigme était une clef qui lui permettrait de résoudre un plus vaste mystère.

« Comment le sais-tu ? demanda Matt.

– Je le sais, voilà tout. Cela doit relever de la perception extrasensorielle.

– Je t'en prie, Susan... Nous avons déjà assez de problèmes. Ne me dis pas que tu as des visions. »

Susan avait emporté son dessin et le sortit pour le regarder. Elle ne s'en était pas trop mal tirée, finalement. Elle frissonna en repensant à la remarque de Matt. Il avait peur, cela ne faisait aucun doute, et elle-même n'était guère rassurée, il fallait bien l'admettre. Les choses étaient en train de mal tourner. Elle redoutait que les complices de Van n'exterminent toute la tribu. Elle se disait aussi que les renégats n'allaient pas s'en tenir à leur assaut de la veille et ne tarderaient pas à refaire parler d'eux. La panique qu'avait provoquée l'intervention de Sergueï se dissiperait vite, et le processus qui les avait transformés en prédateurs sanguinaires s'en trouverait probablement renforcé.

Elle avait besoin de réfléchir. Arrivée au lac, elle dénicha une crique retirée – curieusement, toute pudeur ne l'avait pas abandonnée –, ôta sa chemise et la suspendit à une branche. Elle se défit ensuite de son jean, puis de son slip, et s'avança prudemment dans l'eau, en s'assurant que le fond était stable. Malgré la tiédeur de l'eau, elle frissonna et sentit la pointe de ses seins se raidir à mesure que les vaguelettes venaient lui lécher la peau. Lorsqu'elle fut un peu détendue, elle ressortit et se savonna abondamment, avant d'aller se replonger dans l'eau.

En dépit de ses craintes, elle savait qu'elle allait bientôt devoir quitter un état de béatitude qu'elle n'avait jusqu'alors jamais connu. Il était difficile d'en démêler les différentes causes. Il y avait bien sûr l'aspect strictement professionnel, le fait de voir sa curiosité scientifique – le moteur même de sa vie – récompensée par les découvertes qu'elle avait faites ici. Venait ensuite la satisfaction d'avoir réussi à survivre par ses propres moyens dans un milieu hostile. Mais, plus profondément, elle avait éprouvé une sérénité qui ne lui avait encore jamais été accordée, comme si elle avait enfin exorcisé ses vieux démons, vaincu cette angoisse latente qui l'envahissait jadis, surgie de Dieu sait où.

Cela tenait en partie à cette incroyable vallée, qui lui avait permis d'accéder à une vision plus vaste de l'univers. Elle se sentait impliquée d'une manière nouvelle dans l'infini processus de la vie et de la mort – non plus comme un insignifiant agrégat de chair et d'os dont le passage ici-bas ne dure qu'une fraction de seconde, mais comme un élément nécessaire, actif, déterminant du cycle de l'évolution. La vie avait un sens, finalement. C'était un peu comme si elle avait gravi une montagne et avait aperçu, une fois le sommet atteint, les pentes et les collines qu'elle avait dû franchir : en les contemplant, elle s'apercevait que le passé n'était pas mort, qu'il s'étendait au contraire à ses pieds, figé dans le temps, subtil et gorgé de sens.

Sa relation avec Matt s'était approfondie, elle en avait la certitude, tant à cause de ce qu'elle ressentait en le regardant que de ce qu'elle lisait dans ses yeux à lui. « L'amour émane du regard », comme l'avait écrit Yeats.

Elle s'assit sur un tronc d'arbre et coupa ses cheveux avec la pointe de silex, mèche par mèche, en surveillant l'opération dans son miroir de poche. Elle se dévisagea : quelques cheveux mouillés lui barraient la joue et son iris vert irradiait autour de sa pupille noire. La lourde masse du silex dans le creux de sa main provoqua soudain en elle un frisson de plaisir : elle se sentait primitive, terrienne, sensuelle et forte dans sa nudité. Elle posa le miroir à ses pieds et étudia le reflet morcelé de son corps, contemplant tour à tour ses hanches, ses cuisses, ses seins… Où s'était-elle déjà comportée de la sorte ? À l'hôtel de Khodzant, bien des semaines plus tôt – dans une vie antérieure.

Susan sentit brusquement qu'elle n'était pas seule. Elle se retourna : derrière elle, sur la crête, adossé à un tronc d'arbre, se trouvait Kellicut. Il ne la salua pas, ne lui adressa pas le moindre geste : il se contenta de la regarder. Vaguement irritée, elle ramassa ses vêtements. Bien que la rencontre n'eût rien de prémédité, elle devait absolument lui parler – elle ne l'avait pas revu depuis l'attaque des renégats. Mais, lorsqu'elle regarda à nouveau dans sa direction, il avait disparu – aussi brusquement que l'ombre d'un nuage sur le sol de la vallée.

Elle se rhabilla lentement, plongée dans ses pensées, et sut tout à coup ce qu'elle devait faire. Après avoir glissé le miroir dans la poche de son jean, elle regagna le sentier qui menait au village.

Œil-Sombre était dans sa hutte. Susan ignorait s'il avait ou non deviné sa venue, mais son œil valide était rivé sur elle lorsqu'elle pénétra dans son antre. Elle s'assit, sortit de sa poche son croquis de l'énigme et le déplia devant lui, sous le rai de lumière qui tombait de la porte entrouverte. Le chaman contempla longuement le dessin, sans manifester la moindre émotion. Puis il se leva lentement. Comme Susan l'imitait, il referma ses doigts sur son poignet et l'entraîna à l'extérieur.

Ils s'engagèrent sur un sentier que Susan ne connaissait pas, à travers des buissons qui dégageaient une odeur fétide. Quittant les sous-bois, le chemin ne tarda pas à s'élever. À mesure qu'il les rapprochait de la paroi marquant les limites de la vallée, il était jonché de caillasses, entrecoupé d'ornières et d'éboulis qui entravaient leur progression. Susan était ébahie par l'agilité d'Œil-Sombre : il marchait devant elle à vive allure, sans le moindre effort, alors qu'elle-même ahanait, à bout de souffle. Il se servait de son bâton comme d'une canne et, même lorsqu'il était hors de vue, elle l'entendait frapper le sol comme s'il lui enjoignait de se hâter.

Ils atteignirent bientôt une pente couverte de maigres broussailles, qui s'élevait au-dessus des arbres. Au sommet se trouvait une grotte, devant laquelle le chaman attendit Susan. Les crêtes déchiquetées des montagnes se dressaient au-dessus d'eux, étrangement proches. Un piton de pierre blanche retint le regard de Susan : il émergeait tel un os de la masse rocheuse et formait une sorte de bosse. Elle le contempla un long moment : il lui paraissait bizarrement familier. Un banc de brume se déplaça soudain et le piton se découpa nettement sur le bleu du ciel : son profil évoquait irrésistiblement celui d'un poing refermé.

Œil-Sombre la conduisit à l'intérieur de la minuscule grotte, où planait une odeur musquée. En franchissant l'étroite faille qui tenait lieu d'entrée, Susan sentit la claustrophobie la gagner. Il y avait de gros rochers, ce qui leur permit de s'asseoir face à face. Lorsque son regard se fut accoutumé à l'obscurité, Susan aperçut dans un coin un amas d'ossements jaunis, visiblement assez anciens. Le vieil hominien paraissait rabougri, assis sur son rocher et adossé à la paroi. Il ôta sa sacoche, la posa délicatement sur le sol et l'ouvrit, pour en sortir un paquet de feuilles de vigne. Il les déplia, comme s'il pelait une banane, et en retira une petite braise, encore rougeoyante. Il ramassa dans un coin une poignée de feuilles sèches, en fit un petit tas et les alluma avec la braise. Il souffla sur la flamme frêle jusqu'à ce que le feu ait pris. Puis il se pencha, toujours assis sur son rocher, et inspira profondément la fumée. Lorsque Susan l'imita, une chaleur âcre s'insinua dans ses poumons et sa tête se mit à lui tourner.

Œil-Sombre sortit une pipe de sa sacoche et la bourra avec une feuille séchée qu'il avait préalablement froissée dans sa paume. Il l'alluma, en tira trois longues bouffées et la tendit ensuite à Susan. Le tuyau lui brûla les lèvres et la fumée déchira ses poumons. Elle la retint aussi longtemps qu'elle le pouvait, avant de l'exhaler lentement. Autour d'elle, la grotte se mit à tourner. Elle se pencha pour reposer la pipe et faillit perdre l'équilibre en se redressant. La fumée lui piquait les yeux et, comme elle fixait les fissures de la paroi rocheuse, qui semblaient la cerner de tous côtés, elle sentit le regard d'Œil-Sombre se poser sur elle et s'insinuer dans le tréfonds de son être. Elle avait l'impression que l'intérieur de son corps était retourné comme un gant, que son crâne s'ouvrait, s'écartait, béait démesurément pour absorber la fumée, la grotte et la créature rabougrie qui était assise devant elle. Elle réalisa que le chaman s'était mis à psalmodier un chant étrange, haut perché, envoûtant.

Elle perdit pied. Le sol de la grotte s'ouvrit pour la happer. Des visions l'envahirent – des formes vagues, des apparitions spectrales. Elle s'enfonçait, elle tournoyait dans la longue spirale du temps, guidée par le regard perçant qui était fixé sur elle. La paroi de la grotte se détacha, se mit à flotter et vint se plaquer sur son corps comme une fine pellicule, une infime membrane, tandis que la spirale l'entraînait toujours plus avant. Le temps n'existait plus : elle se retrouva tout à coup à l'extérieur de la grotte. En regardant plus bas, elle aperçut la plaine, mais il n'y avait pas une ombre de végétation. Deux tribus se faisaient face, au milieu des rochers. Il planait une odeur moite, musquée, et les ombres bruissaient. Des flammes dansaient à présent le long d'une paroi couverte de peintures tracées à l'ocre rouge. L'obscurité régnait de toutes parts, il y avait des grognements, des bruits de bousculade, une odeur hybride de sueur, de terreur et de sang.

Dans la spirale du temps, les deux groupes de guerriers ne se ressemblent pas. Les premiers sont trapus, ils ont un large crâne et leur front proéminent s'achève sur l'épaisse ligne osseuse de leurs arcades sourcilières. Ils viennent des montagnes du Nord et communiquent en silence. Les autres sont sveltes, élancés, ils sont bâtis pour la course, leurs fronts sont lisses et leurs os moins épais. Ils s'expriment en émettant des sons et sont originaires des forêts du Sud. Les deux tribus connaissent l'une et l'autre l'art de la chasse, elles ont appris à distinguer la proie affaiblie, l'élan blessé, à pressentir l'instant où s'apprête à bondir le tigre à dents de sabre. La nature leur a tout enseigné, dans son jardin d'enfants. Pour survivre, il faut savoir jauger les différences, choisir son camp, et les deux tribus sont donc en guerre, les deux espèces se retrouvent face à face pour cet affrontement immémorial.

Son esprit plane comme un oiseau, elle regarde au-dessous et voit les deux tribus se battre. Les guerriers gesticulent, se menacent de leurs lances, de leurs massues. Ils partent à l'assaut, tombent, reculent, dessinant des lignes changeantes sur la plaine rocailleuse. L'un des camps charge, l'autre s'enfuit ; puis c'est l'inverse qui se produit. Il règne une odeur prégnante de musc et de feuilles mouillées, d'urine et de fumée.

Elle voit l'œil du chaman s'insinuer en elle, elle s'entrevoit elle-même, aperçoit son propre visage, découpé sur la paroi de la grotte, puis la spirale l'engloutit à nouveau. Les deux tribus ont repris le combat. Brandissant leurs massues, elles se ruent à l'assaut, telles deux énormes vagues. Des armes s'abattent, des crânes éclatent. Certains tombent à genoux. Le sang arrose les rochers. D'un front béant gicle de la cervelle. Les deux camps se séparent en poussant de grands cris et en gesticulant. Les morts sont hissés dans les arbres, privés d'yeux. Puis ce sont de nouveaux cris, de nouvelles mêlées. Les deux vagues s'élancent et se brisent l'une contre l'autre, dans un fracas de lances, de massues, d'os qui volent en éclats. Depuis le rocher en forme de poing serré, l'assaut a quelque chose d'irréel, la rumeur en est lointaine, étouffée. En bas, les deux tribus se séparent pour la troisième fois, abandonnant les corps inanimés qui jonchent la plaine – comme une vague qui se retire, brassant longuement des galets dans son écume avant de les déposer, immobiles, sur le rivage.

Le temps passe, la paix arrive. Les deux tribus s'avancent à présent avec méfiance, mais ne se battent plus. Parties des deux extrémités de la plaine rocailleuse, elles marchent lentement l'une vers l'autre, en levant leurs armes. Au fur et à mesure que la distance entre elles diminue, elles se dévisagent avec inquiétude. Puis les guerriers s'arrêtent à une centaine de mètres les uns des autres et déposent leurs armes. Ils se redressent prudemment et tendent leurs mains nues, la paume ouverte. Ils enjambent les massues qu'ils ont laissées à terre et se rapprochent les uns des autres, avec des gestes gauches. Et soudain c'est un grand tourbillon ; un nuage de poussière s'élève, la terre s'ouvre et engloutit entièrement l'un des camps : des dizaines de guerriers disparaissent dans les fosses que leurs ennemis ont creusées dans le sol. Avec des cris de joie, les guerriers aux corps sveltes se précipitent et déversent une pluie de caillasses et de terre pour enterrer leurs adversaires. Pris au piège, bloqués au fond de leurs trappes, les combattants au front proéminent poussent des cris de détresse : mais la terre continue de pleuvoir sur eux, étouffant peu à peu leurs gémissements et les recouvrant inexorablement, telle une avalanche. Tous sont bientôt ensevelis, à l'exception de leur chef qui se démène dans une ultime fosse, tapant du poing contre la paroi, la tête rejetée en arrière. Tandis que la terre pleut autour de lui, il se redresse et lève les yeux au ciel. Les lèvres retroussées, la bouche grande ouverte, il pousse un long cri guttural, d'impuissance et de rage, devant le complot dont sa tribu et lui ont été les victimes – la ruse infâme, la traîtrise de ces ennemis au crâne étroit. Son cri s'élève, résonne dans la montagne, se répercute dans la forêt et dans toute la vallée, se prolongeant bien après l'ensevelissement définitif de son corps dans la fosse tombale.

Susan sortit de la grotte et remplit ses poumons d'air frais, en contemplant le sommet des arbres qui se profilaient à ses pieds.

Tout était clair à présent, songeait-elle en suivant Œil-Sombre le long du sentier. Les mythes d'origine et de survie ont une finalité pratique, synthétique : ils relatent des faits historiques épurés et refondus afin de transmettre une morale, un enseignement. Le mythe du déluge, qui s'appuie sur une tradition orale dont on a retrouvé d'innombrables variantes dans toute l'Asie mineure, nous avertit que le châtiment divin peut s'abattre à l'improviste et venir mettre un terme à la décadence des mœurs. L'histoire d'Adam et Ève rappelle le péché d'orgueil qui a fait déchoir l'humanité de son état d'innocence initial. Celle de Caïn et d'Abel évoque le premier meurtre et ses terribles conséquences.

Œil-Sombre était à présent loin devant elle, elle ne l'apercevait même plus car le sentier descendait en lacet, à flanc de rocher. Tel avait donc été l'événement central pour les hominiens, aux temps préhistoriques – le tournant décisif qui les avait condamnés à mener une existence misérable dans les hauteurs glaciales et désolées du toit du monde. Ce n'était pas le récit d'une victoire, mais celui d'une défaite. Et ils n'avaient pas perdu cette guerre parce qu'ils étaient moins nombreux, moins courageux, moins bien armés ou moins bien organisés que leurs adversaires : c'était leur naïveté, leur innocence, leur confiance qui les avaient perdus, les empêchant de soupçonner l'ampleur de la traîtrise dont leurs ennemis étaient capables. Le fait méritait évidemment d'être transmis à leurs descendants. Peut-être la fresque qui le résumait avait-elle été peinte sur la paroi de la grotte par quelques survivants de la bataille initiale, ayant eu la chance de compter parmi eux un artiste de génie. Son message était destiné aux générations futures, qui se trouveraient forcément confrontées un jour ou l'autre à cet inévitable adversaire – et il tenait en une phrase : méfiez-vous des grands êtres aux membres agiles, car ils ont un pouvoir que nous ne possédons pas.

Susan atteignit un endroit où le sentier se divisait, après avoir rejoint le niveau des arbres. Œil-Sombre était loin devant elle et elle ignorait la direction qu'il avait prise. Elle en choisit une au hasard. Au sortir d'une courbe, le sentier s'élargissait et passait devant une crevasse ; juste après, un enchevêtrement de vignes placé en travers du chemin obstruait le passage. Les branchages étaient denses, serrés, et Susan les escalada avec précaution, en équilibre instable.

Brusquement, elle sentit les branches céder sous elle et se refermer autour de sa cheville, comme si elle avait mis le pied dans un nid de serpents. Elle bascula en avant, la tête la première, et tendit instinctivement les bras pour amortir sa chute, sentant la terre et les cailloux crisser entre ses doigts. Mais son pied était toujours pris dans les vignes, qui se resserraient même autour de sa cheville. Elle entendit soudain un bruit de pas derrière elle, en provenance de la crevasse. Un caillou vint frapper sa cuisse. Avant qu'elle ait pu se retourner, une poigne de fer se referma autour de ses bras, pour les maintenir dans son dos. Une autre main se plaqua sur ses épaules, une autre encore l'agrippa par les mollets.

Impuissante, elle sentit qu'on la soulevait, en la tirant par-derrière. Elle se débattit, mais un collet de bois emprisonna ses mains, tendant si violemment ses bras derrière son dos que ses épaules l'élancèrent affreusement. Puis elle sentit un contact étrange contre sa nuque et frémit en réalisant de quoi il s'agissait : c'était la ligne épaisse, saillante, osseuse d'une puissante arcade sourcilière.

Matt devait absolument dire à Susan que leur unique voie d'évasion était désormais bloquée. Comme elle n'était toujours pas rentrée au village en fin d'après-midi, il partit à sa recherche, suivant le sentier jusqu'au lac en l'appelant régulièrement. Une fois là-bas, il longea le rivage jusqu'à la crique retirée où elle s'était baignée. Il aperçut de la mousse de savon au milieu des déchets qui flottaient le long du rivage et découvrit sur la berge un silex dont le tranchant retenait encore quelques mèches de cheveux noirs. Mais la piste s'arrêtait là.

Il regagna le village et aperçut Sergueï. À eux deux, ils passèrent la vallée au peigne fin jusqu'à la nuit tombante, après l'avoir divisée en secteurs qu'ils exploraient méthodiquement. Mais ils revinrent bredouilles. Matt était bouleversé. Il fouilla de fond en comble la tonnelle et le sac à dos de Susan, mais ne découvrit pas le moindre indice : tout paraissait en place.

« Je n'y comprends rien. Qu'a-t-il pu se passer ? » dit-il à Sergueï, assis à ses côtés près du feu.

À vrai dire, il entrevoyait bien une explication, mais elle était tellement inquiétante qu'il s'abstint de la formuler.

Une silhouette émergea soudain dans la pénombre, de l'autre côté du foyer. Matt sursauta, mais constata presque aussitôt qu'il s'agissait de Kellicut, qu'il n'avait pas revu depuis l'attaque des renégats. Kellicut s'assit d'un air las, sans même prêter attention à Sergueï, qu'il n'avait pas encore rencontré. Le Russe était trop ébahi pour faire le moindre commentaire et se contentait de le dévisager. Kellicut regarda à peine Matt. Il ramassa une brindille et la plongea dans le foyer, provoquant une giclée d'étincelles et révélant un tapis de braises rougeoyantes. Il avait l'air de peser le pour et le contre. Matt eut brusquement la certitude qu'il savait quelque chose.

« Je t'ai entendu l'appeler, dit soudain Kellicut, après s'être éclairci la gorge. Je ne pense pas que tu cherches dans la bonne direction. »

Matt retint son souffle, trop bouleversé pour parler. Kellicut s'était exprimé d'une voix neutre, impersonnelle, et Matt ne voulait pas rompre le charme. Mais il n'ajouta rien d'autre. C'était à devenir fou.

« Eh bien, je t'écoute. »

Matt était tellement tendu que sa voix n'était plus qu'un murmure.

« Le chaman sait où elle se trouve, dit Kellicut.

– Comment le sais-tu ?

– Je les ai vus partir dans la montagne ce matin.

– Elle n'est pas revenue. Pourquoi Œil-Sombre n'est-il pas venu m'avertir ?

– Il prie. Il expérimente un pouvoir supérieur. »

Matt sauta sur ses pieds, traversa le village en courant jusqu'à la hutte du chaman, poussa d'un geste brusque le battant de la porte et faillit lui marcher dessus : Œil-Sombre était à quatre pattes, plongé dans ses prières. Matt le souleva comme s'il s'agissait d'un simple tas de feuilles et se dirigea vers la porte. Mais il aperçut soudain sur le sol le croquis de l'énigme que Susan avait fait et se pencha pour le ramasser.

Il porta ensuite le chaman à bout de bras, comme un vulgaire paquet, et le ramena jusqu'au foyer, où il le déposa enfin. Œil-Sombre regardait autour de lui, l'air décontenancé. Le reflet des flammes dansait au fond de ses yeux, comme dans les pupilles d'un chat.

« Comment allons-nous l'interroger ? dit Matt en essayant de retrouver son calme.

– Eh bien, dit Kellicut, il existe un moyen pour communiquer avec lui, mais il faut pour cela l'accompagner dans la montagne, jusqu'à son temple sacré.

– Nous n'avons pas le temps », protesta Matt.

Sergueï se leva brusquement et revint en courant, quelques minutes plus tard. Il tenait à la main un fragment de la chemise en flanelle beige de Susan.

« Montrez-lui ça », dit-il.

Matt tendit la chemise au chaman, qui la considéra longuement. Puis il se releva, dépliant lentement ses membres décharnés, et marcha jusqu'au foyer. Il en retira une branche enflammée, qu'il éteignit d'un souffle. Il se dirigea ensuite vers un rocher plat devant lequel il s'installa, assis sur ses talons. Tenant la branche entre ses doigts, il en appuya l'extrémité sur le rocher et traça une courbe gracieuse. Matt se rapprocha et regarda par-dessus l'épaule du chaman : une ligne noire était apparue sur la pierre. Peu à peu, la silhouette prit forme : Œil-Sombre dessinait les contours d'un hominien.

Il alla chercher dans le foyer un nouveau bout de bois, avec lequel il compléta les détails : la chevelure, le front, l'arcade proéminente. Puis vint l'ultime touche, le détail révélateur qui leur glaça le sang : le chaman représenta des peaux de bêtes en travers de la poitrine et des épaules et ajouta un collier de fourrure autour du crâne fuyant. L'un dans l'autre, c'était un excellent portrait de Kee-Wak.

26

Susan donna un coup de talon dans le sol pour voir s'il était friable. C'était un mélange de terre et de roche ignée, durci par des millénaires d'activité volcanique : il était donc exclu d'y creuser le moindre tunnel. Du reste, elle ne disposait d'aucun recoin où se cacher et les gardes l'auraient immédiatement repérée si elle s'y était risquée.

Par une cruelle ironie du sort, elle se retrouvait dans la même fosse que Van. Elle l'examina plus attentivement : le fond avait été recreusé depuis l'autre jour et se trouvait à présent sensiblement plus bas, de sorte qu'il était impossible d'espérer en sortir. Elle ne pouvait pas davantage apercevoir la caverne principale, même en se dressant sur la pointe des pieds à l'extrémité de la fosse. Elle s'était d'ailleurs surtout livrée à ces divers examens pour chasser l'inquiétude où ne pouvait que la plonger sa situation présente.

Après l'avoir fait tomber dans leur piège, ses agresseurs lui avaient si violemment ligoté les mains dans ce collet qu'elle avait failli hurler de douleur. Elle avait eu aussi mal que s'ils lui avaient démis une épaule. Ils l'avaient ensuite transportée sans ménagement, suspendue par les pieds, son visage frôlant presque le sol. Tout ce qu'elle distinguait, c'étaient les jambes de ses ravisseurs, leurs chevilles épaisses et leurs orteils écartés, couverts d'une croûte de boue. En se tordant le cou, elle apercevait le bord inférieur de la paroi rocheuse ; et comme elle était sans arrêt secouée, elle en avait déduit que la petite troupe se hâtait de dévaler la pente.

Lorsque l'obscurité se referma sur elle, elle comprit qu'ils venaient de pénétrer dans la grotte. À hauteur de ses yeux, la paroi rocheuse brillait sporadiquement à la lueur jaunâtre des torches invisibles nichées un peu plus haut. À trois reprises, ses genoux et ses épaules heurtèrent les rochers, alors que ses ravisseurs bifurquaient à angle droit dans des galeries adjacentes. Ils suivaient un itinéraire tellement sinueux et compliqué qu'elle fut incapable de le mémoriser. Le sang lui montait à la tête, mais elle ne perdit pas connaissance.

Lorsqu'elle se retrouva dans la fosse, elle tenta de faire le point. Elle pouvait se servir de ses jambes, mais ses mains étaient toujours retenues derrière son dos par ce fichu collet. Ses épaules étaient douloureuses : lorsqu'elle les pliait, ses articulations lui faisaient horriblement mal, mais elle constata avec soulagement qu'elles n'étaient pas démises. Sa chemise s'était déboutonnée au cours de l'embuscade et elle avait une longue estafilade en travers de la poitrine, ainsi qu'un gros bleu sur le front, dû à la chute qu'elle avait faite lorsqu'on l'avait jetée dans la fosse. Elle regarda autour d'elle. Il y avait des ossements dans tous les coins et elle se pencha pour les examiner, avec l'œil du spécialiste : ils étaient d'origine animale, et les petites entailles qu'on distinguait çà et là provenaient de canines humaines. Il s'agissait donc bien de reliefs de nourriture, et non des ossements des victimes elles-mêmes. C'était déjà une consolation...

Elle se demanda si Matt avait la moindre idée de ce qui lui était arrivé. Il était fort possible que l'embuscade n'ait eu aucun témoin, surtout si Œil-Sombre avait déjà quitté les parages du sentier. Matt et elle avaient souvent parlé des raids auxquels se livraient les renégats, afin de capturer des membres de la tribu : peut-être tirerait-il de lui-même la conclusion qui s'imposait, en ne la voyant pas revenir ? Mais combien de temps cela prendrait-il ? Et surtout, que pouvait-il faire ? Elle savait qu'il ne l'abandonnerait jamais et mettrait tout en œuvre pour venir la délivrer, mais quel plan pouvait-il bien élaborer, qui ait la moindre chance de succès ?

Elle passa rapidement en revue ce dont elle disposait. Cela ne faisait pas lourd, à vrai dire, en dehors du petit miroir qui était resté dans sa poche de devant. Elle plia les jambes pour s'assurer qu'il était encore entier, mais ne perçut pas le moindre cliquetis de verre brisé. Elle se tourna sur le côté, en se tordant les épaules, pour tenter de faire passer ses mains attachées devant elle et atteindre ainsi la poche avant de son pantalon. Mais elle eut beau se tortiller dans tous les sens, comme une acrobate, elle ne réussit même pas à faufiler un doigt dans la fente de la poche.

Elle entendit soudain du bruit au-dessus d'elle. En relevant les yeux, elle aperçut une créature qui se penchait pour la regarder, négligemment appuyée sur sa lance. Un profond dégoût l'envahit aussitôt. La brute était si hideuse qu'on pouvait détecter sa présence rien qu'à l'infecte odeur qu'elle dégageait. Il y avait une lueur d'intelligence dans son regard, mais elle témoignait plus d'une vile sournoiserie que de la fierté d'un être noble et raffiné.

Pour qui te prends-tu donc, aurait-elle voulu lui dire, à me toiser ainsi de haut comme une bête curieuse dans un zoo ? Elle cessa de gigoter et se redressa de toute sa stature, en levant le menton. Comment oses-tu me traiter ainsi – moi, l'*Homo sapiens sapiens* ? Mais elle sentit soudain quelque chose s'insinuer dans son cerveau – une présence étrangère qui se déplaçait comme un monstrueux caillot de sang pour envahir son cortex.

La sensation dura plusieurs minutes. Puis la créature empoigna sa lance et s'éloigna, sans se retourner. Susan frissonna. Ce qu'elle venait de ressentir n'avait rien de rassurant, ni d'amical, contrairement à ce qui se passait avec Lévitique. C'était une onde froide, hostile, menaçante. Elle réalisa brusquement qu'elle redoutait pardessus tout l'instant où Kee-Wak viendrait à son tour se planter au-dessus de la fosse pour projeter à l'intérieur de son esprit son funeste flux d'énergie.

Matt était assis sous la tonnelle, la tête entre les mains, plongé dans ses pensées. Il sortit de son sac à dos le fragment de crâne néandertalien que Kellicut lui avait offert, laissant la chaînette d'argent glisser entre ses doigts comme une poignée de sable. Il repensa à ce chantier de fouilles, dans le sud de la France : il avait l'impression que cela remontait à une très lointaine vie antérieure.

Il fit ensuite l'inventaire des objets qui leur restaient, parmi ceux qu'ils avaient emportés. Il y avait là son couteau, son magnétophone, les fusées éclairantes qu'il avait prises à Van, la trousse de secours, deux sacs de couchage, plusieurs mètres de filin destinés à la pêche, quelques boîtes de conserve, une assiette en métal pouvant se transformer en poêle à frire et quelques menues bricoles. Le sac de Susan contenait d'autres boîtes de conserve, quelques barres de chocolat, des carnets, le journal de Kellicut, son magnétophone et un lot de cassettes, des vitamines, quelques outils professionnels et un petit oreiller gonflable. Matt sourit en découvrant ce dernier ustensile – l'unique concession de Susan au confort, dont elle ne s'était d'ailleurs jamais servie.

L'image de Susan seule et tremblante de peur le rendait fou. Il n'avait même pas idée de l'endroit où elle était retenue et s'imaginait le pire. Peut-être pourrait-il s'arranger pour se faire capturer à son tour : du moins seraient-ils ainsi réunis. Mais si ce n'était pas le cas ? Fallait-il envoyer Sergueï à la rencontre des renforts, qui ne devaient plus être très loin ? Mais si cette expédition n'était qu'une invention, un ultime mensonge de Van ? Sergueï et lui devraient peut-être se risquer dans la caverne des renégats, armés d'arcs et de flèches... Mais non, ils n'iraient pas bien loin.

Il fallait impérativement mettre au point une stratégie efficace. Susan et lui avaient réussi à libérer Van, mais ils avaient bénéficié de l'effet de surprise. Et la chance était de leur côté ce jour-là. Plus question à présent d'espérer prendre les renégats à l'improviste, car ils s'attendaient vraisemblablement à une contre-attaque. Et sur quel appui pouvait-il compter, en dehors de Sergueï et de deux ou trois hominiens ? La tribu avait été décimée par la récente attaque, et certains de ses plus valeureux membres, tels Lévitique et Lancelot, n'étaient plus de ce monde. Inutile d'escompter se faufiler discrètement dans le réseau des galeries : les renégats les avaient probablement truffées de sentinelles. Ils n'étaient pas naïfs, ni incapables d'élaborer un plan, contrairement à ceux de la vallée. Et en tant que chasseurs, ils connaissaient parfaitement l'art du combat – les stratégies d'attaque, les ruses défensives. Plus encore, s'ils avaient effectivement posté des sentinelles dans les galeries, leur satané pouvoir les rendrait quasi invincibles.

Tout en réfléchissant, Matt laissait son regard errer sur les cimes des arbres, à travers les ombres de la forêt et l'obscurité qui s'étendait déjà, en cette fin d'après-midi. Il aperçut soudain la lune, à l'ouest de la vallée : son disque pâle formait un cercle quasiment parfait. Avec un frisson d'angoisse, il se rappela ce que Van lui avait dit, à propos de la pleine lune.

Susan cala sa hanche contre la saillie rocheuse et parvint à y accrocher le rebord de sa poche. Puis elle fit volte-face, le plus rapidement possible, et entendit un bruit sec : la poche s'était déchirée et le miroir s'en était échappé. Elle leva aussitôt le pied gauche pour l'intercepter et amortir sa chute. Elle s'accroupit et le ramassa du bout des doigts, les mains toujours liées derrière le dos. Elle repéra ensuite une petite faille dans la paroi rocheuse, au niveau de sa ceinture, et y coinça tant bien que mal le miroir. Lorsqu'elle eut la certitude que l'objet ne risquait pas de glisser, elle se retourna : il était exactement placé comme elle le souhaitait.

Elle se mit ensuite à faire les cent pas dans la fosse – exactement comme Van, réalisa-t-elle avec un frisson – tout en réfléchissant à sa triste situation. Si seulement elle avait aperçu Matt, en redescendant de la montagne, et lui avait raconté ce qu'elle avait appris dans la grotte d'Œil-Sombre ! La leçon contenue dans la fresque était la clef de tout le reste – véritable pierre de Rosette, qui mettait brusquement en lumière l'événement le plus décisif de toute la préhistoire. Elle songea à la guerre que s'étaient livrée les deux espèces, l'*Homo sapiens sapiens* contre l'*Homo neandertalensis*, et revit la silhouette pathétique du néandertalien sur le dernier panneau – la colère qui s'était emparée de lui et qui semblait jaillir de la roche elle-même. Matt avait vu son croquis, mais comprendrait-il le message qu'il recelait ? Si seulement elle parvenait à communiquer avec lui, d'une manière ou d'une autre… Elle s'assit, adossée à la paroi, ferma les yeux et tenta de se concentrer.

Mais elle n'y arrivait pas. Peut-être était-elle trop terrorisée… Elle respira profondément, à quatre ou cinq reprises, en essayant de se détendre. Il fallait qu'elle arrive à faire le vide en elle, à laver son esprit comme un tableau noir qu'on efface à coups d'éponge. Elle tenta de se représenter le visage de Matt et ce fut d'abord une image d'autrefois, du temps de leur jeunesse, qui surgit dans son esprit. Puis elle le vit sous ses traits actuels, tel qu'il lui était apparu lors de leurs retrouvailles inattendues à l'Institut : avec ses cheveux grisonnants sur les tempes, ses rides autour des yeux, tous ces petits détails qui lui étaient désormais familiers. Elle se revit en train de faire l'amour avec lui. Elle essaya alors de l'appeler, de le rejoindre par la pensée, en recourant à des zones de son cerveau dont elle n'avait jamais fait usage. Elle répéta son nom, des dizaines de fois, en se concentrant mentalement sur son visage. Lorsqu'elle eut l'impression de maîtriser cette image, de l'avoir en quelque sorte sertie au fond de son esprit comme un diamant dans son écrin, elle s'adressa silencieusement à lui. Elle répétait sans arrêt le même message, essayant de le projeter dans l'espace comme une tour de transmission émettant un signal radio – un seul et même mot qu'elle psalmodiait intérieurement, à l'infini, comme un mantra : *Trahison, trahison, trahison…* Elle s'interrompait de temps à autre pour appeler Matt en silence ; puis, lorsqu'elle avait l'impression d'avoir établi le contact, elle recommençait : *Trahison, trahison, trahison…* Elle continua ainsi des heures durant.

Matt saisit le croquis de l'énigme que Susan avait fait et le regarda. Puis il le reposa, replia ses bras derrière sa tête et contempla le ciel. Il eut alors une brusque inspiration. Il avait laissé ses pensées vagabonder, et c'était toujours ainsi qu'il obtenait les meilleurs résultats. Il avait repensé à l'ensemble de leur aventure, en avait revécu les divers épisodes, mais en suivant cette fois-ci l'ordre chronologique, au lieu d'en prélever des bribes au hasard. C'était un peu comme s'il avait redisposé dans l'ordre approprié les panneaux de l'énigme de Khodzant, afin d'en déchiffrer le sens.

Au début, des gens disparaissent dans la chaîne du Pamir. Le gouvernement américain en est informé, d'une manière ou d'une autre. Un hominien est capturé. L'Institut est constitué, sous le couvert d'un centre de recherche officiel, mais pour procéder en fait à diverses expériences sur cette créature, dans le plus grand secret. Le dossier est intitulé « opération Achille ». On découvre que la créature possède des pouvoirs spéciaux. L'Institut expédie Kellicut dans la région pour localiser la tribu. Il leur fait parvenir la preuve de son existence, avant de disparaître dans la nature. On envoie alors Matt et Susan pour prendre le relais. Van les accompagne, au double titre de chaperon et de mouchard, afin de pouvoir appeler les renforts une fois le contact établi. Jusque-là, tout se tient.

Drôle d'idée d'avoir choisi le nom d'Achille pour baptiser l'opération, songea Matt. Le fameux guerrier grec… Il fouilla dans ses souvenirs. Thétis, la mère d'Achille, était une nymphe des eaux. Les Parques l'avaient prévenue que son fils mourrait jeune et qu'il était destiné à disparaître – comme l'homme de Néandertal… Quand il était encore nourrisson, Thétis l'avait plongé dans le Styx, dans l'espoir que ses eaux magiques l'immunisent et le rendent insensible aux blessures. Mais elle le tenait par le talon et cette infime partie de son corps n'avait pas été touchée par l'eau. S'agissait-il d'un indice ? Le gouvernement cherchait-il la faille qui allait lui permettre de contrôler les néandertaliens ? À moins que le talon ne corresponde à la faiblesse inconnue de leur nature qui avait abouti jadis à leur extermination ? Lorsque la guerre de Troie avait éclaté, Achille était l'un des plus valeureux guerriers en lice. Puis il s'était brouillé avec Agamemnon et s'était retiré sous sa tente, en refusant de prendre part aux combats. Il avait prêté son armure à son ami Patrocle, qui avait été tué par Hector. Achille avait ensuite tué ce dernier, mais la flèche empoisonnée tirée par Pâris l'avait atteint au talon.

Matt se redressa brusquement. Mais bien sûr ! Il avait trouvé la solution ! Elle gisait dans les profondeurs du passé, d'où elle ne demandait qu'à être exhumée : la plus glorieuse bataille, la plus célèbre ruse de toute l'Histoire…

Le vent tomba durant la nuit et lorsque le jour se leva, il devint évident que la tempête était passée. Dès l'aube, le ciel était si dégagé, si clair, qu'on distinguait parfaitement le paysage environnant sur plusieurs kilomètres. Après le lever du soleil, le bleu du ciel s'approfondit encore et sur la vitre de l'hélicoptère, où il était immobilisé depuis l'accident, la couche de neige s'illumina soudain, nimbée d'un halo doré.

Kane se sentit soulagé. Ils avaient réussi à établir le contact radio avec Sodder, qui avait regagné le camp à bord de l'autre hélicoptère et qui allait pouvoir venir les évacuer, maintenant que la tempête était passée. Ce fut seulement lorsque sa frayeur se dissipa qu'il réalisa à quel point elle s'était insinuée en lui, le transperçant tel un vent glacial jusqu'à la moelle de ses os.

Il remua et sentit une douleur l'élancer dans le bas du dos. Il avait partagé la cabine éventrée de l'appareil avec Sheriden, qui s'était salement amoché les yeux avec des bris de verre au cours de l'accident et dont le visage disparaissait sous un épais bandage. Il avait ronflé toute la nuit pendant que Kane grelottait. Le reste des hommes avaient dormi à l'extérieur, après avoir affronté la bourrasque et monté une petite tente.

Il les entendit faire le tour de la carcasse. L'un d'eux poussa un long sifflement.

« Eh bien… Dommage que vous ne puissiez pas venir jeter un coup d'œil par ici… Vous étiez vraiment juste au bord. Vous avez eu une sacrée veine que l'appareil n'ait pas basculé. »

Une main déblaya la neige sur un pan de la vitre, mais il y avait du givre au-dessous. Kane se redressa péniblement, en appui sur ses coudes, et aperçut le contour flou d'un visage, derrière la fine pellicule de glace. En se tordant le cou, il distingua plus bas le sommet d'une congère, mais au-delà il n'y avait plus rien : c'était le vide, le précipice… Si le vent avait soufflé un peu plus fort, l'appareil aurait facilement pu basculer dans l'abîme. Il eut un léger frisson rétrospectif, en réalisant à quel danger il avait échappé. Dieu merci, il ne s'était douté de rien et ignorait que leur abri était aussi précaire.

De l'autre côté de l'appareil, les hommes avaient monté un camping-gaz et préparaient du café. Ils en tendirent une tasse à Kane, qui la garda un moment entre ses mains, laissant la chaleur irradier ses doigts et ses membres engourdis. Ses pieds l'inquiétaient un peu : il parvenait à les remuer, mais ils étaient totalement insensibles. Lorsqu'il pliait les orteils, il se rendait compte qu'ils lui obéissaient, mais uniquement parce qu'il les voyait remuer dans ses bottes. Ils étaient probablement gelés. Eh bien, ce serait le prétexte rêvé pour décamper d'ici. Il en avait jusque-là de cette mission. Après s'être assuré que personne ne le regardait, il avait lu la lettre que cette Mrs. Arnot avait laissée au camp, à l'intention de Kellicut : elle faisait allusion à une espèce de journal et il était évident que le professeur avait déniché ces fichues créatures. Peut-être rôdaient-elles même dans les parages, à cet instant précis.

On lui passa un plateau-repas soi-disant « prêt à l'emploi » mais qui était à peine mangeable. Il but le reste de son café pour le faire passer. L'un des hommes aida Sheriden à manger, découpant la nourriture en petits morceaux avant de la porter à sa bouche comme à un oisillon.

Sodder le contacta par radio et lui dit qu'ils ne tarderaient pas à décoller : ils étaient en train de charger le matériel à bord de l'hélicoptère de secours.

« Commandant... »

Le pilote passa la tête à l'intérieur de la cabine. Son ton n'avait rien de déférent.

« Comme nous avons peu de temps devant nous, on s'est dit qu'on pourrait essayer d'aller dénicher cet émetteur. Il ne doit pas être très loin. »

Il ne me demande même pas l'autorisation, songea Kane. Mais après tout, pourquoi pas ?

« D'accord, dit-il. Mais ne vous attardez pas. Sheriden doit être hospitalisé au plus vite. Nous n'avons pas le temps de traîner par ici.

– De toute façon, ils ne pourront pas nous évacuer en une seule fois. Il faudra procéder par petits groupes. On ne peut pas prendre le risque de surcharger notre dernier coucou, à une telle altitude. »

Kane émit un vague grognement. Il en voulait toujours au pilote, qu'il tenait pour responsable de l'accident. Il avait déjà concocté mentalement le rapport qu'il comptait rédiger à son sujet.

Lorsque les hommes s'éloignèrent, il entendit la neige crisser sous leurs pas. Il ne lui était pas venu à l'idée qu'ils allaient partir au grand complet. Le silence retomba bientôt, à peine troublé par le souffle léger d'une brise.

« Hé ! lança-t-il. Il y a quelqu'un là-dehors ? »

Personne ne lui répondit.

« Que se passe-t-il ? demanda Sheriden, un soupçon de panique dans la voix.

– Rien.

– Pourquoi avez-vous crié ?

– Je n'ai pas crié. Je voulais savoir s'il y avait quelqu'un à l'extérieur. »

Kane tendit la main et tripota la radio afin de s'assurer qu'elle était bien branchée. Pour s'occuper, il appela l'hélicoptère de Sodder, mais sans résultat. Ils n'ont pas encore dû décoller, se dit-il.

Il éprouva tout à coup une sensation étrange, comme si la cabine était lentement en train de se remplir d'eau – à ceci près que le phénomène ne se produisait pas dans l'appareil lui-même, mais à l'intérieur de son esprit : quelque chose s'insinuait dans son crâne d'une manière étrange, inquiétante. Il se souvint brusquement dans quelles circonstances il avait déjà ressenti une impression semblable. Son cœur se mit à battre. Non, c'était impossible...

« Que se passe-t-il ? s'écria Sheriden. Je sens un drôle de truc ! »

Il souleva le bandage qui lui recouvrait le visage : ses yeux n'étaient plus que deux entailles, béantes et ensanglantées.

Avant même de l'entrevoir, Kane sentit au-dessus de lui la présence d'une sombre et massive silhouette. Lentement, la peur au ventre, il releva les yeux : derrière la vitre encore constellée de neige, il reconnut ce crâne trop large, cette bouche aussi hideuse qu'une plaie, ce nez plat, ces yeux cruels qui le fixaient intensément. Les traits du monstre étaient flous, estompés, mais il n'y avait aucun moyen de se méprendre sur la méchanceté, le mépris, la haine implacable qui l'animaient. L'homme et la créature se défièrent un instant du regard. Au fond de lui, Kane perçut l'écho de sa réplique ancienne : « *Tu nous traiterais de la même façon si tu le pouvais, pas vrai ?* »

Puis il en entendit d'autres, qui se déplaçaient autour de l'appareil. Combien y en avait-il ?

« Que se passe-t-il ? » hurla Sheriden d'une voix hystérique.

Kane ne lui répondit pas. La terreur le paralysait. Il perçut les bruits que faisaient les créatures en entourant l'hélicoptère. Puis l'appareil bougea et sa carcasse métallique racla les rochers avec un horrible grincement.

« Mais que se passe-t-il ? Merde, répondez-moi ! »

La cabine pencha, comme un arbre courbé par la tempête. Elle oscilla un instant puis s'inclina lentement, dessinant une grande courbe au-dessus du précipice. Le temps parut se figer. La radio grésilla, on entendit la voix de Sodder lancer : « Allô, allô, vous m'entendez ? » Sheriden se mit à hurler. Puis il y eut un fracas gigantesque, tandis que l'hélicoptère raclait une fois encore le bord de la falaise, avant de basculer et de tomber silencieusement dans le vide. Kane était trop terrifié pour crier. Son corps flottait dans la cabine, comme en apesanteur, tandis que la chute le rapprochait inexorablement du sol. À un moment donné, il se rendit vaguement compte qu'il pissait dans son pantalon.

L'hélicoptère de Sodder arriva peu après l'explosion de l'appareil au fond du ravin. Lorsqu'il se posa, ses hélices en tourbillonnant effacèrent les traces des empreintes dans la neige. Le reste des hommes, qui avaient entendu la chute de la carcasse mais n'avaient pas assisté à la scène, revinrent le plus vite possible sur les lieux de l'accident. Tout le monde mit cela sur le compte d'une violente bourrasque, brusquement surgie du néant.

Matt se leva de bonne heure, le lendemain matin, et se rendit aussitôt au village. Il partit tout d'abord à la recherche de Dent-Longue, qu'il dénicha assez vite, endormi dans une hutte. À ses côtés, Matt aperçut des morceaux de viande crue. Dent-Longue était devenu un chasseur émérite et avait même convaincu deux autres jeunes mâles de l'accompagner dans ses expéditions. Matt le réveilla en le secouant doucement par l'épaule. Ils allèrent ensuite s'asseoir ensemble près du foyer. Dent-Longue se frotta les yeux, s'étira et regarda autour de lui. La matinée était belle et le soleil faisait luire la rosée sur les feuilles des genévriers. Des nuages cotonneux flottaient de-ci, de-là, succédant au ciel plombé qui avait déversé des tombereaux de neige sur l'autre versant de la montagne.

Matt sortit un cahier et un crayon et dessina tant bien que mal le visage de Susan, en espérant que Dent-Longue comprendrait qu'il lui demandait d'entrer en contact avec elle. Mais il dut y renoncer : l'hominien ne saisissait visiblement pas ce qu'il attendait de lui.

Il chargea alors Dent-Longue d'une mission délicate, la plus dangereuse de sa brève carrière de chasseur. Il fit le croquis d'un animal qu'il souhaitait que l'hominien capture, s'appliquant à le représenter le plus exactement possible, afin d'éviter toute confusion : il dessina d'abord sa lourde silhouette et sa fourrure luisante, puis ses griffes puissantes, ses petits yeux enfoncés et son museau allongé, aux crocs saillants. Son ours des cavernes était assez ressemblant… En face de l'animal, il fit ensuite le portrait de Dent-Longue en train d'attaquer l'ours. L'hominien le regardait faire, observant d'un air fasciné le crayon qui se déplaçait sur le papier. Matt fit un autre dessin montrant Dent-Longue en train de brandir sa lance d'un air triomphant à côté de la dépouille de l'ours. Il tendit ensuite le cahier à l'hominien. Celui-ci l'étudia un moment et comprit finalement le message. Visiblement excité, il se dirigea vers sa hutte et en ressortit aussitôt, sa lance à la main. Matt lui souhaita intérieurement bonne chance, car la victoire de Dent-Longue était essentielle à la réussite de son projet.

Matt partit ensuite à la recherche de Sergueï. Il le trouva en train de se débarbouiller au bord de la rivière et lui exposa tous les détails de son plan. Le Russe l'écouta en fronçant les sourcils : il était visiblement sceptique quant à l'issue d'un tel projet, mais avait trop de délicatesse pour le dire ouvertement à Matt. Il se rendait bien compte que l'Américain était bouleversé par l'enlèvement de Susan et qu'il mettrait tout en œuvre pour tenter de la délivrer.

« Vous ne manquez pas d'imagination, dit-il finalement, en tendant la main à Matt comme s'ils venaient de conclure un marché.

– Mettons-nous tout de suite à l'ouvrage, dit Matt. Moins nous perdrons de temps, mieux cela vaudra. »

Il entendit soudain dans le lointain un bruit inattendu, étouffé mais insistant. Son estomac se noua : cela ressemblait à s'y méprendre à un hélicoptère. Les forces de l'Institut se rapprochaient.

Pour commencer, ils avaient besoin de bois. Ils ne pouvaient évidemment pas abattre des arbres et les débiter en planches, mais ils disposaient des branchages qui servaient à recouvrir le toit des huttes. Ils en démolirent trois afin de les récupérer. Comme il leur fallait tout de même des morceaux plus conséquents, ils allèrent ramasser dans le forêt quelques troncs d'arbre abattus.

Matt dégrossit ensuite un caillou en forme de marteau, avant de le fixer à un gros bout de bois. Il parlait à voix haute, tandis que les hominiens observaient avec curiosité le moindre de ses gestes.

« Cela s'appelle emmancher un outil. Vous êtes censés ignorer cette technique, les gars – du moins si l'on en croit les manuels. »

Puis il tailla des pointes de silex en forme de triangle, tenant fermement la pierre dans sa paume et la frappant de l'autre main avec un gros caillou afin de dégager sur les bords une série d'entailles.

« Technique de Levallois... commenta-t-il tandis que les hominiens le dévisageaient d'un air étonné. C'est le nom d'une commune de la banlieue parisienne. Vos ancêtres y excellaient, au cours du paléolithique moyen. C'était évidemment avant que vous n'abandonniez la France pour venir vous installer ici. »

Matt planta les pointes de silex dans les troncs d'arbres déjà ramollis par l'humidité, puis les enfonça à coups de marteau afin de faire éclater le bois. C'était un travail éreintant. Sergueï et lui se relayèrent. Au bout de deux heures, ils disposaient d'un assez grand nombre de planches, plutôt rudimentaires mais parfaitement utilisables. Zyeux-Bleus, Genou-Blessé et cinq autres hominiens les aidèrent à les rapporter au village.

Ils recrutèrent d'autres assistants : Matt leur enseigna à fabriquer des haches de pierre. Des années plus tôt, il avait passé un été avec un groupe d'étudiants en archéologie, reproduisant le mode de vie des hommes préhistoriques dans les forêts du Massachusetts. Leur petite troupe n'avait pas tardé à fabriquer des outils et à monter un véritable atelier paléolithique : le bruit des pierres entrechoquées s'entendait à des kilomètres à la ronde. Lorsqu'ils disposèrent d'une demi-douzaine de haches, Matt et Sergueï repartirent dans les bois avec un petit groupe d'hominiens, à la recherche de conifères aux troncs cylindriques, aussi lisses et résistants que possible. Ils en abattirent quatre et les débitèrent en tronçons de trois mètres de long, se servant des haches de pierre pour égaliser les bords.

De retour au village, ils rassemblèrent toutes les peaux de bêtes qui provenaient de leurs précédentes parties de chasse et les empilèrent à côté des planches et des troncs débités. Le soir, alors qu'ils avaient à peu près réuni tout ce qu'il leur fallait, l'aire centrale du village était envahie par leur matériel.

Matt était trop préoccupé par le sort de Susan pour songer à manger. Il avait perdu toute une journée à faire ses préparatifs, mais il n'avait pas le choix. Muni d'un cahier et d'un crayon, il s'assit près du foyer, à côté de Sergueï. Un peu plus tôt, Dent-Longue et le Russe avaient fait rôtir sur le feu une cuisse d'antilope et l'hominien était allé distribuer des parts de viande à ses compagnons de chasse. Sergueï s'était confectionné un ersatz de thé, en faisant bouillir des feuilles de framboisier. Il terminait à présent son repas en fumant une cigarette de fortune composée de brins de jasmin émiettés et enroulés dans une feuille de vigne. Il aspira une bouffée, toussa et tendit la cigarette à Matt, qui la refusa d'un hochement de tête et se mit à dessiner. Mécontent de son premier croquis, il arracha la page et la froissa, avant de la jeter dans le feu.

« Il n'est pas nécessaire que ce soit parfait, lui dit Sergueï.

– Non, mais il faut que ça marche. »

Il se remit à l'ouvrage, en commençant cette fois-ci par le bas. Il dessina une plate-forme rudimentaire, posée sur deux troncs cylindriques qui tiendraient lieu de roues : les autres seraient placés devant la construction, de manière qu'elle puisse avancer en roulant tour à tour sur les différents troncs. Sur la plate-forme elle-même, il représenta quatre planches dressées à la verticale et soutenant une seconde plate-forme, plus étroite, qui surplombait la première de trois mètres environ. Par-dessus, il représenta un petit édifice en bois – le poitrail de l'animal –, prolongé d'un côté par un cylindre qui se dressait assez haut et figurait son cou. La tête venait en dernier, une énorme et terrifiante gueule d'ours. Enfin, dans le plancher de l'édifice, sur la seconde plate-forme, il ajouta une petite trappe. L'ensemble était une copie quasi parfaite de la monstrueuse idole des renégats et constituerait un excellent cheval de Troie.

Matt était tellement absorbé par son travail qu'il ne remarqua la présence de Kellicut qu'au moment où celui-ci s'approcha et se pencha par-dessus son épaule pour regarder son dessin. Puis il détourna les yeux, dévisagea Sergueï et lui adressa la parole pour la première fois :

« Vous avez fait cuire de la viande. »

Il ne s'agissait pas d'une question, mais d'un simple constat, proféré d'un ton accusateur. Sergueï acquiesça de la tête et tira une nouvelle bouffée de sa cigarette. Kellicut contempla longuement le foyer : de toute évidence, il s'apprêtait à leur faire une déclaration importante. Il se tourna finalement vers Matt et s'adressa à lui en détachant bien ses mots, pour leur donner plus d'impact :

« Tu n'as pas le droit de faire ça. Ce piège grossier est une violation, la négation même de tous les principes auxquels j'ai consacré ma vie, ajouta-t-il en regardant Matt dans les yeux.

– Tu as travaillé avec l'Institut, rétorqua Matt. C'est toi qui es venu ici le premier et qui as ouvert la boîte de Pandore.

– C'est exact. Je me suis toujours méfié de l'Institut, mais pas autant qu'il l'aurait fallu. (Kellicut marqua une pause.) J'avais besoin d'eux. Sans eux, je n'aurais jamais pu venir jusqu'ici.

– Ils se sont servis de toi.

– Oui, tout comme je me suis servi d'eux. J'avais des soupçons depuis le début. Leurs chercheurs n'étaient pas des lumières, leurs travaux étaient récents et ils dilapidaient beaucoup trop d'argent. Mais honnêtement, je m'en fichais – du moins au début. Ils m'ont dit qu'ils avaient recueilli une série de témoignages troublants dans la chaîne du Pamir. Ils voulaient que j'aille enquêter par là-bas. J'ai sauté à pieds joints sur l'occasion. Qui n'aurait eu la même réaction ? Une tribu d'hominiens préhistoriques… Cette seule hypothèse suffisait à donner le vertige. Même s'il n'y avait pas une chance sur un million pour qu'elle s'avère, cela valait la peine d'essayer.

– Savais-tu qu'ils étaient venus ici avant toi ?

– Oui, c'est le père de Sharafidin qui me l'a appris. Mes soupçons en ont été renforcés, mais en même temps cela m'intriguait : ils agissaient comme s'ils croyaient pour de bon à la réalité de cette histoire. Et je commençais à y croire, moi aussi. »

Kellicut fixa le foyer.

« Puis, lorsque je suis arrivé ici, j'ai découvert ces êtres incroyables et je me suis aperçu qu'ils possédaient ce pouvoir fabuleux. Mes soupçons se sont brusquement concrétisés et j'ai compris après quoi couraient Eagleton et sa bande. Je me rendais bien compte que ce pouvoir pouvait être utilisé à des fins on ne peut plus douteuses, et que c'était cela qui les intéressait. C'est alors que j'ai décidé de me retirer du jeu.

– Mais tu leur as envoyé ce crâne.

– Oui. J'espérais les décourager, mais cela n'a pas marché.

– Pourquoi as-tu enterré ton journal ?

– Il vous était destiné. Je m'étais dit que l'Institut allait vous appeler à la rescousse et vous lancer sur ma piste. À cette époque, je me souciais encore de cette stupidité qu'est la réputation, et je voulais que vous sachiez ce que j'avais découvert. Mais je n'avais pas prévu qu'ils enverraient quelqu'un pour vous accompagner. Par la suite, je me suis demandé si vous n'aviez pas rallié leur camp. Et il m'était devenu égal de partager ma découverte. La seule chose qui m'intéressait, c'était de comprendre, d'acquérir ce pouvoir, pour atteindre à une vérité supérieure.

– Nous n'avons jamais fait partie de l'Institut, Jerry. Tu aurais dû le savoir.

– Peut-être. Mais vous faites toujours partie du problème. »

Matt reposa son cahier, mais il était convaincu que Kellicut avait aperçu son croquis. Il se demanda s'il fallait lui révéler que Van avait établi un contact par satellite et que selon toute vraisemblance les forces de l'Institut étaient déjà en route. Il jugea finalement préférable de garder le silence.

Kellicut lui montra le cahier.

« Peut-être comprends-tu à présent pourquoi ton plan est indéfendable, moralement parlant. Tu dépasses les bornes. Tu as pourtant vu ce qui s'est passé lorsque vous êtes allés secourir Van. Tu ne peux pas introduire les concepts du monde extérieur au sein de cet univers. C'est tout simplement criminel. Je crains qu'il ne faille t'empêcher de courir à l'échec en t'obstinant dans cette voie... (sa voix se chargea tout à coup d'une imperceptible menace)... même si cela implique la mort de Susan. »

Matt le dévisagea d'un air incrédule.

« Tu ne parles pas sérieusement... », dit-il.

Kellicut ne cilla pas.

« Bien sûr que si. »

Il se tut et fixa à nouveau le foyer. Les flammes éclairaient le contour de son visage et ses yeux n'étaient plus que deux gouffres obscurs. Il poussa un soupir, comme s'il assumait à contrecœur le poids d'un lourd fardeau, et reprit :

« Tu n'as pas le droit de réussir. Je ne le tolérerai pas. Si tu t'obstines à vouloir réaliser ton plan, vous mourrez tous les deux, Susan et toi. »

Kellicut se leva et disparut quelques instants plus tard dans la forêt, sous le disque livide de la pleine lune.

27

Avant même de l'entendre, Susan comprit que Kee-Wak arrivait, ayant perçu une soudaine agitation dans la caverne qui surplombait la fosse – mais ayant également détecté sa présence, d'une manière qu'elle n'aurait su définir.

Elle avait tellement soif qu'il lui semblait que sa bouche était totalement desséchée. Elle songea à feindre le sommeil, mais elle savait que sa ruse serait vite éventée. Elle ne pouvait strictement rien faire, et se contenta donc de l'attendre.

Elle aperçut d'abord sa garde prétorienne – deux créatures bardées de peaux de bêtes aux bigarrures jaunes qui les enveloppaient comme des capes. Les gardes se penchèrent d'un air méprisant et Susan sentit qu'ils la sondaient brièvement, à tour de rôle : deux nuages s'insinuèrent dans son esprit et se dissipèrent aussitôt. Elle fit mine de les ignorer et les gardes se retirèrent, disparaissant du bord de la fosse.

Susan baissa les yeux au sol et vit bientôt une ombre immense qui se profilait au-dessus d'elle, comme une gargouille. Elle releva la tête et aperçut Kee-Wak, qui s'était avancé jusqu'au bord de la fosse : il paraissait encore plus grand, vu d'en bas, telle une statue grotesque érigée sur son piédestal. Ses lèvres étaient enduites d'une peinture rougeâtre qui donnait à sa bouche l'aspect d'une plaie béante et ses yeux enfoncés comme ceux d'une hyène étaient rehaussés de noir. Un bandeau de fourrure dépenaillé ceignait son front.

Il eut l'air de comprendre qu'elle avait soif et lui tendit un fragment de crâne, rempli d'une eau saumâtre. Mais comme Susan avait les mains liées derrière le dos, elle ne pouvait saisir l'objet, ni le porter à ses lèvres. Il ne fit aucun effort pour lui venir en aide. De toute façon, l'eau était probablement imbuvable. Kee-Wak sauta alors dans la fosse, juste derrière Susan, et ses mains se refermèrent sur le collet, pour le serrer encore. Les effluves de musc et de sang qui émanaient du colosse lui donnèrent la nausée. Il la tira par les cheveux et l'obligea à se mettre à genoux, la dominant de toute sa stature. Susan sentit l'étui du pistolet qui battait dans son dos. Survint alors ce qu'elle avait tant redouté : Kee-Wak s'insinua dans son esprit, comme une nappe d'eau stagnante gagnant lentement du terrain. Puis la douleur se déclencha : diffuse au début, elle devint de plus en plus vive, lui vrillant le crâne au point qu'elle faillit se mettre à hurler. Le colosse se tenait derrière elle, mais Susan avait l'impression qu'il avait pris possession de ses centres nerveux, percevant ce qu'elle voyait par le canal de sa propre rétine. Et il avait également investi le centre de la douleur.

Susan tenta de rejoindre la paroi de la fosse. Elle se rapprochait de son but, lentement, sans tenir compte de la douleur qui innervait ses épaules et lui martelait le crâne. Elle aperçut enfin l'objet qu'elle cherchait à atteindre. Elle attendit d'être tout près, à quelques centimètres du miroir, pour ouvrir les paupières et découvrir le reflet argenté de ses yeux verts écarquillés, dilatés par la peur. Elle les fixa intensément, plongeant dans le puits d'émeraude de son propre regard, jusqu'à ce qu'elle sente le colosse faire un bond derrière elle. La douleur qui paralysait son cerveau se dissipa aussitôt. Kee-Wak poussa un petit cri – plus étonné que douloureux, lui sembla-t-il – et se précipita d'un bond hors de la fosse. Un instant plus tard, il avait disparu, tel un spectre chassé par la lueur du jour naissant.

Susan se releva. Elle sentit une tache huileuse dans le bas de son dos, à l'endroit où le colosse avait posé ses mains : elle y frotta son poignet et l'enduisit de graisse, afin de desserrer l'étreinte du collet.

Kellicut n'éprouvait pas la moindre frayeur. Il allait, à l'image des prophètes de jadis, ou des chrétiens qui priaient dans les souterrains du Colisée, mû par l'inébranlable certitude que sa décision était juste.

Après avoir franchi le cimetière, il arriva aux premières lueurs du jour devant l'entrée de la grotte. Il n'y avait personne dans les parages et rien ne venait perturber le chant apaisant des oiseaux. Il lui restait une seule chemise marquée à son nom et il avait décidé de la mettre, aujourd'hui, d'une part parce qu'il avait l'impression que l'occasion s'y prêtait, mais aussi en raison de la nature même de sa mission : les émissaires sont toujours vêtus dignement.

Il porta la main à sa poche et sentit la feuille de papier qu'il y avait glissée, le courrier qu'il venait justement délivrer. Mais il pouvait difficilement se présenter et le remettre en main propre à son destinataire, comme l'aurait fait un messager arrivant du fin fond de l'Empire, dans la Rome de César. Sa démarche allait nécessiter un certain tact.

Avant de pénétrer dans la grotte, il jeta un regard autour de lui, moins pour faire ses adieux au paysage – après tout, il n'était pas exclu qu'il le revoie – que pour se donner du courage, aspirer une dernière bouffée du monde extérieur avant de s'engager dans le dédale des galeries. Il n'avait jamais pénétré dans la grotte mais avait souvent songé à l'angoisse, au sentiment d'oppression, qui devait émaner de cet univers souterrain.

Sa mission n'était pas sans danger. Il pouvait fort bien tomber sur un garde borné qui se méprendrait sur ses intentions et l'abattrait sur-le-champ. Ou ne pas arriver jusqu'à la créature qu'il cherchait à atteindre, la seule qui ait l'intelligence suffisante pour comprendre la menace qui planait sur sa tribu, et dont il venait l'avertir.

La galerie était immense et semblait avoir été creusée dans la montagne pour permettre le passage d'un gigantesque convoi ferroviaire. Kellicut se sentait minuscule en entendant ses pas qui résonnaient au loin. Du reste, il était inutile de se montrer discret, puisqu'il ne cherchait nullement à dissimuler sa présence, bien au contraire. Un peu plus loin, la galerie bifurquait et débouchait sur une vaste caverne, éclairée par des torches placées le long des parois. Il s'arrêta et tendit l'oreille, mais ne perçut que le bruit sporadique de l'eau qui s'égouttait des stalactites. Une vague de doute l'envahit brusquement et il dut lutter pour la repousser. Sans en avoir la certitude, il avait l'impression que les créatures lisaient en lui.

Poursuis ton chemin, se dit-il en contemplant plus en détail le décor qui l'entourait. Les niches aménagées pour les torches l'intriguaient, ainsi que le foyer installé au centre de la grotte, et qui paraissait pour l'instant abandonné. Il opta pour la galerie la plus large et s'y engagea : elle remontait en pente douce vers les hauteurs de la montagne. Il apercevait fréquemment des tunnels adjacents, qui débouchaient de part et d'autre, et était un peu dérouté par la complexité de ce réseau souterrain. La galerie obliqua sur la gauche, puis sur la droite. Il aperçut une faille étroite, juste en dessous d'une voûte, et s'y engagea. Il déboucha presque aussitôt dans une gigantesque caverne et se trouva nez à nez avec une douzaine de créatures, qui avaient les yeux fixés sur lui.

Il avait cru prendre les renégats par surprise, mais c'était l'inverse qui s'était produit. Des mains puissantes le saisirent par-derrière et lui rabattirent les bras dans le dos si violemment qu'il ne pouvait plus faire un geste. Tandis que la douleur se propageait dans ses épaules, il comprit brusquement qu'ils lui avaient tendu un piège : c'était pour cette raison qu'il n'en avait pas aperçu un seul à l'intérieur des galeries. Son seul espoir, à présent, c'était que sa venue les intrigue suffisamment pour qu'ils ne l'exécutent pas sur-le-champ et le conduisent jusqu'à l'autorité suprême.

Il n'eut pas à s'interroger bien longtemps. Deux créatures l'entraînèrent dans une galerie latérale, l'encadrant de près, tandis qu'une troisième fermait la marche, la pointe de sa lance enfoncée dans le creux de ses reins. Ils débouchèrent bientôt dans une salle mitoyenne où Kee-Wak se reposait, allongé sur une saillie rocheuse. Il ne fit pas un geste en les voyant arriver, se contentant de tourner légèrement la tête. Kellicut fut sidéré par la puissance, la majesté de la créature étendue devant lui, si manifestement supérieure aux êtres dont il avait partagé l'existence ces derniers mois. Il éprouva un intense soulagement : la décision qu'il avait prise au risque de sa vie était décidément la bonne. Le destin avait d'évidence porté son choix sur les renégats, en leur confiant l'avenir de l'espèce. À ce soulagement succéda bientôt une autre sensation : l'énergie de Kee-Wak s'insinuait en lui et s'étendait pour investir son champ de perception. Kellicut frissonna et ressentit un début de panique, car ce flux était d'une puissance bien supérieure à tout ce qu'il avait pu expérimenter jusqu'alors.

Il s'assit sur un rocher et tendit la main vers la poche de sa chemise. Les gardes se raidirent en apercevant son geste mais Kee-Wak ne broncha pas. Lentement, Kellicut sortit le dessin qu'il avait fait à partir du croquis de Matt et qui représentait l'engin censé imiter l'idole des renégats. Il déplia la feuille et la contempla, en se concentrant pour englober dans son regard l'ensemble du dessin. À l'intérieur de la construction, Kellicut avait fait figurer un détail que Matt s'était abstenu d'indiquer, mais qui dévoilait le secret de son entreprise : des silhouettes de guerriers tapis dans le ventre de l'idole et prêts à en surgir pour se lancer à l'attaque. Il regarda ces personnages, qu'il avait dessinés avec le plus grand réalisme possible. Puis il leva les yeux vers Kee-Wak, afin de voir s'il comprenait : mais ce n'était pas réellement nécessaire, car il sentait sa présence au fond de son esprit, observant à travers son regard le dessin qu'il tenait d'une main tremblante.

Dieu soit loué, songea Kellicut, il comprend le message… Le plan de Matt sera donc neutralisé. Il ne remarqua pas le petit geste que Kee-Wak venait de faire. Mais quelque chose apparut brusquement dans son esprit, une sorte de vision. Il comprit qu'il se servait du pouvoir, qu'il avait enfin réussi à le maîtriser. La vision se précisa et prit lentement forme : elle représentait une nuque, l'arrière d'une tête, de sa propre tête… À quoi cela pouvait-il bien correspondre ?

Il n'eut pas le temps de parer le coup qui s'abattit derrière lui avec une telle violence et une telle précision que la lame pénétra aussitôt dans sa nuque et lui trancha net la moelle épinière. Sa mort fut instantanée, ce qui était finalement préférable, puisque sa dernière pensée avait été heureuse. La joie demeura gravée sur son visage tandis que sa tête basculait lourdement en avant et retombait sur sa poitrine.

Matt découvrit l'endroit idéal pour édifier sa construction, un petit vallon pittoresque, non loin de l'entrée de la grotte, dont il était néanmoins isolé par une rangée de conifères : cela lui permettrait de travailler à l'abri des regards indiscrets, à condition de faire vite.

Il se dirigea vers la rangée d'arbres et jeta un coup d'œil du côté de la grotte. Le sol dégageait une bonne odeur d'aiguilles de pin, ce qui lui rappela les montagnes du Vermont où il aimait tant se promener en automne.

Il repéra mentalement le chemin que l'idole allait devoir suivre afin d'être placée devant la grotte. Il y avait un passage difficile, mais pour l'essentiel le terrain descendait en pente douce. Une fois la construction terminée, ils pourraient donc la faire rouler jusqu'à l'entrée de la caverne, en se servant de deux troncs d'arbres à la fois et en récupérant ceux de derrière pour les replacer à l'avant au fur et à mesure de leur progression. Matt espérait que les hominiens comprendraient le principe, car il comptait sur eux pour soulever la charge, à ce stade de l'opération. Une fois cette fichue idole en place, il n'y aurait plus qu'à attendre la réaction des renégats : le reste dépendait d'eux.

Sergueï et lui se rendirent tôt sur les lieux. Un groupe conduit par Genou-Blessé et Grand-Gars transportait jusqu'au site les matériaux nécessaires à la construction. Les hominiens avaient une fois de plus refusé de traverser le cimetière et avaient donc dû le contourner en charriant les planches et les énormes troncs – cela représentait le double de distance sur un terrain plus accidenté. Mais ce détour ne les retarda guère et, lorsqu'ils arrivèrent, ils ne paraissaient pas se ressentir de cet effort supplémentaire.

Matt cala son sac à dos dans la fourche d'un arbre. Il contenait les pièces les plus fragiles, notamment le système qu'il avait mis au point la veille, jusque tard dans la nuit – l'ultime touche qu'il installerait à la fin, à l'insu de tous, une fois le reste achevé.

Il étala ses croquis sur le sol, les uns à côté des autres. Il en avait fait huit : le premier représentait l'ensemble de l'édifice et les autres le détail de certains mécanismes. Le plus difficile serait sans doute de construire le corps et la tête de l'idole de sorte qu'ils reproduisent exactement la statue érigée dans la grotte. Ce travail n'aurait déjà pas été évident s'il avait disposé de véritables planches, ainsi que d'un marteau et de clous dignes de ce nom, mais avec ces bricoles… Matt n'acheva pas sa pensée.

Il regarda les outils qu'ils avaient étalés sur le sol, cet assortiment hétéroclite d'ossements, de pierres taillées, de cailloux, de fil rudimentaire, de sarments de vigne et d'éclats de silex. Heureusement, il avait encore son couteau.

Sergueï parut déchiffrer ses pensées et lui sourit d'un air encourageant.

« L'outillage est peut-être préhistorique, dit-il, mais l'esprit qui l'anime est de la fin du XXe siècle. »

Ils choisirent les deux planches les plus épaisses pour servir de base à l'édifice et les disposèrent parallèlement l'une contre l'autre. Ils en placèrent deux autres en travers, à chaque extrémité – comme pour un radeau –, et lièrent le tout avec des tiges de vigne. Ils fixèrent ensuite les poutres dressées à la verticale et construisirent par-dessus la seconde plate-forme, destinée à soutenir le corps de l'idole, renforçant les jointures avec des pointes d'os et de silex qu'ils clouèrent à coups de marteau. En guise d'armature, ils fixèrent tout autour de lourdes branches jusqu'à ce que la structure soit suffisamment solide pour que l'on puisse l'escalader et s'y jucher. Non sans regret, Matt dut renoncer à aménager une trappe dans le plancher de la seconde plate-forme : à la place, il pratiqua une ouverture entre les branches et la dissimula avec des peaux de bêtes.

Il se hissa sur la plate-forme, atteignit le sommet et s'épongea le front. D'en haut, il fallait avouer que la construction était impressionnante : elle s'élevait à plus de six mètres du sol et paraissait solide.

Il aperçut alors Dent-Longue qui émergeait à grandes enjambées de la forêt. Il était suivi par deux hominiens titubant sous le fardeau d'une énorme dépouille qu'ils portaient sur leurs têtes. Lorsqu'ils se rapprochèrent, Matt reconnut cette pelisse noire, cette grosse tête ronde... Dent-Longue avait accompli sa mission : il avait réussi à tuer un ours des cavernes. L'idole allait désormais constituer une réplique parfaite.

Sergueï sursauta et resta un instant bouche bée. Puis il se précipita pour aller examiner de plus près la dépouille et félicita Dent-Longue, qui dissimulait mal sa satisfaction. Ils rejoignirent ensuite les autres hominiens, qui s'affairaient autour de la construction et ne tardèrent pas à achever le corps de l'idole. La structure, creuse à l'intérieur, était entourée de parois formées de branches très serrées qu'ils avaient entièrement recouvertes de peaux de bêtes, afin de parachever l'illusion et lui donner l'apparence d'un véritable monstre.

Il fallait à présent s'occuper de la tête. Matt fabriqua la partie inférieure, en ayant soin d'aménager de larges ouvertures à l'emplacement de la gueule et à celui des narines : elles auraient ultérieurement leur fonction. Sur ce socle, il fixa ensuite la tête de l'ours, avec ses petits yeux mauvais. La pelisse noire pendait par-derrière, retenue autour du cou comme un collier, de sorte que le résultat final était strictement identique à l'idole de la caverne – et s'avérait tout aussi effrayant.

Matt regagna le sol et considéra son œuvre : même en plein jour, c'était la réplique exacte de l'original et elle semblait animée du même esprit maléfique. Les hominiens la regardaient avec une certaine appréhension et se tenaient à l'écart, évitant de s'en approcher.

Comme ils l'avaient décidé, Sergueï s'éclipsa pour préparer la cachette secrète. Il erra un moment dans les parages avant de dénicher l'endroit approprié – une crête étroite, située dans les parages immédiats de la grotte, mais dont la pente était invisible depuis l'entrée. Il creusa d'abord une fosse relativement large, mais de faible profondeur, et la recouvrit de branches identiques à celles dont ils s'étaient servis pour construire le corps de l'idole. Il disposa des peaux de bêtes par-dessus et se glissa à l'intérieur pour juger du résultat : l'obscurité était à peu près totale et on n'y était pas exactement au large, mais il y avait suffisamment de place pour abriter une demi-douzaine de personnes.

« Mission accomplie », lança-t-il à Matt après l'avoir rejoint.

Il leva les yeux et contempla la tête de l'idole qui se dressait au-dessus d'eux comme une créature hideuse, une incarnation maléfique.

« On considère donc cela comme un progrès, en termes de civilisation ? dit-il en hochant la tête. De quel genre de divinité s'agit-il, à votre avis ?

– Je n'en sais trop rien, répondit Matt. Mais je pense que son culte est plus ou moins lié à la chasse, à la hantise du sang versé. L'ours des cavernes est considéré comme le maître suprême de la montagne. Toutes les créatures le redoutent, mais lui-même n'en craint aucune. Il est donc assez logique qu'ils en aient fait leur dieu lorsqu'ils se sont mis à tuer et à manger de la viande. L'ours des cavernes était d'ailleurs un animal sacré pour les hommes préhistoriques : nous le savons grâce à leurs tombes et à leurs objets funéraires. »

Sergueï eut un léger frisson.

« Je ne suis pas certain que votre interprétation soit la bonne », dit-il.

Matt lui donna une petite claque dans le dos et ils se remirent à l'ouvrage.

Avec l'aide des hominiens, ils glissèrent les troncs cylindriques sous la plate-forme qui servait de base à la construction. Puis ils se mirent en place et poussèrent de toutes leurs forces l'idole géante jusqu'à ce qu'elle se mette à osciller, puis à bouger de quelques centimètres. D'autres hominiens tiraient sur les cordages de vigne qui étaient enroulés autour de la statue : la construction finit par leur obéir et se mit lentement en branle. Ils disposèrent deux nouveaux troncs à l'avant et allèrent récupérer ceux qui étaient restés derrière. Ils parvinrent ainsi à faire rouler peu à peu la statue, à quelques centimètres du sol. Une demi-heure plus tard, après de longs et pénibles efforts, elle se dressait juste devant l'entrée de la grotte.

Ils alignèrent les troncs qui restaient à côté et laissèrent pendre les cordages qui leur avaient permis de tirer l'idole. La construction était enfin en place, prête à être investie. Matt enfila son sac à dos et se hissa encore une fois dans les hauteurs de la structure : après avoir écarté les peaux qui dissimulaient l'entrée, il grimpa jusqu'au sommet, se faufila à l'intérieur de la tête et installa le dispositif qu'il était venu mettre en place.

Puis il redescendit par le même chemin et émergea à l'air libre. Il planta un pieu dans le sol et y attacha quelque chose, avant de quitter les lieux. En traversant le vallon, il remarqua que le soleil était déjà bas dans le ciel. L'après-midi tirait à sa fin, et les créatures n'allaient plus tarder à émerger de leur tanière pour se mettre en chasse. Il ne restait plus qu'à prier pour qu'elles envoient des sentinelles par ici, voire qu'elles se lancent dans un nouveau raid en utilisant cette galerie. Il se retourna pour contempler son œuvre. L'idole se dressait, majestueuse et maléfique, l'éclat de sa pelisse noire rehaussé par les rayons du soleil. On ne pouvait pas refuser un tel tribut, une offrande pareille... Matt comprit alors le génie, la suprême ruse, qui avait inspiré la construction du cheval de Troie, ce cadeau empoisonné qu'il était impossible de refuser.

Matt quitta le vallon et rejoignit la pente où Sergueï prenait un peu de repos. Il s'étendit dans l'herbe et sentit brusquement la fatigue s'abattre sur lui, contrecoup de tous les efforts qu'il avait déployés. Mais il ne pouvait pas prendre le risque de s'assoupir, il devait rester aux aguets. Le véritable affrontement n'avait pas commencé et il savait qu'il allait bientôt avoir besoin de toutes les réserves d'énergie dont il disposait.

Susan avait réussi à dégager l'une de ses mains du collet mais la laissait la plupart du temps derrière son dos, afin que ses ravisseurs ne se doutent de rien. Cette précaution relevait d'ailleurs de la superstition : elle connaissait suffisamment leur pouvoir pour savoir qu'il se limitait à investir son propre regard – et encore fallait-il qu'ils soient dans les parages. Mais elle ne tenait pas à prendre le moindre risque. Elle s'était déjà servie de sa main libre pour saisir le crâne que Kee-Wak lui avait lancé. Il contenait encore un reste d'eau saumâtre, mais son odeur était tellement nauséabonde qu'elle avait renoncé à la boire.

Elle ne voyait aucun moyen de sortir de la fosse. La paroi était trop raide pour qu'elle puisse l'escalader. Il y avait bien une saillie prometteuse, sur l'un des côtés : si elle avait été un peu moins haute, elle aurait pu s'y hisser. Mais même en sautant, elle ne parvenait pas à l'atteindre. Il aurait fallu qu'elle puisse monter sur quelque chose.

Susan était encore sous le choc de son entrevue avec Kee-Wak. Elle avait la certitude qu'il n'allait pas tarder à revenir et que sa ruse ne marcherait vraisemblablement pas une seconde fois. Elle remit néanmoins son miroir dans sa poche, pour l'avoir à portée de la main. Son sixième sens lui disait que quelque chose se tramait dans la caverne : une certaine agitation semblait régner au-dessus d'elle, comme si une activité ou une cérémonie particulière était sur le point de commencer. Peut-être les créatures étaient-elles en train de préparer son propre sacrifice…

Depuis toujours, elle redoutait la douleur. Ce n'était pas tant la mort qui l'effrayait que la souffrance physique. Et ces monstres étaient bien capables de la torturer – non pas à des fins perverses, mais parce qu'ils étaient tellement dénués de sentiments qu'ils ne mesuraient même pas la portée de leurs actes.

Ses pensées furent interrompues par un soudain remue-ménage au-dessus d'elle. Elle leva les yeux mais ne distingua pas grand-chose, car la lueur des torches enflammées estompait tout le reste. Elle aperçut vaguement les jambes courtaudes de deux créatures qui se tenaient au bord de la fosse et avaient l'air de porter quelque chose, une sorte de linceul. S'agissait-il de la tunique qu'elle allait devoir enfiler pour le sacrifice ? À cet instant, les créatures soulevèrent leur charge et la lancèrent à l'intérieur de la fosse : elle y retomba lourdement, heurtant le fond avec un bruit sourd. À la lueur des torches, Susan distingua un bras qui pendait, puis une jambe : c'était un corps – un corps humain... Au-dessus, les créatures s'éloignèrent. Lentement, précautionneusement, Susan s'approcha, se pencha et retira sa main de derrière son dos. Elle retourna doucement le corps et découvrit avec stupéfaction qu'il s'agissait de Kellicut ! Ses traits étaient affreusement contractés et ses yeux, vitreux, exorbités, saillaient de son visage grimaçant. Susan poussa un cri et relâcha le cadavre, qui s'affaissa et retomba sur le côté. Elle remarqua alors une horrible plaie, au sommet de sa nuque. La blessure était si large et tellement dilatée qu'on en apercevait tous les replis, jusqu'au tréfonds. Mais lorsque son regard plongea malgré elle à l'intérieur, elle se mit à hurler, sans pouvoir s'arrêter. Il n'y avait rien dans le crâne. Le cerveau en avait été retiré.

Les renégats émergèrent lentement de la grotte, contemplant l'immense idole d'un air inquiet, comme si elle pouvait les anéantir d'un instant à l'autre. Certains clignaient des yeux, aveuglés par le soleil. Ils firent lentement cercle autour de la statue : les plus hardis s'en approchèrent et tendirent gauchement la main pour toucher le socle de bois sur lequel elle était édifiée.

Un peu plus loin, depuis leur cachette, Matt les observait avec anxiété. Un affreux pressentiment s'était mis à le ronger : peut-être cette divinité était-elle tellement féroce que les renégats n'allaient même pas oser la déplacer… Or, s'ils ne la transportaient pas à l'intérieur de la grotte, tout son plan s'effondrait. Il avait estimé que ce serait leur réaction instinctive, mais peut-être s'était-il trompé : il ignorait trop de choses à leur sujet pour pénétrer vraiment les arcanes de leur univers mental et être en mesure de deviner leurs réactions. Il avait pourtant l'intuition que l'un d'entre eux au moins – Kee-Wak, pour ne pas le nommer – allait vouloir s'approprier cette œuvre, la faire sienne, s'en servir pour accroître un peu plus son propre pouvoir.

À cet instant précis, comme s'il avait lu dans ses pensées, Kee-Wak apparut à l'entrée de la grotte. Il était impossible de se méprendre sur l'identité de cette silhouette massive, menaçante, qui arborait autour du front un bandeau de fourrure. Matt aperçut la crosse du revolver qui brillait au soleil tandis que le colosse considérait l'idole, avant de regarder autour de lui et d'examiner avec attention le décor environnant – ce que n'avaient pas fait les autres créatures avant lui.

Matt se hâta de regagner sa cachette. Son genou heurta le dos de Sergueï et ils restèrent tous les deux tapis dans l'obscurité, tandis qu'un flux inquiétant s'insinuait lentement dans leur cortex et s'étendait inexorablement, comme une coulée d'encre au contact de l'eau. Terrifié, Sergueï saisit le bras de Matt et le serra si fort qu'il en eut la circulation coupée. Matt tendit la main et tapota le genou de son compagnon. La sensation ne tarda pas à se dissiper.

« Ne vous inquiétez pas, dit Matt. Ce n'était qu'une vérification de routine. À présent, nous pouvons sans doute nous risquer à l'extérieur. »

Abrités derrière la crête, ils virent les renégats qui s'affairaient tels des lilliputiens pour tenter d'introduire dans la grotte l'immense construction. Certains la tiraient, d'autres la poussaient, mais ce fut seulement lorsqu'ils eurent compris l'usage des troncs cylindriques qu'ils parvinrent à la faire bouger. Matt les encourageait intérieurement, résistant à l'envie de se lever pour leur lancer des directives et leur expliquer l'usage d'un outil aussi élémentaire que la roue. Mais les renégats eurent finalement l'air de comprendre le processus et la construction se mit lentement en branle, oscillant et tanguant sur ses cylindres comme une goélette ballottée au gré des flots par un vent capricieux. Matt eut l'impression que le trajet durait une éternité, mais l'idole se dressa finalement dans l'ouverture de la grotte, où elle demeura un moment tandis que les créatures dégageaient des rochers afin de permettre son passage. Elle disparut enfin dans l'entrée béante et ténébreuse de la grotte.

« Allons-y ! » s'écria Matt.

Il s'était déjà élancé en courant lorsque Sergueï émergea à son tour de la cachette. Ils dévalèrent la pente et traversèrent le vallon, avant de rejoindre la grotte par le côté. Matt tendit l'oreille et perçut un brouhaha confus de pierres qu'on heurtait et de troncs qui roulaient, de grincements, de pas, de grognements et de ahanements. Mais ils s'éloignaient déjà et il se faufila à l'intérieur, Sergueï sur ses talons. Ils attendirent un instant que leur regard s'accoutume à l'obscurité, en se plaquant à la paroi pour éviter que la lumière du jour ne trahisse leur présence. Devant eux, à l'endroit où la galerie bifurquait, ils aperçurent l'idole qui avançait, comme un navire d'apparat : la lueur des torches déformait ses traits et projetait des ombres hideuses sur la paroi rocheuse. Tout à coup, surgissant du néant, on entendit le martèlement sourd, obstiné, inquiétant des tambours.

Matt dut faire un effort pour refréner son impatience. Lorsqu'il estima qu'il s'était écoulé un temps suffisant, il s'engagea dans la galerie, suivi par Sergueï. Quand ils atteignirent la courbe, il s'immobilisa et jeta un coup d'œil de l'autre côté. La scène qu'il aperçut était cauchemardesque. L'idole était dressée au centre de la grotte : elle paraissait encore plus grande qu'à l'extérieur, et deux fois plus hideuse, cernée de toutes parts par les pointes acérées des stalactites. Des chauves-souris virevoltaient autour du crâne d'ours qui trônait à son sommet. Des guerriers entouraient la statue de tous côtés, et Matt remarqua aussitôt qu'ils s'étaient munis de leurs lances et de leurs massues. Dans un coin, les joueurs de tambour martelaient leurs instruments – de gros cylindres de bois creux recouverts d'une peau tendue. D'autres portaient des torches. Et, dominant cette assemblée, revêtu de ses parures habituelles, Kee-Wak était assis sur le trépied sculpté qui lui tenait lieu de trône.

Kee-Wak se leva et les tambours s'arrêtèrent. Il regarda d'un air dubitatif l'idole qui se dressait devant lui. Il tentait visiblement de la « lire » pour déchiffrer son secret. Toutes les créatures avaient les yeux rivés sur l'horrible divinité. Brusquement, Kee-Wak fit un geste et d'autres renégats apportèrent des brassées de bois, qu'ils entassèrent autour du socle de l'idole. Lorsqu'ils eurent terminé, les tambours se remirent à battre mais Kee-Wak les fit taire d'un geste impérieux. Il se leva à nouveau et fixa la statue, essayant de percer son mystère, d'en scruter les moindres recoins en faisant appel à toutes les ressources de son pouvoir visuel. Visiblement, quelque chose le tracassait. À cet instant, un cri s'éleva à l'intérieur de l'idole, ténu au début, mais bientôt plus précis – une mélopée aiguë, insistante : le cri de détresse des hominiens. Effrayés, les renégats reculèrent et tombèrent à la renverse, les uns sur les autres, sous l'effet de la surprise. Mais Kee-Wak se précipita, comme s'il s'était attendu à un tel phénomène. Il saisit une torche et mit le feu au bois avec des gestes fébriles, faisant le tour du socle jusqu'à ce que des flammes s'élèvent de tous côtés.

Kee-Wak rejeta la torche et se recula, tandis que les flammes se mettaient à consumer l'idole. Elles s'attaquèrent d'abord aux planches du socle, avant de se propager au corps lui-même, léchant le bois et l'embrasant à vive allure. Les tambours se remirent à battre et la fumée ne tarda pas à envahir l'ensemble de la grotte, chassant les chauves-souris, qui s'envolaient éperdument dans les hauteurs de la voûte, dans un affreux et bruissant nuage d'ailes noires. Il se produisit alors un phénomène aussi saugrenu qu'inattendu.

Quelque part dans les tréfonds de l'idole éclatèrent des accords de guitare, des roulements de batterie, et la voix de Bruce Springsteen retentit soudain dans la grotte, se répercutant de toutes parts avec une intensité phénoménale : « *Born in the U. S. A...* » Au même instant, les flammes atteignirent la tête de l'idole et la divinité bestiale parut un instant reculer : de sa gueule et de ses yeux béants se mirent à jaillir des fusées, qui giclaient à six mètres de haut en lançant des éclairs multicolores et en dessinant de longues traînées rousses sur les parois rocheuses avant de retomber au sol. La grotte se transforma bientôt en un enfer de flammes, de cendres et de fumée, dominé par le nuage tournoyant des chauves-souris, tandis que la musique continuait d'ébranler la voûte et se répercutait tout le long des galeries adjacentes.

Prises de panique, terrifiées par la vision dantesque de leur dieu vengeur, les créatures s'éparpillèrent dans le plus grand désordre, se bousculant et se piétinant les unes les autres. Elles rejoignirent la caverne principale et la traversèrent sans s'y arrêter, poursuivant leur course dans les hauteurs de la grotte, aiguillonnées par la musique qui hurlait toujours dans leur dos. Kee-Wak avait lui aussi pris la fuite, écartant tout le monde sur son passage. Arrivé dans la caverne, il s'arrêta un instant et se précipita vers la fosse : elle était vide, en dehors du cadavre de Kellicut qui avait été repoussé au pied de l'une des parois, sous une saillie rocheuse, permettant ainsi à la prisonnière de s'enfuir. Kee-Wak poussa un grognement de rage et se remit à courir avec le reste de ses troupes, remontant à travers les galeries pour rejoindre l'entrée principale de la grotte. Les renégats se regroupèrent tous à l'extérieur, sur un épais tapis de neige, au milieu des congères dues à la récente tempête.

Matt s'était précipité derrière les créatures. Lorsqu'il atteignit la caverne principale, elle était totalement déserte. Il aperçut la fosse et allait s'en approcher lorsqu'il entendit une voix dans son dos :

« N'y va pas, Matt. C'est affreux… Il n'y a plus que… Kellicut… »

Il prit Susan dans ses bras et l'étreignit longuement. La jeune femme tremblait comme une feuille. Ils étaient encore enlacés lorsque Sergueï émergea à son tour dans la caverne, quelques minutes plus tard, en compagnie de Genou-Blessé, de Dent-Longue et des autres hominiens qui avaient attendu dans la cachette. Ils reprirent aussitôt leur poursuite, longeant des galeries désertes et des foyers abandonnés, avant d'atteindre enfin l'entrée – l'endroit même où Matt, Susan, Van et Rudy avaient aperçu les créatures pour la première fois, quelques semaines plus tôt.

Ils se hissèrent l'un après l'autre jusqu'à l'entrée de la grotte et regardèrent à l'extérieur : sous l'emprise de la panique qui les secouait encore, les renégats s'agitaient dans la neige en gémissant comme des animaux blessés. Ils marchaient dans tous les sens, tournaient en rond et se battaient même entre eux : des giclées de sang constellaient çà et là la neige qu'ils piétinaient. Matt et Susan aperçurent Kee-Wak qui se dressait au milieu de ce chaos, dégageant toujours la même impression de puissance et dominant tous ceux qui l'entouraient.

En une fraction de seconde figée pour l'éternité, il releva le menton et tourna son regard sombre vers l'entrée de la grotte. Apercevant Susan, Matt et Sergueï, il comprit aussitôt le piège dont il avait été victime : la rage l'envahit et il se mit à hurler, rejetant la tête en arrière. Puis, d'un geste décidé, il brandit l'étui au-dessus de sa tête et en sortit le pistolet, tâtonnant un moment avant de trouver la gâchette. La détonation retentit, se répercuta au loin, et la balle retomba dans la neige, inoffensive. Mais une deuxième, puis une troisième détonation la suivirent de près.

Presque immédiatement, un autre son leur succéda, sourd et vibrant : on aurait dit un tremblement de terre. Il s'amplifia, se rapprocha, s'intensifia encore, jusqu'à ce que la montagne elle-même se mette à trembler. Et soudain, depuis le sommet, une immense vague de neige se mit à dévaler la pente, s'effondrant comme un glacier dans un grondement de tonnerre.

« Attention ! hurla Matt. Une avalanche ! »

Il se replia précipitamment avec ses compagnons à l'intérieur de la grotte. Mais juste avant, ils avaient tous regardé à l'extérieur et aperçu Kee-Wak, alors que l'énorme vague de neige se précipitait inexorablement sur lui. Kee-Wak avait levé les yeux : comprenant le sort qui l'attendait, il s'était redressé en retroussant les lèvres et en poussant un long hurlement guttural, de rage et de dépit. C'était un cri fantomatique, amer et angoissé, qui semblait émaner des profondeurs du temps, après avoir franchi des siècles et des millénaires. Puis l'avalanche prit fin et le silence retomba.

28

Le soleil était déjà haut dans le ciel lorsque Matt et Susan se réveillèrent. Ils rassemblèrent aussitôt leurs affaires et se préparèrent à partir. Leur modeste équipement tenait facilement dans leurs sacs à dos, à l'exception de leurs anoraks, dont ils allaient d'ailleurs avoir besoin lorsqu'ils aborderaient l'autre versant de la montagne. Ils contemplèrent pour la dernière fois la tonnelle où ils avaient vécu pendant plusieurs semaines.

« C'est invraisemblable, dit Susan, mais je suis sûre que cet endroit va me manquer.

– Invraisemblable est bien le terme qui convient, répondit Matt.

– À ton avis, devons-nous révéler cette histoire au public ?

– Je n'en sais rien. Je me suis déjà posé la question. De toute évidence, si nous publions quoi que ce soit à ce propos, cet endroit est fichu. Même si nous modifions certaines données, des gens finiront tôt ou tard par débarquer ici. Kellicut avait raison – en tout cas sur ce point.

– Je suis d'accord avec toi. Mais d'un autre côté, il est un peu vexant de se dire que personne n'aura jamais connaissance de notre épopée. Songe à la science... N'y a-t-il pas moyen de transmettre d'une manière ou d'une autre cette découverte aux générations futures ?

– Je ne vois pas comment nous pourrions procéder, dit Matt. Il faudrait savoir à quel moment précis cette société disparaîtra, à supposer que cela doive arriver. »

Susan hocha la tête, un peu dépitée.

« Je crois que je n'arriverai plus à lire le moindre article sur l'homme de Néandertal, désormais. Et moins encore à en rédiger un...

– Il va falloir que tu changes de branche, plaisanta Matt. Consacre-toi aux australopithèques, à l'*Homo habilis*...

– Ou à mon petit préféré, l'*Homo erectus*. »

Ils éclatèrent de rire.

Sergueï les attendait près du foyer central. Il était encore moins chargé qu'eux et avait hâte de se mettre en route. Mais ils avaient encore une tâche importante à accomplir, et les hominiens avaient passé la matinée à préparer la cérémonie. Le corps de Kellicut avait été redescendu de la grotte et gisait, nu, sur une dalle rocheuse : sa tête avait été remise en place tant bien que mal mais conservait une drôle de position. Juste à côté, un immense bûcher avait été dressé : ses flammes montaient à plus de six mètres dans le ciel intensément bleu et dégageaient des ondes de chaleur qui donnaient aux nuages un contour tremblotant.

Matt jeta un coup d'œil à la ronde, dans le village.

« Ils jettent toutes leurs affaires dans le feu, dit-il. Regardez, ils détruisent même leurs huttes.

– C'est parce qu'ils partent s'installer dans la montagne, dit Sergueï. Ils vont prendre possession de la grotte que les autres ont libérée. » Matt et Susan se dévisagèrent. « Je suppose qu'ils préfèrent vivre à l'intérieur », ajouta Sergueï avec un haussement d'épaules.

Tout le village s'était rassemblé pour assister aux funérailles. Susan constata avec soulagement que la population était encore nombreuse : elle craignait que le tremblement de terre et l'attaque des renégats ne l'aient décimée. La plupart des femmes et des enfants, ainsi qu'une partie des mâles, avaient dû trouver refuge dans la forêt. Mais ils étaient à présent tous revenus et faisaient cercle autour du corps de Kellicut, étendu à l'extrémité de la clairière centrale.

Une place d'honneur avait été réservée à Matt, Susan et Sergueï. Derrière eux, les adolescents frappaient les rondins évidés posés sur leurs genoux, produisant une mélopée plaintive et syncopée. D'autres avaient entamé leur danse funèbre, les coudes et les genoux repliés d'une étrange manière. Les flammes du bûcher s'élevèrent de plus en plus haut, jusqu'à ce qu'Œil-Sombre émerge enfin de sa hutte, portant comme l'autre fois sa coquille emplie d'huile. Il traversa l'allée de braises aménagée à son intention et déposa la conque dans le feu. Il se dirigea ensuite vers le cadavre de Kellicut, sa pointe de silex effilée à la main, et l'approcha des orbites du mort.

« Vous n'êtes pas obligé de regarder », souffla Matt à Sergueï ; mais en percevant l'exclamation étouffée qu'il poussa quelques instants plus tard, il comprit que le Russe n'avait pas suivi son conseil.

Œil-Sombre alla retirer la coquille des flammes et versa un filet d'huile chaude sur le torse de Kellicut. Son corps fut ensuite enveloppé dans d'épaisses feuilles de vigne et soigneusement ficelé, comme un paquet. Le rythme des percussions s'accéléra et les gardiens du cimetière apparurent pour l'emporter. Ils le déposèrent sur un nouveau catafalque, installé sur des troncs vaguement dégrossis qui lui servaient de roues.

Tandis qu'ils l'emmenaient, Œil-Sombre se retira dans sa hutte, sa sacoche à l'épaule. Les yeux de Kellicut allaient rejoindre ceux des anciens membres de la tribu disparus avant lui.

« Bon, dit Sergueï. Je me suis montré suffisamment patient jusqu'ici. Racontez-moi tout. Comment avez-vous réussi à tirer cette affaire au clair ? »

Ils venaient de prendre leur dernier repas dans la vallée et s'accordaient un moment de repos avant d'entamer la longue randonnée qui les attendait. Matt était allongé, les bras repliés derrière la nuque, et regardait le ciel. Susan était à ses côtés, en appui sur ses coudes, le buste redressé et les jambes étendues devant elle.

« À dire vrai, nous n'avons pas de grandes révélations à vous faire, dit-elle. Avez-vous entendu parler de l'énigme de Khodzant ? (Sergueï hocha négativement la tête.) C'est des pictogrammes qui ont été découverts dans la région, à la fin du siècle dernier. Comme il en manquait une partie, personne n'avait jamais pu en déchiffrer le sens. L'original étant perdu, on ignorait même de quand il datait. Il est probable que si on l'avait su, à l'époque, personne n'aurait voulu le croire. Ç'aurait été une vraie révolution – un peu comme si l'on avait découvert la table des Dix Commandements.

« Au cours de notre premier passage dans la grotte, alors que nous étions poursuivis par ces créatures, nous avions aperçu la fresque complète, peinte sur une paroi. J'y suis retournée par la suite, pour l'étudier de plus près. Elle représente une bataille, ou plus exactement une série de batailles, opposant deux tribus irréductibles : d'un côté l'*Homo sapiens* – notre espèce, si vous préférez –, de l'autre l'*Homo neandertalensis*. À un moment donné, les deux clans déposent les armes et décident de se réunir, pour tenir une sorte de conseil destiné à établir la paix. Mais entre-temps, les *Homo sapiens* ont préparé un coup fourré : ils ont creusé des trappes, afin d'y faire tomber, puis d'y ensevelir les néandertaliens. Et leur ruse s'avère efficace : ce sont eux qui l'emportent, même s'ils n'ont pas triomphé de manière loyale. Leur victoire repose sur une trahison, une duperie. Vous me suivez jusque-là ?

– Vous voulez dire que tout s'est joué au cours d'une seule bataille ? Et qu'une simple ruse a suffi pour exterminer l'ensemble des néandertaliens ?

– Non, pas exactement. Il y eut probablement une longue succession de batailles, s'étendant sur des années, des décennies – peut-être même des siècles. Mais le résultat ne variait pas : c'était toujours l'*Homo sapiens* qui l'emportait. En d'autres termes, l'énigme n'est pas simplement le récit d'un événement passé :

c'est une métaphore visuelle, expliquant l'extermination quasi complète de toute une espèce. Sa fonction est en quelque sorte pédagogique. Elle a transmis cette leçon d'histoire aux petits groupes de survivants qui réussirent à traverser les siècles, leur répétant sans cesse son message essentiel : souvenez-vous, n'oubliez jamais la nature réelle de l'*Homo sapiens*...

– C'est-à-dire ?

– Qu'il est hypocrite, rusé, fourbe, menteur... Et que, grâce à cela, il finit toujours par triompher. »

Matt intervint à son tour :

« Et donc, si vous voulez survivre, il vous faudra prendre exemple sur lui, l'imiter, lui ressembler.

– Depuis qu'on a découvert le premier crâne humanoïde dans la vallée de Neander, voilà un siècle et demi, et qu'on a établi qu'il provenait d'une espèce différente de la nôtre, la question qui a toujours intrigué les archéologues, les paléontologues et leurs confrères, était la suivante : pourquoi avons-nous survécu, alors qu'il s'est éteint ? L'homme de Néandertal était aussi intelligent que nous, il était plus robuste et sa population était probablement plus importante, supérieure à un million d'individus, si ce n'est plus. Il avait survécu à la terrible ère glaciaire qui s'était étendue sur l'Europe et l'Asie et avait habité ces régions pendant plus de deux cent mille ans. Que lui était-il donc arrivé ? De quelle faculté essentielle était-il privé ?

– Et la réponse est...

– La ruse. L'aptitude au mensonge, à la trahison. Rien de plus, rien de moins.

– Et c'est une chose qui doit pouvoir s'apprendre, intervint Matt, sinon ils ne se seraient pas donné la peine de se transmettre la leçon au fil des siècles. Mais elle ne doit pas être facile à acquérir. Vous auriez dû voir le temps qu'il m'a fallu pour leur faire comprendre qu'il était plus facile de capturer un animal en lui tendant une embuscade plutôt qu'en se dressant en travers de son chemin pour l'abattre à coups de lance.

– D'où vous est venue l'idée de ce plan ?

– Je n'en sais trop rien, dit Matt. Quand Susan a été capturée, j'ai compris qu'il me fallait élaborer une stratégie. Ils avaient l'avantage du nombre et de la force, je devais donc recourir à la ruse pour revenir au score et gagner la partie. J'ai senti que le message secret, le cœur même de l'énigme, résidait là.

– Tu l'as senti ? dit Susan en souriant.

– Oui, j'en ai eu la brusque certitude, un peu comme une inspiration. »

Susan sourit à nouveau.

« Bon, dit Sergueï. Vous avez donc décidé de leur tendre un piège pour sauver Susan. Mais pourquoi avez-vous pensé au cheval de Troie ?

– C'est la plus vieille ruse de l'Histoire. Et tellement parfaite, que c'est l'anecdote préférée des gamins, en matière d'antiquité grecque. J'étais certain qu'après avoir aperçu leur idole, ils ne pourraient pas résister au désir de s'en emparer. Si je parvenais à construire une réplique aussi proche que possible de l'original, ils ne manqueraient pas de la transporter dans leur grotte.

– Dans ce cas, pourquoi ne pas l'avoir remplie de guerriers ?

– Le piège était justement là ; à plusieurs niveaux, d'ailleurs. Mon plan reposait en fait sur l'idée que Kee-Wak allait se méfier, se douter de quelque chose, au moins en partie. Mon point de départ avait été l'énigme : pourquoi avait-elle une telle importance à leurs yeux, au point d'avoir été préservée et de s'être ainsi transmise au fil des générations ? À cause de la leçon qu'elle comportait, bien sûr, concernant la ruse de leurs ennemis. Étant ainsi alertés, je me suis dit qu'ils risquaient fort de déjouer le stratagème. Je leur ai donc tendu un piège qu'ils pouvaient déjouer, mais qui dissimulait une trappe supplémentaire, impossible à détecter. Disons que c'était un piège au second degré.

– Je vois, dit Sergueï.

– C'est le genre de choses que nous faisons presque automatiquement, nous autres humains. Les échecs, par exemple, sont fondés sur ce principe. Ou la course aux armements. L'espionnage et le contre-espionnage relèvent de la même logique : des données que l'on cache ou que l'on falsifie et qui s'empilent les unes sur les autres. Les psychologues appellent cela de la supercherie tactique.

– Comme ces expériences qu'on a faites sur des chimpanzés, ajouta Susan. Le chimpanzé est capable de pratiquer le premier degré de la ruse, par exemple en cachant des bananes dans une boîte et en faisant croire à l'un de ses congénères qu'elles ne s'y trouvent pas. Ce dernier peut atteindre le second degré, en faisant comme si de rien n'était tout en surveillant le premier chimpanzé jusqu'à ce qu'il ouvre la boîte. Mais ni l'un ni l'autre ne sont capables de concevoir la ruse suprême, qui consisterait pour le premier chimpanzé à se rendre compte que l'autre l'espionne et à ouvrir la mauvaise boîte.

– C'est exact, dit Matt. Je suppose que Kee-Wak était plus ou moins dans le même cas. Grâce à l'énigme, il connaissait la fourberie des humains, mais il ignorait quelles profondeurs elle pouvait atteindre.

– Mais comment avez-vous réussi à lui faire croire qu'il y avait des guerriers à l'intérieur de l'idole ?

– D'abord, parce qu'il y avait de fortes chances pour qu'il le soupçonne. Ensuite, parce qu'il allait forcément se servir de son pouvoir pour scruter l'intérieur de la statue. C'est pourquoi je vous ai demandé de creuser cette cachette et d'y dissimuler les hominiens : lorsque Kee-Wak s'est insinué dans leur esprit, il a vu de la pénombre et des rais de lumière qui filtraient à travers des branchages, exactement comme s'ils avaient été cachés dans le ventre de l'idole.

– Et ces bruits qui ont jailli de sa tête ?

– C'était la touche finale. J'avais préparé une cassette sur le magnétophone de Susan, à partir de mon propre appareil, en laissant la première demi-heure entièrement vierge. Puis j'ai dupliqué les cris de détresse des hominiens que j'avais enregistrés voilà plusieurs semaines. Et pour faire bonne mesure, j'y ai ajouté quelques morceaux de l'un de nos plus éminents musiciens. (Il se tourna vers Susan et ils échangèrent un sourire.) Il ne restait plus qu'à mettre le système en place, ce qui n'était pas particulièrement difficile. J'ai calé le magnétophone entre des planches de bois, dans le ventre de l'idole. J'ai branché le volume au maximum, puis j'ai bloqué le déclencheur avec une lamelle de bois, munie d'un fil lui-même rattaché à un piquet, à l'extérieur. Il suffisait que l'idole soit déplacée pour que le fil se tende et que le mécanisme se mette en route. Et une demi-heure plus tard, on entendait les hominiens crier.

– Comment avez-vous deviné que Kee-Wak allait y mettre le feu ?

– C'était le plus logique, s'il voulait se débarrasser d'un tel engin après l'avoir transporté dans une grotte éclairée par des torches. Surtout qu'il s'en méfiait déjà au départ.

– Et les flammes ont déclenché les fusées éclairantes que vous aviez dissimulées dans la bouche et les yeux de la statue ?

– Exactement.

– Je dois avouer que vous avez l'esprit encore plus tordu que nous, vous autres Américains.

– Que voulez-vous, nous avons été à l'école de l'oncle Remus...

– Que voulez-vous dire ?

– Peu importe. Mais si jamais vous entendez un jour quelqu'un dire : " Ne me jetez pas dans ce buisson d'églantiers ", ouvrez l'œil et méfiez-vous. »

Ils firent leurs adieux aux hominiens du mieux qu'ils pouvaient. Un petit groupe les accompagna jusqu'à la grotte, conduit par Genou-Blessé, qui retrouvait ainsi son rôle de guide. Dent-Longue ne s'attarda guère : son torse et son visage étaient à présent recouverts d'ocre rouge et de charbon de bois et il s'apprêtait à emmener sa petite bande de chasseurs dans une autre partie de la vallée où les animaux, n'ayant jamais été traqués, constitueraient des proies faciles. Les jeunes mâles qui l'accompagnaient étaient peinturlurés de la même manière et munis de tout un arsenal de lances, de haches et de massues. Dent-Longue arborait fièrement en travers de son dos l'arc et le carquois rempli de flèches que Sergueï lui avait offerts en guise de cadeau d'adieu.

En traversant les galeries, ils purent constater que le Russe ne leur avait pas menti : les hominiens étaient en train de s'y installer et prenaient possession des foyers abandonnés et des petites cavernes disséminées le long des tunnels. Ils s'étaient également emparés des peaux de bêtes qui séchaient sur les parois ou qui étaient étalées sur le sol, devant les foyers, en guise de literie.

« Matt, dit Susan, as-tu remarqué que les enfants sont maintenant répartis en groupes nettement moins nombreux ? Penses-tu que ce nouveau cadre de vie puisse leur imposer sa propre logique et modifier en profondeur la nature de leurs relations sociales ?

– Si tu entends par là qu'ils sont en train d'inventer la cellule familiale, la réponse est non.

– Pourquoi ?

– Eh bien, pour commencer, il n'y a pas suffisamment de chasseurs parmi eux. Et comme tu le sais, la structure familiale est une conséquence directe de la répartition des tâches, qui débuta lorsque les hommes partirent chasser en laissant les femmes au foyer pour s'occuper des enfants. Cela figurait dans les tout premiers manuels que nous avons étudiés. »

Ils étaient en train de longer une petite grotte où un mâle et une femelle alimentaient un foyer.

« Je ne pense pas qu'ils se soient donné la peine de les lire », dit Susan.

Lorsqu'ils arrivèrent dans la caverne principale, Susan les laissa un moment. Matt croyait qu'elle voulait revoir la fosse où Kee-Wak l'avait retenue prisonnière, mais elle se rendit en fait dans la grotte sacrée, afin de revoir l'énigme une ultime fois. Elle se dirigea vers le dernier panneau et contempla la silhouette solitaire qui y figurait. Elle ne s'était pas trompée. L'artiste avait capté à la perfection l'intensité de cet instant : la posture de défi du personnage qui relevait la tête, mais qui s'effondrait déjà sous le poids de la terre et des pierres qui pleuvaient autour de lui, ses lèvres retroussées, son regard meurtrier, ses traits déformés par la rage que lui inspirait la trahison de l'ennemi. Susan savait que la représentation était parfaite, d'autant qu'elle avait été témoin d'une scène identique.

Soudain, un flux silencieux envahit son esprit et elle sentit une présence s'insinuer en elle. Elle se retourna et aperçut dans la pénombre d'une arche une silhouette tout aussi voûtée, mais beaucoup plus vieille. L'hominien s'avança pour que Susan distingue son visage : c'était Œil-Sombre. Il se dirigea vers elle et se planta à ses côtés pour regarder la fresque, en se concentrant lui aussi sur le portrait du néandertalien solitaire. Il contempla son lointain ancêtre qui criait sa colère devant le guet-apens dans lequel il était tombé – comme s'il avait réalisé la dimension historique et proprement catastrophique du piège qui venait de se refermer sur lui. Durant quelques secondes, Œil-

Sombre eut l'air de s'immerger, de se fondre dans la réalité de cet instant immémorial, crucial, déterminant. Entre eux trois – le vieil hominien, la silhouette de la fresque et elle –, Susan sentit s'établir une étrange communion où la douleur se mêlait au courage, la lutte à la souffrance. Elle eut brusquement la certitude, difficilement explicable, que leurs deux espèces n'en formaient finalement qu'une, que les néandertaliens, frères lointains des hommes, disparus au temps de leur jeunesse, continuaient de vivre à travers eux.

À l'entrée de la grotte, les hominiens s'avancèrent pour leur dire adieu : Zyeux-Bleus, Grand-Gars, Genou-Blessé, ils s'étaient tous rassemblés. Ils paraissaient troublés, déconcertés, et leurs visages s'étaient légèrement empourprés. Matt songea que la notion même de départ était étrangère à leur monde. Genou-Blessé, que sa cicatrice en travers du front distinguait tout particulièrement, les accompagna le long de la pente. Tandis qu'ils s'éloignaient, marchant avec difficulté dans la neige, Matt, Susan et Sergueï sentirent les pensées des hominiens s'insinuer une ultime fois en eux, puis décroître peu à peu, comme une vague qui se retire et s'éloigne du rivage.

Il faisait chaud et ils laissèrent bientôt la neige derrière eux. Genou-Blessé hésitait visiblement à s'aventurer aussi loin de la grotte, mais les accompagna néanmoins jusqu'au ravin où était érigé le pont de lianes et de branchages. Il s'y arrêta et attendit que les trois humains l'aient franchi à tour de rôle. Curieusement, l'édifice était plus facile à traverser dans ce sens, maintenant qu'ils quittaient la montagne dont le sommet disparaissait dans la brume. Pourtant, à mi-chemin, Susan eut un instant de panique. Pour éviter d'apercevoir le vide qui s'étendait sous elle, elle ferma les yeux et s'immobilisa, tentant de se ressaisir. Puis, les paupières toujours closes, elle vit apparaître dans son esprit l'image des branches situées devant elle et constata que leurs nœuds étaient suffisamment solides pour supporter son poids. Elle reprit sa progression et acheva sa traversée sans autre incident. Genou-Blessé était resté sur l'autre versant.

En face, les trois humains le saluèrent de la main. Genou-Blessé les regardait mais ne tenta même pas d'imiter leur geste. Ils se décidèrent enfin à faire demi-tour et à entamer leur descente. Ils n'avaient pas fait vingt mètres qu'ils entendirent un brusque fracas derrière eux, un grondement qui ressemblait à celui de l'avalanche, mais en plus rocailleux. Ils se retournèrent et virent le pont qui s'effondrait, plié en deux comme un fétu de paille, et tombait lentement dans les profondeurs du ravin. Genou-Blessé avait actionné le levier qui provoquait sa destruction. Ils l'aperçurent une dernière fois, de dos, juste avant qu'il ne disparaisse derrière le sommet de la crête.

Ils firent halte le long d'un torrent, au même endroit que lors de leur ascension quelques semaines auparavant.

« Sergueï, dit Matt, je voulais vous poser une question. Vos spécialistes ont-ils réussi à comprendre pourquoi la tribu de Kee-Wak s'était mise à faire du troc ? Qu'est-ce qui les a poussés à quitter leurs montagnes pour venir échanger leurs peaux de bêtes contre des denrées diverses ?

– Ce n'étaient pas ces denrées qui les intéressaient. Ils ne manquaient de rien, du moins à ce stade de leur développement.

– Dans ce cas, quel était leur but ?

– Ce qu'ils voulaient, c'était capturer des humains, dit Sergueï. Les peaux qu'ils venaient déposer étaient de simples appâts. Ils cherchaient à attirer des victimes, pour les entraîner ensuite dans leur repaire.

– Mais à quelle fin ?

– Pour les sacrifier, et apaiser ainsi les démons qui faisaient trembler la terre. C'est du moins ce que Sakhanov m'a expliqué. Des gens ont régulièrement disparu dans la région depuis le début du siècle, et cela a toujours correspondu à une recrudescence de l'activité volcanique.

– Et leur idole ?

– Je ne crois pas que son culte ait été lié à la chasse. C'était un dieu de terreur, maître à leurs yeux des tremblements du sol. Cette divinité s'incarnait pour eux dans l'ours des cavernes. C'est le seul animal dont ils n'ont jamais apporté la moindre peau, parce qu'il était sacré. Telle est du moins la théorie de nos chercheurs : mais il s'agit pour l'essentiel d'une simple hypothèse, puisqu'ils n'ont évidemment jamais rencontré de yétis.

– Vos savants n'ont donc pas recueilli de preuves irréfutables ? demanda Matt.

– Non. »

Ils restèrent un moment silencieux, écoutant chuchoter l'eau du torrent. Puis Sergueï reprit :

« Je songeais à ce que vous disiez tout à l'heure, concernant la ruse et la trahison. N'est-il pas un peu ironique que ce soit notre pire caractéristique qui ait déterminé notre survie ?

– Je ne suis pas sûre que ce soit la pire, dit Susan. D'une certaine façon, on ne peut pas dissocier la ruse de l'intelligence. Métaphoriquement parlant, elle est l'équivalent sur le plan abstrait de notre pouce opposable : elle nous permet de manipuler le monde. L'intelligence donne accès à la réflexion. Mais si l'on possède la ruse, on devient imbattable.

– C'est elle qui engendre l'illusion, la surprise, poursuivit Matt. Et qui nous fait accéder au royaume de l'art, de la magie, de la musique et des légendes. Elle nous tient lieu en fait de vision intérieure, puisqu'elle nous permet de nous projeter hors de nous-mêmes, par le biais de l'imagination. »

Sergueï réfléchissait. Susan l'observa attentivement avant de lui poser la question à laquelle leur conversation tendait inéluctablement :

« Maintenant que vous avez découvert la vérité, allez-vous en informer les représentants de votre gouvernement et leur dire qu'ils avaient raison ? »

Sergueï se pencha pour boire une gorgée d'eau fraîche, se redressa et s'essuya le menton.

« Depuis quand un gouvernement a-t-il jamais eu raison ? » dit-il en souriant.

Susan tendit la main et la posa sur son bras. Matt farfouilla dans son sac à dos et en sortit son magnétophone, deux cassettes et le journal de Kellicut. Il alla les jeter un peu plus loin dans un ravin, où ils disparurent silencieusement.

« Mon modeste tribut à la trahison… commenta-t-il.

– Vive la trahison ! » lança Sergueï en écho.

Eagleton les attendait, déplaçant nerveusement son fauteuil d'avant en arrière à l'intérieur du baraquement, cette cage préfabriquée qu'il ne pouvait plus voir en peinture. Il était agité et fumait cigarette sur cigarette depuis qu'il avait reçu l'appel de Sodder, à bord de l'hélicoptère, lui annonçant qu'il venait de récupérer les trois rescapés après les avoir repérés sur un sentier, quelques centaines de mètres au-dessus du camp de Kellicut.

« Il s'agit bien de Mrs. Arnot, de Mr. Mattison et de Van ? avait demandé Eagleton.

– Non, Van n'est pas avec eux. Je ne connais pas leur compagnon. Il s'agit d'un Russe.

– Un Russe ? C'est impossible… »

Eagleton ne pouvait guère pousser plus loin son interrogatoire : les autres auraient entendu ce que Sodder lui répondait. Il ne restait plus qu'à attendre. Il aurait volontiers bu un verre. Bon Dieu, il y avait des années que cela ne lui était pas arrivé.

Il entendit le vrombissement de l'hélicoptère trois bonnes minutes avant que l'appareil ne se pose en vacillant sur une saillie rocheuse, à l'intérieur du camp, avec un bruit de succion. Il les observa à travers la fenêtre, en s'arrangeant pour qu'ils ne puissent pas l'apercevoir. Il y avait effectivement un étranger avec eux : un individu de type slave, aux cheveux longs et à la silhouette élancée. Eagleton regagna son bureau et se composa une mine détendue.

Ils ne se donnèrent même pas la peine de frapper. Sodder entra le premier, suivi de la femme et de Mattison. L'étranger fermait la marche. Ils paraissaient amaigris, épuisés. Ils n'échangèrent pas de poignée de main et Eagleton essaya de trouver le ton qui convenait, renonçant provisoirement à sa morgue autoritaire pour adopter un air soucieux et concerné.

« Nous étions très inquiets, dit-il. Vous êtes restés là-haut si longtemps, sans que nous puissions vous joindre. Racontez-moi tout. Que s'est-il passé ? »

Matt prit une profonde inspiration.

« L'expédition a été un désastre, dit-il. Nous avons d'abord été pris dans une tempête de neige, puis sous une avalanche. Nous avons découvert le cadavre de Kellicut. Van est mort lui aussi, écrasé par un rocher. Nous n'avons rien pu faire pour le sauver. Nous avons eu de la chance de nous en tirer sains et saufs. »

Eagleton brûlait de l'interroger sur les néandertaliens, mais il se retint et désigna Sergueï.

« Qui est cet homme ?

– Sergueï Ilitch Konyanov », répondit l'intéressé en s'avançant et en lui tendant la main.

Eagleton la saisit d'un air réticent.

« Russe ? demanda-t-il.

– En plein dans le mille. »

Eagleton se tourna vers Matt.

« Je ne comprends pas, dit-il.

– Nous l'avons rencontré alors qu'il errait par là-haut. Apparemment, les Russes avaient monté une expédition de leur côté. Il en est le seul survivant.

– Nous sommes épuisés, dit Susan. Pouvons-nous nous asseoir ?

– Et manger un morceau ? », ajouta Matt.

Dépité, Eagleton demanda à Sodder de faire en sorte qu'on leur apporte des chaises et une collation quelconque. Mais Sodder, dont la curiosité était éveillée, n'avait visiblement guère envie de quitter la pièce. Finalement, Matt et Susan déclarèrent qu'ils étaient fourbus et qu'ils feraient mieux de prendre un peu de repos avant de poursuivre l'entretien. Feignant toujours la politesse, Eagleton ravala sa fureur et céda à leur requête.

Il fit néanmoins une dernière tentative. Après avoir fait le tour de son bureau sur son fauteuil roulant, il agrippa le bras de Matt.

« Vous voulez dire que vous avez erré pendant des semaines dans un climat polaire, sous une tempête de neige, et que vous avez réussi à survivre par vos propres moyens, sans bénéficier d'aucune aide ?

– Nous avons eu de la chance. Nous avons découvert une grotte où nous nous sommes abrités en attendant la fin de la tempête. Par la suite, nous avons rejoint une vallée au climat plus tempéré. Mais ce fut une rude épreuve.

– Et vous n'avez pas aperçu la moindre trace des néandertaliens ?

– Je n'ai pas dit cela. »

Eagleton se raidit dans son fauteuil.

« Nous vous avons rapporté ça. »

Matt plongea la main dans sa poche et en sortit un fragment de mandibule. Il avait tout de même pris la peine de limer le bord supérieur, percé du trou où passait jadis la chaînette du pendentif.

« Vous auriez peut-être intérêt à le faire dater », ajouta-t-il en le tendant à Eagleton.

À peine installé dans l'avion, Matt commanda du champagne. Le steward, que Susan ne laissait visiblement pas indifférent, leur offrit à chacun une bouteille supplémentaire : aussi étaient-ils déjà un peu échauffés lorsque l'appareil atteignit les 10 000 mètres d'altitude.

« Au fait, dit Susan, je n'avais pas l'intention d'aborder le sujet, mais on dirait que tu m'y pousses. J'avais raison, au bout du compte.

– À quel propos ? demanda Matt, tout en sachant fort bien à quoi elle faisait allusion.

– C'est bien la guerre, et non le brassage sexuel, qui a provoqué leur disparition.

– De qui parles-tu ?

– Ne fais pas l'idiot.

– Ah, ces types… J'ai déjà oublié leur existence.

– Je n'en mettrais pas ma main au feu.

– D'accord. Acceptons d'envisager un instant – je dis bien, un instant – que ton hypothèse ne soit pas totalement erronée. Que vas-tu faire de cette grande nouvelle ? À qui vas-tu l'annoncer ? »

Susan fronça les sourcils.

« C'est un peu agaçant, je le sais. J'y ai déjà réfléchi. Il n'y a en tout et pour tout qu'un individu au monde qui sache que j'avais raison, et il faut que ce soit toi. Cette idée m'est parfaitement insupportable.

– Et je suis obligé de garder le secret, moi aussi. Tu n'as donc pas le choix : il faut t'arranger pour que je reste dans les parages afin de conforter ton ego, sinon tu vas être obligée de m'appeler à l'autre bout du continent chaque fois que tu broieras du noir.

– Ton téléphone risque de sonner souvent.

– C'est bien ce que je voulais dire. (Matt but une nouvelle gorgée.) Plus sérieusement : que comptes-tu faire, à présent ?

– Je ne sais pas trop. J'irai peut-être dans la corne de l'Afrique, du côté de la gorge d'Olduvai.

– Tu veux rire ! Je comptais justement m'y rendre. À moins que je ne me décide pour le lac Turkana, dans le nord du Kenya. Les dernières découvertes qu'on a faites par là-bas m'excitent passablement. À les en croire, l'origine de l'humanité remonterait à encore plus loin dans le temps. Mais toi, pourquoi veux-tu aller dans ce coin ? Quels ossements espères-tu y découvrir ?

– Pour dire la vérité, je songeais plutôt à engager ma recherche du côté de la biologie moléculaire. »

Le visage de Matt s'allongea.

« Susan... Tu ne vas pas t'intéresser à l'ADN, à présent, et rejoindre cette bande d'hurluberlus qui explorent frénétiquement la planète dans l'espoir de trouver des restes de placenta à seule fin de prouver que toute l'humanité descend d'une seule et unique ancêtre, évidemment prénommée Ève...

– C'est la voie de l'avenir, Matt. Voilà une science exacte, tangible, démontrable, contrairement à toutes ces spéculations sur la datation des ossements et des strates géologiques d'où ils proviennent.

– Mais c'est ridicule ! Tu ne peux pas croire sérieusement que nous descendons tous d'une femelle de la brousse africaine née voilà à peine deux cent mille ans...

– L'estimation mérite sans doute d'être affinée. Il est possible que la date soit un peu plus haute.

– Susan... (Matt haussa le ton.) La datation génétique contredit l'ensemble de mon hypothèse, qui veut que nous ayons quitté l'Afrique il y a plus d'un million d'années. On dirait que tu as décidé de te mettre en travers de toutes les théories que je suis amené à défendre.

– Calme-toi, Matt. Je n'ai pas dit cela. En tout cas, je ne réfute pas l'ensemble de ton hypothèse. Mais je pense que tu pourrais revoir tes calculs à la baisse – disons, de six cent mille ans.

– Six cent mille ans ! Mais ça fout tout en l'air !

– Matt... Parle moins fort. On commence à nous regarder.

– Comment peux-tu me faire un coup pareil ?

– Eh bien, je te laisserai peut-être une petite chance de me convaincre, sur ce dernier point.

– Quand ai-je jamais réussi à te convaincre de quoi que ce soit ? dit Matt en poussant un soupir et en passant son bras autour de ses épaules.

– Il y a un début à tout », dit Susan en se blottissant contre lui et en buvant une nouvelle gorgée.

À l'extérieur, derrière les hublots, ils aperçurent le toit du monde, dont l'avion s'éloignait lentement : le soleil donnait des reflets pourpres à ses sommets enneigés et adoucissait leurs contours déchiquetés, au fur et à mesure qu'ils s'estompaient à l'horizon.

5041

R.I.D. Composition – 91400 Gometz-la-Ville
Achevé d'imprimer en Europe (France)
par Brodard et Taupin à La Flèche (Sarthe)
le 17 novembre 1998. 1367V-5
Dépôt légal novembre 1998. ISBN 2-290-05041-5

Éditions J'ai lu
84, rue de Grenelle, 75007 Paris
Diffusion France et étranger : Flammarion